普通高等教育"十二五"规划教材

高 等 数 学

（理工类）上册

主 编 方 钢

副主编 黄 刚 杨春华

　　　　赵云梅 陈 萍

参 编 严庆丽 何应辉

　　　　邓燕林 陈 劲

科学出版社

北 京

内 容 简 介

　　本书是编者充分考虑了物理类和对数学要求比较高的专业对高等数学的需求,并结合自身长期从事高等数学教学的经验编写而成的。全书分为上、下两册,本书为上册,内容包括函数与极限、导数与微分、微分中值定理与导数的应用、不定积分、定积分、定积分的应用和微分方程。

　　本书适合物理类、电类等对高等数学要求比较高的专业的学生学习使用,也可作为相关人员的参考用书。

图书在版编目(CIP)数据

高等数学:理工类. 上册/方钢主编. —北京:科学出版社,2012
普通高等教育"十二五"规划教材
ISBN 978-7-03-035269-9

Ⅰ.①高… Ⅱ.①方… Ⅲ.①高等数学-高等学校-教材 Ⅳ.①O13

中国版本图书馆 CIP 数据核字(2012)第 184519 号

责任编辑:胡云志　任俊红　唐保军 / 责任校对:刘小梅
责任印制:徐晓晨 / 封面设计:华路天然工作室

科 学 出 版 社 出版
北京东黄城根北街 16 号
邮政编码: 100717
http://www.sciencep.com

北京教园印刷有限公司 印刷
科学出版社发行　各地新华书店经销
＊

2012 年 8 月第 一 版　开本:720×1000　B5
2016 年 7 月第八次印刷　印张:17 1/2
字数:373 000

定价: **35.00** 元
(如有印装质量问题,我社负责调换)

序　言

当今中国高等教育已从传统的精英教育发展到现代大众教育阶段. 高等学校一方面要尽可能满足民众接受高等教育的需求, 另一方面要努力培养适应社会和经济发展的合格人才, 这就导致大学的人才培养规模与专业类型发生了革命性的变化, 教学内容改革势在必行. 高等数学课程是大学的重要基础课, 是大学生科学修养和专业学习的必修课. 编写出具有时代特征的高等数学教材是数学教育工作者的一项光荣使命.

科学出版社"十二五"教材出版规划的指导原则与云南省大部分高校的高等数学课程改革思路不谋而合, 因此我们组织了云南省具有代表性的十所高校的数学系骨干教师组成项目专家组, 共同策划编写了新的系列教材, 并列入科学出版社普通高等教育"十二五"规划教材出版项目. 本系列教材以大众化教育为前提, 以各专业的发展对数学内容的需要为准则, 分别按理工类、经管类和化生地类编写, 第一批出版的有高等数学(理工类)、高等数学(经管类)、高等数学(化生地类)、概率论与数理统计(理工类)、线性代数(理工类), 以及可供各类专业选用的数学实验教材. 教材的特点是, 在不失数学课程逻辑严谨的前提下, 加强了针对性和实用性.

参加教材编写的教师都是在教学一线有长期教学经验积累的骨干教师. 教材的第一稿已通过一届学生的试用, 在征求使用本教材师生意见和建议的基础上作了进一步的修改, 并通过项目专家组的审查, 最后由科学出版社统一出版. 在此对试用本教材的师生、项目专家组以及科学出版社表示衷心感谢.

高等教育改革无止境, 教学内容改革无禁区, 教材编写无终点. 让我们共同努力, 继续编出符合科学发展、顺应时代潮流的高质量教材, 为高等数学教育做出应有的贡献.

郭　震

2012 年 8 月 1 日于昆明

前　言

本书是普通高等教育"十二五"规划教材,是根据高等院校物理类高等数学教学大纲,结合编者多年的教学实践经验编写而成的。本书结构严谨,逻辑清晰,叙述详细,难点分散,例题丰富,通俗易懂,每小节后配有习题,书末附有习题参考答案,便于自学。

本书的一个特点是在重视基本理论、基本运算的基础上,加强数学建模的应用。书中每章后配有相关的大量数学建模的例题与实际应用,经多年使用证明,此举对提高学生数学能力及数学意识有很好的效果。

本书的使用对象主要是高等院校理工类(物理类、电类、信息类等)的本专科学生,也可以作为有关教师及其他科研人员的参考书。为适应不同专业、不同学时、不同对象的使用,书中有的地方打了※号,可适时进行删减。

本书由云南省6所高等院校的9位教师共同编写而成。第1章由云南师范大学方钢老师编写;第2章、第3章由曲靖师范学院黄刚老师编写;第5章、第6章由保山学院杨春华老师编写;第4章、第8章由红河学院赵云梅老师编写;第7章由楚雄师范学院陈萍老师编写;第9章由昭通学院陈劲老师编写;第10章由红河学院何应辉老师编写;第11章由云南师范大学严庆丽老师编写;第12章由楚雄师范学院邓燕林老师编写;全书由云南师范大学方钢教授和严庆丽老师进行修改、整理及最后统稿。

本书的编写得到云南省数学学会、云南师范大学和云南省多所高校的大力支持,科学出版社龚建波、任俊红二位编辑为本书的出版做了大量繁杂而细致的工作。在此一并表示感谢。

由于作者水平有限,编写时间较紧,书中仍可能存在疏漏和错误,敬请读者和同行给予批评指正。

编　者

2012 年 7 月

目　　录

第 1 章　函数与极限

初等数学的研究对象基本上是不变的量,而高等数学则以变量为研究对象.所谓函数关系就是变量之间的依赖关系.极限方法则是研究变量的一种基本方法.本章将介绍变量、函数、极限、函数的连续性等基本概念以及它们的一些性质.

1.1　函　　数

1.1.1　常量与变量

定义 1.1　在某一过程中,数值保持不变的量称为常量(或常数);数值不断变化的量称为变量(或变数).

一个量是常量还是变量,在具体问题中要作具体分析.例如,就小范围地区来说,重力加速度可以看成常量,但就广大地区来说,重力加速度则是变量.以后,用字母 a,$b,c,d,\cdots$ 表示常量,用字母 $x,y,z,\cdots$ 表示变量.

1.1.2　区间与邻域

在数学中,常用区间表示一个变量的变化范围,下面介绍一些常用的区间符号.
设 a 和 b 都是实数,并且 $a<b$.

1. 区间

(1) 开区间
$$(a,b)=\{x\,|\,a<x<b\}$$
表示由满足不等式 $a<x<b$ 的全体实数 x 构成的集合,在数轴上表示以 a,b 为端点,但不包含端点 a 和 b 的线段(图 1.1).

(2) 闭区间
$$[a,b]=\{x\,|\,a\leqslant x\leqslant b\}$$
表示由满足不等式 $a\leqslant x\leqslant b$ 的全体实数 x 构成的集合,在数轴上表示以 a,b 为端点且包含 a 和 b 的线段(图 1.2).

(3) 左闭右开区间
$$[a,b)=\{x\,|\,a\leqslant x<b\}$$
表示由满足不等式 $a\leqslant x<b$ 的全体实数 x 构成的集合,在数轴上表示以 a,b 为端点且包含左端点 a 的线段(图 1.3).

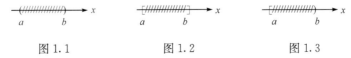

图 1.1　　　　　　　　图 1.2　　　　　　　　图 1.3

(4) 左开右闭区间

$$(a,b]=\{x|a<x\leqslant b\}$$

表示由满足不等式 $a<x\leqslant b$ 的全体实数 x 构成的集合,在数轴上表示以 a,b 为端点且包含右端点 b 的线段(图 1.4).

左闭右开与左开右闭区间统称为半开半闭区间.

除了上述 4 种有限区间外,还有如下 5 种无限区间:

(1)

$$(a,+\infty)=\{x|x>a\}$$

表示由大于 a 的全体实数 x 构成的集合,在数轴上表示如图 1.5 所示.

(2)

$$[a,+\infty)=\{x|x\geqslant a\}$$

表示由大于等于 a 的全体实数 x 构成的集合,在数轴上表示如图 1.6 所示.

图 1.4　　　　图 1.5　　　　图 1.6

(3)

$$(-\infty,a)=\{x|x<a\}$$

表示由小于 a 的全体实数 x 构成的集合,在数轴上表示如图 1.7 所示.

(4)

$$(-\infty,a]=\{x|x\leqslant a\}$$

表示由小于等于 a 的全体实数 x 构成的集合,在数轴上的表示如图 1.8 所示.

图 1.7　　　　　　图 1.8

(5)

$$(-\infty,+\infty)=\{x|-\infty<x<+\infty\}$$

表示全体实数. 注意:"$+\infty$"(读作正无穷大),"$-\infty$"(读作负无穷大)是引用的符号,不能作为数看待.

以后在不需要辨明所论区间是否包含端点,以及是有限区间还是无限区间的场合,就简称为"区间",并且常用 I 表示.

2. 邻域(设 a 为实数)

(1) 设 δ 为任意一正数,则称开区间 $(a-\delta,a+\delta)$ 为点 a 的 δ 邻域,记为 $U(a,\delta)$,即 $U(a,\delta)=(a-\delta,a+\delta)=\{x|a-\delta<x<a+\delta\}$,其中点 a 称为这个邻域的中心(图 1.9).

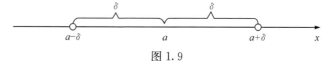

图 1.9

由于 $a-\delta<x<a+\delta$ 相当于 $|x-a|<\delta$,因此,

$$U(a,\delta)=\{x\mid|x-a|<\delta\}.$$

因为 $|x-a|$ 表示点 x 与点 a 的距离,所以 $U(a,\delta)$ 表示与点 a 的距离小于 δ 的一切点 x.

(2) 有时要用到的邻域需要把邻域中心去掉,点 a 的 δ 邻域去掉中心以后,称为点 a 的去心邻域,记作 $\overset{\circ}{U}(a,\delta)$,即

$$\overset{\circ}{U}(a,\delta)=\{x\mid0<|x-a|<\delta\},$$

其中 $0<|x-a|$ 就表示 $x\neq a$.

注 1.1　在不需要强调半径大小的情况下,将邻域 $U(a,\delta)$ 简记为 $U(a)$.

1.1.3　函数

1. 函数的定义

在同一个自然现象或技术过程中,往往同时有几个变量在变化着,这几个变量并不是孤立地在变,而是相互联系并遵循一定的变化规律,现在就两个变量的情况举三个例子.

例 1.1　圆的面积 S 与它的半径 r 之间的关系由公式 $S=\pi r^2$ 确定,当半径 r 取定某一正的数值时,圆面积 S 相应有一个确定的值. ■

例 1.2　自由落体运动. 设物体下落的时间为 t,落下的距离为 s,假定开始下落的时刻为 $t=0$,那么 s 与 t 之间的相互依赖关系由公式 $s=\dfrac{1}{2}gt^2$ 给定,其中 g 为重力加速度. 假定物体着地的时刻为 $t=T$,那么当时间 t 在闭区间 $[0,T]$ 上任意确定一个数值时,由上式就可确定下落距离 s 的相应数值. ■

例 1.3　设有半径为 r 的圆,考虑内接于该圆的正 n 边形的周长 S_n. 由图 1.10 可以看出,$S_n=2nr\sin\alpha_n$,其中 $\alpha_n=\dfrac{\pi}{n}$,所以内接正 n 边形的周长 S_n 与边数 n 之间的相互依赖关系由公式 $S_n=2nr\sin\dfrac{\pi}{n}$ 给定. 当边数 n 在自然数 $3,4,5,\cdots$ 中任意取定一个数值时,由上式就可确定周长 S_n 的相应数值. ■

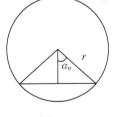

图 1.10

由上面三个例子可以看到,它们都表达了两个变量之间的相依关系. 这种相依关系给出了一种对应法则,根据这一法则,当其中一个变量在其变化范围内任意取定一个数值时,另一个变量就有确定的值与之对应,两个变量间的这种对应关系就是函数概念的实质.

定义 1.2　设 x 和 y 是两个变量,D 是一个给定的数集,如果对于每个数 $x\in D$,变量 y 按照一定法则,总有唯一确定的数值和它对应,则称 y 为 x 的函数,记为 $y=f(x)$,其中 f 叫做对应法则,数集 D 叫做函数的定义域,x 叫做自变量,y 叫做因变量.

当 x 取数值 $x_0\in D$ 时,与 x_0 对应的 y 的数值称为函数 $y=f(x)$ 在点 x_0 处的函数值,记作 $f(x_0)$. 当 x 遍取 D 的每个数值时,对应函数值的全体组成的数集

$$W=\{y\,|\,y=f(x),x\in D\}$$

称为函数的值域.

注 1.2 符号 $y=f(x)$ 表示两个数集间的一种对应关系,因此,也可以用 $y=\varphi(x),y=F(x)$ 等表示,但一个函数在讨论中应取定一种记法.当同一问题中涉及多个函数时,则应取不同的符号分别表示它们各自的对应规律,以免混淆.

注 1.3 在实际问题中,函数的定义域是根据问题的实际意义确定的,因此,当不考虑函数的实际意义,而只抽象地研究用算式表达的函数时,就约定:函数的定义域就是使算式有意义的全体实数 x 构成的集合.

例 1.4 函数 $y=\dfrac{1}{\sqrt{1-x^2}}$ 的定义域是开区间 $D=(-1,1)$. ■

例 1.5 函数 $y=\ln(5x-4)$ 的定义域应满足 $5x-4>0$,故定义域为 $D=\left(\dfrac{4}{5},+\infty\right)$. ■

例 1.6 函数 $y=\arcsin x$ 的定义域为 $D=[-1,1]$. ■

在函数关系中,对确定一个函数起决定作用的关键因素是对应法则 f 和定义域 D.今后,如果两个函数的对应法则 f 和定义域 D 都相同,则称两个函数为相同的(或者叫相等的);否则,就称为不同的(或者叫不相等的).至于自变量和因变量用什么记号表示则无关紧要,因此,只要定义域相同,对应法则相同,则这两个函数表示同一个函数.

例 1.7 下列各对函数是否相同?为什么?

(1) $f(x)=\dfrac{x}{x},g(x)=1$;

(2) $f(x)=x,g(x)=\sqrt{x^2}$;

(3) $f(x)=|x|,g(x)=\sqrt{x^2}$.

解 (1) 不相同,因为定义域不同,$f(x)$ 的定义域为 $D=(-\infty,0)\bigcup(0,+\infty)$,而 $g(x)$ 的定义域为 $D=(-\infty,+\infty)$.

(2) 不相同,因为对应法则不同,当 $x=-1$ 时,$f(-1)=-1,g(-1)=1$.

(3) 相同,因为 $f(x)$ 和 $g(x)$ 的对应法则相同,定义域也相同,均为 $D=(-\infty,+\infty)$. ■

2. 函数的表示法

1) 解析法

对自变量和常数施加四则运算、乘幂、取指数、取对数、取三角函数等数学运算所得到的式子称为解析表达式.用解析表达式表达一个函数就称为函数的解析法,解析法也叫公式法.高等数学中讨论的函数大多由解析法表示,这是由于对解析表达式可以进行各种运算,便于研究函数的性质.这里有一点必须指出:用解析法表示函数不一定总是用一个式子表示,也可以分段用几个式子表示一个函数.另外,有些特殊函数并不是用解析式给出的,其对应关系是用"一句话"给出的,用约定的符号予以表示.

例 1.8 函数 $y=[x]=n(n\leqslant x<n+1,n$ 为整数)称为取整函数. 例如,若 $x=1.5$,则$[x]=1$;若 $x=\dfrac{5}{7}$,则$[x]=0$;若 $x=-1.5$,则$[x]=-2$;若 $x=\pi$,则$[x]=3$. 也就是说,若 x 为任意一实数,则不超过 x 的最大整数简称为 x 的最大整数,记为$[x]$. 这一函数的图像是"阶梯"形,如图 1.11 所示. ■

例 1.9 分段函数

$$y=f(x)=|x|=\begin{cases}x, & x\geqslant0,\\ -x, & x<0\end{cases}$$

的定义域为 $D=(-\infty,+\infty)$,值域为 $W=[0,+\infty)$,其图像如图 1.12 所示. ■

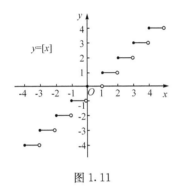

图 1.11

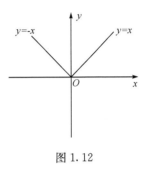

图 1.12

例 1.10 函数

$$y=f(x)=\text{sgn}x=\begin{cases}1, & x>0,\\ 0, & x=0,\\ -1, & x<0\end{cases}$$

称为符号函数,它的定义域为 $D=(-\infty,+\infty)$,值域为 $W=\{-1,0,1\}$,其图像如图 1.13 所示.

对于任何实数 x,关系式 $x=|x|\text{sgn}x$ 总成立. ■

2) 表格法

在实际应用中,常把自变量所取的值和对应的函数值列成表,用来表示函数关系,这样的表示法称为表格法.

3) 图示法

在有的问题中,很难找到一个解析函数表达式来准确地表示两个变量之间的关系. 有时,虽然可以用解析表达式表示函数,但是为了使变量之间的对应关系更直观形象,常把两个变量之间的对应关系用某条曲线表示出来,这种方法称为图示法.

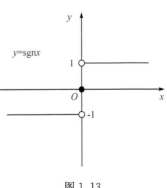

图 1.13

函数的上述三种表示法各有优缺点,在具体应用时,常常是三种方法配合使用.

3. 函数的几种特性

1) 函数的有界性

定义 1.3　设函数 $f(x)$ 的定义域为 D,数集 $X \subset D$,如果存在 K_1(或 K_2),使得 $f(x) \leqslant K_1$(或 $f(x) \geqslant K_2$)对任意一 $x \in X$ 都成立,则称函数 $f(x)$ 在 X 上有上(或下)界,其中 K_1(或 K_2)称为函数 $f(x)$ 在 X 上的一个上(下)界. 如果存在正数 M,使得 $|f(x)| \leqslant M$ 对任意一 $x \in X$ 都成立,则称函数 $f(x)$ 在 X 上有界. 如果这样的 M 不存在,则称函数 $f(x)$ 在 X 上无界.

例 1.11　正弦函数 $y = \sin x$ 和余弦函数 $y = \cos x$ 为 $(-\infty, +\infty)$ 上的有界函数,因为对每一个 $x \in (-\infty, +\infty)$ 都有 $|\sin x| \leqslant 1, |\cos x| \leqslant 1$. ■

例 1.12　函数 $y = f(x) = \dfrac{1}{x}$ 在开区间 $(0,1)$ 内无上界,但有下界,如 1 就是它的一个下界,但当 $1 < x < 2$ 时总会有 $\dfrac{1}{2} < \dfrac{1}{x} < 1$,故函数 $f(x) = \dfrac{1}{x}$ 在开区间 $(1,2)$ 内有界. ■

2) 函数的单调性

定义 1.4　设有函数 $y = f(x)(x \in D)$,区间 $I \subset D$,如果对于 I 上的任意两点 x_1, x_2,当 $x_1 < x_2$ 时,恒有 $f(x_1) < f(x_2)$(或 $f(x_1) > f(x_2)$),则称 $f(x)$ 在区间 I 上为严格单调增加(或减少)的. 如果对于 I 上的任意 $x_1 < x_2$,恒有 $f(x_1) \leqslant f(x_2)$ 或 $(f(x_1) \geqslant f(x_2))$,则称 $f(x)$ 在区间 I 上为单调增加(或减少)的. 严格单调增加和严格单调减少的函数统称为严格单调函数,单调增加和单调减少的函数统称为单调函数.

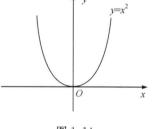

图 1.14

例 1.13　函数 $y = f(x) = x^2$ 在 $(0, +\infty)$ 上是严格单调增加的,在 $(-\infty, 0)$ 上是严格单调减少的,在 $(-\infty, +\infty)$ 内不是单调的(图 1.14). ■

例 1.14　证明函数 $f(x) = x^3$ 在 $(-\infty, +\infty)$ 内是严格单调增加的(图 1.15).

证　设 x_1, x_2 为 $(-\infty, +\infty)$ 内的任意两点,当 $x_1 < x_2$ 时,只需证明 $f(x_1) = x_1^3 < x_2^3 = f(x_2)$,即证明 $x_1^3 - x_2^3 < 0$. 事实上,

$$x_1^3 - x_2^3 = (x_1 - x_2)(x_1^2 + x_1 x_2 + x_2^2),$$

而当 $x_1 < x_2$ 时,$x_1 - x_2 < 0$,

$$x_1^2 + x_1 x_2 + x_2^2 = \left(x_1 + \frac{1}{2} x_2\right)^2 + \frac{3}{4} x_2^2 > 0,$$

故 $x_1^3 - x_2^3 < 0$,即 $x_1^3 < x_2^3$. ■

3) 函数的奇偶性

定义 1.5　设函数 $y = f(x)(x \in D)$.

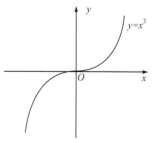

图 1.15

（1）若对于任何 $x \in D$，都恒有 $f(-x) = f(x)$，则称函数 $f(x)$ 为 D 上的偶函数．偶函数的图形关于 y 轴对称．

（2）若对于任何 $x \in D$，都恒有 $f(-x) = -f(x)$，则称函数 $f(x)$ 为 D 上的奇函数．奇函数的图形关于原点对称．

例 1.15　$y = x^3$，$y = \dfrac{1}{\sqrt[3]{x}}(x \neq 0)$，$y = \sin x$ 都是奇函数，因为 $(-x)^3 = -x^3$，$\dfrac{1}{\sqrt[3]{-x}} = -\dfrac{1}{\sqrt[3]{x}}(x \neq 0)$，$\sin(-x) = -\sin x$．∎

例 1.16　$y = x^2$，$y = \dfrac{1}{\sqrt[3]{x^2}}(x \neq 0)$，$y = \cos x$ 都是偶函数，因为 $(-x)^2 = x^2$，$\dfrac{1}{\sqrt[3]{(-x)^2}} = \dfrac{1}{\sqrt[3]{x^2}}(x \neq 0)$，$\cos(-x) = \cos x$．∎

例 1.17　$y = \sin x + \cos x$ 既不是奇函数，也不是偶函数，因为
$$f(-x) = \sin(-x) + \cos(-x) = -\sin x + \cos x \neq f(x),$$
$$f(-x) = \sin(-x) + \cos(-x) = -\sin x + \cos x \neq -f(x).$$
∎

4）函数的周期性

定义 1.6　设函数 $y = f(x)(x \in D)$，若存在 $T > 0$，对于一切 $x \in D$，恒有 $f(x + T) = f(x)$，则称 $f(x)$ 为周期函数，T 为 $f(x)$ 的一个周期．通常所说的周期函数的周期是指最小正周期．

周期函数图像的特点是自变量每增加或少一个周期后，图像重复出现．

例 1.18　函数 $\sin x$，$\cos x$ 都是以 2π 为周期的周期函数；函数 $\tan x$，$\cot x$ 都是以 π 为周期的周期函数．

注 1.4　并非每一个周期函数都有最小正周期．例如，狄利克雷（Dirichlet）函数
$$y = D(x) = \begin{cases} 1, & x \text{ 为有理数}, \\ 0, & x \text{ 为无理数} \end{cases}$$
是周期函数，任何正有理数都是它的周期，但它没有最小正周期．∎

1.1.4　反函数

设函数 $y = f(x)$ 的定义域为 D，值域为 W，因为 W 是函数值组成的数集，所以对于任意一 $y_0 \in W$，必有 $x_0 \in D$，使得
$$f(x_0) = y_0 \qquad (1.1)$$
成立，这样的 x_0 可能不止一个．就图 1.16 而言，在 W 上取定一点 y_0，作平行于 x 轴的直线 $y = y_0$，这条直线与 $y = f(x)$ 的图形的交点就是适合式（1.1）的 x_0．在图中，这样的交点有两个，它们的横坐标分别为 x_0' 及 x_0''．一般地，如果对于任意 $y \in W$，在 D 上

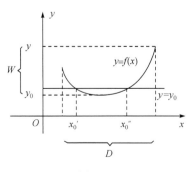

图 1.16

可以唯一地确定一个数值 x 与 y 对应,并且 x 适合 $f(x)=y$,这里,如果把 y 看成自变量,x 看成因变量,按照函数概念,就得到一个新的函数,这个新的函数称为函数 $y=f(x)$ 的反函数,记作 $x=\varphi(y)$,它的定义域为 W,值域为 D. 对于反函数 $x=\varphi(y)$ 来说,原来的函数 $y=f(x)$ 称为直接函数.

注 1.5 反函数的存在是有条件的,这就是下面的反函数存在定理(这里不证明).

定理 1.1 严格单调函数必有反函数,并且严格增加(减少)函数的反函数也必是严格增加(减少)的.

例 1.19 设直接函数为 $y=ax+b,y=x^3$,则其反函数分别为

$$x=\frac{y-b}{a}, \quad x=\sqrt[3]{y}.$$ ■

习惯上,往往用字母 x 表示自变量,而用字母 y 表示因变量. 如果把 $x=\varphi(y)$ 中的 y 改成 x,x 改为 y,则得 $y=\varphi(x)$. 因为函数的实质是对应关系,只要对应关系不变,自变量和因变量用什么字母表示是无关紧要的,因此,函数 $y=\varphi(x)$ 也是 $y=f(x)$ 的反函数. 例如,例 1.19 中的反函数可分别写为 $y=\dfrac{x-b}{a},y=\sqrt[3]{x}$.

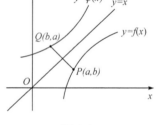

图 1.17

把直接函数 $y=f(x)$ 和反函数 $y=\varphi(x)$ 的图像画在同一个坐标平面上,这两个图像是关于直线 $y=x$ 对称的(图 1.17).

因为如果 $P(a,b)$ 是 $y=f(x)$ 的图像上的点,则 $Q(b,a)$ 是 $y=\varphi(x)$ 的图像上的点. 反之,若 $Q(b,a)$ 是 $y=\varphi(x)$ 的图像上的点,则 $P(a,b)$ 是 $y=f(x)$ 的图像上的点,而 $P(a,b)$ 与 $Q(b,a)$ 关于直线 $y=x$ 对称.

1.1.5 复合函数

研究函数时,常把某些函数看成是由几个简单函数复合而成的复合函数,这样对函数的研究会很方便. 例如,函数 $y=\sqrt{1-x^2}$ 可看成由 $y=\sqrt{u},u=1-x^2$ 复合而成的复合函数.

一般地,若函数 $y=f(u)$ 的定义域为 D_1,值域为 W_1,$u=\varphi(x)$ 的定义域为 D_2,值域为 $W_2\subset D_1$,则对于任一 $x\in D_2$,定义了一个新函数,称之为由函数 $y=f(u)$ 与函数 $u=\varphi(x)$ 复合而成的复合函数,记为 $y=f(\varphi(x))$,其中 x 称为自变量,y 称为因变量,$u=\varphi(x)$ 称为中间变量,函数 $y=f(u)$ 称为外函数,函数 $u=\varphi(x)$ 称为内函数. 注意:复合函数 $y=f(\varphi(x))$ 要求内函数 $u=\varphi(x)$ 的值域要包含在外函数 $y=f(u)$ 的定义域之内.

例如,$y=\sin^2 x$ 是由 $y=u^2,u=\sin x$ 复合而成的复合函数,它的定义域为 $(-\infty,+\infty)$,也就是 $u=\sin x$ 的定义域. ■

必须注意的是,不是任何两个函数都能复合成一个复合函数. 例如,因为 $y=\arcsin u$ 的定义域是 $[-1,1]$,而 $u=2+x^2$ 的值域是 $[2,+\infty)$,并且 $[-1,1]\bigcap[2,+\infty)=\varnothing$,故这

两个函数不能进行复合.

复合函数也可以由多个函数相继复合而成. 例如,由三个函数 $y=\sqrt{u}, u=\cos v$, $v=\dfrac{x}{2}$ 相继复合可得复合函数 $y=\sqrt{\cos\dfrac{x}{2}}$,其中 u 和 v 都视为中间变量.

习　题　1.1

1. 下列各题中,函数 $f(x)$ 与 $g(x)$ 是否相同? 为什么?

(1) $f(x)=\lg x^2$, $g(x)=2\lg x$;

(2) $f(x)=\sqrt[3]{x^4-x^3}$, $g(x)=x\sqrt[3]{x-1}$.

2. 求下列函数的定义域:

(1) $y=\dfrac{1}{1-x^2}+\sqrt{x-1}$; 　　(2) $y=\dfrac{1}{x}-\sqrt{1-x^2}$;

(3) $y=\lg\dfrac{1+x}{1-x}$; 　　(4) $y=\dfrac{2x}{x^2+3x+2}$.

3. 设 $f(x)=\sqrt{4+x^2}$,求下列函数的值:

$$f(0),\quad f(1),\quad f(-1),\quad f\left(\dfrac{1}{a}\right),\quad f(x_0),\quad f(x_0+h).$$

4. 试证明下列结论:

(1) 设 $f(t)=2t^2+\dfrac{2}{t^2}+\dfrac{5}{t}+5t$,则 $f(t)=f\left(\dfrac{1}{t}\right)$;

(2) 设 $f(x)=\dfrac{1}{x}+x$,则 $f(x^2)+2=[f(x)]^2$.

5. 下列哪些函数是偶函数,哪些是奇函数,哪些是非奇非偶函数?

(1) $y=\sqrt{1-x^2}$; 　　(2) $y=\sqrt{1+x^2}\sin x$;

(3) $y=\dfrac{2^x+2^{-x}}{4}$; 　　(4) $y=\sin x-\cos x+1$;

(5) $y=\begin{cases} x^2+x+1, & x\geqslant 0, \\ x^2-x+1, & x<0. \end{cases}$

6. 设下面所考虑的函数都定义在对称区间 $[-l, l]$ 上,证明

(1) 两个偶函数的和是偶函数,两个奇函数的和是奇函数;

(2) 两个偶函数的乘积是偶函数,两个奇函数的乘积是偶函数,偶函数与奇函数的乘积是奇函数.

7. 试证明下列结论:

(1) 函数 $f(x)=x^2$ 在区间 $(-\infty, 0)$ 内是单调减少的;

(2) 函数 $f(x)=\lg\sqrt{x}$ 在区间 $(0, +\infty)$ 内是单调增加的.

8. 下列各函数中哪些是周期函数? 对于周期函数,指出其周期:

(1) $y=\cos(x-2)$;　　　　　　(2) $y=\cos 4x$;

(3) $y=1+\sin\pi x$;　　　　　　(4) $y=x\cos x$;

(5) $y=\sin^2 x$.

9. 求下列函数的反函数:

(1) $y=-\sqrt[3]{x+1}$;　　　　　　(2) $y=\dfrac{1-x}{1+x}$;

(3) $y=\dfrac{ax+b}{cx+d}(ad-bc\neq 0)$.

10. 求由下列所给函数复合而成的函数:

(1) $y=u^2$, $u=\sin x$;　　　　　　(2) $y=\cos u$, $u=\sqrt{x}$;

(3) $y=2^u$, $u=\sqrt{t}$, $t=1+x^2$.

11. 设 $f(x)=x^3-x$, $\varphi(x)=\sin 2x$, 求 $f(\varphi(x))$, $\varphi(f(x))$ 及 $f(f(x))$.

12. 设 $f(x-2)=x^2-2x+3$, 求 $f(x)$, $f(x+2)$.

1.2　初 等 函 数

以下 6 类函数称为基本初等函数:常数函数、幂函数、指数函数、对数函数、三角函数和反三角函数.

基本初等函数的简单性质在中学里都已详细讲过,下面仅结合图像把其性质再叙述一下.

1.2.1　常数函数

函数 $y=C(x\in(-\infty,+\infty))$ 叫做常数函数,其中 C 为常数. 该函数的图像是一条平行于 x 轴的直线,在 y 轴上的截距为 C.

1.2.2　幂函数

函数 $y=x^m$(其中 m 为任意实数)叫做幂函数,它的定义域随 m 的不同而不同,但无论 m 为何值,在区间 $(0,+\infty)$ 内,幂函数总是有定义的.

对于函数 $y=x^m$,当 $m=1,2,3,\dfrac{1}{2},-1$ 时是最常见的幂函数,其图像如图 1.18 所示.

1.2.3　指数函数

函数 $y=a^x$(其中 a 为常数且 $a>0$, $a\neq 1$)叫做指数函数,其定义域为 $(-\infty,+\infty)$.

因为对于任何实数 x,总有 $a^x>0$,又 $a^0=1$,所

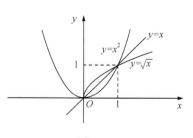

图 1.18

以指数函数的图像总在 x 轴的上方,并且通过点$(0,1)$.

若 $a>1$,则指数函数 $y=a^x$ 是单调增加的;若 $0<a<1$,则指数函数 $y=a^x$ 是单调减少的. 由于 $y=\left(\dfrac{1}{a}\right)^x=a^{-x}$,所以 $y=a^x$ 的图像与 $y=\left(\dfrac{1}{a}\right)^x$ 的图像关于 y 轴对称(图 1.19).

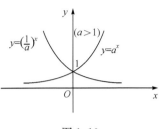

图 1.19

以常数 $\mathrm{e}=2.718281828\cdots$ 为底的指数函数 $y=\mathrm{e}^x$ 是科技中常用的指数函数.

1.2.4　对数函数

指数函数 $y=a^x$ 的反函数叫做以 a 为底的对数函数,$y=\log_a x$(其中 a 为常数且 $a>0,a\neq1$),其定义域为$(0,+\infty)$.

对数函数的图像可以从它所对应的指数函数 $y=a^x$ 的图像按反函数作图法的一般规则作出,即关于直线 $y=x$ 作对称于曲线 $y=a^x$ 的图像,就得 $y=\log_a x$ 的图像(图 1.20)

$y=\log_a x$ 的图像总在 y 轴的右方,并且通过点$(1,0)$.

若 $a>1$,则对数函数 $\log_a x$ 是单调增加的,在开区间$(0,1)$内函数值为负,而在区间$(1,+\infty)$内函数值为正.

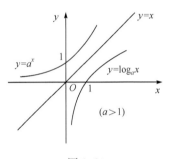

图 1.20

若 $0<a<1$,则对数函数 $\log_a x$ 是单调减少的,在开区间$(0,1)$内函数值为正,而在区间$(1,+\infty)$内函数值为负.

以常数 e 为底的对数函数 $y=\log_e x$ 叫做自然对数函数,记为 $y=\ln x$.

1.2.5　三角函数

常用的三角函数有正弦函数 $y=\sin x$,余弦函数 $y=\cos x$,正切函数 $y=\tan x$,余切函数 $y=\cot x$.

(1) 正弦函数 $y=\sin x$ 与余弦函数 $y=\cos x$ 都是以 2π 为周期的周期函数. 前者为奇函数,后者为偶函数,它们的定义域都是区间$(-\infty,+\infty)$,值域都是闭区间$[-1,1]$(图 1.21)

(2) 正切函数 $y=\tan x\left(x\in\left(n\pi-\dfrac{\pi}{2},n\pi+\dfrac{\pi}{2}\right),n=0,\pm1,\pm2,\cdots\right)$为奇函数,其图像关于原点对称. 正切函数是周期函数,周期为 π. 正切函数是无界函数,其图像如图 1.22所示.

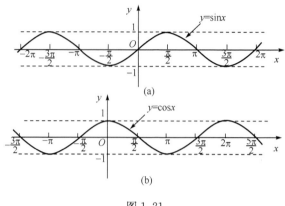

图 1.21

（3）余切函数 $y=\cot x$ $(x\in(n\pi,n\pi+\pi))$, $n=0,\pm1,\pm2,\cdots$)为奇函数,其图像关于原点对称. 余切函数是周期函数,周期为 π. 余切函数是无界函数,其图像如图 1.23 所示.

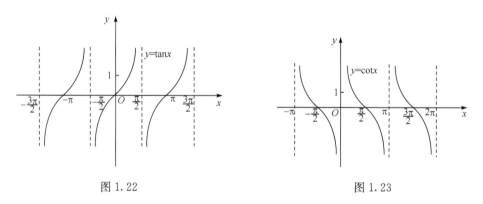

图 1.22   图 1.23

应当指出的是,在高等数学中,以上三角函数的自变量 x 都以弧度(rad)为单位.

1.2.6 反三角函数

反三角函数是三角函数的反函数,三角函数 $y=\sin x$, $y=\cos y$, $y=\tan x$, $y=\cot x$ 的反函数依次为反正弦函数 $y=\arcsin x$,反余弦函数 $y=\arccos x$,反正切函数 $y=\arctan x$,反余切函数 $y=\operatorname{arccot}x$. 反三角函数的图形都可以由相应的三角函数的图形按反函数作图法的一般规则作出.

这 4 个反三角函数都是多值函数,但是可以选取这些函数的单值支. 例如,把 $\arcsin x$ 的值限制在 $\left[-\dfrac{\pi}{2},\dfrac{\pi}{2}\right]$ 上,称为反正弦函数的主值,并记为 $\arcsin x$. 这样,函数 $y=\arcsin x$ 就是定义在闭区间 $[-1,1]$ 上的单值函数,并且有 $-\dfrac{\pi}{2}\leqslant\arcsin x\leqslant\dfrac{\pi}{2}$. 通常也称 $y=\arcsin x$ 为反正弦函数,它在闭区间 $[-1,1]$ 上是单调增加的.

类似地,其他三个反三角函数的主值也简称为反余弦函数、反正切函数及反余切函数,它们都是单值函数,它们的定义域、值域、单调性如下:

(1) 反余弦函数 $y=\arccos x$ 的定义域为闭区间 $[-1,1]$,值域为闭区间 $[0,\pi]$,它在 $[-1,1]$ 上单调减少;

(2) 反正切函数 $y=\arctan x$ 的定义域为 $(-\infty,+\infty)$,值域为开区间 $\left(-\dfrac{\pi}{2},\dfrac{\pi}{2}\right)$,它在 $(-\infty,+\infty)$ 内单调增加;

(3) 反余切函数 $y=\operatorname{arccot} x$ 的定义域为 $(-\infty,+\infty)$,值域为开区间 $(0,\pi)$,它在 $(-\infty,+\infty)$ 内单调减少.

反三角函数的图像如图 1.24 所示.

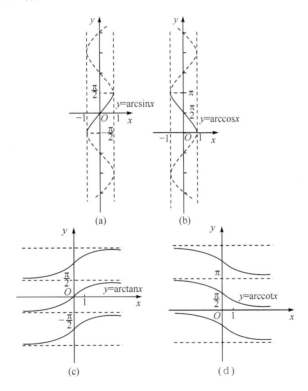

图 1.24

1.2.7　初等函数

由 6 种基本初等函数经过有限次四则运算(即加、减、乘、除运算)和有限次的复合运算所得到的、能由一个分析式表示的函数称为初等函数. 例如,

$$y=\sqrt{1-x^2},\quad y=\sin^2 x,\quad y=\sqrt{\cos\left(\dfrac{x}{2}\right)}$$

都是初等函数. 在本课程中讨论的函数绝大多数都是初等函数. 特别地,取整函数

$y=[x]$, 符号函数 $y=\text{sgn}x$, 狄利克雷函数 $y=D(x)$ 均不是初等函数.

习 题 1.2

1. 求下列函数的定义域:

(1) $y=\sin\sqrt{x}$;　　　　　　　(2) $y=\ln(\ln x)$;

(3) $y=\arcsin(x-2)$;　　　　　(4) $y=e^{\frac{1}{x}}$;

(5) $y=\sqrt{3-x}+\arctan\left(\dfrac{1}{x}\right)$.

2. 设 $F(x)=e^x$, 证明下列各式:

(1) $F(x)F(y)=F(x+y)$;　　(2) $\dfrac{F(x)}{F(y)}=F(x-y)$.

3. 利用函数的性态通过描点法作出函数 $y=\dfrac{1}{x^2}$ 的图像.

1.3 极 限

1.3.1 数列极限

极限的概念是由于求某些实际问题的精确解答而产生的. 例如,我国古代数学家刘徽(公元 3 世纪)利用圆内接正多边形来推算圆面积的方法——割圆术,就是极限思想在几何学上的应用.

设有一圆,首先作内接正六边形,把它的面积记为 A_1;再作内接正十二边形,其面积记为 A_2;依此类推,每次边数加倍. 一般地,把内接正 $6\times2^{n-1}$ 边形的面积记为 $A_n(n\in\mathbf{N}^+)$. 这样,就得到一系列内接正多边形的面积 $A_1,A_2,A_3,\cdots,A_n,\cdots$,它们构成一列有次序的数. 当 n 越大时,内接正多边形与圆的差别就越小,从而以 A_n 作为圆面积的近似值也就越精确,但是无论 n 取得如何大,只要 n 取定了,A_n 终究只是多边形的面积,还不是圆的面积. 因此,设想 n 无限增大(记为 $n\to\infty$,读作 n 趋于无穷大),即内接正多边形的边数无限增加,在这个过程中,内接正多边形无限接近于圆,同时,A_n 也无限接近于某一确定的数值,这个确定的数值可理解为圆面积,其在数学上称为上面这列有次序的数(所谓数列)$A_1,A_2,A_3,\cdots,A_n\cdots$当 $n\to\infty$ 时的极限.

1. 数列

无穷多个按自然顺序排列的数 $x_1,x_2,\cdots,x_n,\cdots$ 称为数列,记作 $\{x_n\}$. 数列中的每一个数称为数列的项,第 n 项 x_n 称为数列的一般项或通项. 例如,

(1) $2,\dfrac{3}{2},\dfrac{4}{3},\cdots,\dfrac{n+1}{n},\cdots$;

(2) $-\dfrac{1}{2},-\dfrac{1}{4},-\dfrac{1}{8},\cdots,-\dfrac{1}{2^n},\cdots$;

(3) $2, \dfrac{1}{2}, \dfrac{4}{3}, \cdots, \dfrac{n+(-1)^{n-1}}{n}, \cdots$;

(4) $1, -1, 1, \cdots, (-1)^{n+1}, \cdots$;

(5) $1, 3, 5, \cdots, 2n-1, \cdots$

都是数列,它们的一般项依次为

$$\dfrac{n+1}{n}, \quad -\dfrac{1}{2^n}, \quad \dfrac{n+(-1)^{n-1}}{n}, \quad (-1)^{n+1}, 2n-1.$$

在几何上,数列 $\{x_n\}$ 可看成数轴上的一个动点,它依次取数轴上的点 $x_1, x_2, \cdots,$ $x_n, \cdots$(图 1.25).

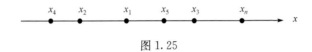

图 1.25

数列 $\{x_n\}$ 可看成自变量为正整数 n 的函数,即

$$x_n = f(n).$$

它的定义域是全体正整数,当自变量 n 依次取 $1, 2, \cdots, n, \cdots$ 时,对应的函数值就排列成数列 $\{x_n\}$.

下面介绍数列的单调性与有界性.

1)单调性

对数列 $\{x_n\}$,若 $x_1 \leqslant x_2 \leqslant x_3 \leqslant \cdots \leqslant x_n \leqslant x_{n+1} \leqslant \cdots$,则称该数列为单调增加数列. 反之,若 $x_1 \geqslant x_2 \geqslant x_3 \geqslant \cdots \geqslant x_n \geqslant x_{n+1} \geqslant \cdots$,则称该数列为单调减少数列. 单调增加和单调减少的数列统称为单调数列. 例如,数列 $\left\{-\dfrac{1}{2^n}\right\}$,$\{2n-1\}$ 等为单调增加数列,而数列 $\left\{\dfrac{n+1}{n}\right\}$,$\left\{\dfrac{1}{n}\right\}$ 等为单调减少数列.

注 1.6 若在上述定义中把"$\leqslant(\geqslant)$"换为"$<(>)$",则称该数列为严格单调增加(减少)数列. 严格单调增加和严格单调减少的数列统称为严格单调数列.

2)有界性

若存在正数 M,使得对一切正整数 n,均有 $|x_n| \leqslant M$ 成立,则称数列 $\{x_n\}$ 为有界数列. 若这样的 M 不存在,则称数列 $\{x_n\}$ 无界.

例如,数列 $\{x_n\} = \left\{\dfrac{n}{n+1}\right\}$ 是有界的,因为可令 $M=1$,而使 $\left|\dfrac{n}{n+1}\right| \leqslant 1$ 对一切正整数 n 都成立.

又如,数列 $\{x_n\} = \{2^n\}$ 是无界的,因为当 n 无限增大时,2^n 可超过任何正数.

2. 数列的极限

考察如下数列:

$$2, \frac{1}{2}, \frac{4}{3}, \cdots, \frac{n+(-1)^{n-1}}{n}, \cdots. \qquad (1.2)$$

在这个数列中,

$$x_n = \frac{n+(-1)^{n-1}}{n} = 1+(-1)^{n-1}\frac{1}{n}.$$

已经知道,两个数 a 与 b 之间的接近程度可以用这两个数之间的绝对值 $|b-a|$ 来度量(在数轴上,表示点 a 与点 b 之间的距离),$|b-a|$ 越小,a 与 b 就越接近.

就数列(1.2)来说,因为 $|x_n-1| = \left|(-1)^{n-1}\frac{1}{n}\right| = \frac{1}{n}$,由此可见,当 n 越来越大时,$\frac{1}{n}$ 越来越小,从而 x_n 就无限接近于 1,因为只要 n 足够大,$|x_n-1| = \frac{1}{n}$ 可以小于任意给定的正数,所以当 n 无限增大时,x_n 就无限接近于 1. 例如,给定 $\frac{1}{100}$,欲使 $\frac{1}{n} < \frac{1}{100}$,只要 $n>100$,即只要把数列(1.2)开始的 100 项除外,从第 101 项 x_{101} 起,后面的一切项 $x_{101}, x_{102}, x_{103}, \cdots, x_n \cdots$ 就都能使不等式 $|x_n-1| < \frac{1}{100}$ 成立. 同样地,给定 $\frac{1}{10000}$,则从第 10001 项 x_{10001} 起,后面的一切项 $x_{10001}, x_{10002}, x_{10003}, \cdots, x_n \cdots$ 就都能使不等式 $|x_n-1| < \frac{1}{10000}$ 成立.

一般地,无论给定的正数 ε 多么小,总存在一个正整数 N,使得对于 $n>N$ 的一切 x_n,不等式 $|x_n-1| < \varepsilon$ 都成立,这就是数列 $x_n = \frac{n+(-1)^{n-1}}{n}$ $(n=1,2,\cdots)$ 当 $n \to \infty$ 时无限接近于 1 的这件事的实质,数 1 叫做数列 $x_n = \frac{n+(-1)^{n-1}}{n}$ $(n=1,2,\cdots)$ 当 $n \to \infty$ 时的极限.

一般地,有如下关于数列极限的定义:

定义 1.7　如果数列 $\{x_n\}$ 与常数 a 有下列关系:对于任意给定的正数 ε(无论它多么小),总存在正整数 N,使得对 $n>N$ 的一切 x_n,不等式 $|x_n-a| < \varepsilon$ 都成立,则称常数 a 为数列 $\{x_n\}$ 的极限,或者称数列 $\{x_n\}$ 收敛于 a,记为

$$\lim_{n \to \infty} x_n = a \quad 或 \quad x_n \to a(n \to \infty).$$

如果数列没有极限,则称数列为发散的.

定义 1.7 中正数 ε 可以任意给定是很重要的,因为只有这样,不等式 $|x_n-a| < \varepsilon$ 才能表达出 x_n 与 a 无限接近的意思. 另外,定义 1.7 中的正整数 N 显然与任意给定的正数 ε 有关,它将随 ε 的给定而确定(但不唯一). 一般来说,当 ε 给得越小,相应的 N 就越大. 定义 1.7 常被通俗地称为数列极限的"ε-N"定义.

定义 1.7 可用逻辑符号简要表示如下:

$$\lim_{n \to \infty} x_n = a \Leftrightarrow \forall \varepsilon > 0, \exists 正整数 N,使得当 n>N 时,总有$$

$$|x_n - a| < \varepsilon.$$

给"数列$\{x_n\}$的极限为a"一个几何解释如下:

将常数a与数列$x_1, x_2, \cdots, x_n, \cdots$在数轴上用它们的对应点表示出来,再在数轴上作点$a$的$\varepsilon$邻域,即开区间$(a-\varepsilon, a+\varepsilon)$(图 1.26).

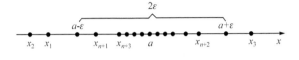

图 1.26

因为不等式$|x_n - a| < \varepsilon$与不等式$a - \varepsilon < x_n < a + \varepsilon$等价,所以当$n > N$时,几乎所有的点$x_n$都落在开区间$(a-\varepsilon, a+\varepsilon)$内,而至多只有$N$个(有限个)点在这个区间以外.

数列极限的定义未提供求极限的方法,但可以利用它验证一个数是否为数列的极限.

例 1.20 证明数列$x_n = \dfrac{n + (-1)^{n-1}}{n}$的极限是 1.

证 对于任意给定的正数ε,因为

$$|x_n - a| = |x_n - 1| = \left| \frac{n + (-1)^{n-1}}{n} - 1 \right| = \frac{1}{n},$$

为了使$|x_n - 1| = \dfrac{1}{n} < \varepsilon$,只要$n > \dfrac{1}{\varepsilon}$即可,所以对于任意给定的正数$\varepsilon$,取正整数$N = \left[\dfrac{1}{\varepsilon} \right]$,则当$n > N$时,就有$\left| \dfrac{n + (-1)^{n-1}}{n} - 1 \right| < \varepsilon$,即$\lim\limits_{n \to \infty} \dfrac{n + (-1)^{n-1}}{n} = 1$. ■

例 1.21 已知$x_n = \dfrac{(-1)^n}{(n+1)^2}$,证明数列$\{x_n\}$的极限是 0.

证 因为

$$|x_n - a| = \left| \frac{(-1)^n}{(n+1)^2} - 0 \right| = \frac{1}{(n+1)^2} < \frac{1}{(n+1)} < \frac{1}{n},$$

故对于任意给定的正数ε,只要$\dfrac{1}{n} < \varepsilon$,即$n > \dfrac{1}{\varepsilon}$,不等式$|x_n - a| < \varepsilon$就一定成立,故可取正整数$N = \left[\dfrac{1}{\varepsilon} \right]$,则当$n > N$时,就有$\left| \dfrac{(-1)^n}{(n+1)^2} - 0 \right| < \varepsilon$,即$\lim\limits_{n \to \infty} \dfrac{n + (-1)^n}{(n+1)^2} = 0$. ■

例 1.22 证明数列$x_n = q^n (|q| < 1)$的极限为 0.

证 对任意$\varepsilon > 0$,欲使$|q^n - 0| < \varepsilon$,即$|q^n| < \varepsilon$,只要$n \lg |q| < \lg \varepsilon$. 注意到$|q| < 1$,故$\lg |q| < 0$,由此可得$n > \dfrac{\lg \varepsilon}{\lg |q|}$,因而只要取$N = \left[\dfrac{\lg \varepsilon}{\lg |q|} \right]$,则当$n > N$时必有$|q^n| < \varepsilon$,即$\lim\limits_{n \to \infty} q^n = 0 (|q| < 1)$. ■

3. 收敛数列的性质

定理 1.2(唯一性)　若数列 $\{x_n\}$ 收敛,则其极限唯一.

证　反证法. 若 $\lim\limits_{n\to\infty}x_n=a$, $\lim\limits_{n\to\infty}x_n=b$ 且 $a\neq b$,则由极限的定义知,对 $\varepsilon=|a-b|>0$,

存在自然数 N,使得 $|x_N-a|<\dfrac{\varepsilon}{2}$ 与 $|x_N-b|<\dfrac{\varepsilon}{2}$ 同时成立,于是有 $|a-b|\leqslant$

$|a-x_N|+|x_N-b|<\dfrac{\varepsilon}{2}+\dfrac{\varepsilon}{2}=\varepsilon=|a-b|$,

即 $|a-b|<|a-b|$,矛盾,故必有 $a=b$,即数列 $\{x_n\}$ 的极限唯一. ∎

定理 1.3(有界性)　若数列 $\{x_n\}$ 收敛,则数列 $\{x_n\}$ 一定有界.

证　因为数列 $\{x_n\}$ 收敛,故可设 $\lim\limits_{n\to\infty}x_n=a$,于是对 $\varepsilon=1$,存在正整数 N,使得当 $n>N$ 时,不等式 $|x_n-a|<\varepsilon=1$ 成立,于是当 $n>N$ 时有

$$|x_n|=|(x_n-a)+a|\leqslant|x_n-a|+|a|<1+|a|.$$

取 $M=\max\{|x_1|,|x_2|,\cdots,|x_N|,1+|a|\}$,则有 $|x_n|\leqslant M(n=1,2,\cdots)$,即数列 $\{x_n\}$ 有界. ∎

定理 1.3 指出,收敛数列必有界. 反之,有界数列不一定收敛,即有界仅是数列收敛的必要条件,而非充分条件. 例如,数列 $\{(-1)^n\}$ 有界,但它却发散.

定理 1.4(收敛数列的保号性)　如果 $\lim\limits_{n\to\infty}x_n=a$ 且 $a>0$(或 $a<0$),则存在正整数 $N>0$,当 $n>N$ 时,都有 $x_n>0$(或 $x_n<0$).

证　仅 $a>0$ 的情形证明. 由数列极限的定义,对 $\varepsilon=\dfrac{a}{2}>0$,存在正整数 $N>0$,当

$n>N$ 时有 $|x_n-a|<\dfrac{a}{2}$,从而 $x_n>a-\dfrac{a}{2}=\dfrac{a}{2}>0$. ∎

推论 1.1　如果数列 $\{x_n\}$ 从某项起有 $x_n\geqslant0$(或 $x_n\leqslant0$)且 $\lim\limits_{n\to\infty}x_n=a$,则 $a\geqslant0$(或 $a\leqslant0$)

证　设数列 $\{x_n\}$ 从第 N_1 项起,即当 $n>N_1$ 时有 $x_n\geqslant0$,现在用反证法证明. 若 $\lim\limits_{n\to\infty}x_n=a<0$,则由定理 1.4 知,存在正整数 $N_2>0$,当 $n>N_2$ 时有 $x_n<0$. 取 $N=\max\{N_1,N_2\}$,当 $n>N$ 时,由假定有 $x_n\geqslant0$,由定理 1.4 有 $x_n<0$,矛盾,所以必有 $a\geqslant0$. ∎

数列 $\{x_n\}$ 从某项起有 $x_n\leqslant0$ 的情形,可以类似地证明.

最后,介绍子数列的概念以及关于收敛的数列与其子数列间关系的一个定理.

在数列 $\{x_n\}$ 中任意抽取无限多项,并保持这些项在原数列 $\{x_n\}$ 中的先后次序,这样得到的一个数列称为原数列 $\{x_n\}$ 的子数列(或子列).

设在数列 $\{x_n\}$ 中,第一次抽取 x_{n_1},第二次在 x_{n_1} 后抽取 x_{n_2},第三次在 x_{n_2} 后抽取 x_{n_3},……,这样无休止地抽取下去,从而得到一个数列

$$x_{n_1},x_{n_2},\cdots,x_{n_k},\cdots,$$

这个数列 $\{x_{n_k}\}$ 就是数列 $\{x_n\}$ 的一个子数列.

注 1.7　在子数列 $\{x_{n_k}\}$ 中，一般项 x_{n_k} 是第 k 项，而 x_{n_k} 在原数列 $\{x_n\}$ 中却是第 n_k 项．显然，$n_k \geqslant k$.

定理 1.5（收敛数列与其子数列间的关系）　如果数列 $\{x_n\}$ 收敛于 a，则它的任一子数列也收敛，并且极限也是 a.

证　设数列 $\{x_{n_k}\}$ 是数列 $\{x_n\}$ 的任一子数列．由于 $\lim\limits_{n \to \infty} x_n = a$，故 $\forall \varepsilon > 0$，存在正整数 N，当 $n > N$ 时，$|x_n - a| < \varepsilon$ 成立．取 $K = N$，则当 $k > K$ 时，$n_k > n = n_N \geqslant N$，于是 $|x_{n_k} - a| < \varepsilon$. 这就证明了 $\lim\limits_{k \to \infty} x_k = a$. ■

由定理 1.5 可知，如果数列 $\{x_n\}$ 有两个子数列收敛于不同的极限，则数列 $\{x_n\}$ 是发散的．例如，数列 $1, -1, 1, \cdots, (-1)^{n+1}, \cdots$ 的子数列 $\{x_{2k-1}\}$ 收敛于 1，而数列 $\{x_{2k}\}$ 收敛于 -1，因此，数列 $x_n = (-1)^{n+1}$ $(n = 1, 2, \cdots)$ 是发散的．同时，这个例子也说明，一个发散的数列也可能有收敛的子数列．

1.3.2　函数的极限

因为数列可看成自变量取正整数 n 的函数 $x_n = f(n)$，所以前面讨论的数列极限可视为函数极限的一种特殊情形，因此，数列极限的一些性质可作为后面函数极限的性质的特例而得到．下面讨论一般函数 $y = f(x)$ 的极限，主要研究以下两种情形：

（1）当自变量 x 任意地接近于有限值 x_0，或者说趋于有限值 x_0（记作 $x \to x_0$）时，对应的函数值 $f(x)$ 的变化情况；

（2）当自变量 x 的绝对值 $|x|$ 无限增大，即趋于无穷大（记作 $x \to \infty$）时，对应的函数值 $f(x)$ 的变化情况．

1. 当 $x \to x_0$ 时函数的极限

如果函数 $f(x)$ 在点 x_0 的某去心邻域内有定义（注意：在 x_0 点可以没有定义），并且当自变量 $x \to x_0$ 时，对应的函数值 $f(x)$ 无限地接近于某个确定的数值 A，则称 A 为函数 $f(x)$ 当 $x \to x_0$ 时的极限.

在 $x \to x_0$ 的过程中，对应的函数值 $f(x)$ 无限地接近于 A，即 $|f(x) - A|$ 能任意小，也就是说，$|f(x) - A|$ 能小于事先任意给定的正数 ε，也即 $|f(x) - A| < \varepsilon$. 因为函数值 $f(x)$ 无限地接近于 A 是在 $x \to x_0$ 的过程中实现的，所以对于任意给定的正数 ε，只要求对充分接近于 x_0 的 $x(x \neq x_0)$ 所对应的函数值 $f(x)$ 满足不等式 $|f(x) - A| < \varepsilon$，而充分接近于 x_0 的 $x(x \neq x_0)$ 可表达为 $0 < |x - x_0| < \delta$，其中 δ 为某个正数．从几何上来看，适合不等式 $0 < |x - x_0| < \delta$ 的 x 的全体就是点 x_0 的 δ 去心邻域，而邻域半径 δ 则体现了 x 接近于 x_0 的程度.

通过以上分析，给出当 $x \to x_0$ 时函数极限的定义如下：

定义 1.8　设 $f(x)$ 在点 x_0 的某一去心邻域内有定义，如果对于任意给定的无论多小的正数 ε，总存在正数 δ，使得对于适合不等式 $0 < |x - x_0| < \delta$ 的一切 x，对应的函数值 $f(x)$ 都满足不等式 $|f(x) - A| < \varepsilon$，则常数 A 就叫做函数 $f(x)$ 当 $x \to x_0$ 时的极

限,记作$\lim\limits_{x\to x_0}f(x)=A$ 或 $f(x)\to A(x\to x_0)$.

定义 1.8 常通俗地称为函数极限的"$\varepsilon\delta$"定义,也可用逻辑符号简要表示如下:

$\lim\limits_{x\to x_0}f(x)=A\Leftrightarrow\forall\varepsilon>0,\exists\delta>0,$ 使得当 $0<|x-x_0|<\delta$ 时,有 $|f(x)-A|<\varepsilon$.

这里指出:

(1) 定义 1.8 中的 $0<|x-x_0|$ 表示 $x\neq x_0$,所以当 $x\to x_0$ 时,$f(x)$ 有没有极限与 $f(x)$ 在点 x_0 是否有定义并无关系.

(2) 定义 1.8 中存在的 δ 只与 ε 有关,而与 x 无关,并且不唯一. 一般地,ε 越小,δ 也越小.

(3) 定义 1.8 中的"$<$"均可换为"$\leqslant$".

函数 $f(x)$ 当 $x\to x_0$ 时的极限为 A 的几何解释如下:对于任意给定的正数 ε,可以作两条平行于 x 轴的直线 $y=A\pm\varepsilon$,介于这两条直线之间的是一个横条区域. 根据定义,对于给定的 $\varepsilon>0$,存在点 x_0 的一个 δ 邻域 $(x_0-\delta,x_0+\delta)$,只要 x 进入该邻域(但 $x\neq x_0$),对应的曲线 $y=f(x)$ 上的点就一定介于两平行直线 $y=A\pm\varepsilon$ 之间(图 1.27)

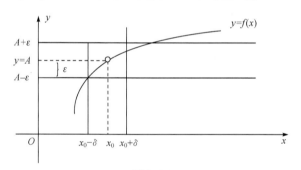

图 1.27

例 1.23 证明 $\lim\limits_{x\to x_0}x=x_0$.

证 因为 $|f(x)-A|=|x-x_0|$,故 $\forall\varepsilon>0,\exists\delta=\varepsilon>0$,使得当 $0<|x-x_0|<\delta$ 时,$|f(x)-A|<\varepsilon$ 成立,所以 $\lim\limits_{x\to x_0}x=x_0$. ■

例 1.24 证明 $\lim\limits_{x\to 2}(2x-1)=3$.

证 因为 $|f(x)-A|=|(2x-1)-3|=2|x-2|$,故 $\forall\varepsilon>0$,要使 $|f(x)-A|<\varepsilon$,只要 $|x-2|<\dfrac{\varepsilon}{2}$,所以 $\forall\varepsilon>0$,可取 $\delta=\dfrac{\varepsilon}{2}>0$,则当 $0<|x-2|<\delta$ 时,就有 $|f(x)-A|=|(2x-1)-3|<\varepsilon$ 成立,即 $\lim\limits_{x\to 2}(2x-1)=3$. ■

例 1.25 证明 $\lim\limits_{x\to 1}\dfrac{x^2-1}{x-1}=2$.

证 函数在点 $x=1$ 处无定义,但函数当 $x\to 1$ 时的极限存在与否与它并无关系,因此,当 $x\neq 1$ 时有 $\left|\dfrac{x^2-1}{x-1}-2\right|=|x+1-2|=|x-1|$. 于是 $\forall\varepsilon>0$,可取 $\delta=\varepsilon>0$,则

当 $0<|x-1|<\delta$ 时,就有 $\left|\dfrac{x^2-1}{x-1}-2\right|<\varepsilon$,所以 $\lim\limits_{x\to1}\dfrac{x^2-1}{x-1}=2$.　■

例 1.26　证明 $\lim\limits_{x\to0}\sqrt{1-x^2}=1$.

证　因为 $|x|\leqslant1$,则

$$|f(x)-A|=\left|\sqrt{1-x^2}-1\right|=\dfrac{x^2}{\sqrt{1+x^2}+1}\leqslant x^2,$$

故 $\forall\varepsilon>0$,要使 $|f(x)-A|<\varepsilon$,只要 $x^2<\varepsilon$,即 $|x|<\sqrt{\varepsilon}$. 于是 $\forall\varepsilon>0$,可取 $\delta=\sqrt{\varepsilon}>0$,则当 $0<|x-0|<\delta$ 时,就有 $\left|\sqrt{1-x^2}-1\right|<\varepsilon$,所以 $\lim\limits_{x\to0}\sqrt{1-x^2}=1$.　■

2. 单侧极限

在上述函数极限的讨论中,x 是以任意方式趋近于 x_0 的,即 x 可以从 x_0 的左侧逐渐增大而趋近于 x_0(记作 $x\to x_0-0$),也可以从 x_0 的右侧逐渐减少而趋近于 x_0(记作 $x\to x_0+0$),但有时只能或只需考虑 x 从其一侧逐渐变化而趋近于 x_0. 例如,从 x_0 的左侧趋近于 x_0 时相应函数值的变化趋向,此时只要把极限定义中的 $0<|x-x_0|<\delta$ 改为 $x_0-\delta<x<x_0$,则数值 A 就变成函数当 $x\to x_0$ 时的左极限,记作

$$\lim\limits_{x\to x_0-0}f(x)=A\quad \text{或}\quad f(x_0-0)=A.$$

类似地,在 $\lim\limits_{x\to x_0}f(x)=A$ 的定义中,把 $0<|x-x_0|<\delta$ 改为 $x_0<x<x_0+\delta$,则 A 就变成 $f(x)$ 当 $x\to x_0$ 时的右极限,记作

$$\lim\limits_{x\to x_0+0}f(x)=A\quad \text{或}\quad f(x_0+0)=A.$$

可以证明,函数 $f(x)$ 当 $x\to x_0$ 时极限存在的充分必要条件是左极限及右极限都存在且相等,即

$$\lim\limits_{x\to x_0}f(x)=A\Leftrightarrow \lim\limits_{x\to x_0-0}f(x)=\lim\limits_{x\to x_0+0}f(x)=A.$$

因此,如果 $f(x_0-0)$ 和 $f(x_0+0)$ 都存在,但不相等,则 $\lim\limits_{x\to x_0}f(x)$ 不存在.

例 1.27　证明函数 $f(x)=\begin{cases}x-1, & x<0,\\ 0, & x=0,\\ x+1, & x>0\end{cases}$ 当 $x\to0$ 时的极限不存在.

证　因为左极限为

$$\lim\limits_{x\to0-0}f(x)=\lim\limits_{x\to0-0}(x-1)=-1,$$

右极限为

$$\lim\limits_{x\to0+0}f(x)=\lim\limits_{x\to0+0}(x+1)=1,$$

故左极限与右极限都存在,但不相等,从而极限 $\lim\limits_{x\to0}f(x)$ 不存在(图 1.28).　■

3. 函数极限的性质

定理 1.6(局部保号性)　如果 $\lim\limits_{x\to x_0}f(x)=A>0$(或 <0),

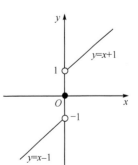

图 1.28

则存在 $\delta>0$,使得当 $x\in\overset{\circ}{U}(x_0,\delta)$ 时有 $f(x)>0$(或<0).

证　仅证 $A>0$ 的情形,同理可证 $A<0$ 的情形.

由 $A>0$ 及极限定义可知,对 $\varepsilon=\dfrac{A}{2}>0$,存在 $\delta>0$,使得当 $x\in\overset{\circ}{U}(x_0,\delta)$ 时,总有

$|f(x)-A|<\delta$,即 $0<\dfrac{A}{2}=A-\varepsilon<f(x)<A+\varepsilon$ 成立. 因此,当 $x\in\overset{\circ}{U}(x_0,\delta)$ 时有

$f(x)>0$. ■

由定理 1.6 的证明过程不难看到,还可以得到如下更强的结论:

推论 1.2　如果 $\lim\limits_{x\to x_0}f(x)=A\neq0$,则存在 $\delta>0$,使得当 $x\in\overset{\circ}{U}(x_0,\delta)$ 时有 $|f(x)|>\dfrac{|A|}{2}$.

定理 1.7(不等式)　如果在 x_0 的某去心邻域 $\overset{\circ}{U}(x_0,\delta)$ 内有 $f(x)\leqslant g(x)$,并且 $\lim\limits_{x\to x_0}f(x)=A,\lim\limits_{x\to x_0}g(x)=B$,则 $A\leqslant B$.

证　反证法. 若 $A>B$,则 $A-B>0$. 由定理 1.6 可知,存在 $0<\delta<\delta'$,使得当 $x\in\overset{\circ}{U}(x_0,\delta)$ 时有 $f(x)-g(x)>0$,即 $f(x)>g(x)$,这与 $f(x)\leqslant g(x)$ 的假设矛盾,所以 $A\leqslant B$. ■

推论 1.3　如果在 x_0 的某去心邻域内有 $f(x)\geqslant0$(或$\leqslant0$),并且 $\lim\limits_{x\to x_0}f(x)=A$,则 $A\geqslant0$(或$\leqslant0$).

定理 1.8(函数极限与数列极限的关系)　如果极限 $\lim\limits_{x\to x_0}f(x)$ 存在,$\{x_n\}$ 为函数 $f(x)$ 的定义域内任一收敛于 x_0 的数列,满足 $x_n\neq x_0(n\in\mathbf{N}^+)$,则相应的函数值数列 $\{f(x_n)\}$ 必收敛,并且 $\lim\limits_{n\to\infty}f(x_n)=\lim\limits_{x\to x_0}f(x)$.

证　设 $\lim\limits_{x\to x_0}f(x)=A$,则 $\forall\varepsilon>0$,存在 $\delta>0$,当 $0<|x-x_0|<\delta$ 时有

$$|f(x)-A|<\varepsilon.$$

又因为 $\lim\limits_{x\to\infty}x_n=x_0$,故对 $\delta>0$,存在 $N>0$,当 $n>N$ 时有 $|x_n-x_0|<\delta$. 由假设,$x_n\neq x_0$ $(n\in\mathbf{N}^+)$,故当 $n>N$ 时,$0<|x_n-x_0|<\delta$,从而 $|f(x_n)-A|<\varepsilon$,即 $\lim\limits_{n\to\infty}f(x_n)=A$. ■

注 1.8　定理 1.7 中的 $f(x)\leqslant g(x)$ 即使加强为 $f(x)<g(x)$,也只能得出 $A\leqslant B$ 的结论.

注 1.9　函数极限也有类似于数列极限的唯一性及有界性(定理 1.2 和定理 1.3). 在此,仅作说明而不再作为定理列出.

4. 当 $x\to\infty$ 时函数的极限

如果在 $x\to\infty$ 的过程中,对应的函数值 $f(x)$ 无限接近于确定的数值 A,则 A 叫做 $f(x)$ 当 $x\to\infty$ 时的极限. 精确地说,就是如下定义:

定义 1.9　设 $f(x)$ 当 $|x|$ 大于某一正数时有定义,如果对于任意给定的无论多小的正数 ε,总存在正数 X,使得对于适合不等式 $|x|>X$ 的一切 x,对应的函数值 $f(x)$ 都满足不等式 $|f(x)-A|<\varepsilon$,则常数 A 就叫做函数 $f(x)$ 当 $x\to\infty$ 时的极限,记作

$$\lim_{x\to\infty}f(x)=A \quad 或 \quad f(x)\to A(x\to\infty).$$

定义 1.9 常通俗地称为函数极限的"ε-X"定义,也可用逻辑符号简要表示如下:

$$\lim_{x\to\infty}f(x)=A \Leftrightarrow \forall\varepsilon>0,存在 X>0,使得当 |x|>X 时有 |f(x)-A|<\varepsilon.$$

如果 $x>0$ 且 x 无限增大(记作 $x\to+\infty$),则只要把定义 1.9 中的 $|x|>X$ 改为 $x>X$,就可得到 $\lim\limits_{x\to+\infty}f(x)=A$ 的定义. 同样,如果 $x<0$ 且 x 无限减少(记作 $x\to-\infty$),则只要把定义 1.9 中的 $|x|>X$ 改为 $x<-X$,便得 $\lim\limits_{x\to-\infty}f(x)=A$ 的定义.

从几何上来说,$\lim\limits_{x\to\infty}f(x)=A$ 的意义如下:作直线 $y=A-\varepsilon$ 和 $y=A+\varepsilon$,则总有一个正数 X 存在,使得当 $x<-X$ 或 $x>X$ 时,$y=f(x)$ 的图像就位于两平行直线 $y=A\pm\varepsilon$ 之间(图 1.29).

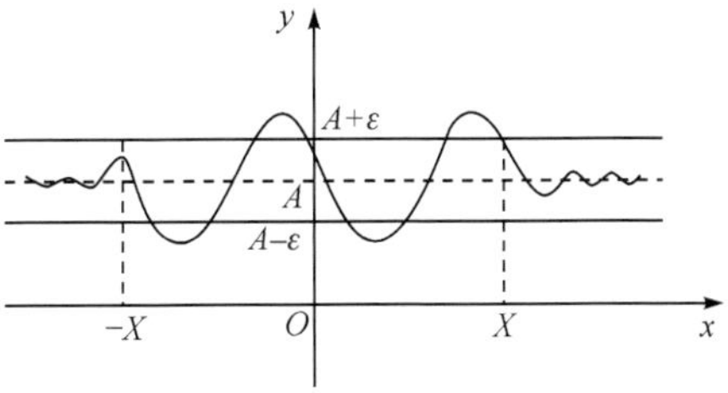

图 1.29

例 1.28 证明 $\lim\limits_{x\to\infty}\dfrac{1}{x}=0$

证 设 ε 是任意给定的正数,要证存在正数 X,使得当 $|x|>X$ 时,不等式 $\left|\dfrac{1}{x}\right|<\varepsilon$ 成立. 因为这个不等式相当于 $\dfrac{1}{|x|}<\varepsilon$ 或 $|x|>\dfrac{1}{\varepsilon}$,由此可知,若取 $X=\dfrac{1}{\varepsilon}$,则对满足 $|x|>X=\dfrac{1}{\varepsilon}$ 的一切 x,不等式 $\left|\dfrac{1}{x}-0\right|<\varepsilon$ 成立,这就证明了 $\lim\limits_{x\to\infty}\dfrac{1}{x}=0$. ∎

1.3.3 无穷小与无穷大

1. 无穷小

如果函数 $f(x)$ 当 $x\to x_0$(或 $x\to\infty$)时的极限为零,则 $f(x)$ 叫做当 $x\to x_0$(或 $x\to\infty$)时的无穷小. 因此,只要在 1.3.2 小节函数极限的两个定义中令 $A=0$,就可得无穷小的定义,但由于无穷小在理论上和应用上的重要性,所以把它的定义及有关性质写在下面.

定义 1.10 设函数 $f(x)$ 在 x_0 的某一去心邻域内有定义(或 $|x|$ 大于某一正数时有定义),若 $\forall\varepsilon>0$,总存在 $\delta>0$(或 $X>0$),使得当 $0<|x-x_0|<\delta$(或 $|x|>X$)时,总有

$$|f(x)|<\varepsilon$$

成立,则称函数 $f(x)$ 当 $x\to x_0$(或 $x\to\infty$)时为无穷小,记作

$$\lim_{x\to x_0}f(x)=0(或\lim_{x\to\infty}f(x)=0).$$

例 1.29 因为 $\lim\limits_{x\to 1}(x-1)=0,\lim\limits_{x\to\infty}\dfrac{1}{x}=0$,所以函数 $x-1$ 当 $x\to 1$ 时为无穷小,函数

$\dfrac{1}{x}$ 当 $x\to\infty$ 时为无穷小.

在这里要强调指出,无穷小是指极限为零的变量,它不是数,除零以外的任何一个绝对值很小的数$\left(\text{如}\dfrac{1}{10^6}\right)$都不能叫做无穷小.只有零可以作为无穷小的唯一的常数,这是因为它的绝对值可以小于任意给定的正数,所以不可把无穷小与绝对值很小的数混为一谈.

下列定理说明无穷小与函数极限之间的关系(仅就 $x\to x_0$ 的变化过程加以证明,对于 $x\to\infty$,其结果也是相同的):

定理 1.9　$\lim\limits_{x\to x_0}f(x)=A \Leftrightarrow f(x)=A+\alpha$(其中 α 为当 $x\to x_0$ 时的无穷小).

证　必要性.因为 $\lim\limits_{x\to x_0}f(x)=A$,故由极限定义可知,$\forall\varepsilon>0$,存在 $\delta>0$,使得当 $0<|x-x_0|<\delta$ 时有 $|f(x)-A|<\varepsilon$. 令 $\alpha=f(x)-A$,则 α 是当 $x\to x_0$ 时的无穷小,并且有 $f(x)=A+\alpha$.

充分性.设 $f(x)=A+\alpha$(其中 A 为常数),则 $|f(x)-A|=|\alpha|$. 由于 α 是当 $x\to x_0$ 时的无穷小,故 $\forall\varepsilon>0$,存在 $\delta>0$,使得当 $0<|x-x_0|<\delta$ 时有 $|\alpha|<\varepsilon$,即 $|f(x)-A|<\varepsilon$,这就证明了 A 是 $f(x)$ 当 $x\to x_0$ 时的极限.

关于无穷小的运算性质,由下面两个定理(其中同一定理中出现的无穷小的类型均相同)给出.

定理 1.10　有限个无穷小的和也是无穷小.

证　仅就两个无穷小的和及当 $x\to x_0$ 时的情形加以证明(因为用数学归纳法易证一般情形).

设 $\lim\limits_{x\to x_0}\alpha=\lim\limits_{x\to x_0}\beta=0$ 且 $r=\alpha+\beta$,则 $\forall\varepsilon>0$,存在 $\delta>0$,使得当 $0<|x-x_0|<\delta$ 时,同时有 $|\alpha|<\dfrac{\varepsilon}{2}$ 和 $|\beta|<\dfrac{\varepsilon}{2}$ 成立,于是当 $0<|x-x_0|<\delta$ 时有 $|r|=|\alpha+\beta|\leqslant|\alpha|+|\beta|<\dfrac{\varepsilon}{2}+\dfrac{\varepsilon}{2}=\varepsilon$. 这就证明了 r 也是当 $x\to x_0$ 时的无穷小.

定理 1.11　有界变量与无穷小的乘积是无穷小.

证　设函数 u 在 x_0 的某一去心邻域 $\overset{\circ}{U}(x_0,\delta)$ 内有界,即存在 $M>0$,使得当 $x\in\overset{\circ}{U}(x_0,\delta_1)$ 时有 $|u|\leqslant M$. 又设 α 是当 $x\to x_0$ 时的无穷小,即 $\forall\varepsilon>0$,存在 $\delta_2>0$,使得当 $x\in\overset{\circ}{U}(x_0,\delta_2)$ 时有 $|\alpha|<\dfrac{\varepsilon}{M}$. 于是取 $\delta=\min\{\delta_1,\delta_2\}$,则当 $x\in\overset{\circ}{U}(x_0,\delta)$ 时,同时有 $|u|\leqslant M$ 和 $|\alpha|<\dfrac{\varepsilon}{M}$ 成立,于是当 $x\in\overset{\circ}{U}(x_0,\delta)$ 时有 $|u\alpha|=|u||\alpha|<M\cdot\dfrac{\varepsilon}{M}=\varepsilon$. 这就证明了 $u\alpha$ 是当 $x\to x_0$ 时的无穷小.

对 $x\to\infty$ 的情形同理可证.

推论 1.4　常数与无穷小的乘积是无穷小.

推论 1.5　有限个无穷小的乘积也是无穷小.

例 1.30　证明 $\dfrac{\sin x}{x}$ 是当 $x \to \infty$ 时的无穷小.

证　因为 $|\sin x| \leqslant 1$(有界),又 $\dfrac{1}{x}$ 是当 $x \to \infty$ 时的无穷小,故由定理 1.11 知,它们的乘积 $\dfrac{\sin x}{x}$ 是当 $x \to \infty$ 时的无穷小. ■

2. 无穷大

若当 $x \to x_0$(或 $x \to \infty$)时,函数 $f(x)$ 的绝对值可以大于预先指定的任意大的正数 M,则称函数 $f(x)$ 当 $x \to x_0$(或 $x \to \infty$)时为无穷大.更精确地说,就是如下定义:

定义 1.11　设 $f(x)$ 在 x_0 的某一去心邻域内有定义(或 $|x|$ 大于某一正数时有定义),若 $\forall M > 0$,总存在 $\delta > 0$(或 $N > 0$),使得当 $0 < |x - x_0| < \delta$(或 $|x| > N$)时,总有
$$|f(x)| > M$$
成立,则称函数 $f(x)$ 当 $x \to x_0$(或 $x \to \infty$)时为无穷大.

当 $x \to x_0$(或 $x \to \infty$)时为无穷大的函数 $f(x)$,按通常意义来说,其极限是不存在的,但为了便于叙述函数的这一性态起见,也说:函数的极限是无穷大,并记作
$$\lim_{\substack{x \to x_0 \\ (x \to \infty)}} f(x) = \infty \quad \text{或} \quad \lim_{\substack{x \to x_0 \\ (x \to \infty)}} f(x) = -\infty.$$

若上面所考虑的 x 值对应的函数值都是正的(或负的),则记为
$$\lim_{\substack{x \to x_0 \\ (x \to \infty)}} f(x) = +\infty \quad \text{或} \quad \lim_{\substack{x \to x_0 \\ (x \to \infty)}} f(x) = -\infty.$$

对于上面这种说法和记法,必须注意,并且要记住:无穷大(∞)不是数,不可与很大的数(如一千万、一亿等)混为一谈.但要注意:无界变量不是无穷大量.

无穷大与无穷小之间有一种简单的关系,即无穷大量的倒量是无穷小量,非零无穷小量的倒量是无穷大量,即如下定理:

定理 1.12　(1) 若函数 $f(x)$ 为无穷大,则 $\dfrac{1}{f(x)}$ 为无穷小;

(2) 若 $f(x)(\neq 0)$ 为无穷小,则 $\dfrac{1}{f(x)}$ 为无穷大.

证　(1) 设 $\lim\limits_{x \to x_0} f(x) = \infty$,则 $\forall \varepsilon > 0$,取 $M = \dfrac{1}{\varepsilon} > 0$,于是存在 $\delta > 0$,使得当 $0 < |x - x_0| < \delta$ 时,不等式 $|f(x)| > M = \dfrac{1}{\varepsilon}$ 成立,即 $\left|\dfrac{1}{f(x)}\right| < \varepsilon$,也即 $\lim\limits_{x \to x_0} \dfrac{1}{f(x)} = 0$.

(2) 设 $\lim\limits_{x \to x_0} f(x) = 0$(这里需假定在 $x = x_0$ 的某去心邻域内有 $f(x) \neq 0$),则 $\forall M > 0$,取 $\varepsilon = \dfrac{1}{M} > 0$,于是存在 $\delta > 0$,使得当 $0 < |x - x_0| < \delta$ 时,不等式
$$|f(x)| = |f(x) - 0| < \varepsilon = \dfrac{1}{M}$$

成立,即 $\left|\dfrac{1}{f(x)}\right|>M$,也即

$$\lim_{x\to x_0}\frac{1}{f(x)}=\infty.$$

同理可证当 $x\to\infty$ 时的情形. ■

1.3.4 极限的运算法则

在这里建立函数极限的四则运算法则,并利用这些运算法则求一些函数的极限. 在下面的讨论中,记号"lim"下面不标明自变量的变化过程,将要阐述的几个定理对 $x\to x_0,x\to\infty,n\to\infty$ 等各种方式的自变量的变化过程都是成立的.

定理 1.13 若 $\lim f(x)=A,\lim g(x)=B$,则 $\lim[f(x)\pm g(x)]$ 存在,并且
$$\lim[f(x)\pm g(x)]=A\pm B=\lim f(x)\pm\lim g(x).$$

证 因为 $\lim f(x)=A,\lim g(x)=B$,故由定理 1.9 有 $f(x)=A+\alpha,g(x)=B+\beta$,其中 α 和 β 为无穷小,于是
$$f(x)\pm g(x)=(A+\alpha)\pm(B\pm\beta)=(A\pm B)+(\alpha\pm\beta),$$
其中 $\alpha\pm\beta$ 仍为无穷小. 再由定理 1.9 便得
$$\lim[f(x)\pm g(x)]=A\pm B=\lim f(x)\pm\lim g(x).$$

定理 1.13 可推广到有限个收敛函数的情形,但其逆不真. ■

定理 1.14 若 $\lim f(x)=A,\lim g(x)=B$,则 $\lim[f(x)\cdot g(x)]$ 存在,并且
$$\lim[f(x)\cdot g(x)]=AB=\lim f(x)\cdot\lim g(x).$$

证 因为 $\lim f(x)=A,\lim g(x)=B$,故由定理 1.9 有
$$f(x)=A+\alpha,\quad g(x)=B+\beta,$$
其中 α 和 β 为无穷小,于是
$$f(x)g(x)=(A+\alpha)(B+\beta)=AB+(B\alpha+A\beta+\alpha\beta),$$
其中由 α 与 β 为无穷小及推论 1.3 和推论 1.4 知,$B\alpha+A\beta+\alpha\beta$ 仍为无穷小. 再由定理 1.9 便得
$$\lim[f(x)\cdot g(x)]=AB=\lim f(x)\cdot\lim g(x).$$
定理 1.14 也可推广到有限个收敛函数的情形,但其逆不真. ■

推论 1.6 若 $\lim f(x)=A,c$ 为常数,则 $\lim[cf(x)]=c\lim f(x)=cA$.

推论 1.5 表明,求极限时,常数因子可以提到极限号外面.

推论 1.7 若 $\lim f(x)=A,n$ 为某个正整数,则
$$\lim[f(x)]^n=[\lim f(x)]^n=A^n.$$

定理 1.15 若 $\lim f(x)=A,\lim g(x)=B$ 且 $B\neq 0$,则 $\lim\dfrac{f(x)}{g(x)}$ 存在,并且 $\lim\dfrac{f(x)}{g(x)}=\dfrac{A}{B}=\dfrac{\lim f(x)}{\lim g(x)}$. ■

证 略.

例 1. 31　求 $\lim\limits_{x\to 2}(x^5-3x+4)$.

解　原式 $=\lim\limits_{x\to 2}x^5-\lim\limits_{x\to 2}3x+\lim\limits_{x\to 2}4=\left(\lim\limits_{x\to 2}x\right)^5-3\lim\limits_{x\to 2}x+4$

$\qquad\quad =2^5-3\times 2+4=30.$ ■

例 1. 32　求 $\lim\limits_{x\to 2}\dfrac{x^3-1}{x^2-5x+3}$.

解　这里分母的极限不为零,故

$$原式=\frac{\lim\limits_{x\to 2}(x^3-1)}{\lim\limits_{x\to 2}(x^5-5x+3)}=\frac{\lim\limits_{x\to 2}x^3-\lim\limits_{x\to 2}1}{\lim\limits_{x\to 2}x^2-5\lim\limits_{x\to 2}x+\lim\limits_{x\to 2}3}$$

$$=\frac{\left(\lim\limits_{x\to 2}x\right)^3-1}{\left(\lim\limits_{x\to 2}x\right)^2-5\times 2+3}=\frac{2^3-1}{2^2-10+3}=\frac{7}{-3}=-\frac{7}{3}.$$ ■

一般地,当 $x\to x_0$ 时,有理整函数(多项式)$P(x)=a_0x^n+a_1x^{n-1}+\cdots+a_n$ 的极限值就等于 $P(x)$ 在 $x=x_0$ 处的函数值,即

$$\lim_{x\to x_0}P(x)=\lim_{x\to x_0}(a_0x^n+a_1x^{n-1}+\cdots+a_n)=P(x_0).$$

对于求有理分式函数 $F(x)=\dfrac{P(x)}{Q(x)}$(其中 $P(x),Q(x)$ 都为多项式)当 $x\to x_0$ 时的极限,如果分母 $Q(x_0)\neq 0$,则它的极限就等于 $F(x_0)$.

但必须注意的是,如果 $Q(x_0)=0$,则关于商的极限运算法则不能应用,那就需要特别考虑了.

例 1. 33　求 $\lim\limits_{x\to 3}\dfrac{x-3}{x^2-9}$.

解　当 $x\to 3$ 时,分子和分母的极限都是零,于是分子、分母不能分别取极限,但由于分子、分母有公因子 $x-3$,而当 $x\to 3$ 时,$x\neq 3$,$x-3\neq 0$,故可约去不为零的公因子 $x-3$,从而

$$原式=\lim_{x\to 3}\frac{x-3}{(x-3)(x+3)}=\lim_{x\to 3}\frac{1}{x+3}=\frac{\lim\limits_{x\to 3}1}{\lim\limits_{x\to 3}(x+3)}=\frac{1}{6}.$$ ■

例 1. 34　求 $\lim\limits_{x\to 1}\dfrac{2x-3}{x^2-5x+4}$.

解　因为分母的极限 $\lim\limits_{x\to 1}(x^2-5x+4)=1^2-5\times 1+4=0$,故不能应用商的极限运算法则. 但因为 $\lim\limits_{x\to 1}\dfrac{x^2-5x+4}{2x-3}=\dfrac{1^2-5\times 1+4}{2\times 1-3}=0$,故由无穷小量与无穷大量的倒量关系可得 $\lim\limits_{x\to 1}\dfrac{2x-3}{x^2-5x+4}=\infty$. ■

例 1. 35　求 $\lim\limits_{x\to\infty}\dfrac{3x^3+4x^2+2}{7x^3+5x^2-3}$.

解 先用 x^3 去除分母及分子,然后取极限得

$$原式=\lim_{x\to\infty}\frac{3+\dfrac{4}{x}+\dfrac{2}{x^3}}{7+\dfrac{5}{x}-\dfrac{3}{x^3}}=\frac{3}{7}.$$

例 1.36 求 $\lim\limits_{x\to\infty}\dfrac{3x^2-2x-1}{2x^3-x^2+5}$.

解 先用 x^3 去除分母和分子,然后求极限得

$$原式=\lim_{x\to\infty}\frac{\dfrac{3}{x}-\dfrac{2}{x^2}-\dfrac{1}{x^3}}{2-\dfrac{1}{x}+\dfrac{5}{x^3}}=\frac{0}{2}=0.$$

例 1.37 求 $\lim\limits_{x\to\infty}\dfrac{2x^3-x^2+5}{3x^2-2x-1}$.

解 利用例 1.36 的结果和无穷大与无穷小的倒量关系得

$$\lim_{x\to\infty}\frac{2x^3-x^2+5}{3x^2-2x-1}=\infty.$$

例 1.35～例 1.37 是下列一般情形的特例,即当 $a_0\neq0,b_0\neq0,m$ 与 n 为非负正数时,有如下结果(此结果可作为公式使用):

$$\lim_{x\to\infty}\frac{a_0x^m+a_1x^{m-1}+\cdots+a_m}{b_0x^n+b_1x^{n-1}+\cdots+b_n}=\begin{cases}\dfrac{a_0}{b_0}, & n=m,\\[2mm] 0, & n>m,\\[2mm] \infty, & n<m.\end{cases}$$

例 1.38 求 $\lim\limits_{x\to+\infty}\dfrac{\sqrt{x^2+1}}{x+1}$.

解 原式 $=\lim\limits_{x\to+\infty}\dfrac{\sqrt{1+\dfrac{1}{x^2}}}{1+\dfrac{1}{x}}=\dfrac{\sqrt{1}}{1}=1.$

1.3.5 极限存在准则 两个重要极限

下面主要介绍判定极限存在的两个准则以及作为应用准则的例子,讨论如下两个重要极限:

$$\lim_{x\to0}\frac{\sin x}{x}=1,\quad \lim_{x\to\infty}\left(1+\frac{1}{x}\right)^x=\mathrm{e}.$$

准则 I(夹逼准则或两边夹法则)

(1) 数列极限. 若数列 $\{x_n\},\{y_n\}$ 和 $\{z_n\}$ 满足下列条件:

(i) 从某项起,即存在 $n_0\in\mathbf{N}$,当 $n>n_0$ 时有 $y_n\leqslant x_n\leqslant z_n$;

（ⅱ）$\lim\limits_{n\to\infty}y_n=\lim\limits_{n\to\infty}z_n=a$,

则数列 $\{x_n\}$ 的极限存在,并且 $\lim\limits_{n\to\infty}x_n=a$.

（2）函数极限. 若 $f(x),g(x)$ 和 $h(x)$ 满足下列条件:

（ⅰ）当 $x\in\overset{\circ}{U}(x_0,r)$（或 $|x|>M$）时,有 $g(x)\leqslant f(x)\leqslant h(x)$;

（ⅱ）$\lim\limits_{\substack{x\to x_0\\(x\to\infty)}}g(x)=A$, $\lim\limits_{\substack{x\to x_0\\(x\to\infty)}}h(x)=A$,

则 $\lim\limits_{\substack{x\to x_0\\(x\to\infty)}}f(x)$ 存在,并且等于 A.

证　这里只证明数列极限的情形. 因为 $y_n\to a,z_n\to a$,故由数列极限的定义知, $\forall\varepsilon>0$,存在 $N>0$,使得当 $n>N$ 时,同时有不等式 $|y_n-a|<\varepsilon$, $|z_n-a|<\varepsilon$ 成立,即不等式

$$a-\varepsilon<y_n<a+\varepsilon, \quad a-\varepsilon<z_n<a+\varepsilon$$

同时成立. 又因为 $y_n\leqslant x_n\leqslant z_n$,所以当 $n>N$ 时有

$$a-\varepsilon<y_n\leqslant x_n\leqslant z_n<a+\varepsilon,$$

即 $|x_n-a|<\varepsilon$,所以 $\lim\limits_{n\to\infty}x_n=a$.

作为准则 Ⅰ 中的函数极限情形的应用,下面证明一个重要的极限:

$$\lim_{x\to0}\frac{\sin x}{x}=1.$$

首先注意到函数 $\dfrac{\sin x}{x}$ 对于一切 $x\neq0$ 都有定义,在如图 1.30 所示的单位圆中,设圆

心角 $\angle AOB=x\left(0<x<\dfrac{\pi}{2}\right)$,点 A 处的切线与 OB 的延长线相交于 D. 又 $BC\perp OA$,则

$$\sin x=CB, \quad \tan x=AD.$$

因为

△AOB 的面积<扇形 AOB 的面积<△AOD 的面积,

所以

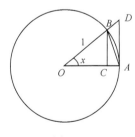

$$\frac{1}{2}\sin x<\frac{1}{2}x<\frac{1}{2}\tan x,$$

即

$$\sin x<x<\tan x.$$

图 1.30

不等号各边都除以 $\sin x$,就有

$$1<\frac{x}{\sin x}<\frac{1}{\cos x} \quad\text{或}\quad \cos x<\frac{\sin x}{x}<1. \tag{1.3}$$

因为当 x 用 $-x$ 代替时,$\cos x$ 与 $\dfrac{\sin x}{x}$ 都不变,所以式(1.3)对于开区间 $\left(-\dfrac{\pi}{2},0\right)$ 内的一切 x 也是成立的.

为了对式(1.3)应用准则 I 中函数极限的情形,下面来证明$\lim\limits_{x\to 0}\cos x=1$.

事实上,当$0<|x|<\dfrac{\pi}{2}$时有

$$0<|\cos x-1|=1-\cos x=2\sin^2\frac{x}{2}<2\left(\frac{x}{2}\right)^2=\frac{x^2}{2},$$

即$0<1-\cos x<\dfrac{x^2}{2}$. 当$x\to 0$时,$\dfrac{x^2}{2}\to 0$ 于是由准则 I 中函数极限的情形有$\lim\limits_{x\to 0}(1-\cos x)=0$,

所以$\lim\limits_{x\to 0}\cos x=1$. 由于$\lim\limits_{x\to 0}\cos x=1,\lim\limits_{x\to 0}1=1$,由式(1.3)及准则 I 中函数极限的情形,

即得

$$\lim_{x\to 0}\frac{\sin x}{x}=1. \qquad ■$$

例 1.39　求$\lim\limits_{x\to 0}\dfrac{\tan x}{x}$.

解　原式$=\lim\limits_{x\to 0}\left(\dfrac{\sin x}{x}\cdot\dfrac{1}{\cos x}\right)=\lim\limits_{x\to 0}\dfrac{\sin x}{x}\cdot\lim\limits_{x\to 0}\dfrac{1}{\cos x}=1\cdot 1=1.$　■

例 1.40　求$\lim\limits_{x\to 0}\dfrac{1-\cos x}{x^2}$.

解　原式$=\lim\limits_{x\to 0}\dfrac{2\sin^2\dfrac{x}{2}}{x^2}=\dfrac{1}{2}\lim\limits_{x\to 0}\dfrac{\sin^2\dfrac{x}{2}}{\left(\dfrac{x}{2}\right)^2}=\dfrac{1}{2}\lim\limits_{x\to 0}\left(\dfrac{\sin\dfrac{x}{2}}{\dfrac{x}{2}}\right)^2=\dfrac{1}{2}\cdot 1^2=\dfrac{1}{2}.$　■

例 1.41　求$\lim\limits_{x\to 0}\dfrac{\tan x-\sin x}{x^3}$.

解　原式$=\lim\limits_{x\to 0}\dfrac{1}{\cos x}\cdot\dfrac{\sin x}{x}\cdot\dfrac{1-\cos x}{x^2}$

$\qquad\quad=\lim\limits_{x\to 0}\dfrac{1}{\cos x}\cdot\lim\limits_{x\to 0}\dfrac{\sin x}{x}\cdot\lim\limits_{x\to 0}\dfrac{1-\cos x}{x^2}=1\cdot 1\cdot\dfrac{1}{2}=\dfrac{1}{2}.$　■

现在介绍判定极限存在的单调有界准则.

由定理 1.3 可知,有界是数列收敛的一个必要条件,但非充分条件. 如果在数列为有界的基础上再添加数列又是单调的这一条件,那么就能保证这个数列是收敛的. 这就是下面所要研究的单调有界审敛准则.

准则 II　单调有界数列必有极限.

对准则 II 不证明,只给出如下几何解释:从数轴上来看,对应于单调数列的点x_n只可能向一个方向移动,所以只有如下两种可能情形:①点x_n沿数轴移向无穷远($x_n\to+\infty$或$x_n\to-\infty$);②点x_n无限趋近于某个定点A(图 1.31),即数列$\{x_n\}$趋于一个极限. 但现在假定数列是有界的,而有界数列的点x_n都落在数轴上的某一个区间$[-M,M]$内,那么情形①就不可能发生了. 这就表示这个数列趋于一个极限,并且这个极限的绝对值不超过M.

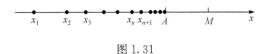

图 1.31

这里需指出的是,准则Ⅱ中的条件是数列收敛的一个充分条件,而不是必要条件,因为收敛的数列并非都是单调的.

作为准则Ⅱ的应用,下面讨论另一个重要的极限 $\lim\limits_{x\to\infty}\left(1+\dfrac{1}{x}\right)^{x}$.

下面考虑 x 取正整数 n 而趋于 $+\infty$ 时的情形. 设 $x_n=\left(1+\dfrac{1}{n}\right)^{n}$,首先证明它是一个单调增加的数列. 由二项式定理得

$$
\begin{aligned}
x_n &=\left(1+\frac{1}{n}\right)^{n} \\
&=1+\frac{n}{1!}\left(\frac{1}{n}\right)+\frac{n(n-1)}{2!}\left(\frac{1}{n}\right)^{2}+\cdots+\frac{n(n-1)\cdots(n-n+1)}{n!}\cdot\left(\frac{1}{n}\right)^{n} \\
&=1+1+\frac{1}{2!}\left(1-\frac{1}{n}\right)+\cdots+\frac{1}{n!}\left(1-\frac{1}{n}\right)\left(1-\frac{2}{n}\right)\cdots\left(1-\frac{n-1}{n}\right).
\end{aligned}
$$

类似地,

$$
\begin{aligned}
x_{n+1}=&1+1+\frac{1}{2!}\left(1-\frac{1}{n+1}\right)+\frac{1}{3!}\left(1-\frac{1}{n+1}\right)\left(1-\frac{2}{n+1}\right)+\cdots+\frac{1}{n!}\left(1-\frac{1}{n-1}\right) \\
&\times\left(1-\frac{2}{n+1}\right)\cdots\left(1-\frac{n-1}{n+1}\right) \\
&+\frac{1}{(n+1)!}\left(1-\frac{1}{n+1}\right)\left(1-\frac{2}{n+1}\right)\cdots\left(1-\frac{n}{n+1}\right).
\end{aligned}
$$

比较 x_n 与 x_{n+1} 的展开式可以看到,除前面两项外,x_n 的每一项都小于 x_{n+1} 的对应项,并且 x_{n+1} 还多了为正数的最后一项. 因此,$x_n<x_{n+1}$,这就证明了数列 $\{x_n\}$ 是单调增加的.

其次,证明这个数列同时还是有界的. 将 x_n 的展开式中各项括号内的数用较大的数代替,得

$$
x_n\leqslant1+1+\frac{1}{2!}+\frac{1}{3!}+\cdots+\frac{1}{n!}\leqslant1+1+\frac{1}{2}+\frac{1}{2^{2}}+\cdots+\frac{1}{2^{n-1}}
$$

$$
=1+\frac{1-\dfrac{1}{2^{n}}}{1-\dfrac{1}{2}}=3-\frac{1}{2^{n-1}}<3.
$$

这就证明了数列 $\{x_n\}$ 是有界的. 根据极限存在准则Ⅱ,这个数列 $\{x_n\}$ 的极限存在,通常用字母 e 来表示它,即

$$
\lim\limits_{n\to\infty}\left(1+\frac{1}{n}\right)^{n}=\mathrm{e}.
$$

　　这个数 e 是无理数,它的值为 e=2.817281828459045…. 在高等数学中,数 e 有它特殊的重要性,以后将会看到以 e 为底的对数函数和指数函数会带来许多方便.

　　对于自变量 x 取实数的函数 $\left(1+\dfrac{1}{x}\right)^x$,可以证明,当 $x\to+\infty$ 或 $x\to-\infty$ 时,它的极限都存在,并且都等于 e,即

$$\lim_{x\to+\infty}\left(1+\frac{1}{x}\right)^x=\mathrm{e},\qquad \lim_{x\to-\infty}\left(1+\frac{1}{x}\right)^x=\mathrm{e},$$

从而有

$$\lim_{x\to\infty}\left(1+\frac{1}{x}\right)^x=\mathrm{e}.$$

　　若对上式作变量代换,令 $x=\dfrac{1}{t}$,则当 $x\to\infty$ 时,$t\to0$,故上式又可写成

$$\lim_{t\to0}(1+t)^{\frac{1}{t}}=\mathrm{e}.$$

　　例 1.42　求 $\lim\limits_{x\to\infty}\left(1-\dfrac{1}{x}\right)^{2x}$.

　　解　令 $x=-t$,则当 $x\to\infty$ 时,$t\to\infty$,于是

$$原式=\lim_{t\to\infty}\left(1+\frac{1}{t}\right)^{-2t}=\left[\lim_{t\to\infty}\left(1+\frac{1}{t}\right)^t\right]^{-2}=\mathrm{e}^{-2}. \qquad ∎$$

　　例 1.43　求 $\lim\limits_{x\to0}(1+3x)^{\frac{1}{x}}$.

　　解　令 $u=3x$,当 $x\to0$ 时,$u\to0$,于是

$$原式=\lim_{x\to0}\left[(1+3x)^{\frac{1}{3x}}\right]^3=\lim_{u\to0}\left[(1+u)^{\frac{1}{u}}\right]^3=\left[\lim_{u\to0}(1+u)^{\frac{1}{u}}\right]^3=\mathrm{e}^3. \qquad ∎$$

1.3.6　无穷小的比较

　　已知两个无穷小的和、差及乘积仍是无穷小,但关于两个无穷小的商却会出现不同的情况,如当 $x\to0$ 时,$3x$,x^2,$\sin x$ 都是无穷小,而

$$\lim_{x\to0}\frac{x^2}{3x}=0,\quad \lim_{x\to0}\frac{3x}{x^2}=\infty,\quad \lim_{x\to0}\frac{3x}{\sin x}=3,\quad \lim_{x\to0}\frac{\sin x}{x}=1.$$

　　两个无穷小之比的极限存在的各种不同情形,反映了不同的无穷小趋于零的"快慢"程度. 就上例来说,在 $x\to0$ 的过程中,$x^2\to0$ 比 $3x\to0$"快些",反过来,$3x\to0$ 比 $x^2\to0$"慢些",而 $\sin x\to0$ 与 $x\to0$"快慢相仿",$3x\to0$ 与 $\sin x\to0$"快慢差不多".

　　下面就无穷小之比的极限存在或为无穷大时来说明两个无穷小之间的比较. 应当注意的是,下面的 α 与 β 都是在同一个自变量变化过程中的无穷小,并且 $\alpha\neq0$,而 $\lim\dfrac{\beta}{\alpha}$ 也是在这个变化过程中的极限.

　　定义 1.12　设 α 与 β 都是在同一个自变量的变化过程中的无穷小,则

　　(1) 若 $\lim\dfrac{\beta}{\alpha}=0$,则称 β 为比 α 高阶的无穷小,记为 $\beta=o(\alpha)$;

(2) 如果 $\lim \dfrac{\beta}{\alpha}=\infty$,则称 β 为比 α 低阶的无穷小;

(3) 如果 $\lim \dfrac{\beta}{\alpha}=c\neq0$(其中 c 为常数),则称 β 为 α 的同阶无穷小;

(4) 如果 $\lim \dfrac{\beta}{\alpha}=1$,则称 β 为 α 的等价无穷小,记为 $\alpha\sim\beta$.

可以看出,等价无穷小是同阶无穷小($c=1$)的特例.

上面几个无穷小举例如下:因为

$$\lim_{x\to0}\frac{x^2}{3x}=0,\quad \lim_{x\to0}\frac{3x}{x^2}=\infty,\quad \lim_{x\to0}\frac{3x}{\sin x}=3,\quad \lim_{x\to0}\frac{\sin x}{x}=1,$$

所以当 $x\to0$ 时,x^2 是比 $3x$ 高阶的无穷小;$3x$ 是比 x^2 低阶的无穷小;$3x$ 是与 $\sin x$ 同阶的无穷小;$\sin x$ 是与 x 等价的无穷小.

关于等价无穷小,有一条简单而又重要的替换定理如下:

定理 1.16　若 $\alpha\sim\alpha'$,$\beta\sim\beta'$,并且 $\lim \dfrac{\beta'}{\alpha'}=A$,则

$$\lim \frac{\beta}{\alpha}=\lim \frac{\beta'}{\alpha'}=A.$$

证　$\lim \dfrac{\beta}{\alpha}=\lim\left(\dfrac{\beta}{\beta'}\cdot\dfrac{\beta'}{\alpha'}\cdot\dfrac{\alpha'}{\alpha}\right)=\lim \dfrac{\beta}{\beta'}\cdot\lim \dfrac{\beta'}{\alpha'}\cdot\lim \dfrac{\alpha'}{\alpha}=\lim \dfrac{\beta'}{\alpha'}=A.$　■

定理 1.16 表明,求两个无穷小 i 比的极限时,分子、分母都可用等价无穷小来代替.因此,若用来代替(替换)的无穷小选得适当的话,可以使计算简化.

例 1.44　求 $\lim\limits_{x\to0}\dfrac{\tan2x}{\sin5x}$.

解　因为当 $x\to0$ 时,$\tan2x\sim2x$,$\sin5x\sim5x$,故

$$\lim_{x\to0}\frac{\tan2x}{\sin5x}=\lim_{x\to0}\frac{2x}{5x}=\frac{2}{5}.$$　■

例 1.45　求 $\lim\limits_{x\to0}\dfrac{\sin x}{x^3+3x}$.

解　因为当 $x\to0$ 时,$\sin x\sim x$,故

$$原式=\lim_{x\to0}\frac{x}{x(x^2+3)}=\lim_{x\to0}\frac{1}{x^2+3}=\frac{1}{3}.$$　■

注意:关于等价无穷小有如下几个常用式子($x\to0$):

$$\sin mx\sim mx,\quad \tan mx\sim mx,\quad \arctan x\sim x,\quad 1-\cos x\sim\frac{x^2}{2},\quad \ln(1+x)\sim x.$$

习　题　1.3

1. 写出下列数列的前 4 项:

(1) $\{x_n\}=\dfrac{1}{2n+1}$;　　　　　　　　(2) $\{x_n\}=(-1)^n\dfrac{n-1}{n+1}$;

(3) $\{x_n\} = \left(1 + \dfrac{1}{n}\right)^n$;　　　　　　(4) $\{x_n\} = \dfrac{1}{n^2} + \dfrac{2}{n^2} + \cdots + \dfrac{n}{n^2}$.

2. 观察下列数列当 $n \to \infty$ 时的变化趋势,指出哪些有极限,极限是什么? 哪些没有极限?

(1) $\{x_n\} = \dfrac{1000}{n}$;　　　　　　　　(2) $\{x_n\} = 1 + (-1)^{n-1}$;

(3) $\{x_n\} = 2 + \dfrac{(-1)^n}{n}$;　　　　　　　(4) $\{x_n\} = (-1)^n n^2$;

(5) $\{x_n\} = \underbrace{0.99\cdots99}_{n\text{个}}$.

3. 根据数列极限的定义证明下列各式:

(1) $\lim\limits_{n \to \infty} \dfrac{1}{n^2} = 0$;　　　　　　　　(2) $\lim\limits_{n \to \infty} \dfrac{3n+1}{2n+1} = \dfrac{3}{2}$;

(3) $\lim\limits_{n \to \infty} \left(1 - \dfrac{1}{2^n}\right) = 1$.

4. 设数列 $\{x_n\} = \left\{\dfrac{3n+2}{n+1}\right\}$,求 N,使得当 $n > N$ 时,不等式 $|x_n - 3| < 10^{-4}$ 成立.

5. 若 $\lim\limits_{n \to \infty} u_n = a$,证明 $\lim\limits_{n \to \infty} |u_n| = |a|$,并举例说明反过来未必成立.

6. 设数列 $\{x_n\}$ 有界,又 $\lim\limits_{n \to \infty} y_n = 0$,证明 $\lim\limits_{n \to \infty} x_n y_n = 0$.

7. 根据函数极限的定义证明下列各式:

(1) $\lim\limits_{x \to 3}(3x - 1) = 8$;　　　　　　　(2) $\lim\limits_{x \to -2} \dfrac{x^2 - 4}{x + 2} = -4$;

(3) $\lim\limits_{x \to 0} |x| = 0$;　　　　　　　　(4) $\lim\limits_{x \to +0} a^x = 1 (a > 1)$.

8. 根据函数的定义证明下列各式:

(1) $\lim\limits_{x \to \infty} \dfrac{1 + x^3}{2x^3} = \dfrac{1}{2}$;　　　　　　(2) $\lim\limits_{x \to +\infty} \dfrac{\sin x}{\sqrt{x}} = 0$.

9. 当 $x \to 2$ 时,$y = \dfrac{2}{x} \to 1$,问当 δ 等于多少时,若 $|x - 2| < \delta$,则 $|y - 1| < 0.001$ 成立(提示:$x \to 2$,故不妨设 $1 < x < 3$)?

10. 证明 $\lim\limits_{x \to x_0} f(x) = A \Leftrightarrow f(x_0 + 0) = f(x_0 - 0) = A$.

11. 求 $f(x) = \dfrac{x}{x}$,$\varphi(x) = \dfrac{|x|}{x}$ 当 $x \to 0$ 时的左、右极限,并说明当 $x \to 0$ 时的极限是否存在.

12. 两个无穷小的商是否一定是无穷小? 举例说明之.

13. 根据定义证明如下结论:

(1) $y = \dfrac{x^2 - 9}{x + 3}$ 当 $x \to 3$ 时为无穷小;

(2) $y = x \sin \dfrac{1}{x}$ 当 $x \to 0$ 时为无穷小．

14. 求下列数列的极限：

(1) $\lim\limits_{n \to \infty} \dfrac{1}{6}\left(1 - \dfrac{1}{n}\right)\left(2 - \dfrac{2}{n}\right)$；

(2) $\lim\limits_{n \to \infty} \dfrac{2n^2 + n}{4n^2 + 5}$；

(3) $\lim\limits_{n \to \infty} \dfrac{1 + 2 + 3 + \cdots + n}{n^2}$；

(4) $\lim\limits_{n \to \infty} \dfrac{(n+1)(n+2)(n+3)}{5n^3}$．

15. 求下列函数的极限：

(1) $\lim\limits_{x \to \sqrt{3}} \dfrac{x^2 - 3}{x^2 + 1}$；

(2) $\lim\limits_{x \to \infty} \dfrac{x^2 + 1}{2x + 1}$；

(3) $\lim\limits_{x \to 4} \dfrac{x^2 - 6x + 8}{x^2 - 5x + 4}$；

(4) $\lim\limits_{h \to 0} \dfrac{(x+h)^2 - x^2}{h}$；

(5) $\lim\limits_{x \to \infty} \left(1 + \dfrac{1}{x}\right)\left(2 - \dfrac{1}{x^2}\right)$；

(6) $\lim\limits_{x \to 1} \left(\dfrac{1}{1-x} - \dfrac{3}{1-x^3}\right)$；

(7) $\lim\limits_{x \to \infty} \dfrac{x+1}{\sqrt{x}}$；

(8) $\lim\limits_{x \to 2} \dfrac{x^3 + 2x^2}{(x-2)^2}$．

16. 求下列极限：

(1) $\lim\limits_{x \to 0} x^2 \sin \dfrac{1}{x}$；

(2) $\lim\limits_{x \to \infty} \dfrac{\arctan x}{x}$；

(3) $\lim\limits_{x \to 0} \dfrac{\tan 3x}{x}$；

(4) $\lim\limits_{x \to 0} x \cdot \cot 2x$；

(5) $\lim\limits_{x \to 0} \dfrac{\sin 2x}{\sin 5x}$；

(6) $\lim\limits_{x \to 0} \dfrac{1 - \cos 2x}{x \sin x}$；

(7) $\lim\limits_{n \to \infty} 2^n \sin \dfrac{x}{2^n} \ (x \neq 0)$；

(8) $\lim\limits_{x \to \pi} \dfrac{\cos\left(x - \dfrac{\pi}{2}\right)}{x - \pi}$．

17. 求下列极限：

(1) $\lim\limits_{x \to \infty} \left(\dfrac{1+x}{x}\right)^{2x}$；

(2) $\lim\limits_{x \to 0} (1 + 2x)^{\frac{1}{x}}$；

(3) $\lim\limits_{x \to 0} \left(\dfrac{2+x}{2}\right)^{\frac{2}{x}}$；

(4) $\lim\limits_{x \to \infty} \left(1 - \dfrac{1}{x}\right)^{kx}$（其中 k 为正整数）．

18. 利用极限存在准则证明下列各式：

(1) $\lim\limits_{n \to \infty} \sqrt{1 + \dfrac{1}{n}} = 1$；$\left(\text{提示}: 1 < \sqrt{1 + \dfrac{1}{n}} < 1 + \dfrac{1}{n}\right)$；

(2) $\lim\limits_{n \to \infty} \left(\dfrac{n}{n^2 + \pi} + \dfrac{n}{n^2 + 2\pi} + \cdots + \dfrac{n}{n^2 + n\pi}\right) = 1$

$\left(\text{提示}: \dfrac{n}{n+\pi} \leqslant \dfrac{n}{n^2 + \pi} + \dfrac{n}{n^2 + 2\pi} + \cdots + \dfrac{n}{n^2 + n\pi} \leqslant \dfrac{n^2}{n^2 + \pi}\right)$；

（3）数列 $\sqrt{2}$，$\sqrt{2+\sqrt{2}}$，$\sqrt{2+\sqrt{2+\sqrt{2}}}$，$\cdots$ 的极限存在．

19. 当 $x\to0$ 时，$2x-x^2$ 与 x^2-x^3 相比，哪一个是高阶无穷小？

20. 当 $x\to1$ 时，无穷小 $1-x$ 和

（1）$1-x^3$；　　　（2）$\dfrac{1}{2}(1-x^2)$

是否同阶？是否等价？

21. 证明当 $x\to0$ 时下列各式成立：

（1）$\arctan x\sim x$；　　　　　（2）$\sec x-1\sim\dfrac{x^2}{2}$；

22. 利用等价无穷小的性质，求下列极限：

（1）$\lim\limits_{x\to0}\dfrac{\tan3x}{2x}$；　　　　　（2）$\lim\limits_{x\to0}\dfrac{\sin(x^n)}{(\sin x)^m}$（其中 n,m 为正整数）；

（3）$\lim\limits_{x\to0}\dfrac{\tan x-\sin x}{\sin^3 x}$．

1.4　函数的连续性

1.4.1　函数的连续性

自然界中有许多现象，如气温的变化、河水的流动、植物的生长等，都是连续地变化着的，这种现象在函数关系上的反映就是函数的连续性．例如，就气温的变化来看，当时间变动很小时，气温的变化也很小，这种特点就是所谓的连续性．下面先引入增量的概念，然后来描述连续性，并引出函数连续性的定义．

设变量 u 从它的一个初值 u_1 变到终值 u_2，终值与初值的差 u_2-u_1 就叫做变量 u 的增量（或叫改变量），记作 $\Delta u=u_2-u_1$．当 $u_2>u_1$ 时，增量 Δu 为正；当 $u_2<u_1$ 时，增量 Δu 为负．由此可见，增量可取正值，也可取负值．若增量 $\Delta u=0$，则表明变量 u 的终值与初值是相等的．将 $\Delta u=u_2-u_1$ 改写为 $u_2=u_1+\Delta u$，它表明变量 u 的终值 u_2 等于它的初值 u_1 与增量 Δu 之和．

现在假定函数 $y=f(x)$ 在点 x_0 的某一个邻域内是有定义的．当自变量 x 在这个邻域内从 x_0 变到 $x_0+\Delta x$ 时，函数 y 相应地从 $f(x_0)$ 变到 $f(x_0+\Delta x)$，因此，函数 y 对应的增量为

$$\Delta y=f(x_0+\Delta x)-f(x_0).$$

这个关系式的几何解释如图 1.32 所示．

假如保持 x_0 不变而自变量的增量 Δx 变动，一般来说，函数 y 的增量 Δy 也要随之变动．现在对连续性的概念可以这样描述：若当 Δx 趋于零时，函数 y 对应的增量 Δy 也趋于零，即 $\lim\limits_{\Delta x\to0}\Delta y=0$ 或 $\lim\limits_{\Delta x\to0}[f(x_0+\Delta x)-f(x_0)]=0$，则称函数 $y=f(x)$ 在

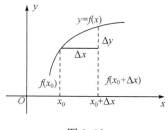

图 1.32

x_0 处为连续的,即有下述定义:

定义 1.13　设函数 $y=f(x)$ 在 x_0 的某一邻域内有定义,若当自变量的增量 $\Delta x=x-x_0$ 趋于零时,对应的函数的增量 $\Delta y=f(x_0+\Delta x)-f(x_0)$ 也趋于零,则称函数 $y=f(x)$ 在点 x_0 连续.

为方便起见,下面把函数 $y=f(x)$ 在点 x_0 连续的定义用不同的方式来叙述.

设 $x=x_0+\Delta x$,则 $\Delta x\to 0$ 就是 $x\to x_0$. 又由于

$$\Delta y=f(x_0+\Delta x)-f(x_0)=f(x)-f(x_0),$$

即

$$f(x)=f(x_0)+\Delta y,$$

可见,$\Delta y\to 0$ 就是 $f(x)\to f(x_0)$. 因此,$\lim\limits_{\Delta x\to 0}\Delta y=0$ 与 $\lim\limits_{x\to x_0}f(x)=f(x_0)$ 等价. 函数 $y=f(x)$ 在点 x_0 连续的定义又可叙述如下:

定义 1.14　设函数 $y=f(x)$ 在点 x_0 的某一邻域内有定义,如果函数 $f(x)$ 当 $x\to x_0$ 时的极限存在,并且等于它在点 x_0 处的函数值 $f(x_0)$,即

$$\lim\limits_{x\to x_0}f(x)=f(x_0),$$

则称函数 $f(x)$ 在点 x_0 连续.

定义 1.13 与定义 1.14 是等价的. 由定义 1.14 可知,一个函数在点 x_0 连续,必须且只须满足下列三个条件:

(1) $f(x)$ 在点 x_0 处有定义,即有确定的函数值 $f(x_0)$;

(2) 极限 $\lim\limits_{x\to x_0}f(x)$ 存在;

(3) $\lim\limits_{x\to x_0}f(x)=f(x_0)$.

由此可知,三个条件中只要有一个不满足,函数 $f(x)$ 在点 x_0 处就不连续.

上述定义可用"$\varepsilon\text{-}\delta$"语言表达如下:

定义 1.15　设函数 $y=f(x)$ 在点 x_0 的某邻域内有定义,并且 $\forall\varepsilon>0$,$\exists\delta>0$,使得当 $|x-x_0|<\delta$ 时,总有不等式 $|f(x)-f(x_0)|<\varepsilon$ 成立,则函数 $f(x)$ 在点 x_0 处连续.

下面说明左连续和右连续的概念.

若 $\lim\limits_{x\to x_0-0}f(x)=f(x_0)$,则称函数 $f(x)$ 在点 x_0 左连续;若 $\lim\limits_{x\to x_0+0}f(x)=f(x_0)$,则称函数 $f(x)$ 在点 x_0 右连续.

不难证明,函数 $f(x)$ 在点 x_0 连续的充要条件是它在点 x_0 处既是左连续又是右连续.

如果函数 $f(x)$ 在区间 I 上的每一点都连续,则称函数 $f(x)$ 在区间 I 上连续,或称 $f(x)$ 为区间 I 上的连续函数. 如果区间包括端点,则函数在左端点连续是指右连续,在右端点连续是指左连续.

连续函数的图像是一条连续而不间断的曲线.

可以看出:

(1) 若 $f(x)$ 为有理整函数(多项式),即

$$f(x)=a_0 x^m+a_1 x^{m-1}+a_2 x^{m-2}+\cdots+a_m,$$

则对于任意实数 x_0,都有 $\lim\limits_{x\to x_0}f(x)=f(x_0)$,故有理整函数在 $(-\infty,+\infty)$ 内是连续的;

(2) 对于有理分式函数 $F(x)=\dfrac{P(x)}{Q(x)}$,只要 $Q(x_0)\neq 0$,就有 $\lim\limits_{x\to x_0}F(x)=F(x_0)$,

因此,有理分式函数在其定义域内每一点都是连续的.

也可以证明,指数 $y=a^x(a>0,a\neq 1)$ 在 $(-\infty,+\infty)$ 内连续.

作为例子,证明 $y=\sin x$ 在 $(-\infty,+\infty)$ 内是连续的.

证 $\forall x,x+\Delta x\in(-\infty,+\infty)$,函数增量为

$$\Delta y=\sin(x+\Delta x)-\sin x=2\sin\frac{\Delta x}{2}\cos\left(x+\frac{\Delta x}{2}\right).$$

因为 $2\cos\left(x+\dfrac{\Delta x}{2}\right)$ 为有界函数,并且当 $\Delta x\to 0$ 时,$\sin\dfrac{\Delta x}{2}\to 0$,故由有界变量与无穷小的乘积仍为无穷小的性质有

$$\lim_{\Delta x\to 0}\Delta y=0.$$

这说明 $y=\sin x$ 对任何 x 均连续,即 $y=\sin x$ 在 $(-\infty,+\infty)$ 内是连续的. ∎

同理可证,余弦函数 $y=\cos x$ 在 $(-\infty,+\infty)$ 内连续.

1.4.2 函数的间断点

所谓函数的间断点是指它的不连续点. 由此可推出,如果函数 $f(x)$ 有下列三种情形之一:

(1) 在 x_0 点附近有定义,但在点 x_0 处无定义;

(2) 在点 x_0 及其附近有定义,但极限 $\lim\limits_{x\to x_0}f(x)$ 不存在;

(3) 在点 x_0 及其附近都有定义,极限 $\lim\limits_{x\to x_0}f(x)$ 也存在,但 $\lim\limits_{x\to x_0}f(x)\neq f(x_0)$,则称 x_0 为 $f(x)$ 的间断点.

例如,因为函数 $y=\dfrac{\sin x}{x}$ 在点 $x=0$ 处无定义,故 $x=0$ 是函数的间断点;$x=0$ 是取整函数 $f(x)=[x]$ 的间断点,这是因为 $f(x-0)\neq f(x+0)$;$x=0$ 是函数 $y=\begin{cases}x, & x\neq 0,\\ 2, & x=0\end{cases}$ 的间断点,这是因为 $\lim\limits_{x\to x_0}f(x)\neq f(0)$.

根据函数在间断点处的不同间断形式,可把间断点分为两大类,即第一类间断点与第二类间断点.

若 x_0 是函数 $f(x)$ 的间断点,并且 $f(x-0)$ 与 $f(x+0)$ 都存在,则称点 x_0 为 $f(x)$ 的第一类间断点;若 x_0 是函数 $f(x)$ 的间断点,并且 $f(x-0)$ 与 $f(x+0)$ 至少有一个不存在,则称点 x_0 为 $f(x)$ 的第二类间断点. 关于第一类断点,又可细分为可去间断点和跳跃间断点两种类型,其中 $f(x-0)=f(x+0)$ 的间断点 x_0 称为 $f(x)$ 的可去间断点,$f(x_0-0)\neq f(x_0+0)$ 的间断点 x_0 称为 $f(x)$ 的跳跃间断点.

下面通过实例先说明第一类间断点,然后再举例说明第二类间断点中常见的两种类型——无穷间断点和震荡间断点.

第一类间断点举例如下:

例 1.46　因为函数 $y=f(x)=\dfrac{x^2-1}{x-1}$ 在点 $x=1$ 无定义,故 $x=1$ 是该函数的间断点.又由于 $\lim\limits_{x\to1}\dfrac{x^2-1}{x-1}=\lim\limits_{x\to1}(x+1)=2$,因此,$x=1$ 是该函数的可去间断点(图 1.33).

若补充定义:当 $x=1$ 时,$y=2$,则 $\lim\limits_{x\to1}f(x)=f(1)=2$,故函数 $f(x)$ 在 $x=1$ 处连续. ∎

例 1.47　设函数

$$y=f(x)=\begin{cases}-x+2, & x\neq1,\\[2mm]\dfrac{1}{2}, & x=1,\end{cases}$$

则

$$\lim\limits_{x\to1}f(x)=\lim\limits_{x\to1}(-x+2)=1\neq\dfrac{1}{2}=f(1),$$

故 $x=1$ 是函数 $f(x)$ 的可去间断点(图 1.34).若改变函数 $f(x)$ 在 $x=1$ 处的定义:令 $f(1)=1$,则 $f(x)$ 在 $x=1$ 处连续. ∎

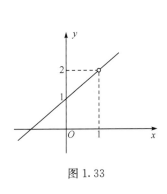

图 1.33

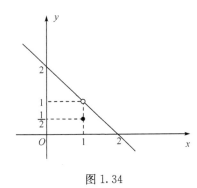

图 1.34

例 1.48　设函数

$$y=f(x)=\begin{cases}x+1, & x>0,\\x, & x\leqslant0,\end{cases}$$

则

$$f(0+0)=\lim\limits_{x\to0^+}f(x)=\lim\limits_{x\to0^+}(x+1)=1\neq0=\lim\limits_{x\to0^-}x=\lim\limits_{x\to0^-}f(x)=f(0-0),$$

故 $x=0$ 是 $f(x)$ 的跳跃间断点(图 1.35). ∎

第二类间断点举例如下:

例 1.49　因为函数 $f(x)=\dfrac{1}{x-3}$ 在 $x=3$ 处无定义,故 $x=3$ 是该函数的间断点.

又因为 $\lim\limits_{x\to 3}f(x)=\lim\limits_{x\to 3}\dfrac{1}{x-3}=\infty$，因此，$x=3$ 是第二类间断点，并且称为无穷间断点 (图 1.36).

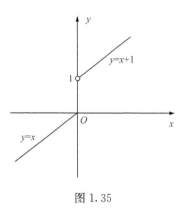

图 1.35

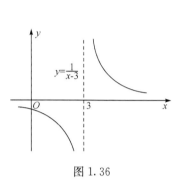

图 1.36

一般地，若 $\lim\limits_{x\to x_0}f(x)=\infty$，则称 x_0 为 $f(x)$ 的无穷间断点.

例 1.50 因为函数 $y=\sin\dfrac{1}{x}$ 在点 $x=0$ 处无定义，并且当 $x\to 0$ 时，函数值在 -1 与 $+1$ 之间变动无限次，故称点 $x=0$ 为函数 $\sin\dfrac{1}{x}$ 的振荡间断点(图 1.37).

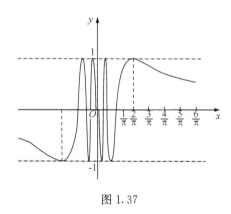

图 1.37

无穷间断点与振荡间断点只是第二类间断点中最常见的两种类型，其他的类型就不一一列举了.

1.4.3 初等函数的运算与初等函数的连续性

1. 连续函数的四则运算

定理 1.17 若函数 $f(x)$ 与 $g(x)$ 在点 x_0 连续，则
(1) $f(x)\pm g(x)$ 在点 x_0 连续；
(2) $f(x)\cdot g(x)$ 在点 x_0 连续；
(3) 当 $g(x_0)\neq 0$ 时，$\dfrac{f(x)}{g(x)}$ 在点 x_0 连续.

证 利用极限四则运算法则及函数连续的定义不难证明此定理，这里仅证情形(1).由假设有

$$\lim_{x\to x_0}f(x)=f(x_0),\quad \lim_{x\to x_0}g(x)=g(x_0),$$

故由极限运算法则有

$$\lim_{x\to x_0}[f(x)\pm g(x)]=f(x_0)\pm g(x_0),$$

即函数 $f(x)\pm g(x)$ 在点 x_0 连续.

例如，$\sin x$，$\cos x$ 均在 $(-\infty,+\infty)$ 内连续，故由定理 1.17(3)知，$\tan x=\dfrac{\sin x}{\cos x}$ 与 $\cot x=\dfrac{\cos x}{\sin x}$ 均在它们的定义域内连续. ■

2. 反函数和复合函数的连续性

定理 1.18 若函数 $y=f(x)$ 在区间 I_x 上严格单调增加(或减少)且连续，则其反函数 $x=\varphi(y)$ 在对应区间 $I_y=\{y\,|\,y=f(x),x\in I_x\}$ 上也严格单调增加(或减少)且连续.

证 略.

例 1.51 因为 $y=\sin x$ 在闭区间 $\left[-\dfrac{\pi}{2},\dfrac{\pi}{2}\right]$ 上严格单调增加且连续，故它的反函数 $y=\arcsin x$ 在定义域 $[-1,1]$ 上也严格单调增加且连续. 同理可知，反三角函数 $\arccos x$，$\arctan x$，$\text{arccot}\,x$ 在它们的定义域内严格单调且连续. ■

例 1.52 因为 $y=a^x(a>0,a\neq 1)$ 在 $(-\infty,+\infty)$ 内严格单调且连续，故它的反函数 $y=\log_a x$ 在 $(0,+\infty)$ 内也严格单调且连续. ■

定理 1.19 设函数 $u=\varphi(x)$ 在点 $x=x_0$ 连续，并且 $\varphi(x_0)=u_0$，而函数 $y=f(u)$ 在点 $u=u_0$ 连续，则复合函数 $y=f(\varphi(x))$ 在点 $x=x_0$ 也是连续的.

证 略.

注 1.10 定理 1.19 还说明在定理条件下，求复合函数 $f(\varphi(x))$ 的极限时，函数符号 f 与极限符号可以交换次序，即

$$\lim_{x\to x_0}f(y(x))=f\left(\lim_{x\to x_0}y(x)\right).$$

例 1.53 求 $\lim\limits_{x\to 2}\sqrt{1+x^3}$.

解 $y=\sqrt{1+x^3}$ 可看成由 $y=\sqrt{u}$，$u=1+x^3$ 复合而成，而 $\lim\limits_{x\to 2}(1+x^3)=9$，故由定理 1.19 得 $\lim\limits_{x\to 2}\sqrt{1+x^3}=\sqrt{9}=3$. ■

例 1.54 设 $y=x^\alpha\,(x>0)$，由于 $y=\mathrm{e}^{\alpha\ln x}$，可看成由两个连续函数 $y=\mathrm{e}^u$，$u=\alpha\ln x$ 复合而成，故 $y=x^\alpha$ 在 $(0,+\infty)$ 内连续. ■

例 1.55 求 $\lim\limits_{x\to 0}\sqrt{2-\dfrac{\sin x}{x}}$.

解 由于 $\lim\limits_{x\to 0}\dfrac{\sin x}{x}=1$ 及函数 $\sqrt{2-u}$ 在 $u=1$ 处连续，所以

$$\lim_{x\to 0}\sqrt{2-\frac{\sin x}{x}}=\sqrt{2-\lim_{x\to 0}\frac{\sin x}{x}}=\sqrt{2-1}=1.$$

3. 初等函数的连续性

上面较零散地研究和说明了基本初等函数(常数函数、幂函数、指数函数、对数函

数、三角函数和反三角函数)的连续性问题,综合起来可得到如下结论:

基本初等函数在其定义域内是连续的.

同时,由基本初等函数的连续性、连续函数的四则运算法则及复合函数的连续性定理又可得到如下非常重要的结论:

定理 1.20 一切初等函数在其定义区间内都是连续的.

习　题　1.4

1. 用"ε-δ"定义证明函数 $y=\sqrt{x}$ 在 $x=1$ 处是连续的.

2. 研究下列函数的连续性,并画出函数的图像:

(1) $f(x)=\begin{cases} x^2, & 0\leqslant x\leqslant 1, \\ 2-x, & 1<x\leqslant 2; \end{cases}$

(2) $f(x)=\begin{cases} x, & -1\leqslant x\leqslant 1, \\ 1, & x<-1 \text{ 或 } x>1. \end{cases}$

3. 试确定 a 的值,使得 $f(x)=\begin{cases} \dfrac{\sin 2x}{x}, & x>0, \\ a\cos x, & x\leqslant 0 \end{cases}$ 在 $x=0$ 处连续.

4. 下列函数在指出的点处间断,说明这些间断点属于哪一类;如果是可去间断点,则补充或改变函数的定义使它连续:

(1) $y=\dfrac{x^2-1}{x^2-3x+2}, x=1, x=2$;

(2) $y=\dfrac{x}{\tan x}, x=k\pi, x=k\pi+\dfrac{\pi}{2}(k=0,\pm 1,\pm 2,\cdots)$;

(3) $y=\cos^2\dfrac{1}{x}, x=0$;

(4) $y=\begin{cases} x-1, & x\leqslant 1, \\ 3-x, & x>1. \end{cases}$

5. 讨论函数 $f(x)=\lim\limits_{n\to\infty}\dfrac{x(1-x^{2n})}{1+x^{2n}}$ 的连续性,若有间断点,判别其类型.

6. 求下列极限:

(1) $\lim\limits_{x\to 0}\sqrt{x^2-2x+5}$;　　　　　(2) $\lim\limits_{x\to\frac{\pi}{4}}(\sin 2x)^3$;

(3) $\lim\limits_{x\to\frac{\pi}{6}}\ln(2\cos 2x)$;　　　　　(4) $\lim\limits_{x\to 0}\dfrac{\sqrt{x+1}-1}{x}$;

(5) $\lim\limits_{x\to 1}\dfrac{\sqrt{5x-4}-\sqrt{x}}{x-1}$.

7. 求下列极限:

(1) $\lim\limits_{x\to\infty}e^{\frac{1}{x}}$;　　　　　　(2) $\lim\limits_{x\to 0}\ln\dfrac{\sin x}{x}$;

(3) $\lim\limits_{x\to\infty}\left(1+\dfrac{1}{x}\right)^{\frac{x}{2}}$;　　　　(4) $\lim\limits_{x\to0}(1+3\tan^2 x)^{\cot^2 x}$.

8. 设函数 $f(x)=\begin{cases}\mathrm{e}^x, & x<0,\\ a+x, & x\geqslant0,\end{cases}$ 应当怎样选择 a,使得 $f(x)$ 成为 $(-\infty,+\infty)$ 内的连续函数.

1.5　闭区间上连续函数的性质

在 1.4 节中已经说明了函数在区间上连续的概念,如果函数 $f(x)$ 在开区间 (a,b) 上连续,在左端点 a 右连续,在右端点 b 左连续,则函数 $f(x)$ 在闭区间 $[a,b]$ 上连续. 在闭区间上连续的函数有几个重要的性质,下面以定理的形式来叙述,这些性质在微积分理论的研究中起着积极的作用.

先说明最大值和最小值的概念. 对于在区间 I 上有定义的函数 $f(x)$,如果存在 $x_0\in I$,使得对任意 $x\in I$,都有

$$f(x)\leqslant f(x_0)\quad(f(x)\geqslant f(x_0))$$

则称 $f(x_0)$ 为函数 $f(x)$ 在区间 I 上的最大值(最小值),最大值和最小值统称为最值. 例如,函数 $f(x)=\sin x$ 在闭区间 $[0,\pi]$ 上有最大值 $f\left(\dfrac{\pi}{2}\right)=1$,最小值 $f(0)=f(\pi)=0$, 但在开区间 $(0,\pi)$ 内只有最大值 $f\left(\dfrac{\pi}{2}\right)=1$,而无最小值;函数 $f(x)=x$ 在开区间 $(0,1)$ 内既无最大值,也无最小值.

定理 1.21(最值定理)　闭区间上的连续函数在该区间上一定有最大值与最小值.

证　略.

定理 1.21 给出的是最值存在的一个充分条件. 也就是说,如果函数 $f(x)$ 在闭区间 $[a,b]$ 上连续,那么必存在点 ξ_1, $\xi_2\in[a,b]$,使得对任意 $x\in[a,b]$,都有 $f(\xi_1)\leqslant f(x)\leqslant f(\xi_2)$. 这里,$f(\xi_1)$ 为函数 $f(x)$ 在 $[a,b]$ 上的最小值,$f(\xi_2)$ 为函数 $f(x)$ 在 $[a,b]$ 上的最大值(图 1.38).

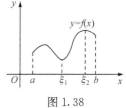

图 1.38

注 1.11　如果函数在开区间内连续,或在闭区间上有间断点,则函数在该区间上就不一定有最值. 例如,函数 $y=x$ 在开区间 $(0,1)$ 内是连续的,但在开区间 $(0,1)$ 内既无最大值,又无最小值. 又如,

$$y=f(x)=\begin{cases}-x+1, & 0\leqslant x<1,\\ 1, & x=1,\\ -x+3, & 1<x\leqslant2\end{cases}$$

在闭区间 $[0,2]$ 上既无最大值,又无最小值(图 1.39),这是由于函数 $f(x)$ 在闭区间 $[0,2]$ 上有间断点 $X=1$.

定理 1.22(有界性定理)　在闭区间上连续的函数一定在

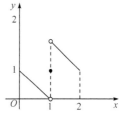

图 1.39

该区间上有界.

证 设函数 $f(x)$ 在闭区间 $[a,b]$ 上连续,则由最值定理知,存在 $f(x)$ 在区间 $[a,b]$ 上的最大值 M 和最小值 m,使得任意 $x\in[a,b]$,满足

$$m\leqslant f(x)\leqslant M,$$

即 $f(x)$ 在 $[a,b]$ 上有上界 M 和下界 m,也即 $f(x)$ 在 $[a,b]$ 上有界. ∎

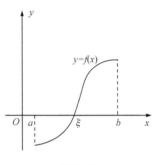

图 1.40

定理 1.23(零点定理) 若函数 $f(x)$ 在闭区间 $[a,b]$ 上连续,并且 $f(a)\cdot f(b)<0$,则至少存在一点 $\xi\in(a,b)$,使得 $f(\xi)=0$.

注 1.12 若 $f(x_0)=0$,则称点 x_0 为 $f(x)$ 的零点.

零点定理的几何意义如下:若曲线弧 $y=f(x)$ 的两个端点位于 x 轴的不同侧,则该曲线弧与 x 轴至少有一个交点(图 1.40).

推论 1.8(介值定理) 若函数 $f(x)$ 在闭区间 $[a,b]$ 上连续,并且 $f(a)=A\neq B=f(b)$,则 $\forall A<c<B$(或 $B<c<A$),必存在 $\xi\in(a,b)$,使得 $f(\xi)=c$.

证 设 $\varphi(x)=f(x)-c$,则 $\varphi(x)$ 在闭区间 $[a,b]$ 上连续,并且 $\varphi(a)=A-c$ 与 $\varphi(b)=B-c$ 异号. 根据零点定理,开区间 (a,b) 内至少存在一点 ξ,使得

$$\varphi(\xi)=0, \quad a<\xi<b,$$

但 $\varphi(\xi)=f(\xi)-c$,因此,由上式即得 $f(\xi)=c(a<\xi<b)$. ∎

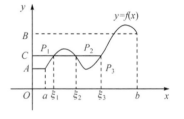

图 1.41

介值定理的几何意义如下:连续曲线弧 $y=f(x)$ 与水平直线 $y=c$ 至少相交于一点(图 1.41).

推论 1.9 在闭区间上连续的函数必取得介于最大值 M 与最小值 m 之间的任何值.

设 $m=f(x_1)$, $M=f(x_2)$,而 $m\neq M$,在闭区间 $[x_1,x_2]$(或 $[x_2,x_1]$)上应用介值定理,即得结论.

例 1.56 证明方程 $x^3-4x^2+1=0$ 在开区间 $(0,1)$ 内至少有一个实根.

证 因为 $f(x)=x^3-4x^2+1$ 在闭区间 $[0,1]$ 上连续,并且

$$f(0)=1>0, \quad f(1)=-2<0,$$

则由零点定理知,在 $(0,1)$ 内至少有一点 ξ,使得 $f(\xi)=0$,即 $\xi^3-4\xi^2+1=0$ （$0<\xi<1$）,也即方程 $x^3-4x^2+1=0$ 在开区间 $(0,1)$ 内至少有一个实根 ξ. ∎

习　题　1.5

1. 证明方程 $x^5-3x=1$ 至少有一个根介于 1 与 2 之间.

2. 证明方程 $x=a\sin x+b(a>0,b>0)$ 至少有一个正根,并且它不超过 $a+b$.

3. 若 $f(x)$ 在 $[a,b]$ 上连续,$a<x_1<x_2<\cdots<x_n<b$,则在 $[a,b]$ 上必存在 ξ,使得

$$f(\xi)=\frac{f(x_1)+f(x_2)+\cdots+f(x_n)}{n}.$$

4. 证明若 $f(x)$ 在 $(-\infty,+\infty)$ 内连续,并且 $\lim\limits_{x\to\infty}f(x)$ 存在,则 $f(x)$ 必在 $(-\infty,+\infty)$ 内有界.

1.6　极限应用举例

1.6.1　Fibonacci(斐波那契)数列与黄金分割问题

"有一对小兔,若第 2 个月它们成年,第 3 个月生下一对小兔,以后每月生产一对小兔,所生小兔也在第 2 个月成年,第 3 个月生产另一对小兔,以后也每月生产一对小兔. 假定每产一对小兔必为一雌一雄且均无死亡,试问一年后共有几对小兔?"

这是意大利数学家 Fibonacci 在 1202 年所著《算法之书》[又译为《算盘书》(Liber-baci)]中的一个题目. 他是这样解答的:若用"○"与"△"分别表示一对未成年和成年的兔子(简称仔兔和成兔),则根据题设有图 1.42.

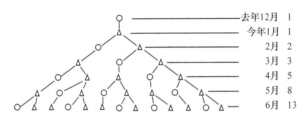

图 1.42　小兔繁殖数量图

从图 1.42 可知,6 月份共有 13 对兔子. 还可以看出,从 3 月份开始,每月的兔子总数恰好等于它前面两个月的兔子总数之和. 按这个规律可写出数列如下:

$$1,1,2,3,5,8,13,21,34,55,89,144,233.$$

可见,一年后共有 233 对兔子.

这是一个有限项数列,按上述规律写出的无限项数列就叫做 Fibonacci 数列,其中每一项称为 Fibonacci 数.

若设 $F_0=1,F_1=1,F_2=2,F_3=3,F_4=5,F_5=8,\cdots$,则此数列应有下面的递推关系: $F_{n+2}=F_{n+1}+F_n,n=0,1,2\cdots$.

这个关系可用数学归纳法来证明,其中通项

$$F=\frac{1}{\sqrt{5}}\left[\left(\frac{1+\sqrt{5}}{2}\right)^{n+1}-\left(\frac{1-\sqrt{5}}{2}\right)^{n+1}\right]$$

是由法国数学家比内(Binet)求出的.

与 Fibonacci 数列紧密相关的一个重要极限是

$$\lim_{n\to\infty}\frac{F_n}{F_{n+1}}=\frac{\sqrt{5}-1}{2}\approx0.618 \tag{1.4}$$

或

$$\lim_{n \to \infty} \frac{F_{n+1}}{F_n} = \frac{\sqrt{5}+1}{2} \approx 1.618. \tag{1.5}$$

下面来说明(1.5)的含义.

记 $b_n = \dfrac{F_{n+1}}{F_n}$, 则 $(b_n - 1) \times 100\%$ 就是第 $n+1$ 个月相对于第 n 个月的兔子对数的增长率, 其中 $n = 0, 1, 2, \cdots$. 例如,

当 $n = 0$ 时, $b_0 - 1 = \dfrac{1}{1} - 1 = 0$;

当 $n = 1$ 时, $b_1 - 1 = \dfrac{2}{1} - 1 = 1 = 100\%$;

当 $n = 2$ 时, $b_2 - 1 = \dfrac{3}{2} - 1 = 0.5 = 50\%$;

当 $n = 3$ 时, $b_3 - 1 = \dfrac{5}{3} - 1 = 0.66 = 66\%$;

......

若 $\lim\limits_{n \to \infty} b_n$ 存在(用归纳法及单调有界数列必有极限可证得, 并且 $\lim\limits_{n \to \infty} b_n = \lim\limits_{n \to \infty} \dfrac{F_{n+1}}{F_n} \approx$ 1.618), 则 $\lim\limits_{n \to \infty}(b_n - 1) = 1.618 - 1 = 0.618$ 表示许多年以后兔子对数及仔兔对数的月增长率, 从而可见许多年后兔子的总对数. 成兔对数及仔兔对数均以每月 61.8%(1.618 − 1 = 0.618)的速度增长.

除了数学爱好者外, Fibonacci 数列也引起了各界人士的关注, 这是因为自然社会以及生活中许多现象的解释, 最后往往都归结到 Fibonacci 数列上来. 为此, 美国还专门出版了一份《斐波那契季刊》, 以登载它在应用上的新发现及有关理论.

下面来看几个实例.

例 1.57　蜜蜂的"家谱". 从蜜蜂的繁殖来看, 其生长规律是很有趣的. 雄蜂只有母亲, 没有父亲, 因为蜂后产的卵中, 受精的卵孵化为雌蜂(即工蜂或蜂后); 未受精的卵孵化为雄蜂. 人们在追溯雄蜂的祖先时, 发现一只雄蜂的第 n 代祖先的数目刚好是 Fibonacci 数列的第 n 项 F_n. 如果以○表示雄蜂, △ 表示雌蜂, 则有如图 1.43 所示的第 6 代雄蜂家谱图. ■

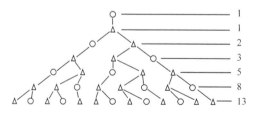

图 1.43

例 1.58　钢琴音阶的排列．如图 1.44 所示,钢琴的 13 个半音阶的排列完全与雄蜂第 6 代的排列情况类似,说明音调也与 Fibonacci 数列有关．

"黄金分割"这一名称是由中世纪的著名画家达·芬奇提出的．所谓黄金分割,其实就是按中外比分割,即将一条线段分成两段,使较长的线段成为较短线段与整条线段的比例中项．显然,较短线段与较长线段之比就称为黄金比,图 1.45 中的 M 点就是黄金分割点 $\left(\dfrac{MB}{AM}=\dfrac{AM}{AB}\right)$．

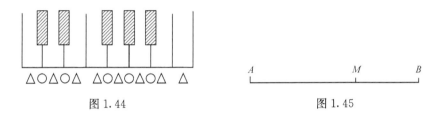

图 1.44　　　　　　　　　　　　　　　　　图 1.45

之所以叫"黄金分割",是因为按这种比例关系分配后,用在建筑物中更为美观;放在音乐中,音调更加和谐悦耳;甚至许多盛开的美丽的花朵以及人的健美体形也都具有"黄金分割"的特点．

那么黄金分割与 Fibonacci 数列有何关系呢? 原来,黄金分割点的位置恰好是数列 $\left\{\dfrac{F_n}{F_{n+1}}\right\}$ 当 $n\to\infty$ 时的极限 $\dfrac{\sqrt{5}-1}{2}\approx0.618$．具体地说,在图 1.45 中,若设 $AB=a$,则 $AM=\dfrac{\sqrt{5}-1}{2}a\approx0.618a$,这可通过代数方法算出．

黄金分割的应用极为广泛,生产和科学实验中普遍使用的优选法——"0.618 法"就是其中重要的一种．

1.6.2　连续复利与"e"

例 1.59　某顾客向银行存入本金 p 元,n 年后他在银行的存款是本金与利息之和(称为本利和)．设银行规定年复利率为 r,试根据下述不同的结算方式,计算顾客 n 年后的本利和．

（1）每年结算一次;

（2）每月结算一次,每月的复利率为 $\dfrac{r}{12}$;

（3）每年结算 m 次,每个结算周期的复利率为 $\dfrac{r}{m}$;

（4）当 m 趋于无穷时,结算周期变为无穷小,这意味着银行连续不断地向顾客付利息,这种存款方式称为连续复利,试计算连续复利下顾客的本利和．

解　（1）每年结算一次时,第一年后顾客的存款额为 $p_1=p+pr=p(1+r)$,第二年后的存款额为 $p_2=p_1(1+r)=p(1+r)^2$,从而第 n 年后的存款额为

$$p_n = p(1+r)^n. \tag{1.6}$$

（2）每月结算一次时，复利率为 $\dfrac{r}{12}$，共结算 $12n$ 次，故 n 年后顾客的本利和为

$$p_n = p\left(1+\frac{r}{12}\right)^{12n}.$$

（3）每年结算 m 次时，复利率为 $\dfrac{r}{m}$，共结算 mn 次，将 n 年后顾客的本利和记为 p_n^m，则

$$p_n^m = p\left(1+\frac{r}{m}\right)^{mn}.$$

（4）在连续复利情况下，顾客的最终本利和为

$$p_n = \lim_{m\to\infty} p_n^m = \lim_{m\to\infty} p\left(1+\frac{r}{m}\right)^{mn} = pe^{rn}.$$

将此式改写为 $p_n = [1+(e^r-1)]^n$，与式(1.6)比较后可知，连续复利相当于以年复利率 e^r-1 进行年利息结算．当 r 较小时，$e^r-1 \approx r$．但是，连续复利公式仅是一个理论公式，在实际中并不使用它(否则，将大大增加储蓄成本，并且浪费顾客的大量时间)，仅作为存期相对较长情况下的一种近似估计．　■

总 习 题 一

1. 下列说法是否正确？试举例说明．

（1）对任意给定的 $\varepsilon>0$，总存在一个正整数 N，使得 $n>N$ 时，不等式 $x_n-A<\varepsilon$ 成立，则称常数 A 为 x_n 当 $n\to\infty$ 时的极限；

（2）对任意给定的 $\varepsilon>0$，总存在无限个 x_n，使得 x_n 在 A 的 ε 邻域内，即 $|x_n-A|<\varepsilon$ 成立，则称常数 A 为 x_n 当 $n\to\infty$ 时的极限．

2. 在极限 $\lim\limits_{x\to x_0} f(x)=A$ 的分析定义中，

（1）先有 $\varepsilon>0$，还是先有 δ？

（2）为什么要求 ε 是任意的？

（3）对于给定的 ε，对应的 δ 是否唯一？

（4）当 ε 减少时，δ 一般会怎样？

（5）$f(x_0)\neq A$ 或 $f(x_0)$ 没有定义对 $\lim\limits_{x\to x_0} f(x)=A$ 有无影响？为什么？

3. 若 $\lim\limits_{x\to x_0} f(x)=0$，是否一定有 $\lim\limits_{x\to x_0} f(x)\cdot g(x)=0$？

4. 在"充分"、"必要"和"充分必要"三者中选择一个正确的填入下列空格内：

（1）数列 $\{x_n\}$ 有界是其收敛的（　　　）条件，数列 $\{x_n\}$ 收敛是其有界的（　　　）条件；

（2）$f(x)$ 在 x_0 的某一去心邻域内有界是 $\lim\limits_{x\to x_0} f(x)$ 存在的（　　　）条件，$\lim\limits_{x\to x_0} f(x)$ 存在是 $f(x)$ 在 x_0 的某一去心邻域内无界的（　　　）条件；

(3) $f(x)$ 在 x_0 的某一去心邻域内无界是 $\lim\limits_{x \to x_0} f(x) = \infty$ 的（　　）条件, $\lim\limits_{x \to x_0} f(x) = \infty$ 是 $f(x)$ 在 x_0 的某一去心邻域内无界的（　　）条件;

(4) $f(x)$ 当 $x \to x_0$ 时的右极限 $f(x_0 + 0)$ 及左极限 $f(x_0 - 0)$ 都存在且相等是 $\lim\limits_{x \to x_0} f(x)$ 存在的（　　）条件.

5. 函数在一点连续应满足哪些条件? 是否任何分段函数在其分界点均不连续? 举例说明.

6. 说明函数 $f(x) = \begin{cases} x, & x \geq 0 \\ -x, & x < 0 \end{cases}$ 与 $f(x) = \sqrt{x^2}$ 表示同一个函数的理由, 这个函数是初等函数吗?

7. 求下列极限:

(1) $\lim\limits_{x \to 1} \dfrac{x^2 - x + 1}{(x-1)^2}$;　　　　(2) $\lim\limits_{x \to +\infty} x(\sqrt{x^2 + 1} - x)$;

(3) $\lim\limits_{x \to \infty} \left(\dfrac{2x+3}{2x+1}\right)^{x+1}$;　　　(4) $\lim\limits_{x \to 0} \dfrac{\tan x - \sin x}{x^3}$.

8. 设 $f(x) = \begin{cases} x\sin\dfrac{1}{x}, & x > 0, \\ a + x^2, & x \leq 0, \end{cases}$ 要使 $f(x)$ 在 $(-\infty, +\infty)$ 内连续, 应当怎样选择 a?

9. 设 $f(x) = \begin{cases} \mathrm{e}^{\frac{1}{x-1}}, & x > 0, \\ \ln(1+x), & -1 < x \leq 0, \end{cases}$ 求 $f(x)$ 的间断点, 并说明间断点所属的类型.

10. 证明

$$\lim_{n \to \infty} \left(\frac{1}{\sqrt{n^2 + 1}} + \frac{1}{\sqrt{n^2 + 2}} + \cdots + \frac{1}{\sqrt{n^2 + n}} \right) = 1.$$

11. 证明方程 $\sin x + x + 1 = 0$ 在开区间 $\left(-\dfrac{\pi}{2}, \dfrac{\pi}{2}\right)$ 内至少有一个实根.

第2章 导数与微分

在第 1 章研究了函数,函数的概念刻画了因变量随自变量变化的依赖关系,但是对研究运动过程来说,仅知道变量之间的依赖关系是不够的,还需要进一步知道因变量随自变量变化的快慢程度. 微分学是高等数学的重要组成部分,它的基本概念是导数与微分,其中导数反映出函数相对于自变量变化的快慢程度,微分则指出当变量存在微小变化时,函数大体上变化多少. 本章将从两个实际问题抽象出导数的概念,进而讨论导数法则和公式,再给出微分的概念以及导数与微分的计算方法.

2.1 导 数 概 念

在生产实际和科学计算中,经常要研究函数相对于自变量的变化程度. 例如,求自由落体的物体在某一时刻的瞬时速度;研究梁的弯曲变形问题必须求曲线的切线斜率;非恒稳的电流强度;化学反应速度等,它们都是导数问题的原形. 导数的概念和其他概念一样,也是客观世界事物运动规律在数量关系上的抽象.

2.1.1 实例与导数的概念

1. 直线运动的瞬时速度

通常人们所说的物体运动速度是指物体在一段时间内运动的平均速度. 例如,一辆汽车从甲地出发到达乙地,全程 180km,行驶了 3h,则汽车行驶的速度是 60km/h,这只是回答了汽车从甲地到乙地的平均速度. 实际中,汽车并不是每时每刻都以 60km/h 的速度行驶,它下坡时跑得快些,上坡时跑得慢些,也可能中途停车等,即汽车的速度是随时在变化的. 一般来说,平均速度并不能反映汽车在某一时刻的瞬时速度. 随着科学技术的发展,仅仅知道物体运动的平均速度就不够用了,还要知道物体在某一时刻的瞬间速度. 例如,研究子弹的穿透能力,必须知道弹头接触目标的瞬时速度;研究汽车停车所用的时间,要知道汽车那一时刻的瞬时速度.

当已知物体的运动规律时,如何计算物体运动的瞬时速度呢? 解决这个问题涉及两个方面:一方面要回答何为瞬时速度;另一方面要给出计算瞬时速度的方法.

如果物体做非匀速直线运动,其运动规律(函数)是 $s=s(t)$,其中 t 为时间,s 为距离,讨论它在时刻 t_0 的瞬时速度.

当 $t=t_0$ 时,设 $s_0=s(t_0)$,当 $t=t_0+\Delta t$ 时,设物体运动的距离是 $s+\Delta s=s(t_0+\Delta t)$,则有

$$\Delta s=s(t_0+\Delta t)-s_0=s(t_0+\Delta t)-s(t_0),$$

其中 Δs 为物体在 Δt 时间内运动的距离,也是运动规律 $s=s(t)$ 在时刻 t_0 的距离改变量.已知物体在 Δt 时间内的平均速度 V_Δ(也称距离对时间的平均变化率)为

$$V_\Delta=\frac{\Delta s}{\Delta t}=\frac{s(t_0+\Delta t)-s(t_0)}{\Delta t},$$

当 Δt 变化时,平均速度 V_Δ 也随之变化.当 $|\Delta t|$ 较小时,理所当然应该认为,平均速度 V_Δ 是物体在时刻 t_0 的"瞬时速度"的近似值.$|\Delta t|$ 越小,它的近似程度越好.于是物体在时刻 t_0 的瞬时速度 V_0(也称距离对时间 t_0 的变化率)应是当 Δt 无限趋近于0($\Delta t\neq0$)时,平均速度 V_Δ 的极限,即

$$V_0=\lim_{\Delta t\to0}V_\Delta=\lim_{\Delta t\to0}\frac{\Delta s}{\Delta t}=\lim_{\Delta t\to0}\frac{s(t_0+\Delta t)-s(t_0)}{\Delta t}. \tag{2.1}$$

瞬时速度的定义也给出了计算瞬时速度的方法,即计算式(2.1)的极限.

2. 平面曲线的切线斜率

要求曲线上一点的切线方程,关键在于求出切线的斜率.如何求切线的斜率呢?具体过程如下:

设有一条平面曲线 $y=f(x)$(图 2.1),求过该曲线上一点 $P(x_0,y_0)$($y_0=f(x_0)$)处的切线的斜率.

曲线的切线的斜率也不是孤立的概念,它与已知的割线的斜率相联系.在曲线上任取另一点 Q,设它的坐标为($x_0+\Delta x$, $y_0+\Delta y$),其中 $\Delta x\neq0$,$\Delta y=f(x_0+\Delta x)-f(x_0)$,由平面解析几何知,过曲线 $y=f(x)$ 上两点 $P(x_0,y_0)$ 与 $Q(x_0+\Delta x,y_0+\Delta y)$ 的割线斜率(即 Δy 对 Δx 的平均变化率)为

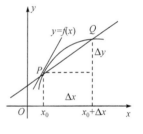

图 2.1

$$k'=\frac{\Delta y}{\Delta x}=\frac{f(x_0+\Delta x)-f(x_0)}{\Delta x}.$$

当 Δx 变化,即点 Q 在曲线上变动时,割线 PQ 的斜率 k' 也随之变化.当 $|\Delta x|$ 较小时,割线 PQ 的斜率 k' 应是过曲线上点 P 的切线斜率的近似值.$|\Delta x|$ 越小,这个近似程度越好.于是当 Δx 无限趋近于0(即点 Q 沿着曲线无限趋近于点 P)时,割线 PQ 的极限位置就是曲线过点 $P(x_0,y_0)$ 的切线,同时割线 PQ 的斜率 k' 的极限 k 就应是曲线过点 P 的切线斜率(即 $y=f(x)$ 在 x_0 的变化率),即

$$k=\lim_{\Delta x\to0}\frac{\Delta y}{\Delta x}=\lim_{\Delta x\to0}\frac{f(x_0+\Delta x)-f(x_0)}{\Delta x}. \tag{2.2}$$

于是过曲线 $y=f(x)$ 上一点 $P(x_0,y_0)$ 的切线方程为

$$y-y_0=k(x-x_0),$$

即 $kx-y-kx_0+y_0=0$.

2.1.2　导数的概念

上述两个例子,一个是物理学中直线运动的瞬时速度,另一个是几何学中平面曲线

的切线斜率,两者的实际意义完全不同. 但从数学角度来看,式(2.1)与式(2.2)的数学结构完全相同,都是函数增量与自变量增量比值 $\dfrac{\Delta y}{\Delta x}$ 的极限($\Delta x \to 0$),从而引进导数的概念.

1. 导数的定义

定义 2.1　设函数 $y = f(x)$ 在点 x_0 的某个邻域内有定义,当自变量 x 在 x_0 取得增量 $\Delta x (x_0 + \Delta x$ 仍在该邻域内)时,如果极限

$$\lim_{\Delta x \to 0} \frac{\Delta y}{\Delta x} = \lim_{\Delta x \to 0} \frac{f(x_0 + \Delta x) - f(x_0)}{\Delta x} \qquad (2.3)$$

存在,则称函数 $y = f(x)$ 在点 $x = x_0$ 处可导(或存在导数),并称此极限值(2.3)为函数 $y = f(x)$ 在点 $x = x_0$ 处的导数(或微商),记为 $f'(x_0)$ 或 $y'|_{x = x_0}$, $\left.\dfrac{\mathrm{d}y}{\mathrm{d}x}\right|_{x = x_0}$,即

$$f'(x_0) = \left.\frac{\mathrm{d}y}{\mathrm{d}x}\right|_{x = x_0} = \lim_{\Delta x \to 0} \frac{f(x_0 + \Delta x) - f(x_0)}{\Delta x}.$$

若式(2.3)的极限不存在,则称函数 $f(x)$ 在点 x_0 处不可导.

导数定义(2.3)也可取不同的形式,常见的有

$$f'(x_0) = \lim_{h \to 0} \frac{f(x_0 + h) - f(x_0)}{h}, \quad \Delta x = h,$$

或

$$f'(x_0) = \lim_{x \to x_0} \frac{f(x) - f(x_0)}{x - x_0}, \quad x = x_0 + \Delta x.$$

2. 单侧导数

在式(2.3)中,如果自变量的增量 Δx 只从大于 0 的方向或只从小于 0 的方向趋近于 0,则有如下定义:

定义 2.2　如果极限

$$\lim_{\Delta x \to 0^+} \frac{\Delta y}{\Delta x} = \lim_{\Delta x \to 0^+} \frac{f(x_0 + \Delta x) - f(x_0)}{\Delta x}$$

存在,则称函数 $f(x)$ 在点 x_0 处右可导,记为 $f'_+(x_0)$,即

$$f'_+(x_0) = \lim_{\Delta x \to 0^+} \frac{f(x_0 + \Delta x) - f(x_0)}{\Delta x} = \lim_{x \to x_0 + 0} \frac{f(x) - f(x_0)}{x - x_0};$$

如果极限

$$\lim_{\Delta x \to 0^-} \frac{\Delta y}{\Delta x} = \lim_{\Delta x \to 0^-} \frac{f(x_0 + \Delta x) - f(x_0)}{\Delta x}$$

存在,则称函数 $f(x)$ 在点 x_0 处左可导,记为 $f'_-(x_0)$,即

$$f'_-(x_0) = \lim_{\Delta x \to 0^-} \frac{f(x_0 + \Delta x) - f(x_0)}{\Delta x} = \lim_{x \to x_0 - 0} \frac{f(x) - f(x_0)}{x - x_0}.$$

根据极限与左、右极限的关系可得下面的结论:

$f(x)$在 x_0 处的导数存在的充要条件是 $f(x)$在 x_0 处的左、右导数都存在且相等,即 $f'(x_0)=a \Leftrightarrow f'_-(x_0)=f'_+(x_0)=a$.

3. 可导性与连续性的关系

定理 2.1　若 $f(x)$在 x_0 处可导,则 $f(x)$在 x_0 处连续.

证　因为 $f(x)$在 x_0 处可导,即 $\lim\limits_{x \to x_0} \dfrac{f(x)-f(x_0)}{x-x_0}=f'(x_0)$,故有

$$\lim_{x \to x_0}[f(x)-f(x_0)]=\lim_{x \to x_0}\frac{f(x)-f(x_0)}{x-x_0}(x-x_0)=f'(x_0) \cdot 0=0,$$

从而 $\lim\limits_{x \to x_0} f(x)=f(x_0)$,即 $f(x)$在点 x_0 处连续。∎

设 $f(x)$在点 x_0 可导,则 $\varepsilon=f'(x_0)-\dfrac{\Delta y}{\Delta x}$ 是当 $\Delta x \to 0$ 时的无穷小量,于是 $\varepsilon \cdot \Delta x=o(\Delta x)$,即

$$\Delta y=f'(x_0)\Delta x+o(\Delta x). \tag{2.4}$$

称式(2.4)为 $f(x)$在点 x_0 的有限增量公式. 注意:式(2.4)对 $\Delta x=0$ 仍然成立,也可用式(2.4)来证明定理 2.1.

注 2.1　定理 2.1 的逆命题不成立,即当函数在一点处连续时,在该点不一定可导. 连续只是可导的必要条件,而不是充分条件.

例 2.1　函数 $f(x)=|x|$ 在点 $x=0$ 处连续,但它在点 $x=0$ 处不可导.

解　因为

$$f'_+(0)=\lim_{x \to 0^+}\frac{f(x)-f(0)}{x-0}=\lim_{x \to 0^+}\frac{x-0}{x}=1,$$

$$f'_-(0)=\lim_{x \to 0^-}\frac{f(x)-f(0)}{x-0}=\lim_{x \to 0^-}\frac{-x-0}{x}=-1,$$

故 $f'_+(0) \neq f'_-(0)$,从而 $f(x)=|x|$ 在点 $x=0$ 处不可导,如图 2.2 所示. ∎

定义 2.3　如果函数 $f(x)$在区间 (a,b)内的每一点都可导,则称函数 $f(x)$在区间 (a,b)内可导. 如果函数 $f(x)$在区间 (a,b)内的每一点都可导,并且在 $x=a$ 处有右导数 $f'_+(a)$,在 $x=b$ 处有左导数 $f'_-(b)$,则称函数 $f(x)$在区间 $[a,b]$上可导。类似地,可定义函数 $f(x)$在其他区间 I 上的可导性,其导数值 $f'(x)$ 也是一个随 x 的变化而变化的函数,称为导函数,简称导数,记为 $f'(x)$,y',$\dfrac{\mathrm{d}y}{\mathrm{d}x}$ 或 $\dfrac{\mathrm{d}f}{\mathrm{d}x}$ 等.

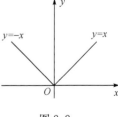

图 2.2

在式(2.3)中,将 x_0 换为 x 即得导函数(导数)的定义式为

$$y'=f'(x)=\frac{\mathrm{d}y}{\mathrm{d}x}=\lim_{\Delta x \to 0}\frac{f(x+\Delta x)-f(x)}{\Delta x}.$$

下面按定义举例来求一些常见函数的导数.

例 2.2　求常数函数 $f(x)=c$(其中 c 为常数)的导数.

解　$f'(x)=\lim\limits_{\Delta x\to0}\dfrac{f(x+\Delta x)-f(x)}{\Delta x}=\lim\limits_{\Delta x\to0}\dfrac{c-c}{\Delta x}=0$,

即 $c'=0$,常数的导数等于零.

例 2.3　求幂函数 $f(x)=x^n$(其中 n 为正整数)的导数.

解　$(x^n)'=f'(x)=\lim\limits_{\Delta x\to0}\dfrac{f(x+\Delta x)-f(x)}{\Delta x}$

$\qquad=\lim\limits_{\Delta x\to0}\dfrac{(x+\Delta x)^n-x^n}{\Delta x}$

$\qquad=\lim\limits_{\Delta x\to x_0}\dfrac{\left[x^n+nx^{n-1}\Delta x+\dfrac{n(n-1)}{2!}x^{n-2}\Delta x^2+\cdots+(\Delta x)^n\right]-x^n}{\Delta x}$

$\qquad=\lim\limits_{\Delta x\to0}\left[nx^{n-1}+\dfrac{n(n-1)}{2!}x^{n-2}\Delta x+\cdots+(\Delta x)^{n-1}\right]=nx^{n-1}$,

即 $(x^n)'=nx^{n-1}$.

例 2.4　求三角函数 $f(x)=\sin x$ 的导数.

解　$(\sin x)'=f'(x)=\lim\limits_{\Delta x\to0}\dfrac{f(x+\Delta x)-f(x)}{\Delta x}$

$\qquad=\lim\limits_{\Delta x\to0}\dfrac{\sin(x+\Delta x)-\sin x}{\Delta x}$

$\qquad=\lim\limits_{\Delta x\to0}\dfrac{2\cos\left(x+\dfrac{\Delta x}{2}\right)\sin\dfrac{\Delta x}{2}}{\Delta x}$

$\qquad=\lim\limits_{\Delta x\to0}\cos\left(x+\dfrac{\Delta x}{2}\right)\dfrac{\sin\dfrac{\Delta x}{2}}{\dfrac{\Delta x}{2}}=\cos x$,

即 $(\sin x)'=\cos x$.

类似地可得

$$(\cos x)'=-\sin x.$$

例 2.5　求对数函数 $f(x)=\log_a x(a>0,a\neq0)$的导数.

解　$(\log_a x)'=f'(x)=\lim\limits_{\Delta x\to0}\dfrac{f(x+\Delta x)-f(x)}{\Delta x}$

$\qquad=\lim\limits_{\Delta x\to0}\dfrac{\log_a(x+\Delta x)-\log_a x}{\Delta x}$

$\qquad=\lim\limits_{\Delta x\to0}\dfrac{\log_a\left(1+\dfrac{\Delta x}{x}\right)}{\Delta x}$

$$= \lim_{\Delta x \to 0} \frac{1}{x} \log_a \left(1 + \frac{\Delta x}{x}\right)^{\frac{1}{\Delta x} \cdot x}$$

$$= \frac{1}{x} \log_a \left[\lim_{\Delta x \to 0} \left(1 + \frac{\Delta x}{x}\right)^{\frac{x}{\Delta x}}\right]$$

$$= \frac{1}{x} \log_a e = \frac{1}{x \ln a},$$

即 $(\log_a x)' = \dfrac{1}{x \ln a}$. ■

特别地,当 $a = e$ 时有 $(\ln x)' = \dfrac{1}{x}$.

还可用导数定义证明 $(a^x)' = a^x \ln a (a > 0, a \neq 1)$. 特别地,当 $a = e$ 时有 $(e^x)' = e^x$.

例 2.6 设 $f(x) = \begin{cases} \sin x, & x < 0, \\ x, & x \geq 0, \end{cases}$ 求 $f'_+(0)$ 和 $f'_-(0)$,并由此判断 $f'(0)$ 是否存在.

解
$$f'_+(0) = \lim_{x \to 0^+} \frac{f(x) - f(0)}{x - 0} = \lim_{x \to 0^+} \frac{x - 0}{x} = 1,$$

$$f'_-(0) = \lim_{x \to 0^-} \frac{f(x) - f(0)}{x - 0} = \lim_{x \to 0^-} \frac{\sin x - 0}{x} = 1,$$

即 $f'_+(0) = f'_-(0)$,故 $f'(0)$ 存在,并且 $f'(0) = 1$. ■

注 2.2 例 2.6 说明,求分段函数在分段点处的导数时,需要按定义来求.

例 2.7 设函数 $f(x)$ 在 x_0 处可导,试求 $\lim\limits_{\Delta x \to 0} \dfrac{f(x_0 + 3\Delta x) - f(x_0)}{\Delta x}$.

解 $\lim\limits_{\Delta x \to 0} \dfrac{f(x_0 + 3\Delta x) - f(x)}{\Delta x} = \lim\limits_{\Delta x \to 0} \dfrac{f(x_0 + 3\Delta x) - f(x_0)}{3\Delta x} \times 3 = 3f'(x_0)$. ■

2.1.3 导数的实际意义

通过对导数概念的实例分析和导数定义的讨论,可得如下结论:

(1) 瞬时速度 v 是路程函数 $s = s(t)$ 对时间 t 的导数,即 $v = \dfrac{\mathrm{d}s}{\mathrm{d}t}$;加速度 a 是速度 $v = v(t)$ 对时间 t 的导数,即 $a = \dfrac{\mathrm{d}v}{\mathrm{d}t}$;

(2) 曲线 $y = f(x)$ 在点 (x, y) 处的切线斜率 k 是 $f(x)$ 对 x 的导数,即 $k = f'(x)$ 或 $\tan \alpha = f'(x)$(其中 α 为切线的倾角),故曲线 $y = f(x)$ 在点 $M(x_0, y_0)$ 处的切线方程为(点斜式)

$$y - y_0 = f'(x_0)(x - x_0),$$

即

$$f'(x_0)x - y - f'(x_0)x_0 + y_0 = 0.$$

过切点 $M(x_0, y_0)$ 且与切线垂直的直线叫做曲线 $y = f(x)$ 在点 $M(x_0, y_0)$ 处的法线. 如果 $f'(x_0) \neq 0$，则法线的斜率为 $-\dfrac{1}{f'(x_0)}$，从而法线的方程为

$$y - y_0 = -\frac{1}{f'(x_0)}(x - x_0),$$

即

$$x + f'(x_0)y - x_0 - f'(x_0)y_0 = 0.$$

例 2.8 求等轴双曲线 $y = \dfrac{1}{x}$ 在点 $\left(\dfrac{1}{2}, 2\right)$ 处的切线斜率，并写出在该点处的切线方程和法线方程.

解 因为 $y' = -\dfrac{1}{x^2}$，故 $y'\left(\dfrac{1}{2}\right) = -4$，从而所求切线方程为

$$y - 2 = -4\left(x - \frac{1}{2}\right),$$

即

$$4x + y - 4 = 0.$$

所求法线方程为

$$y - 2 = \frac{1}{4}\left(x - \frac{1}{2}\right),$$

即

$$2x - 8y + 15 = 0.$$

习　题　2.1

1. 用导数定义求下列函数的导数：

(1) $y = \sqrt{x}$；　　　　(2) $y = \dfrac{1}{x}$；　　　　(3) $y = \cos x$；　　　　(4) $y = ax + c$.

2. 讨论下列函数在点 $x = 0$ 处的连续性与可导性：

(1) $y = |\sin x|$；　　　　　　　　(2) $y = \begin{cases} 0, & x = 0, \\ x^2 \sin \dfrac{1}{x}, & x \neq 0. \end{cases}$

3. 设曲线 $y = \cos x$，求点 $\left(\dfrac{\pi}{3}, \dfrac{1}{2}\right)$ 处的切线方程和法线方程.

4. 求曲线 $y = e^x$ 在点 $(0, 1)$ 处的切线方程.

5. 在抛物线 $y = x^2$ 上取横坐标为点 $x_1 = 1$ 和 $x_2 = 3$ 的两点，作过这两点的割线，问该抛物线上哪一点处的切线平行于这条割线？

6. 设函数 $f(x) = \begin{cases} x^2, & x \leqslant 1, \\ ax + b, & x > 1, \end{cases}$ 为使函数 $f(x)$ 在点 $x = 1$ 处连续，a, b 应取什么值？

7. 设函数 $f(x) = \begin{cases} x^2, & x \geqslant 0, \\ -x, & x < 0, \end{cases}$ 求 $f'_+(0), f'_-(0)$,并且判断 $f'(0)$ 是否存在.

8. 已知 $f(x) = |x-1|$,讨论 $f(x)$ 在点 $x=1$ 处的可导性.

9. 证明

(1) 可导的偶函数的导函数为奇函数;

(2) 可导的奇函数的导函数为偶函数.

10. 设函数 $f(x)$ 在 x_0 的可导,试求 $\lim\limits_{\Delta x \to 0} \dfrac{f(x_0 + 3\Delta x) - f(x_0 - 2\Delta x)}{\Delta x}$.

11. 设 $f'(0)$ 存在,并且 $\lim\limits_{x \to 0} f(x) = 0$,求 $\lim\limits_{x \to 0} \dfrac{f(x)}{x}$.

2.2 求导法则和基本求导公式

求导运算是高等数学的主要运算之一,虽然从导数定义给出导数的计算方法,但它只适合求一些简单函数的导数及分段函数的导数. 当导数的表达式比较复杂时,用定义来计算导数就很困难了,计算过程将会很复杂,甚至求不出来. 为此,需要建立求导法则及基本求导公式,使导数的计算简单化、系统化、步骤化.

2.2.1 导数的四则运算

1. 函数代数和的求导法则

定理 2.2 若函数 $u(x)$ 与 $v(x)$ 在 x 可导,则函数 $u(x) \pm v(x)$ 在 x 也可导,并且有
$$[u(x) \pm v(x)]' = u'(x) \pm v'(x).$$

证 设 $f(x) = u(x) \pm v(x)$,则由导数定义有

$$\begin{aligned}
f'(x) &= \lim_{\Delta x \to 0} \frac{f(x + \Delta x) - f(x)}{\Delta x} \\
&= \lim_{\Delta x \to 0} \frac{[u(x + \Delta x) \pm v(x + \Delta x)] - [u(x) \pm v(x)]}{\Delta x} \\
&= \lim_{\Delta x \to 0} \frac{u(x + \Delta x) - u(x)}{\Delta x} \pm \lim_{\Delta x \to 0} \frac{v(x + \Delta x) - v(x)}{\Delta x} \\
&= u'(x) \pm v'(x),
\end{aligned}$$

即
$$[u(x) \pm v(x)]' = u'(x) \pm v'(x). \qquad \blacksquare$$

有限个函数的代数和的导数等于各函数的导数的代数和.

应用归纳法,定理 2.2 可推广至任意有限项的情形,如
$$[u(x) - v(x) + w(x)]' = u'(x) - v'(x) + w'(x).$$

例 2.9 设 $y = 3^x - \ln x + \sin x - \cos x + c$,求 y'.

解 $y' = (3^x - \ln x + \sin x - \cos x + c)'$

$$=(3^x)'-(\ln x)'+(\sin x)'-(\cos x)'+c'$$

$$=3^x\ln 3-\frac{1}{x}+\cos x+\sin x.$$ ■

2. 函数乘积的求导法则

定理 2.3 若函数 $u(x)$ 与 $v(x)$ 在 x 可导,则函数 $u(x) \cdot v(x)$ 在 x 也可导,并且有
$$[u(x) \cdot v(x)]'=u'(x)v(x)+u(x)v'(x).$$

证 $$[u(x) \cdot v(x)]'=\lim_{\Delta x\to 0}\frac{u(x+\Delta x)v(x+\Delta x)-u(x)v(x)}{\Delta x}$$

$$=\lim_{\Delta x\to 0}\frac{(\Delta u+u)(\Delta v+v)-uv}{\Delta x}$$

$$=\lim_{\Delta x\to 0}\left(\frac{\Delta u}{\Delta x}v+u\frac{\Delta v}{\Delta x}+\frac{\Delta u}{\Delta x}\Delta v\right)=u'v+uv'+u' \cdot 0,$$

即

$$[u(x) \cdot v(x)]'=u'(x)v(x)+u(x)v'(x).$$ ■

两个函数乘积的导数等于第一个因子的导数乘第二个因子,再加上第一个因子乘第二个因子的导数.

定理 2.3 可推广到有限多个函数乘积的情形,即
$$(u_1u_2u_3)'=u'_1u_2u_3+u_1u'_2u_3+u_1u_2u'_3.$$

特别地,当 $v(x)=c$(其中 c 为常数)时有 $[cu(x)']=cu'(x)$,即常数因子可移到导数符号之外.

例 2.10 设 $f(x)=2x^3-5x^2+3x-7$,求 $f'(x),f'(1)$.

解 $$f'(x)=(2x^3-5x^2+3x-7)'$$

$$=(2x^3)'-(5x^2)'+(3x)'-(7)'$$

$$=2(x^3)'-5(x^2)'+3(x)'-0$$

$$=6x^2-10x+3,$$

$$f'(1)=6\times 1^2-10\times 1+3=-1.$$ ■

例 2.11 设 $y=e^x(\sin x+\cos x)$,求 y'.

解 $$y'=(e^x)'(\sin x+\cos x)+e^x(\sin x+\cos x)'$$

$$=e^x(\sin x+\cos x)+e^x(\cos x-\sin x)$$

$$=2e^x\cos x.$$ ■

3. 函数商的求导法则

定理 2.4 若函数 $u(x)$ 和 $v(x)$ 在 x 可导,并且 $v(x)\neq 0$,则 $y=\dfrac{u(x)}{v(x)}$ 在 x 也可导,并且有

$$\left(\frac{u}{v}\right)'=\frac{u'v-uv'}{v^2}.$$

证　$\left(\dfrac{u}{v}\right)' = \lim\limits_{\Delta x \to 0} \dfrac{\dfrac{u(x+\Delta x)}{v(x+\Delta x)} - \dfrac{u}{v}}{\Delta x} = \lim\limits_{\Delta x \to 0} \dfrac{\dfrac{\Delta u + u}{\Delta v + v} - \dfrac{u}{v}}{\Delta x}$

$$= \lim\limits_{\Delta x \to 0} \dfrac{\dfrac{v\Delta u - u\Delta v}{(\Delta v + v)v}}{\Delta x}$$

$$= \lim\limits_{\Delta x \to 0} \dfrac{\dfrac{\Delta u}{\Delta x}v - u\dfrac{\Delta u}{\Delta x}}{(\Delta v + v)v} \text{（因为 } v(x) \text{在点 } x \text{ 连续，故当 } \Delta x \to 0 \text{ 时}, \Delta v \to 0)$$

$$= \dfrac{u'v - uv'}{v^2}. \qquad ■$$

特别地，当 $u(x) = 1$ 时有

$$\left(\dfrac{1}{v}\right)' = \dfrac{0 \cdot v - 1 \cdot v'}{v^2} = -\dfrac{v'}{v^2}.$$

例如，

$$\left(\dfrac{1}{x}\right)' = -\dfrac{1}{x^2}.$$

例 2.12　求正切函数 $y = \tan x$ 与余切函数 $y = \cot x$ 的导数.

解　$y' = (\tan x)' = \left(\dfrac{\sin x}{\cos x}\right)'$

$$= \dfrac{(\sin x)'\cos x - \sin x(\cos x)'}{\cos^2 x}$$

$$= \dfrac{\sin^2 x + \cos^2 x}{\cos^2 x} = \dfrac{1}{\cos^2 x} = \sec^2 x,$$

即

$$(\tan x)' = \dfrac{1}{\cos^2 x} = \sec^2 x.$$

类似地，

$$(\cot x)' = -\dfrac{1}{\sin^2 x} = -\csc^2 x. \qquad ■$$

例 2.13　求正割函数 $y = \sec x$ 与余割函数 $y = \csc x$ 的导数.

解　$y' = (\sec x)' = \left(\dfrac{1}{\cos x}\right)' = \dfrac{0 \cdot \cos x - (-\sin x)}{\cos^2 x} = \sec x \tan x,$

$y' = (\csc x)' = \left(\dfrac{1}{\sin x}\right)' = \dfrac{0 - \cos x}{\sin^2 x} = -\csc x \cot x,$

即

$$(\sec x)' = \sec x \tan x, \quad (\csc x)' = -\csc x \cot x. \qquad ■$$

2.2.2　反函数求导法则

设 $x=\varphi(y)$ 是直接函数，$y=f(x)$ 是它的反函数，由第 1 章反函数的连续性定理 1.18 知，若 $\varphi(y)$ 在区间 I_y 内单调且连续，则它的反函数 $y=f(x)$ 在对应区间 $I_x=\{x\mid x=\varphi(y),y\in I_y\}$ 内也是单调且连续的．现在假定 $y=\varphi(x)$ 在区间 I_y 内不仅单调连续，而且是可导的，考虑它的反函数 $y=f(x)$ 的可导性以及导数 $f'(x)$ 与 $\varphi'(x)$ 之间的关系，有如下定理：

定理 2.5　若函数 $\varphi(y)$ 在区间 I_y 内单调可导且 $\varphi'(y)\neq0$，则它的反函数 $y=f(x)$ 在对应区间 I_X 内也可导，并且

$$f'(x)=\frac{1}{\varphi'(y)}, \quad 或 \quad \frac{\mathrm{d}y}{\mathrm{d}x}=\frac{1}{\dfrac{\mathrm{d}x}{\mathrm{d}y}},$$

即反函数的导数等于直接函数导数的倒数．

证　任取 $x\in I_x$，并给 x 以增量 $\Delta x(\Delta x\neq0,x+\Delta x\in I_x)$，则由 $f(x)$ 的单调性可知 $\Delta y=f(x+\Delta x)-f(x)\neq0$. 再由 $f(x)$ 的连续性知，当 $\Delta x\to0$ 时，$\Delta y\to0$，从而结合 $\varphi'(y)\neq0$ 便有

$$f'(x)=\lim_{\Delta x\to0}\frac{\Delta y}{\Delta x}=\lim_{\Delta y\to0}\frac{1}{\dfrac{\Delta x}{\Delta y}}=\frac{1}{\varphi'(y)}.$$

上式表示，反函数 $y=f(x)$ 在点 x 处可导，并且 $f'(x)=\dfrac{1}{\varphi'(y)}$. 再由 x 的任意性便知，定理的结论成立． ■

例 2.14　求指数函数 $y=a^x(a>0,a\neq1)$ 的导数．

解　因为指数函数 $y=a^x$ 是对数函数 $x=\log_a y$ 的反函数，由例 2.5 知 $(\log_a y)'=\dfrac{1}{y\ln a}$，故由定理 2.5 有

$$(a^x)'=\frac{1}{(\log_a y)'}=\frac{1}{\dfrac{1}{y\ln a}}=y\ln a=a^x\ln a,$$

即

$$(a^x)'=a^x\ln a.$$

特别地，当 $a=\mathrm{e}$ 时有

$$(\mathrm{e}^x)'=\mathrm{e}^x\ln\mathrm{e}=\mathrm{e}^x,$$

即

$$(\mathrm{e}^x)'=\mathrm{e}^x. ■$$

例 2.15　求正弦函数 $y=\arcsin x\left(-1<x<1,-\dfrac{\pi}{2}<y<\dfrac{\pi}{2}\right)$ 的导数．

解　因为 $y=\arcsin x$ 在 $(-1,1)$ 内严格单调增加且连续，故存在反函数 $x=\sin y$，

从而由函数求导法则有

$$(\arcsin x)' = \frac{1}{(\sin y)'} = \frac{1}{\cos y} = \frac{1}{\pm\sqrt{1-\sin^2 y}} = \frac{1}{\pm\sqrt{1-x^2}}.$$

因为 $-\dfrac{\pi}{2} < y < \dfrac{\pi}{2}$,故 $\cos y > 0$,从而有

$$(\arcsin x)' = \frac{1}{\sqrt{1-x^2}}, \quad -1 < x < 1.$$ ■

用与例 2.15 相同的方法,还可以得到如下各式:

$$(\arccos x)' = -\frac{1}{\sqrt{1-x^2}}, \quad -1 < x < 1,$$

$$(\arctan x)' = \frac{1}{1+x^2}, \quad -\infty < x < \infty,$$

$$(\text{arccot} x)' = -\frac{1}{1+x^2}, \quad -\infty < x < \infty.$$

综上所述,已经给出了基本初等函数的导数公式.

习　题　2.2

1. 求下列函数的导数(其中 x, z, v 为变量,a, b, c, m, p, q 为常量):

(1) $y = 3x^2 - 5x + 1$;

(2) $y = 2\sqrt{x} - \dfrac{1}{x} + \sqrt[4]{3}$;

(3) $y = \dfrac{mz^2 + nz + 4p}{p+q}$;

(4) $y = \sqrt{2}(x^3 - \sqrt{x} + 1)$;

(5) $y = (v+1)^2(v-1)$;

(6) $y = \dfrac{x-1}{x+1}$.

2. 设 $f(z) = \dfrac{2z^2 - 3z + \sqrt{z} + 1}{z}$,求 $f'\left(\dfrac{1}{4}\right)$.

3. 设 $y(x) = (1+x^3)\left(5 - \dfrac{1}{x^2}\right)$,求 $y'(1), y'(a)$.

4. 求下列函数对自变量的导数:

(1) $y = (x^3 - 3x + 2)(x^4 + x^2 - 1)$;

(2) $y = (\sqrt{x} + 1)\left(\dfrac{1}{\sqrt{x}} - 1\right)$;

(3) $y = \dfrac{x^3 + x + 1}{x^3 + 1}$;

(4) $y = x\ln x$;

(5) $y = x\tan x - \cot x$;

(6) $y = x\sin(\ln x)$;

(7) $s = \dfrac{\sin t}{1 + \cos t}$;

(8) $y = \dfrac{x}{4^x}$;

(9) $y = \dfrac{\sin x}{x} + \dfrac{x}{\sin x}$;

(10) $y = \dfrac{x^2}{\sqrt{x^2 + a^2}}$;

(11) $y=\cos^2\dfrac{x}{2}$;   (12) $y=\dfrac{1+\sin t}{1+\cos t}$.

5. 证明 $(\arccos x)'=-\dfrac{1}{\sqrt{1-x^2}}(-1<x<1)$.

6. 证明 $(\arctan x)'=\dfrac{1}{1+x^2}(-\infty<x<\infty)$.

2.3 复合函数及隐函数求导法

利用基本求导公式与导数四则运算法则,可以求一些简单函数的导数. 实际问题中遇到的函数多是由几个基本初等函数构成的复合函数,因此,复合函数的求导法则是求导运算中一个非常重要的法则.

2.3.1 复合函数求导法则

定理 2.6(复合函数求导法则) 若函数 $u=\varphi(x)$ 在点 x 处可导,函数 $y=f(u)$ 在相应点 $u=\varphi(x)$ 处也可导,则复合函数 $y=f(\varphi(x))$ 在点 x 处可导,并且

$$[f(\varphi(x))]'=f'(u)\varphi'(x) \quad 或 \quad \frac{\mathrm{d}y}{\mathrm{d}x}=\frac{\mathrm{d}y}{\mathrm{d}u}\cdot\frac{\mathrm{d}u}{\mathrm{d}x}. \tag{2.5}$$

证 因为 $y=f(u)$ 在点 u 处可导,即

$$\lim_{\Delta u\to 0}\frac{\Delta y}{\Delta u}=f'(u),\quad \Delta u\neq 0,$$

故

$$\frac{\Delta y}{\Delta u}=f'(u)+\alpha,\quad \lim_{\Delta u\to 0}\alpha=0,$$

从而当 $\Delta u\neq 0$ 时有

$$\Delta y=f'(u)\Delta u+\alpha\Delta u. \tag{2.6}$$

当 $\Delta u=0$ 时,显然有

$$\Delta y=f(u+\Delta u)-f(u)=0,$$

即式(2.6)成立. 为此,令

$$\alpha=\begin{cases} \alpha, & \alpha\neq 0 \\ 0, & \alpha=0, \end{cases}$$

于是无论 $\Delta u\neq 0$ 或 $\Delta u=0$,式(2.6)皆成立,从而可用 $\Delta x(\Delta x\neq 0)$ 除式(2.6)等号两边,得到

$$\frac{\Delta y}{\Delta x}=f'(u)\frac{\Delta u}{\Delta x}+\alpha\cdot\frac{\Delta u}{\Delta x}.$$

上式两端令 $\Delta x\to 0$ 便得所要证的结果. ∎

定理 2.6 说明,复合函数的导数等于函数对中间变量的导数乘以中间变量对自变

量的导数.

以上复合函数的求导公式可推广到有限次复合函数的求导法则. 例如,设 $y=f(u),u=\varphi(v),v=\Psi(x)$ 均可导,则复合函数 $y=f(\varphi(\Psi(x)))$ 对 x 也可导(对自变量的导数),并且

$$\frac{dy}{dx}=\frac{dy}{du}\cdot\frac{du}{dv}\cdot\frac{dv}{dx}.$$

上式及式(2.5)均称为复合函数求导的链式法则.

例 2.16 设 $y=\ln(\tan x)$,求 y' 或 $\dfrac{dy}{dx}$.

解 $y=\ln(\tan x)$ 可看成是由 $y=\ln u$ 与 $u=\tan x$ 复合而成的,故

$$y'=\frac{dy}{dx}=\frac{dy}{du}\cdot\frac{du}{dx}=\frac{1}{u}\cdot\sec^2 x=\cot x\cdot\sec^2 x. \qquad \blacksquare$$

例 2.17 设 $y=e^{x^3}$ 可看成是由 $y=e^u$ 与 $u=x^3$ 复合而成的,故

$$y'=\frac{dy}{dx}=\frac{dy}{du}\cdot\frac{du}{dx}=e^u\cdot 3x^2=3x^2 e^{x^3}. \qquad \blacksquare$$

熟悉求导的链式法则以后,在求导时就不必写出中间变量,但对中间变量需要逐一按链式法则求导,不能有遗漏.

例 2.18 设 $y=\ln(\cos e^x)$,求 y'.

解 $$y'=[\ln(\cos e^x)]'=\frac{1}{\cos e^x}(\cos e^x)'$$

$$=\frac{-\sin e^x}{\cos e^x}\cdot(e^x)'=-e^x\tan e^x. \qquad \blacksquare$$

例 2.19 设 $y=e^{\sin\frac{1}{x}}$,求 y'.

解 $$y'=e^{\sin\frac{1}{x}}\left(\sin\frac{1}{x}\right)'=e^{\sin\frac{1}{x}}\cos\frac{1}{x}\left(\frac{1}{x}\right)'=-\frac{1}{x^2}e^{\sin\frac{1}{x}}\cos\frac{1}{x}. \qquad \blacksquare$$

例 2.20 求幂函数 $y=x^\alpha$(其中 α 为实数)的导数.

解 将 $y=x^\alpha$ 的两端取自然对数有 $\ln y=\alpha\ln x$,于是

$$y=e^{\alpha\ln x},\qquad x>0.$$

它是函数 $y=e^u$ 与 $u=\alpha\ln x$ 的复合函数,故

$$(x^\alpha)'=(e^{\alpha\ln x})'=(e^u)'(\alpha\ln x)'=e^u\frac{\alpha}{x}=x^\alpha\alpha(x)^{-1}=\alpha x^{\alpha-1}. \qquad \blacksquare$$

注 2.3 例 2.20 把例 2.3 $y=x^n$ 中的 n 为正整数推广到 n 为任意实数 α,即对任意实数 α,均有 $(x^\alpha)'=\alpha x^{\alpha-1}$ 成立.

2.3.2 隐函数求导法

函数 $y=f(x)$ 表示两个变量 y 与 x 之间的对应关系,这种对应关系可用各种不同的方式表达,前面遇到的函数,如 $y=\sin x,y=\ln x+e^x$ 等,它们的特点如下:等号左端是因变量,右端是含有自变量的式子,当自变量取定义域内的任意值时,由这个式子能

确定对应的函数值,用这种方式表达的函数叫做**显函数**. 有些函数的表达方式却不是这样,方程 $x+y^3-1=0$ 表示一个函数,因为当自变量 x 在 $(-\infty,+\infty)$ 内取值时,变量 y 有确定的值与之对应. 例如,当 $x=0$ 时,$y=1$;当 $x=-1$ 时,$y=\sqrt[3]{2}$.

定义 2.4 由方程 $F(x,y)=0$ 所确定的 y 关于 x 的函数关系称为**隐函数**,其中因变量 y 不一定能用自变量 x 直接表示出来.

例如,由方程 $xe^y-y+1=0$ 所确定的函数就不能写成显函数 $y=f(x)$ 的形式,因而称为隐函数. 若从方程 $F(x,y)=0$ 中能确定 y 是关于 x 的可导函数,则从方程 $F(x,y)=0$ 出发,可得求 $F(x,y)=0$ 所确定隐函数 $y=f(x)$ 的导数 y' 的步骤如下:

(1) 将方程 $F(x,y)=0$ 两端对 x 求导,其左式在求导过程中视 y 为 x 的函数;

(2) 求导之后得到一个关于 y' 的方程,解此方程则得 y' 的表达式,在此表达式中允许含有 y.

例 2.21 求方程 $xy+3x^2-5y-7=0$ 所确定的隐函数 $y=f(x)$ 的导数.

解 方程两端对 x 求导,并利用复合函数求导法(注意:y 是 x 的函数)便有

$$(xy+3x^2-5y-7)'=0',$$
$$y+xy'+6x-5y'=0,$$
$$(5-x)y'=6x+y,$$
$$y'=\frac{6x+y}{5-x}.$$

例 2.22 设隐函数方程为 $y=1+xe^y$,求 $y'(0)$.

解 将方程两端对 x 求导得

$$y'=0+e^y+xe^yy',$$
$$y'=\frac{e^y}{1-xe^y}.$$

在上式中,令 $x=0$,并由 $y=1+xe^y$ 知 $y(0)=1$,故 $y'(0)=e$.

例 2.23 设圆的方程为 $x^2+y^2=a^2$,求圆周上一点 $M(x_0,y_0)(y_0\neq0)$ 处的切线斜率.

解 **方法一** 将隐函数写为显函数 $y=\pm\sqrt{a^2-x^2}$(即上半圆周与下半圆周),则

$$y'=\pm\frac{1}{2}\frac{1}{\sqrt{a^2-x^2}}(-2x)=\pm\frac{-x}{\sqrt{a^2-x^2}},$$

故在点 $M(x_0,y_0)$ 处的切线斜率为

$$k=y'(x_0)=-\frac{\pm x_0}{\sqrt{a^2-x_0{}^2}}=-\frac{x_0}{y_0},\quad y_0\neq0.$$

方法二 圆的方程两端对 x 求导得

$$2x+2yy'=0,即\ y'=-\frac{x}{y},$$

从而在点 $M(x_0,y_0)$ 处的切线斜率为

$$k=y'(x_0)=-\frac{x_0}{y_0}, \quad y_0\neq 0.$$ ■

比较以上两种方法,显然,方法二更方便.

习 题 2.3

1. 求下列函数的导数:

(1) $y=\arcsin(1-2x)$;

(2) $y=\dfrac{1}{\sqrt{1-x^2}}$;

(3) $y=e^{\frac{x}{2}}\cos 3x$;

(4) $y=\arccos\dfrac{1}{x}$;

(5) $y=\dfrac{1-\ln x}{1+\ln x}$;

(6) $y=\dfrac{\sin 2x}{x}$;

(7) $y=\ln(x+\sqrt{a^2+x^2})$;

(8) $y=\ln(\sec x+\tan x)$;

(9) $y=\dfrac{\arccos x}{\sqrt{1-x^2}}$;

(10) $y=\sqrt[3]{x}e^{\sin\frac{1}{x}}$;

(11) $y=\sqrt{x+\sqrt{x+\sqrt{x}}}$;

(12) $y=\ln\sqrt{\dfrac{1+\sin x}{1-\sin x}}$.

2. 求下列函数的导数:

(1) $y=\left(\arcsin\dfrac{x}{2}\right)^2$;

(2) $y=\ln\left(\tan\dfrac{x}{2}\right)$;

(3) $y=\sqrt{1+\ln^2 x}$;

(4) $y=e^{2\arctan\sqrt{x}}$;

(5) $y=\sin^n x\cos nx$;

(6) $y=\arctan\dfrac{x+1}{x-1}$;

(7) $y=\ln[\ln(\ln x)]$;

(8) $y=\sqrt[3]{\dfrac{1+x}{1-x}}$;

(9) $y=\cos\dfrac{1-\sqrt{x}}{1+\sqrt{x}}$;

(10) $y=\ln\sqrt{x\sin x\sqrt{1-e^x}}$;

(11) $y=(\sin x)^{\cos x}$ $(\sin x>0)$;

(12) $y=\sqrt[3]{\dfrac{x(x^2+1)}{(x^2-1)^2}}$.

3. 求下列隐函数的导数:

(1) $\dfrac{x^2}{a^2}+\dfrac{y^2}{b^2}=1$;

(2) $y^2-2xy+b^2=0$;

(3) $x^y=y^x$;

(4) $y^2\cos x=a^2\sin 3x$;

(5) $\cos(xy)=x$;

(6) $xy=e^{x+y}$.

4. 证明曲线 $\sqrt{x}+\sqrt{y}=\sqrt{a}$ 上任一点处的切线所截的两坐标轴的截距之和等于 $\sqrt{a}$.

5. 求经过点 $(-5,5)$ 且与直线 $3x+4y-20=0$ 相切于点 $(4,2)$ 的圆的方程.

2.4　高　阶　导　数

运动物体速度对时间的变化率是加速度. 在工程学中,常常需要了解曲线斜率的变化程度,以求得曲线的弯曲程度,即需要讨论斜率函数的导数问题. 在进一步讨论函数的性质,或研究函数的展开式及近似计算时,也会遇到类似的情况. 也就是说,对一个可导函数求导之后,还需要研究其导函数的导数问题.

2.4.1　高阶导数的概念

在运动学中,不但需要了解物体运动的速度,而且还要了解速度的变化,即物体的加速度问题. 例如,自由落体的运动方程为 $s = \dfrac{1}{2}gt^2$,则时刻 t 的瞬时速度为

$$v = \frac{\mathrm{d}s}{\mathrm{d}t} = \left(\frac{1}{2}gt^2\right)' = gt,$$

时刻 t 的加速度为

$$a = \frac{\mathrm{d}u}{\mathrm{d}t} = (gt)' = g.$$

上面两个式子是物理学中熟悉的公式. 为此,给出如下高阶导数的定义:

定义 2.5　若函数 $y = f(x)$ 的导数 $y' = f'(x)$ 在 x 的导数存在,则称之为 $y = f(x)$ 在 x 的**二阶导数**,记为 y'',$f''(x)$,$\dfrac{\mathrm{d}^2 y}{\mathrm{d}x^2}$ 或 $\dfrac{\mathrm{d}^2 f}{\mathrm{d}x^2}$,即

$$y'' = f''(x) = \frac{\mathrm{d}^2 f}{\mathrm{d}x^2} = \frac{\mathrm{d}^2 y}{\mathrm{d}x^2} = \lim_{\Delta x \to 0} \frac{f'(x + \Delta x) - f'(x)}{\Delta x}.$$

若函数 $y = f(x)$ 的二阶导数 $y'' = f''(x)$ 在 x 的导数存在,则称之为 $y = f(x)$ 在 x 的**三阶导数**,记为 y''',$f'''(x)$,$\dfrac{\mathrm{d}^3 y}{\mathrm{d}x^3}$ 或 $\dfrac{\mathrm{d}^3 f}{\mathrm{d}x^3}$,即

$$y''' = f'''(x) = \frac{\mathrm{d}^3 f}{\mathrm{d}x^3} = \frac{\mathrm{d}^2 y}{\mathrm{d}x^2} = \lim_{\Delta x \to 0} \frac{f''(x + \Delta x) - f''(x)}{\Delta x}.$$

一般地,若函数 $y = f(x)$ 的 $n-1$ 阶导数 $y^{(n-1)} = f^{(n-1)}(x)$ 在 x 的导数存在,则称之为 $y = f(x)$ 在 x 的 **n 阶导数**,记为 $y^{(n)}$,$f^{(n)}(x)$,$\dfrac{\mathrm{d}^n y}{\mathrm{d}x^n}$ 或 $\dfrac{\mathrm{d}^n f}{\mathrm{d}x^n}$,即

$$y^{(n)} = f^{(n)}(x) = \frac{\mathrm{d}^n f}{\mathrm{d}x^n} = \frac{\mathrm{d}^n y}{\mathrm{d}x^n} = \lim_{\Delta x \to 0} \frac{f^{(n-1)}(x + \Delta x) - f^{(n-1)}(x)}{\Delta x}.$$

函数 $f(x)$ 的二阶及二阶以上的导数称为函数 $f(x)$ 的**高阶导数**,函数 $f(x)$ 的 n 阶导数在 $x = x_0$ 处的导数值记为 $y^{(n)}\big|_{x=x_0}$,$f^{(n)}(x_0)$ 或 $\dfrac{\mathrm{d}^n f}{\mathrm{d}x^n}\bigg|_{x=x_0} = f^{(n)}(x_0)$ 等. 为叙述方便起见,将 $f(x)$ 称为零阶导数,并表示为 $f^{(0)}(x)$,即 $f^{(0)}(x) = f(x)$.

2.4.2 高阶导数举例

由定义 2.5 可知,求 $f(x)$ 的 n 阶导数时,只要对 $f(x)$ 逐次求导直到 n 阶导数即可,并不需要新的方法.

例 2.24 设 $s=\sin\omega t$,求 s''.

解 $s'=\omega\cos\omega t$, $s''=-\omega^2\sin\omega t$.

例 2.25 求指数函数 $y=\mathrm{e}^x$ 的 n 阶导数.

解 $y'=\mathrm{e}^x$, $y''=\mathrm{e}^x$, $y'''=\mathrm{e}^x$, $\cdots$, $y^{(n)}=\mathrm{e}^x$,

即

$$(\mathrm{e}^x)^{(n)}=\mathrm{e}^x, \quad n=1,2,\cdots.$$

类似地,

$$(a^x)^{(n)}=a^x\ln^n a, \quad a>0, a\neq 1.$$

例 2.26 求对数函数 $y=\ln(1+x)$ 的 n 阶导数.

解 $y'=\dfrac{1}{1+x}$, $y''=-\dfrac{1}{(1+x)^2}$, $y'''=\dfrac{1\cdot 2}{(1+x)^3}$,

一般地可得

$$y^{(n)}=\left[\ln(1+x)\right]^{(n)}=(-1)^{n-1}\dfrac{(n-1)!}{(1+x)^n}.$$

通常规定 $0!=1$,故当 $n=1$ 时也成立.

例 2.27 求正弦函数 $y=\sin x$ 和余弦函数 $y=\cos x$ 的 n 阶导数.

解 $y'=\cos x=\sin\left(x+\dfrac{\pi}{2}\right)$,

$$y''=\cos\left(x+\dfrac{\pi}{2}\right)=\sin\left(x+\dfrac{\pi}{2}+\dfrac{\pi}{2}\right)=\sin\left(x+2\cdot\dfrac{\pi}{2}\right),$$

$$y'''=\cos\left(x+2\cdot\dfrac{\pi}{2}\right)=\sin\left(x+3\cdot\dfrac{\pi}{2}\right),$$

一般地,可推得 n 阶导数为

$$y^{(n)}=(\sin x)^{(n)}=\sin\left(x+n\cdot\dfrac{\pi}{2}\right).$$

同理可得

$$y^{(n)}=(\cos x)^{(n)}=\cos\left(x+n\cdot\dfrac{\pi}{2}\right).$$

例 2.28 求幂函数 $y=x^\alpha$ ($x>0$, α 为任意实数)的 n 阶导数公式.

解 $y'=\alpha x^{\alpha-1}$,

$y''=\alpha(\alpha-1)x^{\alpha-2}$,

$y'''=\alpha(\alpha-1)(\alpha-2)x^{\alpha-3}$,

一般地,可推得 n 阶导数为

$$y^{(n)}=\alpha(\alpha-1)(\alpha-2)\cdots(\alpha-n+1)x^{\alpha-n}.$$

当 $\alpha = n$ 时得到

$$y^{(n)} = (x^n)^{(n)} = n(n-1)(n-2)\cdots 3 \cdot 2 \cdot 1 = n!,$$
$$(x^n)^{(n+1)} = (x^n)^{(n+2)} = (x^n)^{(n+3)} = \cdots = 0.$$

2.4.3　莱布尼茨公式

由上面的一些例子可以看到,为了求得函数的高阶导数公式,在求导过程中善于发现和总结规律是非常必要的.

若函数 $u(x) = u, v(x) = v$ 均在点 x 处具有 n 阶导数,则 $u(x) \pm v(x)$ 在点 x 处显然也具有 n 阶导数,并且

$$[u(x) \pm v(x)]^{(n)} = u^{(n)}(x) \pm v^{(n)}(x).$$

但是,乘积 $u(x) \cdot v(x)$ 的 n 阶导数公式就不是如此简单了. 下面考察乘积函数的 n 阶导数.

由乘积的求导公式有 $u(x) \cdot v(x)$ 的一、二、三阶导数分别为

$$(uv)' = u'v + uv',$$
$$(uv)'' = u''v + 2u'v' + uv'',$$
$$(uv)''' = u'''v + 3u''v' + 3u'v'' + uv'''.$$

一般地,由数学归纳法可证得(证明略)

$$(uv)^{(n)} = c_n^0 u^{(n)} v^{(0)} + c_n^1 u^{(n-1)} v' + c_n^2 u^{(n-2)} v'' + \cdots + c_n^{(n)} u^{(0)} v^{(n)}. \tag{2.7}$$

式(2.7)称为**莱布尼茨(Leibniz)公式**,该公式可类比二项式公式记忆. 把 $(u+v)^n$ 按二项式展开写成

$$(u+v)^n = c_n^0 u^n v^0 + c_n^1 u^{n-1} v + c_n^2 u^{n-2} v^2 + \cdots + c_n^k u^{n-k} v^k + \cdots + c_n^0 u^0 v^n,$$

然后把 k 次幂换成 k 阶导数(零阶导数规定为函数本身),再把左端的 $u+v$ 换成 $u \cdot v$,这样便得到莱布尼茨公式,即

$$(uv)^{(n)} = \sum_{k=0}^{n} c_n^k u^{(n-k)} v^{(k)},$$

其中

$$C_n^k = \frac{n(n-1)\cdots(n-k+1)}{k!} = \frac{n!}{(n-k)! \; k!}.$$

莱布尼茨公式和二项式公式的系数是完全相同的.

例 2.29　设 $y = x^2 e^{2x}$,求 $y^{(20)}$.

解　令 $u = e^{2x}, v = x^2$,则

$$u^{(0)} = e^{2x}, \quad v^{(0)} = x^2,$$
$$u' = 2e^{2x}, \quad v' = 2x,$$
$$u'' = 2^2 e^{2x}, \quad v'' = 2,$$
$$u''' = 2^3 e^{2x}, \quad v''' = 0,$$
$$\cdots\cdots$$
$$u^{(20)} = 2^{20} e^{2x}, \quad v^{(20)} = 0,$$

故由莱布尼茨公式有

$$y^{(20)} = u^{(20)}v + c_{20}^1 u^{(19)}v' + c_{20}^2 u^{(18)}v''$$

$$= 2^{20} \cdot e^{2x} \cdot x^2 + 20 \cdot 2^{19} \cdot e^{2x} \cdot 2x + \frac{20 \cdot 19}{2!} \cdot 2^{18} \cdot e^{2x} \cdot 2$$

$$= 2^{20} e^{2x}(x^2 + 20x + 95).$$ ■

例 2.30 设 $y = x^3 \sin x$，求 $y^{(10)}$.

解 令

$$u = \sin x, \quad v = x^3,$$

则

$$y^{(10)} = (\sin x)^{(10)} x^3 + 10(\sin x)^{(9)}(x^3)' + \frac{10 \times 9}{2!}(\sin x)^{(8)}(x^3)'' + \frac{10 \times 9 \times 8}{3!}(\sin x)^{(7)}(x^3)'''$$

$$= -x^3 \sin x + 30x^2 \sin x + 270x \sin x - 720 \cos x.$$ ■

习 题 2.4

1. 求下列函数的二阶导数：

(1) $y = e^{2x} - 1$；

(2) $y = e^{-t} \sin t$；

(3) $y = \sqrt{a^2 - x^2}$；

(4) $y = \tan x$；

(5) $y = (1 + x^2)\arctan x$；

(6) $y = \dfrac{e^x}{x}$；

(7) $y = x e^{x^2}$；

(8) $y = \ln(x + \sqrt{1 + x^2})$.

2. 设 $f(x) = (x + 10)^6$，求 $f'''(2)$.

3. 已知物体的运动规律为 $s = A\sin\omega t$（其中 A, ω 为常数），求物体运动的加速度，并证明 $\dfrac{d^2 s}{dt^2} + \omega^2 s = 0$.

4. 证明函数 $y = e^x \sin x$ 满足关系式 $y'' - 2y' + 2y = 0$.

5. 求下列函数的 n 阶导数的一般表达式：

(1) $y = x^n + a_1 x^{n-1} + a_2 x^{n-2} + \cdots + a_{n-1}x + a_n$（其中 $a_1, a_2, \cdots, a_n$ 均为常数）；

(2) $y = x \ln x$；

(3) $y = x e^x$.

6. 求下列函数所指定的阶的导数：

(1) $y = e^x \cos x$，求 $y^{(4)}$；

(2) $y = x^2 \sin 2x$，求 $y^{(50)}$.

2.5 参数方程与极坐标求导法

2.5.1 由参数方程确定的函数的求导法

在实际问题中，函数 y 与自变量 x 可能不是直接由显函数 $y = f(x)$ 来表示的，而是

通过参变量 t 来表示，即 $\begin{cases} x=\varphi(t) \\ y=\psi(t) \end{cases}$ $(\alpha \leqslant t \leqslant \beta)$. 该表达式称为函数的**参数方程**，$t$ 称为**参数**. 如何求变量 y 对 x 的导数 $\dfrac{\mathrm{d}y}{\mathrm{d}x}$？由于在参数方程中消去参数 t 有时会有困难，因此，希望将变量 y 对 x 的导数转化为由参数方程求出它所确定的函数的导数来. 下面给出由参数方程确定函数 y 对 x 的导数 y' 的公式.

设 $x=\varphi(t)$ 与 $y=\psi(t)$ 都可导，并且 $\varphi'(t) \neq 0$，$x=\varphi(t)$ 存在反函数 $t=\varphi^{-1}(x)$，则 y 是 x 的复合函数，即 $y=\psi(t)$，$t=\varphi^{-1}(x)$，故由复合函数与反函数的求导法则有

$$\frac{\mathrm{d}y}{\mathrm{d}x} = \frac{\dfrac{\mathrm{d}y}{\mathrm{d}t}}{\dfrac{\mathrm{d}x}{\mathrm{d}t}} = \psi'(t)\left[\varphi^{-1}(x)\right]' = \psi'(t)\frac{1}{\varphi'(t)} = \frac{\psi'(t)}{\varphi'(t)}.$$

这就是参数方程的求导公式. 参数方程的求导是将 y 对 x 的导数转化为 y 对 t 的导数和 x 对 t 的导数的商来求的.

例 2.31　求椭圆 $\dfrac{x^2}{a^2} + \dfrac{y^2}{b^2} = 1$ 上点 $M\left(\dfrac{a}{\sqrt{2}}, \dfrac{b}{\sqrt{2}}\right)$ 处的切线斜率 k.

解　由导数的几何意义知，所求斜率 k 就是函数在点 M 处的导数，下面用三种方法来求 k.

方法一(显函数形式)　因为点 M 在上半椭圆上，故从椭圆方程中解出上半椭圆方程为

$$y = \frac{b}{a}\sqrt{a^2 - x^2}, \quad y' = \frac{-bx}{a\sqrt{a^2 - x^2}},$$

则

$$k = y'\left(\frac{a}{\sqrt{2}}\right) = -\frac{b}{a}.$$

方法二(隐函数形式)　将椭圆方程两边同时对 x 求导数有

$$\frac{2x}{a^2} + \frac{2y}{b^2}y' = 0, \quad \text{即 } y' = \frac{-b^2 x}{a^2 y},$$

则

$$k = y'\Big|_{\left(x=\frac{a}{\sqrt{2}}, y=\frac{b}{\sqrt{2}}\right)} = -\frac{b}{a}.$$

方法三(参数方程形式)　因为椭圆的参数方程可表示为

$$\begin{cases} x = a\cos t, \\ y = b\sin t, \end{cases} \quad 0 \leqslant t < 2\pi,$$

并且点 M 对应的参数 $t = \dfrac{\pi}{4}$，故由参数求导数法有

$$y' = \frac{dy}{dx} = \frac{\dfrac{dy}{dt}}{\dfrac{dx}{dt}} = \frac{(b\sin t)'}{(a\cos t)'} = -\frac{b}{a}\cot t,$$

则

$$k = y'\Big|_{t=\frac{\pi}{4}} = -\frac{b}{a}.$$

如果 $x = \varphi(t), y = \Psi(t)$ 是二阶可导的参数方程，则从 $\dfrac{dy}{dx} = \dfrac{\psi'(t)}{\varphi'(t)}$ 又可得到函数的二阶导数公式为

$$\frac{d^2 y}{dx^2} = \frac{d\left(\dfrac{dy}{dx}\right)}{dx} = \frac{d}{dt}\left[\frac{\psi'(t)}{\varphi'(t)}\right] \Big/ \frac{dx}{dt} = \frac{\psi''(t)\varphi'(t) - \psi'(t)\varphi''(t)}{\varphi'^2(t)} \cdot \frac{1}{\varphi'(t)},$$

即

$$\frac{d^2 y}{dx^2} = \frac{\psi''(t)\varphi'(t) - \psi'(t)\varphi''(t)}{\varphi'^3(t)}. \quad ■$$

例 2.32 求由参数方程 $\begin{cases} x = a\cos t, \\ y = b\sin t \end{cases}$ 所确定函数的二阶导数 $\dfrac{d^2 y}{dx^2}$.

解
$$\frac{dy}{dx} = \frac{\dfrac{dy}{dt}}{\dfrac{dx}{dt}} = \frac{b\cos t}{a(-\sin t)} = -\frac{b}{a}\cot t,$$

$$\frac{d^2 y}{dx^2} = \frac{\dfrac{d}{dt}\left(\dfrac{dy}{dx}\right)}{\dfrac{dx}{dt}} = \frac{-\dfrac{b}{a}(-\csc^2 t)}{a(-\sin t)} = -\frac{b}{a^2 \sin^3 t}. \quad ■$$

例 2.33 求由摆线 $\begin{cases} x = a(t - \sin t), \\ y = a(1 - \cos t) \end{cases}$ 所确定函数的二阶导数 $\dfrac{d^2 y}{dx^2}$.

解 $\dfrac{dy}{dx} = \dfrac{\dfrac{dy}{dt}}{\dfrac{dx}{dt}} = \dfrac{a\sin t}{a(1 - \cos t)} = \dfrac{\sin t}{1 - \cos t} = \cot \dfrac{t}{2}, \quad t \neq 2n\pi, n$ 为整数，

$$\frac{d^2 y}{dx^2} = \frac{d}{dt}\left(\cot \frac{t}{2}\right) \cdot \frac{1}{\dfrac{dx}{dt}} = -\frac{1}{2\sin^2 \dfrac{t}{2}} \cdot \frac{1}{a(1 - \cos t)} = -\frac{1}{a(1 - \cos t)^2}, \quad t \neq 2n\pi, n \text{ 为整数}. \quad ■$$

2.5.2 由极坐标确定的函数求导法

若曲线 C 由极坐标方程 $\rho = \rho(\theta)$ 表示，则可以转化为如下以极角 θ 为参数的参数方程：

$$\begin{cases} x=\rho\cos\theta=\rho(\theta)\cos\theta, \\ y=\rho\sin\theta=\rho(\theta)\sin\theta. \end{cases}$$

应用参数求导公式可得

$$\frac{\mathrm{d}y}{\mathrm{d}x}=\frac{\dfrac{\mathrm{d}y}{\mathrm{d}\theta}}{\dfrac{\mathrm{d}x}{\mathrm{d}\theta}}=\frac{\rho'(\theta)\sin\theta+\rho(\theta)\cos\theta}{\rho'(\theta)\cos\theta-\rho(\theta)\sin\theta}=\frac{\rho'(\theta)\tan\theta+\rho(\theta)}{\rho'(\theta)-\rho(\theta)\tan\theta}.$$

习 题 2.5

1. 求下列参数方程所确定的函数的导数:

(1) $\begin{cases} x=at^2, \\ y=bt^3; \end{cases}$ 　　　　　　(2) $\begin{cases} x=a\cos^3\theta, \\ y=a\sin^3\theta; \end{cases}$

(3) $\begin{cases} x=3\mathrm{e}^{-t}, \\ y=2\mathrm{e}^t; \end{cases}$ 　　　　　　(4) $\begin{cases} x=a(\cos t+t\sin t), \\ y=a(\sin t-t\cos t). \end{cases}$

2. 求下列曲线在参数值相应点处的切线方程和法线方程:

(1) $\begin{cases} x=\sin t, \\ y=\cos 2t, \end{cases}$ 在 $t=\dfrac{\pi}{4}$ 处; 　　(2) $\begin{cases} x=\dfrac{3at}{1+t^2}, \\ y=\dfrac{3at^2}{1+t^2}, \end{cases}$ 在 $t=2$ 处;

(3) $\begin{cases} x=\mathrm{e}^t\sin 2t, \\ y=\mathrm{e}^t\cos t, \end{cases}$ 在 $t=0$ 处.

3. 求下列参数方程所确定的函数的二阶导数:

(1) $\begin{cases} x=\dfrac{t^2}{2}, \\ y=1-t; \end{cases}$ 　　　　　(2) $\begin{cases} x=\ln\sqrt{1+t^2}, \\ y=\arctan t. \end{cases}$

4. 求下列由极坐标方程所表示的函数的导数 $\dfrac{\mathrm{d}y}{\mathrm{d}x}$:

(1) $r=a\varphi$(阿基米德螺线);

(2) $r=a(1+\cos\varphi)$(心脏线).

2.6 微分及其应用

导数反映出函数相对于自变量的变化快慢程度,微分则指出当变量存在微小变化时,函数大体上变化多少.

2.6.1 函数的微分

先分析一个具体问题. 一块正方形金属薄片受高温变化的影响,其边长由 x_0 变为

$x_0 + \Delta x$（图 2.3）,问此薄片的面积改变了多少?

　　设此薄片的边长是 x,面积为 A,则 A 是 x 函数,即 $A = x^2$. 薄片受温度变化的影响对面积的改变量可看成是当自变量 x 自 x_0 取得增量 Δx 时,函数 A 相应的增量 ΔA,即

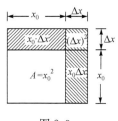

图 2.3

$$\Delta A = (x_0 + \Delta x)^2 - x_0^2 = 2x_0 \Delta x + (\Delta x)^2.$$

从上式可以看出,ΔA 分成了两部分,第一部分 $2x_0 \Delta x$ 是 Δx 的线性函数,即图 2.3 中带实阴影的两个矩形的面积之和;第二部分 $(\Delta x)^2$ 在图 2.3 中是带虚阴影的小正方形的面积. 当 $\Delta x \rightarrow 0$ 时,第二部分 $(\Delta x)^2$ 是比 Δx 高阶的无穷小,即 $(\Delta x)^2 = o(\Delta x)$. 由此可见,如果边长改变很小,即 $|\Delta x|$ 很小时,面积的改变量 ΔA 可近似地用第一部分来代替.

　　一般地,若函数 $y = f(x)$ 满足一定的条件,则函数的增量 Δy 可表为 $\Delta y = A \Delta x + o(\Delta x)$,其中 A 为不依赖于 Δx 的常数. 因此,$A \Delta x$ 是 Δx 的线性函数,并且它与 Δy 之差 $\Delta y - A \Delta x = o(\Delta x)$ 是比 Δx 高阶的无穷小. 于是当 $A \neq 0$ 且 $|\Delta x|$ 很小时,就可以近似地用 $A \Delta x$ 来代替 Δy.

　　定义 2.6　若函数 $y = f(x)$ 在某区间内有定义,x_0 和 $x_0 + \Delta x$ 在该区间内,并且
$$\Delta y = f(x_0 + \Delta x) - f(x_0) = A \Delta x + o(\Delta x), \tag{2.8}$$
其中 A 为不依赖于 Δx 的常数,$o(\Delta x)$ 为比 Δx 高阶的无穷小,则称函数 $y = f(x)$ 在点 x_0 **可微**,$A \Delta x$ 叫做函数 $y = f(x)$ 在点 x_0 相应于自变量增量 Δx 的**微分**,记作 $\mathrm{d}y$,即 $\mathrm{d}y = A \Delta x$.

　　在式(2.8)中,$A \Delta x$ 称为**主要线性部分**. "线性"是因为 $A \Delta x$ 是 Δx 的一次函数; "主要"是因为 $A \Delta x$ 在式(2.8)的右端中起主要作用,$o(\Delta x)$ 是比 Δx 高阶的无穷小.

　　在式(2.8)中还可以看出,$\Delta y \approx \mathrm{d}y$,其误差是 $o(\Delta x)$. 另外,如果 $f(x)$ 在点 x_0 处可微,那么微分 $\mathrm{d}y = A \Delta x$ 中的 A 是什么呢? 下面的定理回答了该问题.

　　定理 2.7　$y = f(x)$ 在点 x_0 可微的充分必要条件是 $y = f(x)$ 在点 x_0 可导.

　　证　必要性. 设 $y = f(x)$ 在点 x_0 可微,即 $\Delta y = A \Delta x + o(\Delta x)$（其中 A 为与 Δx 无关的常数）,用 Δx 除上式两端则有:
$$\frac{\Delta y}{\Delta x} = A + \frac{o(\Delta y)}{\Delta x},$$
于是
$$f'(x_0) = \lim_{\Delta x \rightarrow 0} \frac{\Delta y}{\Delta x} = A + \lim_{\Delta x \rightarrow 0} \frac{o(\Delta x)}{\Delta x} = A,$$
即 $f(x)$ 在点 x_0 可导,并且 $f'(x_0) = A$.

　　充分性. 设 $f(x)$ 在点 x_0 可导,即
$$\lim_{\Delta x \rightarrow 0} \frac{\Delta y}{\Delta x} = f'(x_0),$$
故有
$$\frac{\Delta y}{\Delta x} = f'(x_0) + \alpha,$$

其中当 $\Delta x \to 0$ 时，$\alpha \to 0$. 由此有

$$\Delta y = f'(x_0)\Delta x + \alpha \Delta x = f'(x_0)\Delta x + o(\Delta x),$$

即 $f(x)$ 在点 x_0 可微（因为 $f'(x_0)$ 是与 Δx 无关的常数）.

　　定理 2.7 指出，一元函数 $f(x)$ 在点 x_0 可微与可导是等价的，并且 $A = f'(x_0)$，于是 $f(x)$ 在点 x_0 处的微分为 $\mathrm{d}y = f'(x_0)\Delta x$. 另外，由式（2.8）还可以得到

$$\Delta y = \mathrm{d}y + o(\Delta x) = f'(x_0)\Delta x + o(\Delta x),$$

因而可用 $\mathrm{d}y$ 近似地代替 Δy，这样做有如下两点好处：

　　(1) $\mathrm{d}y$ 是 Δx 的线性函数，这一点保证计算简便；

　　(2) $\Delta y - \mathrm{d}y = o(\Delta x)$，这一点保证近似程度好，即误差是比 Δx 高阶的无穷小.

　　由微分定义，自变量 x 本身的微分为

$$\mathrm{d}x = (x)'\Delta x = \Delta x,$$

于是函数 $y = f(x)$ 在点 x 处的微分可写为

$$\mathrm{d}y = f'(x)\mathrm{d}x \quad 或 \quad f'(x) = \frac{\mathrm{d}y}{\mathrm{d}x},$$

即 $f(x)$ 的导数 $f'(x)$ 等于函数的微分 $\mathrm{d}y$ 与自变量 $\mathrm{d}x$ 的微分之商，导数也称为微商就源于此. 因此，求函数微分的问题可归结为求导数的问题，故将求函数的导数与微分的方法称为微分法.

　　例 2.34　求函数 $y = x^3$ 当 $x = 2$，$\Delta x = 0.02$ 时的微分.

　　解　因为函数增量 $\Delta y = (x + \Delta x)^3 - x^3$，故所求增量为

$$\Delta y = (2 + 0.02)^3 - 2^3 = 2.02^3 - 8 = 0.242408.$$

因为 $\mathrm{d}y = y'\Delta x = 3x^2\Delta x$，故所求微分为

$$\mathrm{d}y = 3 \times 2^2 \times 0.02 = 0.24.$$

比较 Δy 与 $\mathrm{d}y$ 可知

$$\Delta y - \mathrm{d}y = 0.002408.$$

2.6.2　微分的几何意义

　　为了对微分有比较直观的了解，下面来说明微分的几何意义. 在直角坐标系中，函数 $y = f(x)$ 的图像是一条曲线. 对于某一固定的 x_0 值，曲线上有一个确定的点 $M(x_0, y_0)$，当自变量 x 有微小增量 Δx 时，就得到曲线上的另一点 $N(x_0 + \Delta x, y_0 + \Delta y)$，并且由图 2.4 可知 $MQ = \Delta x$，$QN = \Delta y$. 过点 M 作曲线的切线 MT，它的倾角为 α，则 $QP = MQ \cdot \tan\alpha = \Delta x \cdot f'(x_0)$，即 $\mathrm{d}y = QP$.

　　由此可见，当 Δy 是曲线 $y = f(x)$ 上的纵坐标的增量时，$\mathrm{d}y$ 就是曲线上点 M 处的切线在相应点处的纵坐标的增量. 当 $|\Delta x|$ 很小时，$|\Delta y - \mathrm{d}y|$ 比 $|\Delta x|$ 小得多. 因此，在点 M 邻近，可用切线段来近似代替曲线段.

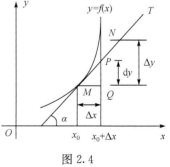

图 2.4

2.6.3　基本初等函数的微分公式与微分运算法则

从函数的微分表达式 $\mathrm{d}y = f'(x)\mathrm{d}x$ 可以看出,要计算函数的微分,只要计算函数的导数,再乘以自变量的微分. 因此,可得如下微分公式和微分运算法则:

1. 基本初等函数的微分公式

由基本初等函数的导数公式,可以直接写出基本初等函数的微分公式. 为便于对照,列于表 2.1 中.

表 2.1

导数公式	微分公式
$(x^{\mu})' = \mu x^{\mu-1}$	$\mathrm{d}(x^{\mu}) = \mu x^{\mu-1}\mathrm{d}x$
$(\sin x)' = \cos x$	$\mathrm{d}(\sin x) = \cos x\mathrm{d}x$
$(\cos x)' = -\sin x$	$\mathrm{d}(\cos x) = -\sin x\mathrm{d}x$
$(\tan x)' = \sec^2 x$	$\mathrm{d}(\tan x) = \sec^2 x\mathrm{d}x$
$(\cot x)' = -\csc^2 x$	$\mathrm{d}(\cot x) = -\csc^2 x\mathrm{d}x$
$(\sec x)' = \sec x\tan x$	$\mathrm{d}(\sec x) = \sec x\tan x\mathrm{d}x$
$(\csc x)' = -\csc x\cot x$	$\mathrm{d}(\csc x) = -\csc x\cot x\mathrm{d}x$
$(a^x)' = a^x\ln a$	$\mathrm{d}(a^x) = a^x\ln a\mathrm{d}x$
$(\mathrm{e}^x)' = \mathrm{e}^x$	$\mathrm{d}(\mathrm{e}^x) = \mathrm{e}^x\mathrm{d}x$
$(\log_a x)' = \left(\dfrac{\ln x}{\ln a}\right)' = \dfrac{1}{x\ln a}$	$\mathrm{d}(\log_a x) = \dfrac{1}{x\ln a}\mathrm{d}x$
$(\ln x)' = \dfrac{1}{x}$	$\mathrm{d}(\ln x) = \dfrac{1}{x}\mathrm{d}x$
$(\arcsin x)' = \dfrac{1}{\sqrt{1-x^2}}$	$\mathrm{d}(\arcsin x) = \dfrac{1}{\sqrt{1-x^2}}\mathrm{d}x$
$(\arccos x)' = -\dfrac{1}{\sqrt{1-x^2}}$	$\mathrm{d}(\arccos x) = -\dfrac{1}{\sqrt{1-x^2}}\mathrm{d}x$
$(\arctan x)' = \dfrac{1}{1+x^2}$	$\mathrm{d}(\arctan x) = \dfrac{1}{1+x^2}\mathrm{d}x$
$(\mathrm{arccot}x)' = -\dfrac{1}{1+x^2}$	$\mathrm{d}(\mathrm{arccot}x)' = -\dfrac{1}{1+x^2}\mathrm{d}x$

2. 函数和、差、积、商的微分法则

由函数和、差、积、商的求导法则,可推得相应的微分法则. 为便于对照,列于表 2.2 中,其中 $u(x), v(x)$ 分别简记为 u, v.

表 2.2

函数和、差、积、商的求导法则	函数和、差、积、商的微分法则
$(u\pm v)'=u'\pm v'$	$\mathrm{d}(u\pm v)=\mathrm{d}u\pm\mathrm{d}v$
$(uv)'=u'v+uv'$	$\mathrm{d}(uv)=v\mathrm{d}u+u\mathrm{d}v$
$(cu)'=cu'$	$\mathrm{d}(cu)=c\mathrm{d}u$
$\left(\dfrac{u}{v}\right)'=\dfrac{u'v-uv'}{v^2}(v\neq 0)$	$\mathrm{d}\left(\dfrac{u}{v}\right)=\dfrac{v\mathrm{d}u-u\mathrm{d}v}{v^2}(v\neq 0)$

现在以乘积的微分法则为例加以证明.

根据函数微分的表达式有

$$\mathrm{d}(uv)=(uv)'\mathrm{d}x.$$

再根据乘积的求导法则有

$$(uv)'=u'v+uv'$$

于是有

$$\mathrm{d}(uv)=(u'v+uv')\mathrm{d}x=u'v\mathrm{d}x+uv'\mathrm{d}x=v\mathrm{d}u+u\mathrm{d}v.$$

其他法则类似可证.

2.6.4　微分形式不变性

设函数 $y=f(x)$ 在点 x 处可微,则

(1) 若 x 为自变量,则微分

$$\mathrm{d}y=f'(x)\mathrm{d}x;\qquad\qquad(2.9)$$

(2) 若 x 不为自变量而是中间变量,即 $y=f(x),x=\varphi(t)$,并且 $\varphi'(t)$ 存在,则 y 为 t 的复合函数,于是由复合函数求导法则有 $\mathrm{d}y=f'(x)\varphi'(t)\mathrm{d}t$,但由于 $\varphi'(t)\mathrm{d}t=\mathrm{d}x$,故上式为

$$\mathrm{d}y=f'(x)\mathrm{d}x.\qquad\qquad(2.10)$$

比较式(2.9)与式(2.10)可知,无论 x 是自变量还是中间变量,函数 $y=f(x)$ 的微分形式总是 $\mathrm{d}y=f'(x)\mathrm{d}x$. 此性质称为**微分形式不变性**. 应用此性质可方便地求出复合函数的微分,即在微分基本公式表中,将 x 换为中间变量 u 仍正确.

例 2.35　设 $y=\mathrm{e}^{\sin^2 x}$,求 $\mathrm{d}y$.

解　方法一　因为 $y'=\sin 2x\,\mathrm{e}^{\sin^2 x}$,故

$$\mathrm{d}y=y'\mathrm{d}x=\sin 2x\,\mathrm{e}^{\sin^2 x}\mathrm{d}x.$$

方法二　用微分形式不变性(视 $\sin^2 x$ 为中间变量)有

$$\begin{aligned}\mathrm{d}y&=\mathrm{e}^{\sin^2 x}\mathrm{d}(\sin^2 x)\\&=\mathrm{e}^{\sin^2 x}2\sin x\,\mathrm{d}(\sin x)\quad(视\ \sin x\ 为中间变量)\\&=\mathrm{e}^{\sin^2 x}2\sin x\cos x\,\mathrm{d}x=\sin 2x\,\mathrm{e}^{\sin^2 x}\mathrm{d}x.\end{aligned}$$

例 2.36　设 $y=\mathrm{e}^{-ax}\cos bx$,求 $\mathrm{d}y$.

解　$\begin{aligned}[t]\mathrm{d}y&=\mathrm{e}^{-ax}\mathrm{d}(\cos bx)+\cos bx\,\mathrm{d}(\mathrm{e}^{-ax})\\&=\mathrm{e}^{-ax}(-\sin bx)\mathrm{d}(bx)+\cos bx\cdot\mathrm{e}^{-ax}\mathrm{d}(-ax)\end{aligned}$

$$= \mathrm{e}^{-ax}(-\sin bx)b\mathrm{d}x + \cos bx \cdot \mathrm{e}^{-ax}(-a)\mathrm{d}x$$
$$= -\mathrm{e}^{-ax}(b\sin bx + a\cos bx)\mathrm{d}x.$$

例 2.37　设隐函数为 $x\mathrm{e}^y - \ln y + 5 = 0$，求 $\mathrm{d}y$.

解　将 $x\mathrm{e}^y - \ln y + 5 = 0$ 两端对 x 求微分得

$$\mathrm{d}(x\mathrm{e}^y) - \mathrm{d}(\ln y) + \mathrm{d}(5) = 0,$$

从而

$$\mathrm{e}^y\mathrm{d}x + x\mathrm{d}(\mathrm{e}^y) - \frac{1}{y}\mathrm{d}y = 0,$$

于是

$$\mathrm{e}^y\mathrm{d}x + x\mathrm{e}^y\mathrm{d}y - \frac{1}{y}\mathrm{d}y = 0,$$

所以

$$\mathrm{d}y = \frac{\mathrm{e}^y}{\dfrac{1}{y} - x\mathrm{e}^y}\mathrm{d}x = \frac{y\mathrm{e}^y}{1 - xy\mathrm{e}^y}\mathrm{d}x.$$

2.6.5　微分在近似计算中的应用

在实际问题中，经常会遇到一些复杂的计算公式. 如果直接用这些公式进行计算，那是很费力的，而利用微分往往可以把一些复杂的计算公式改用简单的近似来代替.

若 $y = f(x)$ 在点 x_0 处的导数 $f'(x_0) \neq 0$，并且 $|\Delta x|$ 很小，则

$$\Delta y = f(x_0 + \Delta x) - f(x_0) \approx \mathrm{d}y = f'(x_0)\Delta x. \tag{2.11}$$

式(2.11)为求函数增量的近似公式，由式(2.11)还可以得到计算函数值 $f(x_0 + \Delta x)$ 的近似计算公式(当 $|\Delta x|$ 很小时)

$$f(x_0 + \Delta x) \approx f(x_0) + f'(x_0)\Delta x. \tag{2.12}$$

若在式(2.12)中，令 $x = x_0 + \Delta x$，则 $\Delta x = x - x_0$，于是得到计算 $f(x)$ 的近似计算公式

$$f(x) \approx f(x_0) + f'(x_0)(x - x_0). \tag{2.13}$$

特别地，当 $x_0 = 0$ 时，得到在点 $x = 0$ 附近函数值的近似计算公式为

$$f(x) \approx f(0) + f'(0)x, \quad |\Delta x| \text{ 很小}.$$

例 2.38　半径为 10cm 的金属圆片加热后，其半径伸长了 0.05cm，问其面积增大的精确值为多少？其近似值又为多少？

解　(1)求面积增大的精确值. 设面积为 A，半径为 $r$cm，则 $A = \pi r^2$. 已知 $r = 10$cm，其增量 $\Delta r = 0.05$cm，故圆面积增量为

$$\Delta A = \pi(10 + 0.5)^2 - \pi \times 10^2 = 1.0025\pi (\mathrm{cm}^2).$$

(2)求面积增大的近似值. 由式(2.11)有

$$\Delta A \approx \mathrm{d}A = 2\pi r\mathrm{d}r = 2\pi \times 10 \times 0.05 = \pi (\mathrm{cm}^2).$$

比较两种计算结果可知，其误差很小，但用式(2.11)方便多了.

例 2.39　求 $\sin 31°$ 的近似值.

解　令 $f(x)=\sin x$, $x_0=30°=\dfrac{\pi}{6}$, $\Delta x=1°=\dfrac{\pi}{180}$, 则

$$f'(x)=\cos x, \quad f\left(\dfrac{\pi}{6}\right)=\dfrac{1}{2}, \quad f'\left(\dfrac{\pi}{6}\right)=\dfrac{\sqrt{3}}{2},$$

故由式(2.12),有

$$\sin 31°=f(30°+1°)=f\left(\dfrac{\pi}{6}+\dfrac{\pi}{180}\right)\approx f\left(\dfrac{\pi}{6}\right)+f'\left(\dfrac{\pi}{6}\right)\dfrac{\pi}{180}$$

$$=\dfrac{1}{2}+\dfrac{\sqrt{3}}{2}\dfrac{\pi}{180}=\dfrac{1}{2}+\dfrac{\sqrt{3}}{2}\times 0.01745\approx 0.5151.$$　■

例 2.40　证明当 $|x|$ 很小时,近似公式 $\sqrt{1+x}\approx 1+\dfrac{1}{2}x$ 成立.

证　令 $f(x)=\sqrt{1+x}$, 则

$$f'(x)=\dfrac{1}{2}(1+x)^{-\frac{1}{2}}, \quad f(0)=1, \quad f'(0)=\dfrac{1}{2}$$

故当 $|x|$ 很小时,由式(2.13)有

$$f(x)=\sqrt{1+x}\approx f(0)+f'(0)x=1+\dfrac{1}{2}x.$$　■

习　题　2.6

1. 已知 $y=x^3-x$, 计算在 $x=2$ 处当 Δx 分别等于 $1,0.1,0.01$ 时的 Δy 和 $\mathrm{d}y$.

2. 求下列函数的微分:

(1) $y=\dfrac{1}{x}+2\sqrt{x}$;

(2) $y=x\sin 2x$;

(3) $y=\dfrac{1}{\sqrt{x^2+1}}$;

(4) $y=[\ln(1-x)]^2$;

(5) $y=x^2\mathrm{e}^{2x}$;

(6) $y=\mathrm{e}^{-x}\cos(3-x)$;

(7) $y=\arctan\dfrac{1-x^2}{1+x^2}$;

(8) $y=\dfrac{\cos 2x}{1+\sin x}$.

3. 将适当的函数添入下列括号内,使等式成立:

(1) $\mathrm{d}(\quad)=3x\mathrm{d}x$;

(2) $\mathrm{d}(\quad)=\sin\omega x\mathrm{d}x$;

(3) $\mathrm{d}(\quad)=\dfrac{1}{1+x}\mathrm{d}x$;

(4) $\mathrm{d}(\quad)=\mathrm{e}^{-2x}\mathrm{d}x$;

(5) $\mathrm{d}(\quad)=\dfrac{1}{\sqrt{x}}\mathrm{d}x$;

(6) $\mathrm{d}(\quad)=\dfrac{a}{a^2+x^2}\mathrm{d}x$.

4. 计算下列三角函数值的近似值:

(1) $\cos 29°$;

(2) $\tan 136°$.

5. 当 $|x|$ 较小时,证明下列近似公式:

(1) $\tan x \approx x$　（其中 x 为角的弧度值）;

(2) $\ln(1+x) \approx x$.

6. 计算下列各根式的近似值:

(1) $\sqrt[3]{996}$;　　　　　　　　　　　　　　　　(2) $\sqrt[6]{65}$.

2.7　导数与微分应用举例

导数和微分在几何方面有广泛应用,通过曲线的切线斜率求曲线的切线方程和法线方程,在物理学中求运动物体的瞬时速度和加速度,在经济学中有边际值的应用. 除此之外,还有一些其他实际应用.

2.7.1　导数在经济学中的应用

经济学家常把一个函数的导数称为该函数的**边际值**.

定义 2.7　设 $y=f(x)$ 在 x_0 处可导,则称导数 $f'(x)$ 为 $f(x)$ 的**边际函数**, $f'(x)$ 在 x_0 处的值 $f'(x_0)$ 称为**边际函数值**,从而

（1）当函数 $y=f(x)$ 代表收入时, $f'(x)$ 为**边际收入**,它可以估计商人在销售了 x 单位商品后,再多销售一单位商品所得收入的近似值;

（2）当函数 $y=f(x)$ 代表利润时, $f'(x)$ 为**边际利润**,它可以估计商人在销售了 x 单位商品后,再多销售一单位商品所得利润的近似值;

（3）当函数 $y=f(x)$ 代表成本时, $f'(x)$ 为**边际成本**,它表示在生产 x 单位商品与 $x+\Delta x$ 单位产品之间,每生产一单位产品所需成本的近似值.

例 2.41　某企业生产一种产品,每天的总利润 $L(x)$（元）与产量 x（吨）之间的函数关系式为 $L(x)=250x-5x^2$,求其边际利润,并当产品分别为 10 吨,25 吨,30 吨时说明利润情况.

解　因为利润函数为 $L(x)=250x-5x^2$,故有边际利润

$L'(x)=250-10x$,　$L'(10)=150$（元）, $L'(25)=0$（元）　, $L'(30)=-50$（元）.

$L'(10)=150$（元）表示在每天生产 10t 的基础上再多生产 1 吨时,总利润将增加 150 元; $L'(25)=0$（元）表示在每天生产 25t 的基础上再多生产 1 吨时,总利润几乎没有发生变化,这 1 吨产量没有产生利润; $L'(30)=-50$（元）表示在每天生产 30 吨的基础上再多生产 1 吨时,总利润将减少 50 元.

上述结果表明,并非生产数量越多,利润越高. ■

例 2.42　某工厂生产某种糕点的收入函数 $R(x)$ 与成本函数 $C(x)$ 分别为

$$R(x)=\sqrt{x}（千元）,\quad C(x)=\frac{x+3}{\sqrt{x}+1}（千元）,\quad 1 \leqslant x \leqslant 15,$$

其中 x 的单位为百千克,问其应生产多少千克糕点,才能不赔本?

解　因为总利润函数＝总收入函数－总成本函数,即

$$L(x)=R(x)-C(x)=\sqrt{x}-\frac{x+3}{\sqrt{x}+1}=\frac{\sqrt{x}-3}{\sqrt{x}+1},$$

故当 $L(x)=0$,即 $x=9$(百千克)时不赔本;当 $L(x)<0$,即 $x<9$(百千克)时赔本;当 $L(x)>0$,即 $x>9$(百千克)时赢利. 由于当 $x>0$ 时,边际利润

$$L'(x)=\frac{2}{\sqrt{x}(\sqrt{x}+1)^2}>0,$$

它表明多生产可以提高总利润(包含减少亏损的含义),但并非始终赢利,如本例中,只有当 $x>900$ 千克后才算真正赢利. ■

2.7.2 其他应用

例 2.43 陨石的下落. 地球的质量是 5.983×10^{24} 千克,今有一块质量为 10000 千克的陨石正在朝着地球的方向运动,求

(1) 当陨石与地球相距 100 千米时,求它们之间的引力(以牛顿为单位);

(2) 如果陨石继续朝地球的方向运动,则在相距 100 千米时,引力的递增速度是多少?

解 (1) 由牛顿万有引力定律知,两个距离为 r(米),质量分别为 m_1 和 m_2 的质点间的引力是沿它们的连线而作用的,其大小为

$$F=G\frac{m_1m_2}{r^2},$$

其中 $G=6.673\times10^{-11}$牛·m²/千克² 为引力常数,从而当陨石距地球 r 米时,两者之间的引力为

$$F=6.673\times10^{-11}\times\frac{(5.983\times10^{24})\times10^4}{r^2}=39.925\times10^{17}\times r^{-2}.$$

特别地,当 $r=100$ 千米$=10^5$ 米时,

$$F=39.925\times10^7(\text{N}).$$

(2) 先求引力关于 r 的变化率,即

$$\frac{\mathrm{d}F}{\mathrm{d}r}=\frac{\mathrm{d}}{\mathrm{d}r}(39.925\times10^{17}\times r^{-2})=-79.85\times10^{17}\times r^{-3}.$$

当 $r=100$ 千米$=10^5$ 米时,

$$F'(10^5)=-79.85\times10^{17}\times(10^5)^{-3}=-7985(\text{牛/米}).$$

这里的负号表示随着 r 的递增,力 F 递减;或者随着 r 的递减,力 F 递增. 因此,在陨石距地球 100 千米时,引力的递增速度为 7985 牛/米. ■

例 2.44 航空摄影问题. 一飞机在距地 2 千米的高空,以每小时 200 千米的速度飞临某目标上空,以便进行航空摄像,试求飞机飞至目标上方时摄像机转动的速度.

解 如图 2.5 所示,选择坐标系,把目标取为坐标原点,飞机与目标的水平距离为 x 千米,则有

$$\tan\theta=\frac{2}{x}.$$

由于 x 与 θ 都是时间 t 的函数,故上式两端分别对 t 求导可得

$$\sec^2\theta\frac{\mathrm{d}\theta}{\mathrm{d}t}=-\frac{2}{x^2}\frac{\mathrm{d}x}{\mathrm{d}t},$$

故

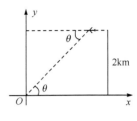

图 2.5

$$\frac{\mathrm{d}\theta}{\mathrm{d}t}=-2\frac{\cos^2\theta}{x^2}\frac{\mathrm{d}x}{\mathrm{d}t}=-\frac{2}{x^2}\frac{x^2}{x^2+4}\frac{\mathrm{d}x}{\mathrm{d}t}=\frac{-2}{x^2+4}\frac{\mathrm{d}x}{\mathrm{d}t}.$$

因为 $x=0$(千米), $\dfrac{\mathrm{d}x}{\mathrm{d}t}=-200$(千米/小时)(负号表示 x 在减少),故有

$$\frac{\mathrm{d}\theta}{\mathrm{d}t}=\frac{-2}{4}\times(-200)=100 \text{ 弧度/小时},$$

即弧度为 100 弧度/小时,化为角度就是

$$\frac{100}{60\times60}\times\frac{180}{\pi}=\frac{5}{\pi}(\text{度/秒}).\qquad\blacksquare$$

总 习 题 二

1. 在"充分"、"必要"和"充分必要"三者中选择一个正确的填入下列空格内:

(1) $f(x)$ 在点 x_0 可导是 $f(x)$ 在点 x_0 连续的( )条件; $f(x)$ 在点 x_0 连续是 $f(x)$ 在点 x_0 可导的( )条件.

(2) $f(x)$ 在点 x_0 的左导数 $f'_-(x_0)$ 及 $f'_+(x_0)$ 都存在且相等是 $f(x)$ 在点 x_0 可导的( )条件.

(3) $f(x)$ 在点 x_0 可导是 $f(x)$ 在点 x_0 可微的( )条件.

2. 设 $f(x)=\sqrt[3]{x}\sin x$,求 $f'(0)$.

3. 求下列函数 $f(x)$ 的 $f'_-(x_0)$ 及 $f'_+(x_0)$,并判断 $f'(0)$ 是否存在:

(1) $f(x)=\begin{cases}\sin x, & x<0, \\ \ln(1+x), & x\geqslant0;\end{cases}$

(2) $f(x)=\begin{cases}\dfrac{x}{1+\mathrm{e}^{\frac{1}{x}}}, & x\neq0, \\ 0, & x=0.\end{cases}$

4. 讨论函数 $f(x)=\begin{cases}x\sin\dfrac{1}{x}, & x\neq0, \\ 0, & x=0\end{cases}$ 在 $x=0$ 处的连续性与可导性.

5. 求下列函数的导数和微分:

(1) $y=\arcsin(\sin x)$;

(2) $y=\arctan\dfrac{1+x}{1-x}$;

(3) $y=\operatorname{lntan}\dfrac{x}{2}-\cos x \cdot \ln(\tan x)$;　　　　(4) $y=\ln(\mathrm{e}^x+\sqrt{1+\mathrm{e}^{2x}})$.

6. 求下列函数的二阶导数:

(1) $y=\cos^2 x \cdot \ln x$;　　　　　　　　(2) $y=\dfrac{x}{\sqrt{1-x^2}}$.

7. 求下列函数的 n 阶导数:

(1) $y=\sqrt[m]{1+x}$;　　　　　　　　　　(2) $y=\dfrac{1-x}{1+x}$.

8. 设 $x=y^2+y, u=(x^2+x)^{\frac{3}{2}}$, 求 $\dfrac{\mathrm{d}y}{\mathrm{d}u}$.

9. 求下列由参数方程所确定的函数的一阶导数 $\dfrac{\mathrm{d}y}{\mathrm{d}x}$ 和二阶导数 $\dfrac{\mathrm{d}^2 y}{\mathrm{d}x^2}$:

(1) $\begin{cases} x=1-t^2, \\ y=t-t^3, \end{cases}$　　　　　　　(2) $\begin{cases} x=\ln\sqrt{1+x^2}, \\ y=\arctan t. \end{cases}$

10. 求曲线 $\begin{cases} x=2\mathrm{e}^t, \\ y=\mathrm{e}^{-t} \end{cases}$ 在 $t=0$ 相应点处的切线方程和法线方程.

第 3 章　微分中值定理与导数的应用

本章将进一步研究构成微分学理论基础的微分中值定理,它们是研究函数等实际问题的理论依据. 微分中值定理将函数与导数联系起来,通过导数来研究函数的相关性质,描绘函数的图像.

3.1　中　值　定　理

微分中值定理是由罗尔中值定理、拉格朗日中值定理和柯西中值定理三个定理构成的,它们是从特例到一般的三种情况,分别有不同的应用,下面逐个加以讨论.

3.1.1　罗尔(Rolle)中值定理

定理 3.1(罗尔中值定理)　若函数 $f(x)$ 满足

(1) 在闭区间 $[a,b]$ 上连续;

(2) 在开区间 (a,b) 内可导;

(3) 在区间 $[a,b]$ 端点处的函数值相等,即 $f(a)=f(b)$,

则在 (a,b) 内至少存在一点 $\xi(a<\xi<b)$,使得 $f'(\xi)=0$.

罗尔中值定理 3.1 的几何意义如下:在满足罗尔定理的三个条件下,存在一条在闭区间 $[a,b]$ 上连续的曲线 $y=f(x)$,并且在该曲线上至少有一条切线平行于 x 轴(称为水平切线,如图 3.1 所示).

证　由条件(1)及闭区间上的最值定理知,$f(x)$ 在闭区间 $[a,b]$ 上必定取得最大值 M 和最小值 m. 此时,只有如下两种可能:

(1) 如果 $M=m$,则 $f(x)$ 在 $[a,b]$ 上必然取相同的值 M,即 $f(x)=M$. 由此有 $f'(\xi)=0$,因此,可取 (a,b) 内任意一点作为 ξ,都有 $f'(\xi)=0$,定理得证.

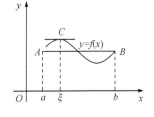

图 3.1

(2) 若 $M>m$,因为 $f(a)=f(b)$,故 M 和 m 这两个数中至少有一个不等于 $f(x)$ 在 $[a,b]$ 端点处的函数值. 为确定起见,不妨设 $M\neq f(a)$(若 $m\neq f(a)$,证法完全类似),则在开区间 (a,b) 内至少存在一点 ξ,使得 $f(x)=M$. 下面证明 $f(x)$ 在点 ξ 处的导数等于零,即 $f'(\xi)=0$.

因为 ξ 是开区间 (a,b) 内的点,即极限

$$\lim_{\Delta x\to 0}\frac{f(\xi+\Delta x)-f(\xi)}{\Delta x}$$

存在,从而左、右极限必存在且相等. 因此,

$$f'(\xi) = \lim_{\Delta x \to 0} \frac{f(\xi + \Delta x) - f(\xi)}{\Delta x} = \lim_{\Delta x \to 0} \frac{f(\xi + \Delta x) - f(\xi)}{\Delta x}.$$

由于 $f(\xi) = M$ 是 $f(x)$ 在 $[a,b]$ 上的最大值,因此,无论 Δx 是正还是负,只要 $\xi + \Delta x$ 在 $[a,b]$ 上,总有

$$f(\xi + \Delta x) \leqslant f(\xi), \quad 即 \ f(\xi + \Delta x) - f(\xi) \leqslant 0,$$

故当 $\Delta x > 0$ 时,

$$\frac{f(\xi + \Delta x) - f(\xi)}{\Delta x} \leqslant 0,$$

从而由函数极限的局部保号性有

$$f'_+(\xi) = \lim_{\Delta x \to 0^+} \frac{f(\xi + \Delta x) - f(\xi)}{\Delta x} \leqslant 0.$$

同理可证,当 $\Delta x < 0$ 时有

$$f'_-(\xi) = \lim_{\Delta x \to 0^-} \frac{f(\xi + \Delta x) - f(\xi)}{\Delta x} \geqslant 0.$$

因此,必然有 $f'(\xi) = 0$. ■

为了加深对定理 3.1 的理解,下面再作一些说明.

首先指出,定理 3.1 的三个条件是十分必要的,如果其中一个条件不满足,则定理的结论就可能不成立。下面举三个例子,并结合图像进行考察.

例 3.1 函数

$$f(x) = \begin{cases} 1, & x = 0, \\ x, & 0 < x \leqslant 1 \end{cases}$$

在 $[0,1]$ 的左端点 $x = 0$ 处间断,不满足定理 3.1 的条件(1),虽然满足定理的另外两个条件,但显然没有水平切线(图 3.2). ■

例 3.2 $f(x) = |x|$, $x \in [-1,1]$.

由例 2.1 知,函数 $f(x)$ 在 $x = 0$ 不可导,因而不满足条件(2). 虽然满足定理的另外两个条件,但显然也没有水平切线(图 3.3). ■

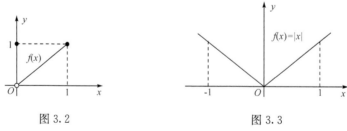

图 3.2　　　　　　　　　　　　图 3.3

例 3.3 $f(x) = x$, $x \in [0,1]$.

显然,$f(x)$ 在 $[0,1]$ 上满足条件(1),(2),但 $f(0) = 0 \neq 1 = f(1)$,即不满足条件(3),显然也没有水平切线(图 3.4). ■

其次,要说明定理 3.1 的三个条件是充分而非必要的,即若满足定理 3.1 的三个条件,则定理的结论必定成立. 但若定理 3.1 的三个条件不完全满足,则定理的结论可能

成立,也可能不成立.

例 3.4 设

$$\varphi(x)=\begin{cases}\sin x, & x\in[0,\pi),\\ 1, & x=\pi.\end{cases}$$

解 显然,函数 $\varphi(x)$ 在 $[0,\pi]$ 上不连续,$\varphi(0)\neq\varphi(\pi)$,故不满足罗尔定理 3.1 的条件 (1),(3),但 $\varphi(x)$ 在 $x=\dfrac{\pi}{2}\in(0,\pi)$ 处是有水平切线的(图 3.5). ■

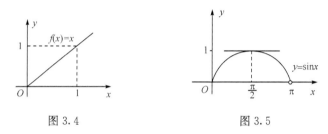

图 3.4　　　　　　　　　　图 3.5

3.1.2　拉格朗日中值定理

定理 3.2(拉格朗日中值定理)　若 $f(x)$ 满足下列条件:

(1) 在闭区间 $[a,b]$ 上连续;

(2) 在开区间 (a,b) 内可导,

则在开区间 (a,b) 内至少存在一点 $\xi(a<\xi<b)$,使得

$$f(b)-f(a)=f'(\xi)(b-a),$$

即

$$f'(\xi)=\frac{f(b)-f(a)}{b-a}$$

成立.

在拉格朗日中值定理 3.2 中,若再增加条件 $f(b)=f(a)$,则定理的结论就是罗尔中值定理 3.1 的结论. 可见,罗尔中值定理 3.1 就是拉格朗日中值定理 3.2 的特例,如图 3.6 所示. 因此,定理 3.2 证明的基本思路就是构造一个辅助函数,使其符合罗尔中值定理 3.1 的条件,然后再利用罗尔中值定理 3.1 给出证明.

证 引进辅助函数

$$\varphi(x)=f(x)-f(a)-\frac{f(b)-f(a)}{b-a}(x-a),$$

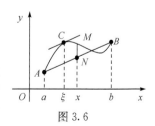

图 3.6

则 $\varphi(a)=\varphi(b)=0$,并且由 $f(x)$ 在闭区间 $[a,b]$ 上连续和在开区间 (a,b) 内可导知,$\varphi(x)$ 在 $[a,b]$ 上连续,在 (a,b) 内可导,从而 $\varphi(x)$ 满足罗尔中值定理 3.1 的全部条件. 根据罗尔中值定理 3.1,在 (a,b) 内至少存在一点 ξ,使得 $\varphi'(\xi)=0$,即

$$f'(\xi) - \frac{f(b) - f(a)}{b - a} = 0,$$

由此得

$$\frac{f(b) - f(a)}{b - a} = f'(\xi),$$

即

$$f(b) - f(a) = f'(\xi)(b - a).$$ ■

拉格朗日中值定理 3.2 的几何意义如下:在$[a,b]$上的曲线 $y = f(x)$ 至少存在一点 P,曲线在点 C 处的切线平行于曲线两端点的连线(图 3.6).

若记 $a = x, b = x + \Delta x$,并将 ξ 表示成 $x + \theta \Delta x$ 的形式(图 3.7),则拉格朗日中值定理 3.2 又可表述如下:存在 $\theta \in (0, 1)$,使得

$$\Delta y = f(x + \Delta x) - f(x) = f'(x + \theta \Delta x) \Delta x, \quad 0 < \theta < 1.$$

在讨论微分时,曾经以微分

$$\mathrm{d}y = f'(x) \Delta x$$

作为 $|\Delta x|$ 很小时增量 Δy 的近似值,这种近似值随 $|\Delta x|$ 的增大可能使其误差变得很大,而拉格朗日中值定理给出的表达式

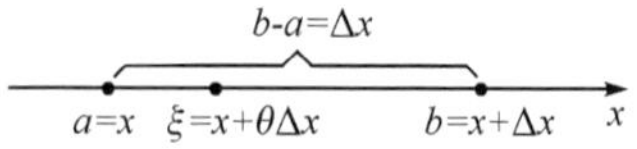

图 3.7

$$\Delta y = f'(x + \theta \Delta x) \cdot \Delta x, \quad 0 < \theta < 1$$

是有限增量 Δy 的精确表达式,由此也可以看出拉格朗日中值定理 3.2 的重要作用.

从拉格朗日中值定理 3.2 可以导出如下一些有用的推论:

推论 3.1　若在开区间 (a, b) 内恒有 $f'(x) = 0$,则 $f(x)$ 在 (a, b) 内恒等于某一个常数.

推论 3.1 的几何意义很明显,即如果曲线的切线斜率恒为零,则曲线必定是一条平行于 x 轴的直线. 下面用拉格朗日中值定理 3.2 加以证明.

证　设 x_1, x_2 是 (a, b) 内的任意两点,并且 $x_1 < x_2$,在 $[x_1, x_2]$ 上应用拉格朗日中值定理,则必定存在 $\xi \in (x_1, x_2)$,使得

$$f(x_2) - f(x_1) = f'(\xi)(x_2 - x_1).$$

因为 $f'(\xi) = 0$,故有

$$f(x_2) = f(x_1).$$

由于此等式对 (a, b) 内的任何 x_1, x_2 都成立,所以 $f(x)$ 在 (a, b) 内必恒等于一个常数.

推论 3.2　若在开区间 (a, b) 内恒有 $f'(x) = g'(x)$,则在 (a, b) 内恒有

$$f(x) = g(x) + c,$$

其中 c 为常数.

推论 3.2 告诉我们,若两个函数在 (a, b) 内的导数处处相等,则这两个函数在 (a, b) 内至多相差一个常数.

证　令 $\varphi(x) = f(x) - g(x)$,则由假设 $\varphi'(x) = f'(x) - g'(x) = 0$,故由推论 3.1

知, $\varphi(x)$ 为常数, 即

$$f(x)=g(x)+c,$$

其中 c 为常数. ■

例 3.5　证明当 $x>0$ 时,

$$\frac{x}{1+x}<\ln(1+x)<x.$$

证　设 $f(t)=\ln(1+t)$, 显然, $f(t)$ 在 $[0,x]$ 上满足拉格朗日中值定理 3.2 的条件, 所以有

$$f(x)-f(0)=f'(\xi)(x-0),\quad 0<\xi<x.$$

由于 $f(0)=0, f'(t)=\dfrac{1}{1+t}$, 因此, 上式即为 $\ln(1+x)=\dfrac{x}{1+\xi}$. 又由于 $0<\xi<x$, 于是有 $1<1+\xi<1+x$, 从而

$$\frac{x}{1+x}<\frac{x}{1+\xi}<x,\ 即\ \frac{x}{1+x}<\ln(1+x)<x.$$

■

3.1.3　柯西中值定理

定理 3.3(柯西中值定理)　若 $f(x)$ 与 $g(x)$ 满足下列条件:

(1) 在闭区间 $[a,b]$ 上连续;

(2) 在开区间内可导, 并且 $g'(x)$ 在 (a,b) 内每一处均不为 0,

则在 (a,b) 内至少存在一点 ξ, 使等式

$$\frac{f(b)-f(a)}{g(b)-g(a)}=\frac{f'(\xi)}{g'(\xi)} \tag{3.1}$$

成立.

证　略.

柯西中值定理 3.3 的几何意义与拉格朗日中值定理 3.2 基本相同, 所不同的是曲线表达式采用了比 $y=f(x)$ 的形式更为一般的参数方程

$$\begin{cases} x=g(x), \\ y=f(x), \end{cases}\quad a\leqslant x\leqslant b$$

的形式, 其中 x 为参数.

显然, 在柯西中值定理 3.3 中, 当 $g(x)=x$ 时, $g'(x)=1, g(a)=a, g(b)=b$, 故式 (3.1) 就是

$$\frac{f(b)-f(a)}{b-a}=\frac{f'(\xi)}{1},\quad a<\xi<b,$$

即拉格朗日中值定理 3.2 就是柯西中值定理 3.3 的特殊情况.

3.1.4　中值定理的初步应用

中值定理是利用导数的局部性研究函数整体性的重要工具, 它是沟通函数与其导

数之间的桥梁,其重要作用在本章后半部分和以后章节中将会进一步看到. 作为中值定理的一个初步应用,可以用它来证明一些等式与不等式.

例 3.6　证明 $|\sin x - \sin y| \leqslant |x - y|$.

证　因为对任意 x, y(不妨设 $y < x$),函数 $\sin t$ 在 $[y, x]$ 上满足拉格朗日中值定理 3.2 的条件,故存在 $\xi \in (y, x)$,使得

$$\sin x - \sin y = \cos \xi \cdot (x - y).$$

取绝对值,并注意到 $|\cos \xi| \leqslant 1$,故有

$$|\sin x - \sin y| = |\cos \xi| \cdot |x - y| \leqslant |x - y|. \qquad ■$$

例 3.7　证明 $\arcsin x + \arccos x = \dfrac{\pi}{2}$,　$x \in [-1, 1]$.

证　对任意 $x \in (-1, 1)$ 有

$$(\arcsin x + \arccos x)' = \frac{1}{\sqrt{1 - x^2}} - \frac{1}{\sqrt{1 - x^2}} = 0.$$

由推论 3.1,

$$\arcsin x + \arccos x = c, \quad c \text{ 为常数}.$$

为了确定常数 c,令 $x = 0$,则有

$$c = \arcsin x + \arccos x = \frac{\pi}{2},$$

即

$$\arcsin x + \arccos x = \frac{\pi}{2}, \quad x \in (-1, 1).$$

显然,当 $x = \pm 1$ 时有 $\arcsin x + \arccos x = \dfrac{\pi}{2}$,因而有

$$\arcsin x + \arccos x = \frac{\pi}{2}, \quad x \in [-1, 1]. \qquad ■$$

例 3.8　证明当 $0 < a < b$ 时,

$$\frac{b - a}{1 + b^2} < \arctan b - \arctan a < \frac{b - a}{1 + a^2}.$$

证　函数 $\arctan x$ 在 $[a, b]$ 上满足拉格朗日中值定理 3.2 的条件,故存在 $\xi \in (a, b)$,使得

$$\arctan b - \arctan a = (\arctan x)' \big|_{x = \xi} \cdot (b - a) = \frac{b - a}{1 + \xi^2}, \quad a < \xi < b,$$

而

$$\frac{b - a}{1 + b^2} < \frac{b - a}{1 + \xi^2} < \frac{b - a}{1 + a^2},$$

故有

$$\frac{b - a}{1 + b^2} < \arctan b - \arctan a < \frac{b - a}{1 + a^2}, \quad 0 < a < b. \qquad ■$$

习　题　3.1

1. 试问罗尔中值定理对下列函数是否成立?

(1) $f(x)=\ln(\sin x),x\in\left[\dfrac{\pi}{6},\dfrac{5\pi}{6}\right]$;

(2) $f(x)=\dfrac{3}{x^2+1},x\in[-1,1]$;

(3) $f(x)=x\sqrt{3-x},x\in[0,3]$.

2. 下列函数在给定区间上是否满足拉格朗日中值定理的所有条件? 如满足,求出定理中的 ξ.

(1) $f(x)=2x^3,x\in[-1,1]$;

(2) $f(x)=\arctan x,x\in[0,1]$;

(3) $f(x)=x^3-5x^2+x-2,x\in[-1,0]$.

3. 试对下列函数写出柯西公式 $\dfrac{f(b)-f(a)}{g(b)-g(a)}=\dfrac{f'(\xi)}{g'(\xi)}$,并求出 ξ.

(1) $f(x)=x^2,g(x)=\sqrt{x},x\in[1,4]$;

(2) $f(x)=\sin x,g(x)=\cos x,x\in\left[0,\dfrac{\pi}{2}\right]$.

4. 不用求出函数 $f(x)=(x-1)(x-2)(x-3)(x-4)$ 的导数,说明方程 $f'(x)=0$ 有几个根,并指出它们所在的区间.

5. 证明方程 $x^3-3x^2+c=0$ 在区间 $(0,1)$ 内不可能有两个不同的实根.

6. 证明对函数 $y=px^2+qx+r$ 应用拉格朗日中值定理时所求得的点 ξ 位于区间的正中间.

7. 证明下列不等式:

(1) 若 $a>b>0$,证明 $\dfrac{a-b}{a}<\ln\dfrac{a}{b}<\dfrac{a-b}{b}$;

(2) 证明当 $x\neq0$ 时,$e^x>1+x$;

(3) 若 $a>b>0,n>1$,则 $nb^{n-1}(a-b)<a^n-b^n<na^{n-1}(a-b)$.

8. 证明下列恒等式:

(1) $\arctan x+\text{arccot} x=\dfrac{\pi}{2}$ 　($x>0$);

(2) $\arctan x-\dfrac{1}{2}\arccos\dfrac{2x}{1+x^2}=\dfrac{\pi}{4}$ 　($x\geqslant1$).

3.2　洛必达法则

如果当 $x\to a$(或 $x\to\infty$)时,函数 $f(x)$ 与 $g(x)$ 都趋于零或都趋于无穷大,那么极限

$\lim\limits_{\substack{x\to a\\x\to\infty}}\dfrac{f(x)}{g(x)}$ 可能存在，也可能不存在，通常把这种极限称为**未定（或待定）型**，并分别简记

为 $\dfrac{0}{0}$ 或 $\dfrac{\infty}{\infty}$。前面讨论过的重要极限 $\lim\limits_{x\to 0}\dfrac{\sin x}{x}$ 就是未定型的一个例子。对于这类极限，即使它存在，也不能用"商的极限等于极限的商"这一法则。下面将利用柯西中值定理 3.3 来推出这类极限的一种简便且重要的方法，并称之为**洛必达(L'Hospild)法则**。

3.2.1 $\dfrac{0}{0}$ 型

定理 3.4（洛必达法则 I） 若函数 $f(x)$ 和 $g(x)$ 满足如下三个条件：

(1) 当 $x\to a$ 时，$f(x)\to 0$，$g(x)\to 0$；

(2) 在点 a 的某一邻域内（点 a 可除外），$f'(x)$，$g'(x)$ 存在，并且 $g'(x)\neq 0$；

(3) $\lim\limits_{x\to a}\dfrac{f'(x)}{g'(x)}$ 存在（或为 ∞），

则极限 $\lim\limits_{x\to a}\dfrac{f(x)}{g(x)}$ 也存在（或为 ∞）且

$$\lim_{x\to a}\frac{f(x)}{g(x)}=\lim_{x\to a}\frac{f'(x)}{g'(x)}.$$

证 因为 $\dfrac{f(x)}{g(x)}$ 当 $x\to a$ 时的极限与 $f(a)$ 和 $g(a)$ 无关，故可假定 $f(a)=g(a)=0$。于是由条件(1)，(2)知，$f(x)$ 与 $g(x)$ 在点 a 的某一邻域内连续。设 x 是这个邻域内的一点，那么在以点 x 和 a 为端点的区间上，柯西中值定理 3.3 的条件均满足，因此有

$$\frac{f(x)}{g(x)}=\frac{f(x)-f(a)}{g(x)-g(a)}=\frac{f'(\xi)}{g'(\xi)},\quad \xi\text{ 在 }x\text{ 与 }a\text{ 之间}.$$

令 $x\to a$，并对上式两端求极限，注意到当 $x\to a$ 时，$\xi\to a$，再据条件(3)，便得到要证明的结论。 ∎

推论 3.3 若当 $x\to a$ 时，$\dfrac{f'(x)}{g'(x)}$ 仍为 $\dfrac{0}{0}$ 型未定型，而 $f'(x)$，$g'(x)$ 仍满足洛必达法则的条件，则

$$\lim_{x\to a}\frac{f(x)}{g(x)}=\lim_{x\to a}\frac{f'(x)}{g'(x)}=\lim_{x\to a}\frac{f''(x)}{g''(x)}.$$

一般地有

$$\lim_{x\to a}\frac{f(x)}{g(x)}=\lim_{x\to a}\frac{f'(x)}{g'(x)}=\cdots=\lim_{x\to a}\frac{f^{(n)}(x)}{g^{(n)}(x)}.$$

推论 3.3 告诉我们，只要符合推论条件，可以多次使用洛必达法则。顺便提一下，对后面的几个法则也有相应结论，不再赘述。

上述法则及推论对于 $x\to\infty$ 时的未定式 $\dfrac{0}{0}$ 也有相应的洛必达法则，从略。

例 3.9 求极限 $\lim\limits_{x\to 0}\dfrac{\sin ax}{\sin bx}(b\neq 0)$。

解　显然,上述极限为 $\dfrac{0}{0}$ 型,使用洛必达法则有

$$原式 = \lim_{x \to 0} \frac{a\cos ax}{b\cos bx} = \frac{a}{b}.$$ ∎

例 3.10　求极限 $\displaystyle\lim_{x \to 0} \frac{\tan x - x}{x - \sin x}$.

解　不难验证上述极限为 $\dfrac{0}{0}$ 型,使用洛必达法则有

$$原式 = \lim_{x \to 0} \frac{\dfrac{1}{\cos^2 x} - 1}{1 - \cos x} = \lim_{x \to 0} \frac{\dfrac{1 - \cos^2 x}{\cos^2 x}}{1 - \cos x} = \lim_{x \to 0} \frac{1 + \cos x}{\cos^2 x} = 2.$$ ∎

例 3.10 表明,分子分母求导后要进行简化(中间约去公因子 $1 - \cos x$,然后再取极限). 此外,如果有极限存在的乘积因子,也要及时把它分出来取极限,这样可以简化并正确地求出其极限.

例 3.11　求极限 $\displaystyle\lim_{x \to 0} \frac{\mathrm{e}^x - \mathrm{e}^{-x} - 2x}{x - \sin x}$.

解　因为上述极限是 $\dfrac{0}{0}$ 型,故应用洛必达法则三次可得

$$原式 = \lim_{x \to 0} \frac{\mathrm{e}^x + \mathrm{e}^{-x} - 2}{1 - \cos x} = \lim_{x \to 0} \frac{\mathrm{e}^x - \mathrm{e}^{-x}}{\sin x} = \lim_{x \to 0} \frac{\mathrm{e}^x + \mathrm{e}^{-x}}{\cos x} = 2.$$ ∎

例 3.11 三次应用了洛必达法则,需要注意的是,每次应用前都要切实检查它是否为未定型. 如若不是,则再继续使用洛必达法则的话,势必出现错误. 例如,下面的例子.

例 3.12　求极限 $\displaystyle\lim_{x \to 0} \frac{\mathrm{e}^x - \cos x}{x \sin x}$.

解　若照下边这样做是错误的:

$$原式 = \lim_{x \to 0} \frac{\mathrm{e}^x + \sin x}{\sin x + x\cos x} = \lim_{x \to 0} \frac{\mathrm{e}^x + \cos x}{\cos x + \cos x - x\sin x} = \frac{2}{2} = 1.$$

错误在于第二个式子已经不是 $\dfrac{0}{0}$ 型了,故不能继续使用洛必达法则. 正确的做法如下:

$$原式 = \lim_{x \to 0} \frac{\mathrm{e}^x + \sin x}{\sin x + x\cos x} = \infty.$$ ∎

需要注意的是,洛必达法则有时会失效,这并不奇怪. 因为根据洛必达法则,当 $\displaystyle\lim_{x \to a} \frac{f'(x)}{g'(x)}$ 存在,则 $\displaystyle\lim_{x \to a} \frac{f(x)}{g(x)}$ 有极限,但否命题不一定成立. 例如,下面的例子.

例 3.13　求极限 $\displaystyle\lim_{x \to 0} \frac{x^2 \sin \dfrac{1}{x}}{\sin x}$.

解　该式属于 $\dfrac{0}{0}$ 型,但因为极限

$$\lim_{x\to 0}\frac{\left(x^2\sin\dfrac{1}{x}\right)'}{(\sin x)'}=\lim_{x\to 0}\frac{2x\sin\dfrac{1}{x}-\cos\dfrac{1}{x}}{\cos x}$$

不存在,因而不能使用洛必达法则,但不能由此得出原未定型极限一定不存在的结论.
事实上,经过适当变换后仍能求得它的极限,即

$$原式=\lim_{x\to 0}\left(\frac{x}{\sin x}\right)\left(x\sin\frac{1}{x}\right)=\lim_{x\to 0}\frac{x}{\sin x}\lim_{x\to 0}\left(x\sin\frac{1}{x}\right)=0.\qquad\blacksquare$$

3.2.2　$\dfrac{\infty}{\infty}$型

定理 3.5(洛必达法则Ⅱ)　若函数 $f(x)$ 和 $g(x)$ 满足如下三个条件:

(1) 当 $x\to\infty$ 时, $f(x)\to\infty$, $g(x)\to\infty$;

(2) 当 $|x|$ 充分大时, $f'(x)$, $g'(x)$ 存在,并且 $g'(x)\neq 0$;

(3) $\lim\limits_{x\to a}\dfrac{f'(x)}{g'(x)}$ 存在(或为 ∞),

则极限 $\lim\limits_{x\to\infty}\dfrac{f(x)}{g(x)}$ 也存在(或为 ∞),并且

$$\lim_{x\to\infty}\frac{f(x)}{g(x)}=\lim_{x\to\infty}\frac{f'(x)}{g'(x)}.$$

证　略.

此法则对于 $x\to a$ 时的未定型 $\dfrac{\infty}{\infty}$ 也有相应的洛必达法则,从略.

例 3.14　求极限 $\lim\limits_{x\to +\infty}\dfrac{\ln(1+e^x)}{\sqrt{1+x^2}}$.

解　此极限为 $\dfrac{\infty}{\infty}$ 型,使用洛必达法则得

$$原式=\lim_{x\to +\infty}\frac{\dfrac{e^x}{1+e^x}}{\dfrac{x}{\sqrt{1+x^2}}}=\frac{\lim\limits_{x\to +\infty}\dfrac{e^x}{1+e^x}}{\lim\limits_{x\to +\infty}\dfrac{x}{\sqrt{1+x^2}}}=\frac{\lim\limits_{x\to +\infty}\dfrac{1}{1+e^{-x}}}{\lim\limits_{x\to +\infty}\dfrac{1}{\sqrt{1+\left(\dfrac{1}{x}\right)^2}}}=1.$$

注 3.1　例 3.14 中第二式不能用洛必达法则,因为它不是未定型.

例 3.15　求极限 $\lim\limits_{x\to +\infty}\dfrac{\dfrac{\pi}{2}-\arctan x}{\dfrac{1}{x}}$.

解　原式 $= \lim\limits_{x \to +\infty} \dfrac{-\dfrac{1}{1+x^2}}{-\dfrac{1}{x^2}} = \lim\limits_{x \to +\infty} \dfrac{x^2}{1+x^2} = 1.$

例 3.16　求极限 $\lim\limits_{x \to +\infty} \dfrac{\ln x}{x^n} (n > 0).$

解　原式 $= \lim\limits_{x \to +\infty} \dfrac{\dfrac{1}{x}}{nx^{n-1}} = \lim\limits_{x \to \infty} \dfrac{1}{nx^n} = 0.$

3.2.3　极限的其他未定型

除上面两种未定型外,还有几种未定型,即 $0 \cdot \infty$,(或 $\infty \cdot 0$)$\infty - \infty$,0^0,1^∞,∞^0 等,总可以通过适当的变换将它们转化为 $\dfrac{0}{0}$ 或 $\dfrac{\infty}{\infty}$ 型,然后再用洛必达法则.

(1) $0 \cdot \infty$(或 $\infty \cdot 0$)型可化为 $\dfrac{0}{0}$ 或 $\dfrac{\infty}{\infty}$ 型. 设在某一变化过程中,$f(x) \to \infty$,$g(x) \to \infty$,则 $f(x) \cdot g(x) = \dfrac{f(x)}{\dfrac{1}{g(x)}}$ 为 $\dfrac{0}{0}$ 型,$f(x) \cdot g(x) = \dfrac{g(x)}{\dfrac{1}{f(x)}}$ 为 $\dfrac{\infty}{\infty}$ 型.

例 3.17　求极限 $\lim\limits_{x \to 0^+} x \ln x.$

解　此极限为 $0 \cdot \infty$ 型,使用洛必达法则有

原式 $= \lim\limits_{x \to 0^+} \dfrac{\ln x}{\dfrac{1}{x}} = \lim\limits_{x \to 0^+} \dfrac{\dfrac{1}{x}}{-\dfrac{1}{x^2}} = \lim\limits_{x \to 0^+} (-x) = 0.$

例 3.18　求极限 $\lim\limits_{x \to \infty} x \ln \dfrac{x+a}{x-a} (a \neq 0).$

解　此极限为 $\infty \cdot 0$ 型,使用洛必达法则得

原式 $= \lim\limits_{x \to \infty} \dfrac{\ln \dfrac{x+a}{x-a}}{\dfrac{1}{x}} = \lim\limits_{x \to \infty} \dfrac{\dfrac{x-a}{x+a} \cdot \dfrac{-2a}{(x-a)^2}}{-\dfrac{1}{x^2}} = \lim\limits_{x \to \infty} \dfrac{2ax^2}{x^2-a^2} = 2a.$

(2) $\infty - \infty$ 型一般可化为 $\dfrac{0}{0}$ 型. 设在某一变化过程中,$f(x) \to \infty$,$g(x) \to \infty$,则

$$f(x) - g(x) = \dfrac{1}{\dfrac{1}{f(x)}} - \dfrac{1}{\dfrac{1}{g(x)}} = \dfrac{\dfrac{1}{g(x)} - \dfrac{1}{f(x)}}{\dfrac{1}{f(x)} \cdot \dfrac{1}{g(x)}}$$

为 $\dfrac{0}{0}$ 型. 在实际计算中,有时可不必采用上述步骤,而只需经过通分就可化为 $\dfrac{0}{0}$ 型.

例 3.19 求极限 $\lim\limits_{x\to\frac{\pi}{2}}(\sec x-\tan x)$.

解 此极限为 $\infty-\infty$ 型. 利用通分即可化为 $\dfrac{0}{0}$ 型.

$$\text{原式}=\lim_{x\to\frac{\pi}{2}}\left(\frac{1}{\cos x}-\frac{\sin x}{\cos x}\right)=\lim_{x\to\frac{\pi}{2}}\frac{1-\sin x}{\cos x}=\lim_{x\to\frac{\pi}{2}}\frac{-\cos x}{-\sin x}=0.$$　■

(3) $1^\infty,0^0,\infty^0$ 型未定型. 由于它们都来源于幂指函数 $[f(x)]^{g(x)}$ 的极限,因此,通常可用取对数的方法或利用恒等式

$$[f(x)]^{g(x)}=\mathrm{e}^{\ln[f(x)]^{g(x)}}=\mathrm{e}^{g(x)\ln f(x)}$$

化为 $0\cdot\infty$ 型未定型,再化为 $\dfrac{0}{0}$ 型或 $\dfrac{\infty}{\infty}$ 型讨论.

例 3.20 求极限 $\lim\limits_{x\to0^+}x^x$.

解 方法一　此极限为 0^0 型. 记 $y=x^x$,两边取对数得 $\ln y=x\ln x$. 当 $x\to0^+$ 时就化为 $0\cdot\infty$ 型,于是

$$\lim_{x\to0^+}\ln y=\lim_{x\to0^+}x\ln x=\lim_{x\to0^+}\frac{\ln x}{\dfrac{1}{x}}=\lim_{x\to0^+}\frac{\dfrac{1}{x}}{-\dfrac{1}{x^2}}=\lim_{x\to0^+}(-x)=0,$$

所以

$$\lim_{x\to0^+}y=\mathrm{e}^{\lim\limits_{x\to0^+}\ln y}=\mathrm{e}^0=1.$$

方法二　$\lim\limits_{x\to0^+}x^x=\lim\limits_{x\to0^+}\mathrm{e}^{x\ln x}=\mathrm{e}^{\lim\limits_{x\to0^+}x\ln x}=\mathrm{e}^{\lim\limits_{x\to0^+}\frac{\ln x}{\left(\frac{1}{x}\right)}}=\mathrm{e}^{\lim\limits_{x\to0^+}-\left(\frac{\frac{1}{x}}{\frac{1}{x^2}}\right)}=\mathrm{e}^0=1.$　■

例 3.21 求极限 $\lim\limits_{x\to e}(\ln x)^{\frac{1}{1-\ln x}}$.

解 此极限式为 1^∞ 型. 记 $y=(\ln x)^{\frac{1}{1-\ln x}}$,则

$$\lim_{x\to e}y=\lim_{x\to e}\mathrm{e}^{\frac{1}{1-\ln x}\ln(\ln x)}=\lim_{x\to e}\mathrm{e}^{\frac{\ln(\ln x)}{1-\ln x}}=\mathrm{e}^{\lim\limits_{x\to e}\frac{\ln(\ln x)}{1-\ln x}}=\mathrm{e}^{\lim\limits_{x\to e}\frac{\frac{1}{\ln x}\cdot\frac{1}{x}}{\left(-\frac{1}{x}\right)}}=\mathrm{e}^{-1}.$$　■

习　题　3.2

1. 用洛必达法则求下列极限:

(1) $\lim\limits_{x\to0}\dfrac{a^x-x^a}{x-a}(a>0,a\neq1)$;　　　　(2) $\lim\limits_{x\to0}\dfrac{\mathrm{e}^x-\mathrm{e}^{-x}}{\sin x}$;

(3) $\lim\limits_{x\to a}\dfrac{\sin x-\sin a}{x-a}$;　　　　　　　　(4) $\lim\limits_{x\to\pi}\dfrac{\sin3x}{\tan5x}$;

(5) $\lim\limits_{x\to\frac{\pi}{2}}\dfrac{\ln(\sin x)}{(\pi-2x)^2}$;　　　　　　　　(6) $\lim\limits_{x\to a}\dfrac{x^m-a^m}{x^n-a^n}$;

(7) $\lim\limits_{x\to 0^+}\dfrac{\ln(\tan 7x)}{\ln(\tan 2x)}$；

(8) $\lim\limits_{x\to 0}\dfrac{\tan x-x}{x^2\ln(1+x)}$；

(9) $\lim\limits_{x\to 0}\dfrac{\ln(1+x^2)}{\sec x-\cos x}$；

(10) $\lim\limits_{x\to 0}x\cot 2x$；

(11) $\lim\limits_{x\to 0}x^2\,\mathrm{e}^{\frac{1}{x^2}}$；

(12) $\lim\limits_{x\to 1}\left(\dfrac{2}{x^2-1}-\dfrac{1}{x-1}\right)$；

(13) $\lim\limits_{x\to 0}\left(\dfrac{1}{x^2}-\dfrac{1}{\sin^2 x}\right)$；

(14) $\lim\limits_{x\to 0^+}x^{\sin x}$；

(15) $\lim\limits_{x\to 0^+}\left(\dfrac{1}{x}\right)^{\tan x}$；

(16) $\lim\limits_{x\to 0}\left(\dfrac{a^x+b^x}{2}\right)^{\frac{1}{x}}\ (a,b>0)$.

2. 证明极限 $\lim\limits_{x\to\infty}\dfrac{x+\sin x}{x}$ 存在,但不能用洛必达法则得出.

3. 设 $f(x)$ 在 x 点二阶可导,求 $\lim\limits_{h\to 0}\dfrac{f(x+h)+f(x-h)-2f(x)}{h^2}$.

3.3　泰　勒　公　式

对于一些较复杂的函数,为便于研究,往往希望用一些简单的函数来近似表达. 由于用多项式表达的函数,只要对自变量进行有限次加、减、乘三种算术运算,便能求出它的函数值,因此,经常用多项式来近似表达函数.

在微分的应用中已知,当 $|x|$ 很小时,有如下的近似等式:
$$\mathrm{e}^x\approx 1+x,\quad \ln(1+x)\approx x.$$
这些都是用一次多项式来近似表达函数的例子. 显然,在 $x=0$ 处,这些一次多项式及其一阶导数的值分别等于被近似表达的函数及其导数的相应值. 但这种近似表达式还存在如下不足之处:首先是精确度不高,它所产生的误差仅是关于 x 的高阶无穷小;其次是用它来做近似计算时,不能具体估算出误差的大小. 因此,对于精确度要求较高且需要估计误差时,就必须用高次多项式来近似表达函数,同时给出误差公式. 于是提出如下问题:

设函数 $f(x)$ 在含有 x_0 的开区间内具有直到 $n+1$ 阶导数,试找出一个关于 $x-x_0$ 的 n 次多项式
$$p_n(x)=a_0+a_1(x-x_0)+a_2(x-x_0)^2+\cdots+a_n(x-x_0)^n \tag{3.2}$$
来近似表达 $f(x)$,要求 $p_n(x)$ 与 $f(x)$ 之差是比 $(x-x_0)^n$ 高阶的无穷小,并给出误差 $|f(x)-p_n(x)|$ 的具体表达式.

下面来讨论这个问题. 假设 $p_n(x)$ 在 x_0 处的函数值及它的直到 n 阶导数在 x_0 处的值依次与 $f(x_0),f'(x_0),\cdots,f^{(n)}(x_0)$ 相等,即满足
$$p_n(x_0)=f(x_0),\quad p'_n(x_0)=f'(x_0),\quad p''_n(x_0)=f''(x_0),\quad\cdots,\quad p_n^{(n)}(x_0)=f^{(n)}(x_0).$$
按这些等式来确定多项式(3.2)的系数 $a_0,a_1,a_2,\cdots,a_n$. 为此,对式(3.2)求各阶导数,

然后分别代入以上等式得

$$a_0 = f(x_0), \quad 1 \cdot a_1 = f'(x_0), \quad 2! \cdot a_2 = f''(x_0), \quad \cdots, \quad n! \cdot a_n = f^{(n)}(x_0),$$

即得

$$a_0 = f(x_0), \quad a_1 = f'(x_0), \quad a_2 = \frac{1}{2!} f''(x_0), \quad \cdots, \quad a_n = \frac{1}{n!} f^{(n)}(x_0).$$

将求得的系数 $a_0, a_1, a_2, \cdots, a_n$ 代入式（3.2）有

$$p_n(x) = f(x_0) + f'(x_0)(x - x_0) + \frac{f''(x_0)}{2!}(x - x_0)^2 + \cdots + \frac{f^{(n)}(x_0)}{n!}(x - x_0)^n.$$

$$(3.3)$$

下面的定理表明，多项式（3.2）的确是所要找的 n 次多项式.

定理 3.6（泰勒中值定理）　若函数 $f(x)$ 在含有 x_0 的某个开区间 (a, b) 内具有直到 $n+1$ 阶导数，则当 $x \in (a, b)$ 时，$f(x)$ 可以表示为 $x - x_0$ 的一个 n 次多项式与一个余项 $R_n(x)$ 之和，即

$$f(x) = f(x_0) + f'(x_0)(x - x_0) + \frac{f''(x_0)}{2!}(x - x_0)^2 + \cdots + \frac{f^{(n)}(x_0)}{n!}(x - x_0)^n + R_n(x),$$

$$(3.4)$$

其中

$$R_n(x) = \frac{f^{(n+1)}(\xi)}{(n+1)!}(x - x_0)^{n+1}, \tag{3.5}$$

ξ 为 x_0 与 x 之间的某个数.

证　设 $R_n(x) = f(x) - P_n(x)$，只需证明

$$R_n(x) = \frac{f^{(n+1)}(\xi)}{(n+1)!}(x - x_0)^{n+1}, \quad \xi \text{ 在 } x_0 \text{ 与 } x \text{ 之间}.$$

由假设知，$R_n(x)$ 在 (a, b) 内具有直到 $n+1$ 阶导数，并且

$$R_n(x_0) = R_n'(x_0) = R_n''(x_0) = \cdots = R_n^{(n)}(x_0) = 0.$$

对 $R_n(x)$ 及 $(x - x_0)^{n+1}$ 在以 x_0 和 x 为端点的区间上应用柯西中值定理 3.3（显然，这两个函数满足柯西中值定理 3.3 的条件）得

$$\frac{R_n(x)}{(x - x_0)^{n+1}} = \frac{R_n(x) - R_n(x_0)}{(x - x_0)^{n+1} - 0} = \frac{R_n'(\xi_1)}{(n+1)(\xi_1 - x_0)^n}, \xi \text{ 在 } x_0 \text{ 与 } x \text{ 之间}.$$

再对函数 $R_n'(x)$ 与 $(n+1)(x - x_0)^n$ 在以 x_0 和 ξ_1 为端点的区间上应用柯西中值定理 3.3，得

$$\frac{R_n'(\xi_1)}{(n+1)(\xi_1 - x_0)^n} = \frac{R_n'(\xi_1) - R_n'(x_0)}{(n+1)(\xi_1 - x_0)^n - 0} = \frac{R_n''(\xi_2)}{n(n+1)(\xi_2 - x_0)^{n-1}}, \quad \xi_2 \text{ 在 } x_0 \text{ 与 } \xi_1 \text{ 之间}.$$

照此方法继续做下去，经过 $n+1$ 次后得

$$\frac{R_n(x)}{(x - x_0)^{n+1}} = \frac{R_n^{(n+1)}(\xi)}{(n+1)!}, \quad \xi \text{ 在 } x_0 \text{ 与 } \xi_n \text{ 之间，因而也在 } x_0 \text{ 与 } x \text{ 之间}.$$

注意到 $R_n^{(n+1)}(x) = f^{(n+1)}(x)$（因为 $P_n^{(n+1)}(x) = 0$），则由上式得

$$R_n(x) = \frac{f^{(n+1)}(\xi)}{(n+1)!}(x-x_0)^{n+1}, \quad \xi \text{ 在 } x_0 \text{ 与 } x \text{ 之间}.$$

多项式(3.3)称为函数 $f(x)$ 按 $x-x_0$ 的乘幂展开的 n 次近似多项式,式(3.4)称为 $f(x)$ 按 $x-x_0$ 的幂展开到 n 阶的泰勒公式,而 $R_n(x)$ 的表达式(3.5)称为拉格朗日型余式.

当 $n=0$ 时,泰勒公式变成拉格朗日中值公式,即

$$f(x) = f(x_0) = f'(\xi)(x-x_0), \quad \xi \text{ 在 } x_0 \text{ 与 } x \text{ 之间}.$$

因此,泰勒中值定理 3.6 是拉格朗日中值定理 3.2 的推广.

由泰勒中值定理 3.6 可知,以多项式 $P_n(x)$ 近似表达 $f(x)$ 时,其误差为 $|R_n(x)|$. 若对某个固定的 n,当 x 在开区间 (a,b) 内变动时,$|f^{(n+1)}(x)|$ 总不超过一个常数 M,于是有估计式

$$|R_n(x)| = \left| \frac{f^{(n+1)}(\xi)}{(n+1)!}(x-x_0)^{n+1} \right| \leqslant \frac{M}{(n+1)!}|x-x_0|^{n+1} \tag{3.6}$$

和

$$\lim_{x \to x_0} \frac{R_n(x)}{(x-x_0)^n} = 0.$$

由此可见,当 $x \to x_0$ 时,误差是比 $(x-x_0)^n$ 高阶的无穷小,即

$$R_n(x) = o[(x-x_0)^n].$$

这样,提出的问题就完满地得到了解决. ■

在不需要余式的精确表达式时,n 阶泰勒公式也可以写成

$$f(x) = f(x_0) + f'(x_0)(x-x_0) + \cdots + \frac{f^n(x_0)}{n!}(x-x_0)^n + o[(x-x_0)^n].$$

在泰勒公式(3.3)中,若取 $x_0 = 0$,则 ξ 在 0 与 x 之间,故可令 $\xi = \theta x (0 < \theta < 1)$,从而泰勒公式变成较简单的形式,即如下所谓的麦克劳林公式:

$$f(x) = f(0) + f'(0)x + \frac{f''(0)}{2!}x^2 + \cdots + \frac{f^{(n)}(0)}{n!}x^n + \frac{f^{(n+1)}(\theta x)}{(n+1)!}x^{n+1}, \quad 0 < \theta < 1 \tag{3.7}$$

或

$$f(x) = f(0) + f'(0)x + \frac{f''(0)}{2!}x^2 + \cdots + \frac{f^{(n)}(0)}{n!}x^n + o(x^n).$$

由此得近似公式

$$f(x) \approx f(0) + f'(0)x + \frac{f''(0)}{2!}x^2 + \cdots + \frac{f^{(n)}(0)}{n!}x^n.$$

例 3.22 写出函数 $f(x) = e^x$ 的 n 阶麦克劳林公式.

解 因为 $f(x) = f'(x) = f''(x) = \cdots = f^{(n)}(x) = e^x$,故

$$f(0) = f'(0) = f''(0) = \cdots = f^{(n)}(0) = 1.$$

将这些值带入式(3.7),并注意到 $f^{(n+1)}(\theta x) = e^{\theta x}$ 便得

$$e^x = 1 + x + \frac{1}{2!}x^2 + \cdots + \frac{1}{n!}x^n + \frac{e^{\theta x}}{(n+1)!}x^{n+1}, \quad 0<\theta<1.$$

由此可知,若把 e^x 用它的 n 次近似多项式表达为

$$e^x \approx 1 + x + \frac{1}{2!}x^2 + \cdots + \frac{1}{n!}x^n,$$

则这时所产生的误差为(设 $x>0$)

$$|R_n(x) = \left| \frac{e^{\theta x}}{(n+1)!}x^{n+1} \right| < \frac{e^x}{(n+1)!}x^{n+1}, \quad 0<\theta<1.$$

若取 $x=1$,则无理数 e 的近似值为

$$e \approx 1 + 1 + \frac{1}{2!} + \cdots + \frac{1}{n!},$$

其误差为

$$|R_n| < \frac{e}{(n+1)!} < \frac{3}{(n+1)!}.$$

当 $n=10$ 时,可算出 $e \approx 2.718282$,其误差不超过 10^{-6}.

例 3.23　求 $f(x)=\sin x$ 的 n 阶麦克劳林公式.

解　因为

$$f'(x)=\cos x, \quad f''(x)=-\sin x, \quad f'''(x)=-\cos x,$$

$$f^{(4)}(x)=\sin x, \quad \cdots, \quad f^{(n)}(x)=\sin\left(x+\frac{n\pi}{2}\right),$$

所以

$$f(0)=0, \quad f'(0)=1, \quad f''(0)=0, \quad f'''(0)=-1, \quad f^{(4)}(0)=0, \cdots.$$

它们顺序循环地取 4 个数 $0,1,0,-1$,于是按式(3.6)得($n=2m$)

$$\sin x = x - \frac{1}{3!}x^3 + \frac{1}{5!}x^5 - \cdots + (-1)^{m-1}\frac{x^{2m-1}}{(2m-1)!} + R_{2m}(x),$$

其中

$$R_{2m}(x) = \frac{\sin\left[\theta x + (2m+1)\frac{\pi}{2}\right]}{(2m+1)!}x^{2m+1}, \quad 0<\theta<1.$$

若取 $m=1$,则得近似式 $\sin x \approx x$. 这时的误差为

$$|R_2| < \left| \frac{\sin\left(\theta x + \frac{3}{2}\pi\right)}{3!}x^3 \right| \leqslant \frac{|x|^3}{6}, \quad 0<\theta<1.$$

若 m 分别取 2 和 3,则可得 $\sin x$ 的 3 次和 5 次近似多项式分别为

$$\sin x \approx x - \frac{1}{3!}x^3 \quad \text{和} \quad \sin x \approx x - \frac{x^3}{3!} + \frac{x^5}{5!},$$

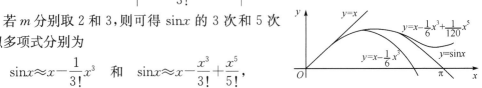

图 3.8

其误差的绝对值分别不超过 $\dfrac{1}{5!}\mid x\mid^5$ 和 $\dfrac{1}{7!}\mid x\mid^7$. 以上三个近似多项式及正弦函数的图像都画在图 3.8 中,以便于比较. ∎

习　题　3.3

1. 将多项式 $f(x)=x^4-2x^3+1$ 展开成关于 $x-1$ 的多项式.
2. 用麦克劳林公式,按 x 乘幂展开函数 $f(x)=(x^2-3x+1)^3$.
3. 求 $f(x)=\ln\dfrac{1+x}{1-x}$ 的麦克劳林公式.
4. 当 $x_0=-1$ 时,求函数 $f(x)=\dfrac{1}{x}$ 的 n 阶泰勒公式.
5. 求函数 $f(x)=\tan x$ 的二阶麦克劳林公式.
6. 求函数的 $f(x)=xe^x$ 的 n 阶麦克劳林公式.
7. 应用三阶泰勒公式求下列各数的近似值:

(1) $\sqrt[3]{30}$；　　　　　　　　　　　　　　(2) $\sin18°$.

3.4　函数单调性与极值

3.4.1　函数的单调性

在第 1 章中已介绍过函数在区间上单调的概念. 下面利用导数对函数的单调性进行研究.

如果 $y=f(x)$ 在 $[a,b]$ 上单调增加(减少),则它的图像是一条沿 x 轴正向上升(下降)的曲线(图 3.9). 这时,曲线上各点处的切线斜率是非负(非正)的,即 $y'=f'(x)\geqslant 0(\leqslant 0)$.

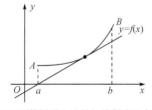
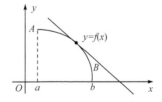

(a)函数图形上升的切线斜率非负　　　　　(b)函数图形下降的切线斜率非正

图 3.9

由此可见,函数的单调性与导数的正负号有着密切的联系.

反过来,能否用导数的正负号来判断函数的单调性呢?

下面利用拉格朗日中值定理 3.2 来进行讨论. 设函数 $f(x)$ 在 $[a,b]$ 上连续,在 (a,b) 内可导. 在 $[a,b]$ 上任取两点 $x_1,x_2(x_1<x_2)$,应用拉格朗日中值定理 3.2 得到

$$f(x_2)-f(x_1)=f'(\xi)(x_2-x_1), \quad x_1<\xi<x_2.$$

由于在上式中,$x_2-x_1>0$,因此,如果在 (a,b) 内,导数 $f'(x)$ 保持正号,即

$$f'(x)>0,$$

那么也有 $f'(\xi)>0$,于是

$$f(x_2)-f(x_1)=f'(\xi)(x_2-x_1)>0,$$

即

$$f(x_1)<f(x_2).$$

这表明 $f(x)$ 在 $[a,b]$ 上严格单调增加.

同理,若在 (a,b) 内,$f'(x)<0$,则函数 $f(x)$ 在 $[a,b]$ 上严格单调减少.

归纳以上讨论,即得如下函数单调性的判别法:

定理 3.7　若函数 $f(x)$ 在 $[a,b]$ 上连续,在 (a,b) 内可导,并且在 (a,b) 内,$f'(x)>0$ (<0),则 $f(x)$ 在 $[a,b]$ 上严格单调增加(减少).

证　略.

注 3.2　(1) 若把定理 3.7 中的区间换成其他各种区间(包括无穷区间),则结论也成立;

(2) 若把定理 3.7 中的符号 $>(<)$ 换为 $\geqslant(\leqslant)$,则结论为单调增加(减少).

例 3.24　判断函数 $y=x-\sin x$ 在 $[0,2\pi]$ 上的单调性.

解　因为在 $(0,2\pi)$ 内,$y'=1-\cos x>0$,故由判别法知,函数 $y=x-\sin x$ 在 $[0,2\pi]$ 上严格单调增加.　　■

例 3.25　讨论函数 $f(x)=e^x-x-1$ 的单调性.

解　$f(x)$ 的定义域为 $(-\infty,+\infty)$,并且 $f'(x)=e^x-1$,而由 $f'(x)=0$ 可得 $x=0$,故在 $(-\infty,0)$ 内,$f'(x)<0$;在 $(0,+\infty)$ 内,$f'(x)>0$,从而由判别法知,函数 $f(x)$ 在 $(-\infty,0]$ 上严格单调减少,在 $[0,+\infty)$ 上严格单调增加.　　■

例 3.26　讨论函数 $y=\sqrt[3]{x^2}$ 的单调性.

解　函数的定义域为 $(-\infty,+\infty)$,并且当 $x\neq0$ 时,$y'=\dfrac{2}{3\sqrt[3]{x}}$,故当 $x=0$ 时,函数的导数不存在,而在 $(-\infty,0)$ 内,$y'<0$,因此,函数 $y=\sqrt[3]{x^2}$ 在 $(-\infty,0]$ 上严格单调减少;在 $(0,+\infty)$ 内,$y'>0$,因此,函数 $y=\sqrt[3]{x^2}$ 在 $[0,+\infty)$ 上严格单调增加(图 3.10).　　■

从以上例子可以看出,函数 $f(x)$ 的单调区间可能的分界点为

(1) 使 $f'(x)=0$ 的点(例 3.25);

(2) 使 $f'(x)$ 不存在的点(例 3.26);

(3) $f(x)$ 的间断点也可能是单调区间的分界点.

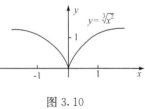

图 3.10

例 3.27　确定函数 $f(x)=2x^3-9x^2+12x-3$ 的单调区间.

解　函数的定义域为 $(-\infty,+\infty)$,并且由 $f'(x)=6(x-1)(x-2)=0$ 可解出 $x_1=1,x_2=2$,故可列表讨论如下(表 3.1 和图 3.11):

表 3.1

x	$(-\infty,1)$	1	$(1,2)$	2	$(2,+\infty)$
$f'(x)$	$+$	0	$-$	0	$+$
$f(x)$	↗		↘		↗

例 3.28　证明　当 $x>1$ 时，$2\sqrt{x}>3-\dfrac{1}{x}$.

证　考虑函数

$$f(x)=2\sqrt{x}-\left(3-\frac{1}{x}\right),$$

只要证明 $f(x)>0(x>1)$ 即可．由于

$$f'(x)=\frac{1}{\sqrt{x}}-\frac{1}{x^2}=\frac{\sqrt{x^3}-1}{x^2}=\frac{x\sqrt{x}-1}{x^2}>0,$$

所以 $f(x)$ 在 $[1,+\infty)$ 上是单调递增的．故当 $x>1$ 时，$f(x)>$ $f(1)=0$，即当 $x>1$ 时，

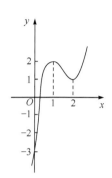

图 3.11

$$2\sqrt{x}-\left(3-\frac{1}{x}\right)>0,$$

也即 $2\sqrt{x}>3-\dfrac{1}{x}$.　　　　　　　　■

3.4.2　函数的极值及其求法

在讨论函数的单调性时，曾遇到这样的情况：函数先是单调递增（减）的，到达某一点后它又变为单调递减（增）的，故在函数单调性发生转变的地方，就出现了这样的函数值：它与附近的函数值比较起来，是最大（小）的．通常将这样的函数值称为函数的极大（小）值．下面给出它们的定义．

定义 3.1　设函数 $f(x)$ 在点 x_0 的某个邻域内有定义，并且对邻域中的任何点 x，恒有

$$f(x)\leqslant f(x_0)\quad(f(x)\geqslant f(x_0))$$

则称函数 $f(x_0)$ 为函数的一个**极大（小）值**，而称 x_0 为函数 $f(x)$ 的**极大（小）值点**（图 3.12）；极大值和极小值统称为**极值**，极大值点和极小值点统称为**极值点**．

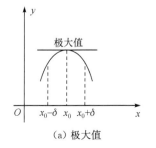

(a) 极大值

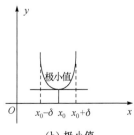

(b) 极小值

图 3.12

由定义 3.1 可知,函数在某点达到极大值或极小值是指在局部范围内(即在该点的
某邻域内)该点的函数值为最大或最小,而不是函数在
整个考察范围内的最大值或最小值.因此,一个定义在
区间$[a,b]$上的函数可能有许多极大值和极小值,但其
中的极大值并不一定都大于每一个极小值(图 3.13).

在几何上,极大值对应于函数曲线的峰顶,极小值
对应于函数曲线的谷底.

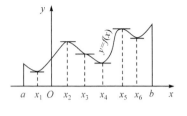

图 3.13

从图 3.13 中还可以看出,在函数取得极值处,曲线
上的切线是水平的,但也需注意的是,在曲线上有水平切线的地方函数不一定取得极
值,如 $y=x^3$ 上便有这样的点.

现在来讨论函数取得极值的必要条件和充分条件.

定理 3.8(极值存在的必要条件)　若导数 $f'(x_0)$ 存在,并且 $f(x_0)$ 为极值(极大或
极小),则 $f'(x_0)=0$.

定理 3.8 的证明只需参考定理 3.1 证明的相关部分便可得,这里从略.

使导数为零的点(即方程 $f'(x)=0$ 的实根)叫做函数 $f(x)$ 的**驻点**(或**稳定点**).定
理 3.8 指出:可导函数 $f(x)$ 的极值点必是其驻点,但反之不一定.例如,当 $f(x)=x^3$
时,$f'(x)=3x^2$,$f'(0)=0$,因此,$x=0$ 是函数 $f(x)$ 的驻点,但 $x=0$ 却不是它的极
值点.因此,当求出函数的驻点后,还需判断求得的驻点是否为极值点.如果是,
则还要判断函数在该点究竟取得极大值还是极小值.回想函数单调性的判别法可
知,如果在驻点的左侧邻近和右侧邻近函数的导数分别保持一定的符号,那么刚才
提出的问题是容易解决的.下面的定理 3.9 实质上就是利用函数的单调性来判断
函数的极值的.

定理 3.9(极值存在的一阶充分条件)　若函数 $f(x)$ 在点 x_0 连续,并且在某邻域
$U°(x_0,\delta)$ 内可导,则(图 3.14)

(1) 若当 $x<x_0$ 时,$f'(x)>0$;当 $x>x_0$ 时,$f'(x)<0$,则 $f(x)$ 在 x_0 取得极大值
(图 3.14(a));

(2) 若当 $x<x_0$ 时,$f'(x)<0$;当 $x>x_0$ 时,$f'(x)>0$,则 $f(x)$ 在 x_0 取得极小值
(图 3.14(b));

(3) 若当 $x\neq x_0$ 时,$f'(x)>0$(或 $f'(x)<0$),则 x_0 不是 $f(x)$ 的极值点(图 3.14
(c),(d)).

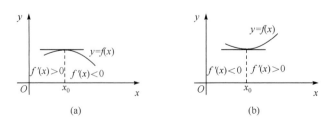

　　　　　　　(a)　　　　　　　　　　　　　　　(b)

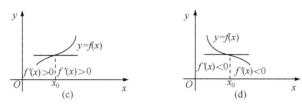

图 3.14

证　(1) 由已知条件可知,$f(x)$在$(x_0-\delta,x_0+\delta)$内可导(x_0除外). 因此,

(Ⅰ) 当$x\in(x_0-\delta,x_0)$时,在$[x,x_0]$上,$f(x)$满足拉格朗日中值定理 3.2 的条件,故有

$$f'(x_0)-f(x)=f'(\xi)(x_0-x), \quad x<\xi<x_0.$$

再由已知条件知,此时 $f'(\xi)>0$,于是

$$f(x_0)-f(x)>0, \text{即 } f(x)<f(x_0).$$

(Ⅱ) 当$x\in(x_0,x_0+\delta)$时,在$[x,x_0]$上,$f(x)$满足拉格朗日中值定理 3.2 的条件,故有

$$f(x)-f(x_0)=f'(\xi)(x-x_0), \quad x_0<\xi<x.$$

再由已知条件知,此时 $f'(\xi)<0$,于是

$$f(x)-f(x_0)<0, \text{即 } f(x)<f(x_0).$$

综上,根据极值的定义,$f(x)$在x_0处取得极大值.

同理可证(2).

(3) 因为 $\forall x \in \left(x_0-\dfrac{\delta}{2},x_0\right) \cup \left(x_0,x_0+\dfrac{\delta}{2}\right)$ 都有 $f'(x)>0$, 故 $f(x)$ 在 $\left[x_0-\dfrac{\delta}{2},x_0+\dfrac{\delta}{2}\right]$ 上严格单调增加. 因此,$f(x)$在点 x_0 不取极值. 同理可证,对于 $f'(x)<0,f(x)$在点 x_0 也不取极值. ■

综合上述,可按下列步骤求函数 $f(x)$ 的极值:

(1) 求出函数 $f(x)$ 的定义域;

(2) 求出函数 $f(x)$ 的全部驻点和导数不存在的点,它们都是可能的极值点;

(3) 考察 $f'(x)$ 在可能极值点处两旁的符号,再根据极值存在的一阶充分条件,确定是否为极值点,以及是极大值点还是极小值点;

(4) 求出各极值点处的函数值,就得函数 $f(x)$ 的全部极值.

例 3.29　求函数 $f(x)=(x+2)^2(x-1)^3$ 的极值.

解　(1) 定义域为$(-\infty,\infty)$.

(2) 由 $f'(x)=(x+2)(x-1)^2(5x+4)=0$ 解得驻点为 $x_1=-2,x_2=-\dfrac{4}{5},x_3=1$,并且没有导数不存在的点.

(3) 列表讨论如下(表 3.2):

表 3.2

x	$(-\infty,-2)$	-2	$\left(-2,-\dfrac{4}{5}\right)$	$-\dfrac{4}{5}$	$\left(-\dfrac{4}{5},1\right)$	1	$(1,+\infty)$
$f'(x)$	$+$	0	$-$	0	$+$	0	$+$
$f(x)$	↗	极大值 0	↘	极小值 -8.39808	↗	无极值	↗

由表 3.2 可见，$f(x)$ 在 $x=-2$ 取极大值 0，在 $x=-\dfrac{4}{5}$ 取极小值 -8.39808. ■

上述判别法是根据导数 $f'(x)$ 在点 x_0 附近的符号来判断的. 如果 $f(x)$ 不仅在点 x_0 附近有一阶导数，而且在点 x_0 处有二阶导数且不为零时，则可用下述极值存在的二阶充分条件来判断：

定理 3.10(极值存在的二阶充分条件)　若函数 $f(x)$ 在点 x_0 处具有二阶导数，并且 $f'(x_0)=0,f''(x_0)\neq 0$，则

(1) 当 $f''(x_0)>0$ 时，x_0 是函数 $f(x)$ 的极小值点；

(2) 当 $f''(x_0)<0$ 时，x_0 是函数 $f(x)$ 的极大值点.

证　(1) 由导数的定义、$f'(x_0)=0$ 和 $f''(x_0)>0$ 得

$$f''(x_0)=\lim_{x\to x_0}\frac{f'(x)-f'(x_0)}{x-x_0}=\lim_{x\to x_0}\frac{f'(x)}{x-x_0}>0.$$

由函数极限的局部保号性，存在 x_0 的某一邻域，恒有

$$\frac{f'(x)}{x-x_0}>0,\quad x\neq x_0.$$

因此，当 $x<x_0$ 时，$f'(x_0)<0$；当 $x>x_0$ 时，$f'(x_0)>0$. 由定理 3.9 知，x_0 为 $f(x)$ 的极小值点.

同理可证(2). ■

例 3.30　求函数 $f(x)=x^3+3x^2-24x-20$ 的极值.

解　由 $f'(x_0)=3(x+4)(x-2)=0$ 解得驻点为 $x_1=-4,x_2=2$. 又 $f''(x)=6(x+1)$，故 $f''(-4)=-18<0,f''(2)=18>0$，从而由定理 3.10 知，$f(-4)=60$ 为极大值，$f(2)=-48$ 为极小值.

需要注意的是，当 $f''(x_0)=0$ 时，$f(x_0)$ 可能是极值，也可能不是极值. 例如，$f(x)=x^3,p(x)=x^4,q(x)=-x^4$，它们在 $x=0$ 的一阶和二阶导数均为零，但易验证，$f(x)=x^3$ 在 $x=0$ 不取极值，$p(x)=x^4$ 在 $x=0$ 取极小值，$q(x)=-x^4$ 在 $x=0$ 取极大值. ■

例 3.31　求函数 $f(x)=1-(x-2)^{\frac{2}{3}}$ 的极值.

解　(1) 定义域为 $(-\infty,\infty)$.

(2) 由 $f'(x)=-\dfrac{2}{3\sqrt[3]{x-2}}$ 知，$f(x)$ 无驻点且 $x=2$ 为其不可导点.

(3) 列表讨论如下(表 3.3)：

表 3.3

x	$(-\infty, 2)$	2	$(2, +\infty)$
$f'(x)$	+	不存在	−
$f(x)$	↗	极大值 1	↘

3.4.3 函数的最值

在工农业生产、经济管理、工程技术及科学实验中,常会遇到这样一类问题:在一定的条件下,选择使"产品最多"、"用料最省"、"成本最低"、"利润最大"等问题. 这类问题反映在数学上就是求函数的最值问题,函数的最值与函数的极值一般来说是有所区别的. 函数在闭区间 $[a,b]$ 上的最大(小)值是指在整个区间上的所有函数值中的最大(小)值,因而最值是个全局性的概念;而极值只是函数在一点的某个邻域内的最大值或最小值,因而极值是一个局部性的概念. 如果 $f(x)$ 在 $[a,b]$ 上连续,则根据连续函数的性质,$f(x)$ 在 $[a,b]$ 上一定能达到最大值和最小值. 当然,这个最大值或最小值可能在闭区间的内点上达到,也可能在区间的端点上达到. 如果最值在区间的内点取得,那么这个最值同时也是极值,并且它是所有极值中的最大值或最小值. 根据极值的定义可知,函数不可能在端点取得极值. 因此,如果最值在区间端点取得,那么它就不再同时是极值了. 此外,函数的最值也可能在它的不可导点取得. 例如,函数 $y=|x|$ 在 $x=0$ 不可导,但它在 $x=0$ 处取得最小值.

综上所述,求 $f(x)$ 在 $[a,b]$ 上的最值可照下列步骤进行:

(1) 求出 $f(x)$ 在 (a,b) 内的所有驻点和不可导点;

(2) 求出在驻点、不可导点以及端点处的函数值;

(3) 对上述函数值进行比较,其最大者即为最大值,最小者即为最小值.

例 3.32 求函数 $f(x)=2x^3+3x^2-12x+14$ 在 $[-3,4]$ 上的最值.

解 由 $f'(x)=6(x+2)(x-1)=0$ 解得驻点为 $x_1=-2, x_2=1$,并且 $f(x)$ 无不可导点. 由于 $f(-3)=23, f(-2)=34, f(1)=7, f(4)=142$,比较可知,$f(4)=142$ 为最大值,$f(1)=7$ 为最小值. ∎

例 3.33 一房地产公司有 50 套公寓出租. 当租金定为每月 180 元时,公寓会全部租出去;当月租金每增加 10 元时,就会有一套公寓租不出去. 租出去的房子需花费 20 元的维修维护费. 试问房租定为多少,可获得最大收入?

解 设租金为每月 x 元,租出去的公寓有 $50-\dfrac{x-180}{10}$ 套,则总收入为

$$R(x)=(x-20)\left(50-\frac{x-180}{10}\right)=(x-20)\left(68-\frac{x}{10}\right),$$

故由

$$R'(x)=\left(68-\frac{x}{10}\right)+(x-20)\left(-\frac{1}{10}\right)=70-\frac{x}{5}=0$$

解得唯一驻点为 $x=350$,并且 $R''(350)=-0.2<0$. 由极值判别法知,$x=350$ 是函数 $R(x)$ 的极大值点,也是所求的最大值点,从而房租定为每月 350 元时,可获得最大总收入 $R(350)=10890$(元). ■

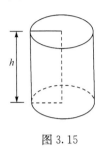

图 3.15

例 3.34　某工厂要建造一个容积为 300m^3 的带盖圆桶(图 3.15),问半径 r 和桶高 h 如何确定,则所用材料最省?

解　根据题意,要求材料最省,就是要使圆桶的表面积最小. 由题设知,$\pi r^2 h=300$,故 $h=\dfrac{300}{\pi r^2}$,从而桶的表面积为

$$S(r)=2\pi r^2+2\pi rh$$
$$=2\pi r^2+2\pi r\,\frac{300}{\pi r^2}$$
$$=2\pi r^2+\frac{600}{r},\quad 0<r<+\infty.$$

根据题意就是要求出函数 $S(r)$ 在 $(0,+\infty)$ 内的最小值,而由 $S'(r)=4\pi r-\dfrac{600}{r^2}=0$ 可解出 $S(r)$ 在 $(0,+\infty)$ 内的唯一驻点 $r_0=\sqrt[3]{\dfrac{150}{\pi}}$,并且 $S''(r_0)=12\pi>0$. 故由极值判别法知,r_0 是函数 $S(r)$ 的极小值点,也是所求的最小值点. 利用关系式 $h=\dfrac{300}{\pi r^2}$,并把 $r_0=\sqrt[3]{\dfrac{150}{\pi}}$ 代入得 $h=\dfrac{300}{\pi\sqrt[3]{\left(\dfrac{150}{\pi}\right)^2}}=2\sqrt[3]{\dfrac{150}{\pi}}$,即 $h=2r$,也即当取圆桶的高等于其直径时,所用的材料最省. ■

习　题　3.4

1. 求下列函数的单调区间:

(1) $y=2x^3-6x^2-18x-7$;

(2) $y=2x+\dfrac{8}{x}(x>0)$;

(3) $y=\dfrac{10}{4x^3-9x^2+6x}$;

(4) $y=\ln(x+\sqrt{1+x^2})$;

(5) $y=2x^2-\ln x$;

(6) $y=\sqrt[3]{(2x-a)(a-x)^2}(a>0)$.

2. 证明下列不等式:

(1) 当 $x\neq0$ 时,$e^x>1+x$;

(2) 当 $x>0$ 时,$1+\dfrac{1}{2}x>\sqrt{1+x}$;

(3) 当 $x>0$ 时,$1+x\ln(x+\sqrt{1+x^2})>\sqrt{1+x^2}$;

(4) 当 $x>0$ 时,$\sin x>x-\dfrac{1}{6}x^3$;

(5) 当 $x>4$ 时，$2^x>x^2$.

3. 证明方程 $\sin x=x$ 只有一个实根.

4. 讨论方程 $\ln x=ax(a>o)$ 有几个实根.

5. 单调函数的导函数是否必为单调函数？研究如下例子：$f(x)=x+\sin x$.

6. 求下列函数的极值：

(1) $y=2x^3-3x^2$;

(2) $y=x-\ln(1+x)$;

(3) $y=x+\sqrt{1-x}$;

(4) $y=\dfrac{2x}{\ln x}$;

(5) $y=x^{\frac{1}{x}}$;

(6) $y=2e^x+e^{-x}$;

(7) $y=2-(x-1)^{\frac{2}{3}}$.

7. 当 a 为何值时，函数 $f(x)=a\sin x+\dfrac{1}{3}\sin 3x$ 在 $x=\dfrac{\pi}{3}$ 处取得极值？并求此极值.

8. 求下列函数的最值：

(1) $y=2x^3-3x^2\,(x\in[-1,4])$;

(2) $y=xe^{-\frac{x^2}{2}}\,(x\in(-\infty,\infty))$.

9. 问函数 $y=2x^3-6x^2-18x-7\,(x\in[-1,4])$ 在何处取得最大值？并求出它的最大值.

10. 当 a 为何值时，函数 $f(x)=a\sin x+\dfrac{1}{3}\sin 3x$ 在 $x=\dfrac{\pi}{3}$ 处取得极值？它是极大值还是极小值？

11. 某公司有 50 套公寓要出租，当月租金为 1000 元时，公寓能全部租出去；当月租金每增加 50 元时，就会多一套公寓租不出去. 租出去的公寓每月需花费 100 元的维修费，试问房租为多少时，可获得最大收入？

12. 某地区防空洞的截面积拟建成矩形加半圆（图 3.16），截面的面积为 $5\mathrm{m}^2$. 问底宽 x 为多少时，才能使截面的周长最小，从而使建造时所用的材料最省？

13. 要建造一圆柱形油罐，体积为 V，问底半径 r 和高 h 等于多少时，才能使面积最小？这时，底直径与高的比是多少？

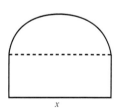

图 3.16

14. 设有重量为 5kg 的物体，置于水面上，受力 F 的作用而开始移动（图 3.17）. 设摩擦系数 $\mu=0.25$，问力 F 与水平线的交角 α 为多少时，才可使力 F 的大小为最小？

15. 从一块半径为 R 的圆铁皮上挖去一个扇形做成一个漏斗（图 3.18），问留下的扇形的中心角 φ 取多大时，做成的漏斗的容积最大？

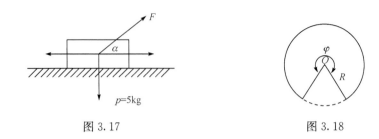

图 3.17　　　　　　　　　　　　图 3.18

3.5　曲线的凹凸性、拐点、渐近线

3.5.1　曲线的凹凸性

在 3.4 节中,研究了函数的单调性与极值,这对于描绘函数的图像有很大的作用. 但是,仅仅知道这些,还不能比较准确地描绘函数的图像. 例如,图 3.19 中有两条曲线 弧,虽然它们都是上升的,但图像却有明显的不同. $\overset{\frown}{ACB}$是向上凸的曲线弧,$\overset{\frown}{ADB}$是向 上凹的曲线弧,它们的凹凸性不同. 下面就来研究曲线的凹凸性及其判别法.

从几何上来看,在有的曲线弧上,如果任取两点,连接这两点间的弦位于这两点间 弧段的上方(图 3.20),而有的曲线弧则正好相反(图 3.21),曲线的这种性质就是曲线 的凹凸性.

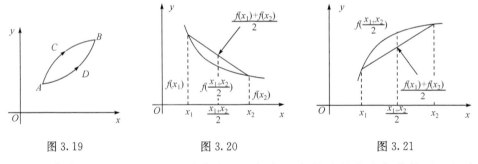

图 3.19　　　　　　　　　　图 3.20　　　　　　　　　　图 3.21

因此,曲线的凹凸性可以用连接曲线弧上任意两点的弦的中点与曲线弧上相应点 (即具有相同横坐标的点)的位置关系来描述. 下面给出曲线凹凸性的定义.

定义 3.2　若 $f(x)$ 在区间 I 上连续,并且对 I 上任意两点 x_1,x_2,恒有

$$f\left(\frac{x_1+x_2}{2}\right)<\frac{f(x_1)+f(x_2)}{2},$$

则称 $f(x)$ 在 I 上的图像是(**向上**)**凹的**(或**凹弧**);若恒有

$$f\left(\frac{x_1+x_2}{2}\right)>\frac{f(x_1)+f(x_2)}{2},$$

则称 $f(x)$ 在 I 上的图像是(**向上**)**凸的**(或**凸弧**).

若 $f(x)$ 在区间 I 内具有二阶导数,则可利用二阶导数的符号来判断曲线的凹凸 性,这就是下面的曲线凹凸性的判定定理. 这里仅就 I 为闭区间的情形来叙述定理,当

I 不是闭区间时,定理类似.

定理 3.11　若 $f(x)$ 在 $[a,b]$ 上连续,在 (a,b) 内具有一、二阶导数,则在 (a,b) 内,

(1) 当 $f''(x)>0$ 时,$f(x)$ 在 $[a,b]$ 上的图像是凹的;

(2) 当 $f''(x)<0$ 时,$f(x)$ 在 $[a,b]$ 上的图像是凸的.

证　(1) $\forall x_1,x_2\in[a,b]$ 且 $x_1<x_2$,记 $\dfrac{x_1+x_2}{2}=x_0$,并记 $x_2-x_0=x_0-x_1=h$,则 $x_1=x_0-h$,$x_2=x_0+h$,由拉格朗日中值定理 3.2 得

$$f(x_0+h)-f(x_0)=f'(x_0+\theta_1 h)h,$$
$$f(x_0)-f(x_0-h)=f'(x_0-\theta_2 h)h,$$

其中 $0<\theta_1<1,0<\theta_2<1$. 两式相减即得

$$f(x_0+h)+f(x_0-h)-2f(x_0)=[f'(x_0+\theta_1 h)-f'(x_0-\theta_2 h)]h.$$

对 $f'(x)$,在区间 $[x_0-\theta_2 h,x_0+\theta_1 h]$ 上再利用拉格朗日中值定理 3.2 得

$$[f'(x_0+\theta_1 h)-f'(x_0-\theta_2 h)]h=f''(\xi)(\theta_1+\theta_2)h^2,$$

其中 $x_0-\theta_2 h<\xi<x_0+\theta_{1_2}h$. 由假设知,$f''(\xi)>0$,故有

$$f(x_0+h)+f(x_0-h)-2f(x_0)>0,$$

即

$$\frac{f(x_1+h)+f(x_2-h)}{2}>f(x_0),$$

也即

$$\frac{f(x_1)+f(x_2)}{2}>f\left(\frac{x_1+x_2}{2}\right),$$

所以 $f(x)$ 在 $[a,b]$ 上的图像是凹的.

同理可证(2).　∎

例 3.35　判断曲线 $y=\ln x$ 的凹凸性.

解　因为 $y'=\dfrac{1}{x}$,$y''=-\dfrac{1}{x^2}$,故在函数 $y=\ln x$ 的定义域 $(0,+\infty)$ 内,$f''(x)<0$. 由曲线凹凸性的判定定理可知,曲线 $y=\ln x$ 是凸的.　∎

例 3.36　判断曲线 $y=x^3$ 的凹凸性.

解　因为 $y'=3x^2$,$y''=6x$,故当 $x<0$ 时,$y''<0$;当 $x>0$ 时,$y''>0$. 因此,曲线在 $(-\infty,0]$ 内为凸的,在 $[0,+\infty)$ 内为凹的.　∎

3.5.2　拐点

定义 3.3　曲线 $y=f(x)$ 上凹弧与凸弧的分界点称为曲线的**拐点**.

由前面已知,由 $f''(x)$ 的正负号可以判断曲线的凹凸性. 如果 $f''(x)=0$,而 $f''(x)$ 在 x_0 的左、右两侧异号,则点 $(x_0,f(x_0))$ 必是曲线的拐点. 此外,如果 $f''(x)$ 在 (a,b) 内存在,那么就可以按下列步骤来判断曲线 $y=f(x)$ 的拐点:

(1) 求出函数的二阶导数 $f''(x)$;

(2) 令 $f''(x)=0$,求出二阶导数为零的点以及 $f''(x)$ 不存在的点;

(3) 以二阶导数为零的点和 $f''(x)$ 不存在的点把函数的定义域分成若干个小区间,然后再确定二阶导数在各个小区间内的符号,并据此判断曲线的凹凸性和拐点.

例 3.37　判断曲线 $y=xe^{-x}$ 的凹凸性及拐点.

解　(1) $y'=e^{-x}(1-x)$,$y''=e^{-x}(x-2)$.

(2) 由 $y''=0$ 解得 $x=2$.

(3) 列表讨论如下(表 3.4 和图 3.22):

表 3.4

x	$(-\infty,2)$	2	$(2,+\infty)$
y''	$-$	0	$+$
y	凸	$2e^{-2}$	凹
拐点		$(2,2e^{-2})$	

应该指出,对 $f''(x)$ 不存在的点,也可能是曲线的拐点。

例 3.38　判断曲线 $f(x)=(x-1)\sqrt[3]{x^5}$ 的凹凸性及拐点.

解　(1) $y'=x^{\frac{5}{3}}+(x-1)\dfrac{5}{3}x^{\frac{2}{3}}=\dfrac{8}{3}x^{\frac{5}{3}}-\dfrac{5}{3}x^{\frac{2}{3}}$,

$y''=\dfrac{40}{9}x^{\frac{2}{3}}-\dfrac{10}{9}x^{-\frac{1}{3}}=\dfrac{10\cdot4x-1}{9\sqrt[3]{x}}$.

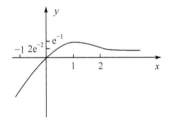

图 3.22

(2) 由 $y''=0$ 解得 $x=\dfrac{1}{4}$,并且在 $x=0$ 处,y'' 不存在.

(3) 列表讨论如下(表 3.5):

表 3.5

x	$(-\infty,0)$	0	$\left(0,\dfrac{1}{4}\right)$	$\dfrac{1}{4}$	$(1,+\infty)$
y''	$+$	不存在	$-$	0	$+$
y	凹	0	凸	$-\dfrac{3}{16\sqrt[3]{16}}$	凹
拐点		$(0,0)$		$\left(\dfrac{1}{4},\dfrac{-3}{16\sqrt[3]{16}}\right)$	

3.5.3　渐近线

在平面上,当曲线伸向无穷远处时,一般难得把它画准确,但如果曲线伸向无穷远处时能渐渐靠近一条直线,那么就可以既快又好地画出趋于无穷远处这条曲线的走向趋势. 例如,双曲线 $\dfrac{x^2}{a^2}-\dfrac{y^2}{b^2}=1$ 当 $x\to\infty$ 时,就有两条渐渐靠近的直线 $y=\pm\dfrac{b}{a}x$. 对于一般的曲线,有时也能找到这样的直线.

定义 3.4　如果曲线上的点沿曲线趋于无穷远时,与某一直线的距离趋于零,则称此直线为曲线的**渐近线**.

渐近线有铅直渐近线、水平渐近线和斜渐近线.

(1) 若曲线 $y=f(x)$ 在点 x_0 处间断,并且 $\lim\limits_{x\to x_0+0}f(x)=\infty$ 或 $\lim\limits_{x\to x_0-0}f(x)=\infty$,则直线 $x=x_0$ 为曲线 $y=f(x)$ 的**铅直渐近线**;

(2) 若曲线 $y=f(x)$ 的定义域为无穷区间,并且 $\lim\limits_{x\to+\infty}f(x)=c$ 或 $\lim\limits_{x\to-\infty}f(x)=c$,则直线 $y=c$ 是曲线 $y=f(x)$ 的**水平渐近线**.

(3) 若曲线 $y=f(x)$ 定义在无穷区间上,并且极限 $\lim\limits_{x\to\infty}\dfrac{f(x)}{x}=a$ 与 $\lim\limits_{x\to\infty}[f(x)-ax]=b$ 均存在,则直线 $y=ax+b$ 为曲线 $y=f(x)$ 的**斜渐近线**.

例 3.39　求曲线 $y=f(x)=\dfrac{x^3}{(x+3)(x-1)}$ 的渐近线.

解　(1) 因为 $x=-3$ 与 $x=1$ 均为间断点,并且 $\lim\limits_{x\to-3}f(x)=\infty,\lim\limits_{x\to1}f(x)=\infty$,故 $x=-3$ 与 $x=1$ 均为铅直渐近线。

(2) 因为 $\lim\limits_{x\to\infty}f(x)=\infty\neq$ 常数,故无水平渐近线.

(3) 因为

$$\lim_{x\to\infty}\frac{f(x)}{x}=\lim_{x\to\infty}\frac{x^2}{(x+3)(x-1)}=1=a,$$

$$\lim_{x\to\infty}[f(x)-ax]=\lim_{x\to\infty}\left[\frac{x^3}{(x+3)(x-1)}-x\right]=\lim_{x\to\infty}\frac{-2x^2+3x}{x^2+2x-3}=-2=b,$$

故 $y=ax+b=x-2$ 为斜渐近线(图 3.23). ∎

例 3.40　求 $y=f(x)=\dfrac{x^2}{1+x}$ 的渐近线.

解　(1) 因为 $x=-1$ 为间断点,并且 $\lim\limits_{x\to-1}f(x)=\infty$,故 $x=-1$ 为铅直渐近线.

(2) 因为 $\lim\limits_{x\to\infty}f(x)=\infty\neq$ 常数,故无水平渐近线.

(3) 因为

$$\lim_{x\to\infty}\frac{f(x)}{x}=\lim_{x\to\infty}\frac{x}{1+x}=1=a,$$

$$\lim_{x\to\infty}[f(x)-ax]=\lim_{x\to\infty}\frac{-x}{1+x}=-1=b,$$

故 $y=ax+b=x-1$ 为斜渐近线(图 3.24) ∎

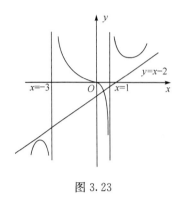

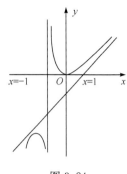

图 3.23　　　　　　　　　　　　　图 3.24

习　题　3.5

1. 证明函数 $y=x\arctan x$ 的图像处处是凹的.

2. 求下列各曲线的凹凸区间及拐点:

(1) $y=3x^2-x^3$;　　　　　　　(2) $y=xe^{-x}$;

(3) $y=x+\sin x$;　　　　　　　(4) $y=\ln(1+x^2)$;

(5) $y=x^4(12\ln x-7)$.

3. 问当 a 和 b 为何值时,点 $(1,3)$ 为曲线 $y=ax^3+bx^2$ 的拐点?

4. 设 $y=f(x)$ 在点 x_0 的某领域内具有三阶连续导数,并且 $f'(x_0)=0, f''(x_0)=0, f'''(x_0)\neq0$,试问

(1) $x=x_0$ 是否为极值点? 为什么?

(2) $(x_0,f(x_0))$ 是否为拐点? 为什么?

5. 求下列曲线的渐近线:

(1) $y=\dfrac{1}{x^2-4x+5}$;

(2) $y=e^{\frac{1}{x}}$;

(3) $y=xe^{x^{-2}}$.

6. 证明下列不等式:

(1) $\dfrac{1}{2}(x^n+y^n)>\left(\dfrac{x+y}{2}\right)^n$ $(x>0,y>0,x\neq y,n>1)$;

(2) $x\ln x+y\ln y>(x+y)\ln\dfrac{x+y}{2}$ $(x>0,y>0,x\neq y)$.

3.6　函数的作图

　　利用函数一阶导数的正负号,可以确定函数图像在哪个区间上上升,在哪个区间上下降,在哪个点上有极值;利用函数二阶导数的正负号,可以确定函数图像在哪个区间

上为凹,在哪个区间上为凸,哪个点为拐点;利用极限求出渐近线. 知道了函数图像的升降、凹凸、极值点和拐点后,也就基本上掌握了函数的性质,能比较准确地画出函数的图像.

利用导数描绘函数图像的一般步骤如下:

(1) 确定函数 $y=f(x)$ 的定义域,并求出 $f'(x)$ 和 $f''(x)$;

(2) 求出方程 $f'(x)=0$ 和 $f''(x)=0$ 在定义域内的全部实根,并用这些根把函数的定义域划分成几个部分区间(若函数有间断点或导数不存在的点,则这些点也作为分点);

(3) 确定在这些部分区间内 $f'(x)$ 和 $f''(x)$ 的符号,并由此确定出函数图像的升降区间和凹凸区间、极值点和拐点;

(4) 确定函数图像的水平渐近线、铅直渐近线以及其他变化趋势;

(5) 算出方程 $f'(x)=0$ 和 $f''(x)=0$ 的根所对应的函数值,就定出了图像上相应的点(为把图像描得准确些,有时还需要补充一些点),然后结合(3),(4)中得到的结果,用光滑曲线连接这些点画出函数 $y=f(x)$ 的图像.

例 3.41 作 $y=x^3-x^2-x+1$ 的图像.

解 (1) 函数 $y=f(x)$ 的定义域为 $(-\infty,+\infty)$,而 $f'(x)=(3x+1)(x-1)$,$f''(x)=2(3x-1)$.

(2) $f'(x)=0$ 的根为 $x=-\dfrac{1}{3}$ 和 1;$f''(x)=0$ 的根为 $x=\dfrac{1}{3}$.

(3) 列表讨论如下(表 3.6):

表 3.6

x	$\left(-\infty,-\dfrac{1}{3}\right)$	$-\dfrac{1}{3}$	$\left(-\dfrac{1}{3},\dfrac{1}{3}\right)$	$\dfrac{1}{3}$	$\left(\dfrac{1}{3},1\right)$	1	$(1,+\infty)$
$f'(x)$	+	0	−	−	−	0	+
$f''(x)$	−	−	−	0	+	+	+
$f(x)$	↗ 凸	极大值 $\dfrac{32}{27}$	↘ 凸	$\dfrac{16}{27}$	↘ 凹	极小值 0	↗ 凹
拐点				$\left(-\dfrac{1}{3},\dfrac{32}{27}\right)$			

(4) 适当补充一些点,如算出 $f(-1)=0,f(0)=1$,$f\left(\dfrac{3}{2}\right)=\dfrac{5}{8}$,并根据表 3.6 的讨论结果便可画出函数的图像(图 3.25).

例 3.42 作 $y=f(x)=\dfrac{1}{\sqrt{2\pi}}\mathrm{e}^{-\frac{x^2}{2}}$ 的图像.

解 (1) 定义域为 $(-\infty,+\infty)$.

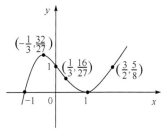

图 3.25

（2）对称性与周期性．因为 $f(-x)=f(x)$，故 $f(x)$ 是偶函数，其图像关于 y 轴对称，无周期性．

（3）$f'(x)=-\dfrac{x}{\sqrt{2\pi}}\mathrm{e}^{-\frac{x^2}{2}}$，$f''(x)=\dfrac{(x+1)(x-1)}{\sqrt{2\pi}}\mathrm{e}^{-\frac{x^2}{2}}$，

由 $f''(x)=0$ 解得 $x_1=-1$，$x_2=1$．

（4）渐近线．因为

$$\lim_{x\to\pm\infty}f(x)=\lim_{x\to\pm\infty}\frac{1}{\sqrt{2\pi}}\mathrm{e}^{-\frac{x^2}{2}}=0,$$

故 $y=0$ 是水平渐近线，并且易知无其他渐近线．

（5）列表讨论如下（表 3.7）：

表 3.7

x	$(-\infty,-1)$	-1	$(-1,0)$	0	$(0,1)$	1	$(1,+\infty)$
$f'(x)$	$+$	$+$	$+$	0	$-$	$-$	$-$
$f''(x)$	$+$	0	$-$	$-$	$-$	0	$+$
$f(x)$	↗ 凹	$\dfrac{1}{\sqrt{2\pi\mathrm{e}}}$	↗ 凸	极大值 $\dfrac{1}{\sqrt{2\pi}}$	↘ 凸	$\dfrac{1}{\sqrt{2\pi\mathrm{e}}}$	↘ 凹
拐点		$\left(-1,\dfrac{1}{\sqrt{2\pi\mathrm{e}}}\right)$				$\left(1,\dfrac{1}{\sqrt{2\pi\mathrm{e}}}\right)$	
渐近线	$y=0$						

（6）求出一些辅助点，并根据表 3.7 讨论结果便可作出区间 $(0,+\infty)$ 内的图像，再利用对称性作出区间 $(-\infty,0)$ 内的图像（图 3.26）

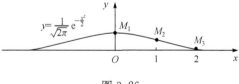

图 3.26

这个函数曲线就是著名的正态分布曲线，它是概率论与数理统计中的一条非常重要的曲线．

习 题 3.6

描绘下列函数的图像：

1. $y=\dfrac{1}{5}(x^4-6x^2+8x+7)$；

2. $y=\dfrac{x^2-2x+2}{x-1}$；

3. $y = e^{-(x-1)^2}$;

4. $y = \sqrt[3]{6x^2 - x^3}$;

5. $y = \dfrac{\cos x}{\cos 2x}$.

3.7　应用举例

3.7.1　最大利润问题

在经济学中,总收入和总成本都可以表示为产量 x 的函数,分别记为 $R(x)$ 和 $C(x)$,则总利润 $L(x)$ 可表示为

$$L(x) = R(x) - C(x).$$

为了使总利润最大,其一阶导数需等于零,即 $L'(x) = R'(x) - C'(x)$. 由此得

$$R'(x) = C'(x),\ 即 \frac{dR(x)}{dx} = \frac{dC(x)}{dx}.$$

由 2.7 节知,$\dfrac{dR(x)}{dx}$ 表示边际收入(益),$\dfrac{dC(x)}{dx}$ 表示边际成本. 因此,上式表示,欲使总利润最大,必须使边际收入等于边际成本,这是经济学中关于厂商行为的一个最重要的命题.

根据极值存在的二阶充分条件,为了使总利润达到最大,还要求二阶导数

$$\frac{d^2[R(x) - C(x)]}{dx^2} < 0,\ 即 \frac{d^2 R(x)}{dx^2} < \frac{d^2 C(x)}{dx^2}.$$

这就是说,在获得最大利益的产量处,必须要求边际收入等于边际成本,但此时若又有边际收入对产量的导数小于边际成本对产量的导数,则该产量处一定能获得最大利润.

例 3.43　如何确定产品的售价,使得利润最高.

设某商店以每件 10 元的进价购进一批衬衫,并设此种商品的需求函数 $Q = 80 - 2p$(其中 Q 为需求量,单位为件;p 为销售价格,单位为元). 问该商品应将售价定为多少元卖出,才能获得最大利润? 最大利润是多少?

解　设总利润函数为 $L(p)$,总收入函数为 $R(p)$,总成本函数为 $C(p)$,则

$$L(p) = R(p) - C(p). \tag{3.8}$$

因为总收入等于需求量乘以销售量价格,故有

$$R(p) = Q(p) \cdot p = (80 - 2p)p = 80p - 2p^2. \tag{3.9}$$

由于总成本等于需求量乘以购进价格,故有

$$C(p) = Q(p) \cdot 10 = 10(80 - 2p) = 800 - 20p. \tag{3.10}$$

将式(3.9),(3.10)代入式(3.8)得

$$L(p) = 80p - 2p^2 - 800 + 20p = 100p - 2p^2 - 800, \quad p > 0. \tag{3.11}$$

式(3.11)就是总利润与销售量价格之间的函数关系. 为了求利润的最大值,对式求导

得 $L'(p)=100-4p.$ 令 $L'(p)=0$,解得 $p=25.$ 又 $L''(25)=-4<0$,故当 $p=25$ 时,L 最大.此时,

$$L(25)=100\times25-2\times25^2-800=450(元),$$

即将每件衬衫的销售价格定为 25 元时,可获得最大利润,最大利润为 450 元. ■

3.7.2　其他应用举例

例 3.44　青蛙能跳多高.

生物学家已经发现了一个很好的数学模型来逼近人或动物跳跃时的轨迹.实际上,这些轨迹是一个以起跳角为参数的抛物线族,即

$$y(x)=x\tan\theta-\frac{4.877x^2}{v^2\cos^2\theta},\quad 0\leqslant\theta\leqslant90°,$$

其中 x 为它在跳跃过程中所处位置与起跳点的水平距离(米),y 为它在跳跃过程中所处位置的垂直高度(米),v 为初始速度(米/秒),θ 为起跳角度.

现在讨论一只青蛙的跳跃问题.假设它的起跳角度为 $30°$,起跳速度是 4.5 米/秒,试问它能跳多高?

解　将 $v=4.5$ 米/秒,$\theta=30°$ 代入题中所给的曲线族方程得

$$y(x)=x\tan30°-\frac{4.877x^2}{4.5^2\cos^230°}\approx0.577x-0.321x^2.$$

因为所求青蛙的跳跃高度即为 $y(x)$ 的最大值,故令

$$y'(x)=0.577-0.642x=0,$$

解得驻点为 $x\approx0.899.$ 代入 $y(x)$ 的表达式得

$$y(0.899)=0.577\times0.899-0.321\times0.899^2\approx0.259(米),$$

故当青蛙以 4.5 米/秒的初速度,$30°$ 的起跳角度起跳后,它将达到的最高高度为 0.259 米.

思考题　试问在上述情况下,青蛙能跳多远?(答:1.798 米) ■

总 习 题 三

1. 请根据本章内容,自己写出主要定理的条件与结论.

2. 讨论下列是非题:

(1) 罗尔定理中三个条件缺少一个,结论就可能不成立. 　　　　(　)

(2) 用罗必达法则求极限,可能永远得不到结果. 　　　　　　　(　)

(3) 若 $f'(x)=c$(常数),$x\in(-\infty,+\infty)$,则 $f(x)$ 为线性函数. 　(　)

(4) 若 $f'(x)=\lambda f(x)$(λ 为常数),$x\in(-\infty,+\infty)$,则 $f(x)$ 为指数函数.(　)

(5) 下面的计算对吗?

$$\lim_{x\to0}\left(\frac{1}{x^2}-\frac{1}{x\tan x}\right)=\lim_{x\to0}\frac{\sin x-x\cos x}{x^2\sin x}=\lim_{x\to0}\frac{x-x\cos x}{x^3}$$

$$=\lim_{x\to0}\frac{1-\cos x}{x^2}=\lim_{x\to0}\frac{\sin x}{2x}=\frac{1}{2}.$$

　　　　　　　　　　　　　　　　　　　　　　　　　　　　(　)

(6) 若在 (a,b) 内,$f'(x)>0$,则 $f(x)$ 在 $[a,b]$ 上单调.　　　　　　　　（　）

(7) 若 $f(x)$ 在 (a,b) 内单调且可导,则 $f'(x)>0$.　　　　　　　　　　　（　）

(8) 单调函数的导函数必单调.　　　　　　　　　　　　　　　　　　　　（　）

(9) 函数的导函数单调,则此函数必单调.　　　　　　　　　　　　　　　（　）

(10) 设函数 $f(x)$ 与 $g(x)$,当 $x>0$ 时,若 $f'(x)>g'(x)$,且 $f(0)=g(0)$,则
$f(x)>g(x)$.　　　　　　　　　　　　　　　　　　　　　　　　　　　　（　）

3. 求下列极限:

(1) $\lim\limits_{x\to 0}\left(\dfrac{a^x+b^x}{2}\right)^{\frac{1}{x}}\ (x>0,b>0)$;　　　　　　(2) $\lim\limits_{x\to\infty}[(2+x)\mathrm{e}^{\frac{1}{x}}-x]$;

(3) $\lim\limits_{x\to 0}\dfrac{x-\arcsin x}{\sin^3 x}$.

4. 证明下列不等式:

(1) 当 $\mathrm{e}<x_1<x_2$ 时,有 $\dfrac{x_1}{x_2}<\dfrac{\ln x_1}{\ln x_2}<\dfrac{x_2}{x_1}$;

(2) 当 $x\in\left(0,\dfrac{\pi}{2}\right)$ 时,有 $\tan x>x+\dfrac{1}{3}x^3$;

(3) 当 $x>0$ 时,有 $\sin x>x-\dfrac{1}{6}x^3$;

(4) 当 $x>-1$ 时,有 $\ln(1+x)\leqslant x$.

5. 已知 $\lim\limits_{x\to a}\dfrac{x^2-bx+3b}{x-a}=8$,求 a,b.

6. 设 $f(x)=\arcsin x,g(x)=\arctan\dfrac{x}{\sqrt{1-x^2}},|x|<1$,试证此二函数相等.

7. (1) 已知函数 $f(x)$ 在 $[0,1]$ 上连续,在 $(0,1)$ 内可导,且 $f(1)=0$,求证:在 $(0,1)$ 内至少存在一点 ξ,使得 $f'(\xi)=-\dfrac{f(\xi)}{\xi}$ 成立.

(2) 已知函数 $f(x)$ 在 $[a,b]$ 上连续,在 (a,b) 内可导 $(0<a<b)$,求证:在 (a,b) 内至少存在一点 ξ,使得 $f(b)-f(a)=\xi f'(\xi)\ln\dfrac{b}{a}$(用柯西定理).

8. 设函数 $f(x)$ 在 (a,b) 内可导,且导函数 $f'(x)$ 在 (a,b) 内有界,试证:$f(x)$ 在 (a,b) 内有界.

9. 已知点 $(1,3)$ 是曲线 $y=x^3+ax^2+bx+c$ 的拐点,并且曲线在点 $x=2$ 处有极值,求出 a,b,c,并画出此曲线的图形.

10. 写出 $f(x)=\ln x$ 在 $x=2$ 处的 n 阶泰勒公式$(n>3)$.

11. 设 $f(x)=\begin{cases} x^{2x}, & x>0 \\ x+2, & x\leqslant 0 \end{cases}$,求 $f(x)$ 的极值.

12. 求数列 $\{\sqrt[n]{n}\}$ 中的最大值.

第 4 章　不 定 积 分

在微分学中,讨论了已知函数的导数和微分问题,但在许多实际问题中,常常会遇到与此相反的问题,即要寻求一个可导函数,使它的导数等于已知函数,这就是积分学的基本问题之一.

4.1　不定积分的概念与性质

4.1.1　原函数的概念

数学的各种运算及其逆运算都是客观规律的反映.因此,一种运算的逆运算不仅在数学中是可能的,而且也是解决问题所必需的.例如,

问题一　已知曲线方程 $y=f(x)$,则由微分学可知,$f'(x)$ 为该曲线在任一点 x 处的切线的斜率.若已知曲线上任意一点的切线斜率,如何求该曲线的方程?

问题二　已知物体的运动规律(函数)为 $s=s(t)$,其中 t 为时间,s 为距离,导数 $s'(t)=v(t)$ 就是物体在时刻 t 的瞬时速度.在力学中,有时要遇到相反的问题,即已知物体的瞬时速度函数 $v(t)$,如何求物体的运动规律 $s(t)$?

以上两个问题的共性是要寻求一个可导函数,使它的导数等于已知函数.为此,引入原函数的概念.

定义 4.1　如果在区间 I 上,可导函数 $F(x)$ 的导函数为 $f(x)$,即对任一 $x \in I$,都有

$$F'(x)=f(x) \quad \text{或} \quad \mathrm{d}F(x)=f(x)\mathrm{d}x, \quad x \in I,$$

则称函数 $F(x)$ 为 $f(x)$ 在区间 I 上的一个**原函数**.

例如,因为 $(\sin x)'=\cos x$,所以 $\sin x$ 是 $\cos x$ 的一个原函数.

因为 $(x^2)'=2x$,所以 x^2 是 $2x$ 的一个原函数.

因为 $(x^2+3)'=2x$,所以 x^2+3 是 $2x$ 的一个原函数.

$$\cdots\cdots$$

由上述例子可见,**一个函数的原函数不是唯一的**.

事实上,若 $F(x)$ 是 $f(x)$ 在区间 I 上的一个原函数,则有

$$F'(x)=f(x), \quad (F(x)+C)'=f(x),$$

其中 C 为任意常数.因此,$F(x)+C$ 也是 $f(x)$ 在区间 I 上的原函数.也就是说,**一个函数若存在原函数,就有无穷多个**.

若 $F(x)$ 和 $G(x)$ 都是 $f(x)$ 在区间 I 上的原函数,则有

$$[F(x)-G(x)]'=F'(x)-G'(x)=f(x)-f(x)=0,$$

从而由拉格朗日中值定理 3.2 的推论可知,$F(x)-G(x)=C$(其中 C 为任意常数),即

一个函数的任意两个原函数之间相差一个常数.

由此可见,若 $F(x)$ 是 $f(x)$ 在区间 I 上的一个原函数,则函数 $f(x)$ 的全体原函数为 $F(x)+C$(其中 C 为任意常数).

这里先介绍一个结论.

原函数存在定理　如果函数 $f(x)$ 在区间 I 上连续,则在区间 I 上存在可导函数 $F(x)$,使得对任意 $x \in I$,都有

$$F'(x)=f(x).$$

简单地说,**连续函数一定有原函数**.

4.1.2　不定积分的概念

定义 4.2　$f(x)$ 在区间 I 上带有任意常数 C 的原函数 $F(x)+C$ 称为 $f(x)$ 在区间 I 上的**不定积分**,记作

$$\int f(x)\mathrm{d}x,$$

即

$$\int f(x)\mathrm{d}x = F(x)+C,$$

其中记号 $\int$ 称为**积分号**,$f(x)$ 称为**被积函数**,$f(x)\mathrm{d}x$ 称为**被积表达式**,x 称为**积分变量**.

由定义 4.2 可知,求函数 $f(x)$ 的不定积分就是求 $f(x)$ 的全体原函数,故不定积分 $\int f(x)\mathrm{d}x$ 可以表示 $f(x)$ 的任意一个原函数.

例 4.1　求 $\int x^2 \mathrm{d}x$.

解　因为 $\left(\dfrac{x^3}{3}\right)'=x^2$,所以 $\dfrac{x^3}{3}$ 是 x^2 的一个原函数,从而

$$\int x^2 \mathrm{d}x = \frac{x^3}{3}+C. \qquad\blacksquare$$

例 4.2　求 $\int \dfrac{1}{x}\mathrm{d}x$.

解　首先证明

$$(\ln|x|)'=\frac{1}{x}.$$

事实上,当 $x>0$ 时,

$$(\ln|x|)'=(\ln x)'=\frac{1}{x};$$

当 $x<0$ 时,

$$(\ln|x|)'=[\ln(-x)]'=\frac{1}{-x}\cdot(-1)=\frac{1}{x},$$

从而$(\ln|x|)'=\dfrac{1}{x}$,即 $\ln|x|$ 是 $\dfrac{1}{x}$ 的一个原函数,所以

$$\int \frac{1}{x}\mathrm{d}x = \ln|x|+C.$$　■

4.1.3　不定积分的几何意义

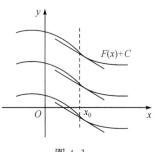

由于函数 $f(x)$ 的不定积分中含有任意常数 C,因此,对于每一个给定的 C,都有一个确定的原函数. 在几何上,相应地就有一条确定的曲线,称之为 $f(x)$ 的**积分曲线**. 因为 C 可以取任意值,因此,不定积分表示 $f(x)$ 的一积分曲线,而 $f(x)$ 正是积分曲线的斜率. 对应于同一横坐标 $x=x_0$,积分曲线上的切线互相平行(图 4.1).

例 4.3　设曲线通过点 $(1,2)$,并且其上任一点处的切线斜率等于这点横坐标的 2 倍,求此曲线的方程.

图 4.1

解　设所求的曲线方程为 $y=f(x)$,则曲线上任一点 (x,y) 处的切线斜率为
$$y'=f'(x)=2x,$$
即 $f(x)$ 是 $y=2x$ 的一个原函数. 因为
$$\int 2x\mathrm{d}x = x^2+C,$$
故必有某个常数 C,使得 $f(x)=x^2+C$,即曲线方程为 $y=x^2+C$. 因为所求曲线通过点 $(1,2)$,则
$$2=1^2+C,$$
所以
$$C=1,$$
于是所求曲线方程为 $y=x^2+1$.　■

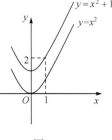

函数 $f(x)$ 的原函数的图像称为 $f(x)$ 的积分曲线. 例 4.3 即是求函数 $y=2x$ 的通过点 $(1,2)$ 的那条积分曲线. 显然,这条积分曲线可以由另一条积分曲线(如 $y=x^2$)经过 y 轴方向平移而得(图 4.2).

图 4.2

4.1.4　不定积分的性质

由不定积分的定义,因为 $\int f(x)\mathrm{d}x$ 是 $f(x)$ 的原函数,故有
$$\frac{\mathrm{d}}{\mathrm{d}x}\Big[\int f(x)\mathrm{d}x\Big]=f(x)\quad 或\quad \mathrm{d}\Big[\int f(x)\mathrm{d}x\Big]=f(x)\mathrm{d}x.$$
由于 $F(x)$ 是 $F'(x)$ 的原函数,故有
$$\int F'(x)\mathrm{d}x = F(x)+C\quad 或\quad \int \mathrm{d}F(x)=F(x)+C.$$

由此可知,微分运算(以记号 d 表示)与求不定积分的运算(简称积分运算,以记号 $\int$ 表示)是互逆的,当记号 $\int$ 与 d 连在一起时,或者抵消,或者抵消后差一个常数.

利用微分的运算法则和不定积分的定义,可得下列性质:

性质 4.1 设函数 $f(x)$ 和 $g(x)$ 的原函数存在,则

$$\int [f(x) \pm g(x)] dx = \int f(x) dx \pm \int g(x) dx.$$

证 因为

$$\left[\int f(x) dx \pm \int g(x) dx \right]' = \left[\int f(x) dx \right]' \pm \left[\int g(x) dx \right]' = f(x) \pm g(x),$$

即 $\int f(x) dx \pm \int g(x) dx$ 是 $f(x) \pm g(x)$ 的原函数. 又因为不定积分中包含有任意常数,所以

$$\int [f(x) \pm g(x)] dx = \int f(x) dx \pm \int g(x) dx.$$ ■

性质 4.1 可以推广到有限多个函数的情形,即**有限多个函数代数和的不定积分等于各个函数不定积分的代数和**.

性质 4.2 设函数 $f(x)$ 的原函数存在,k 为非零常数,则

$$\int k f(x) dx = k \int f(x) dx.$$

证 因为

$$\left[k \int f(x) dx \right]' = k \left[\int f(x) dx \right]' = k f(x),$$

故

$$\int k f(x) dx = k \int f(x) dx.$$ ■

4.1.5 基本积分表

根据不定积分的定义,由导数或微分基本公式,可以得到不定积分的基本公式.

(1) $\int k dx = kx + C$(其中 k 为常数);

(2) $\int x^a dx = \dfrac{x^{a+1}}{a+1} + C (a \neq -1)$;

(3) $\int \dfrac{1}{x} dx = \ln|x| + C$;

(4) $\int \dfrac{dx}{1+x^2} = \arctan x + C$;

(5) $\int \dfrac{dx}{\sqrt{1-x^2}} = \arcsin x + C$;

(6) $\int \cos x dx = \sin x + C$;

(7) $\int \sin x dx = -\cos x + C$;

(8) $\int \dfrac{1}{\cos^2 x} dx = \int \sec^2 x dx = \tan x + C$;

(9) $\int \dfrac{1}{\sin^2 x} dx = \int \csc^2 x dx = -\cot x + C$;

(10) $\int \sec x \tan x dx = \sec x + C$;

(11) $\int \csc x \cot x \mathrm{d}x = -\csc x + C;$　　　　(12) $\int \mathrm{e}^x \mathrm{d}x = \mathrm{e}^x + C;$

(13) $\int a^x \mathrm{d}x = \dfrac{a^x}{\ln a} + C.$

以上 13 个基本积分公式是求不定积分的基础,要求读者必须熟记.

4.1.6　直接积分法

利用不定积分的定义来计算不定积分是非常不方便的. 为了解决不定积分的计算问题,下面将介绍一种利用不定积分的运算性质和基本积分公式对被积函数进行适当的恒等变形(包括代数变形和三角变形),再利用积分基本公式与运算法则求不定积分的方法,叫做**直接积分法**.

例 4.4　求 $\int \dfrac{1}{x^2} \mathrm{d}x.$

解　$\int \dfrac{1}{x^2} \mathrm{d}x = \int x^{-2} \mathrm{d}x = \dfrac{1}{-2+1} x^{-2+1} + C = -\dfrac{1}{x} + C.$　■

例 4.5　求 $\int x^2 \cdot \sqrt[3]{x} \mathrm{d}x.$

解　$\int x^2 \cdot \sqrt[3]{x} \mathrm{d}x = \int x^{\frac{7}{3}} \mathrm{d}x = \dfrac{3}{10} x^{\frac{10}{3}} + C.$　■

注 4.1　检验积分结果是否正确,只要对结果求导,看它的导数是否等于被积函数. 若相等,则结果是正确的;否则,结果是错误的. 例如,就例 4.5 的结果来看,由于

$$\left(\dfrac{3}{10} x^{\frac{10}{3}} + C\right)' = \dfrac{3}{10} \cdot \dfrac{10}{3} \cdot x^{\frac{10}{3} - 1} = x^{\frac{7}{3}} = x^2 \cdot \sqrt[3]{x},$$

所以结果是正确的.

例 4.6　求 $\int (1 - 2x)^2 \sqrt{x} \mathrm{d}x.$

解　$\int (1 - 2x)^2 \sqrt{x} \mathrm{d}x = \int \left(x^{\frac{1}{2}} - 4x^{\frac{3}{2}} + 4x^{\frac{5}{2}}\right) \mathrm{d}x = \int x^{\frac{1}{2}} \mathrm{d}x - 4\int x^{\frac{3}{2}} \mathrm{d}x + 4\int x^{\frac{5}{2}} \mathrm{d}x$

$\qquad = \dfrac{2}{3} x^{\frac{3}{2}} - \dfrac{8}{5} x^{\frac{5}{2}} + \dfrac{8}{7} x^{\frac{7}{2}} + C.$　■

例 4.7　求 $\int 2^x \cdot \mathrm{e}^x \mathrm{d}x.$

解　因为 $2^x \cdot \mathrm{e}^x = (2\mathrm{e})^x$,所以可把 $2\mathrm{e}$ 看成 a,再利用积分公式(13)便得

$$\int 2^x \cdot \mathrm{e}^x \mathrm{d}x = \int (2\mathrm{e})^x \mathrm{d}x = \dfrac{(2\mathrm{e})^x}{\ln 2\mathrm{e}} + C = \dfrac{2^x \cdot \mathrm{e}^x}{1 + \ln 2} + C.$$　■

例 4.8　求 $\int \dfrac{(x-1)^2}{x} \mathrm{d}x.$

解　$\int \dfrac{(x-1)^2}{x} \mathrm{d}x = \int \dfrac{x^2 - 2x + 1}{x} \mathrm{d}x = \int \left(x - 2 + \dfrac{1}{x}\right) \mathrm{d}x$

$\qquad = \dfrac{1}{2} x^2 - 2x + \ln |x| + C.$　■

例 4.9 求 $\int \dfrac{1+x+x^2}{x(1+x^2)}\mathrm{d}x$.

解 $\int \dfrac{1+x+x^2}{x(1+x^2)}\mathrm{d}x = \int \dfrac{x+(1+x^2)}{x(1+x^2)}\mathrm{d}x = \int \left(\dfrac{1}{1+x^2}+\dfrac{1}{x}\right)\mathrm{d}x$

$\qquad\qquad = \int \dfrac{1}{1+x^2}\mathrm{d}x + \int \dfrac{1}{x}\mathrm{d}x = \arctan x + \ln |x| + C.$ ■

例 4.10 求 $\int \tan^2 x\,\mathrm{d}x$.

解 基本积分公式表中没有这个类型的积分,可以先利用三角恒等式变形,再逐项积分,即

$$\int \tan^2 x\,\mathrm{d}x = \int (\sec^2 x - 1)\,\mathrm{d}x = \tan x - x + C.$$ ■

例 4.11 求 $\int \cos^2 \dfrac{x}{2}\mathrm{d}x$

解 同例 4.10 一样,先利用三角恒等式变形,然后再求积分,即

$$\int \cos^2 \dfrac{x}{2}\mathrm{d}x = \int \dfrac{1+\cos x}{2}\mathrm{d}x$$

$$= \dfrac{1}{2}\int (1+\cos x)\,\mathrm{d}x = \dfrac{1}{2}(x+\sin x) + C.$$ ■

例 4.12 求 $\int \dfrac{\mathrm{d}x}{\sin^2 x\cos^2 x}$.

解 先利用 $\sin^2 x + \cos^2 x = 1$ 将分子变形,然后再求积分,即

$$\int \dfrac{\mathrm{d}x}{\sin^2 x\cos^2 x} = \int \dfrac{\sin^2 x + \cos^2 x}{\sin^2 x\cos^2 x}\mathrm{d}x$$

$$= \int \dfrac{1}{\cos^2 x}\mathrm{d}x + \int \dfrac{\mathrm{d}x}{\sin^2 x} = \tan x - \cot x + C.$$ ■

习 题 4.1

1. 求下列不定积分:

(1) $\int \sqrt[3]{x}\,\mathrm{d}x$;

(2) $\int (x^2+1)^2\,\mathrm{d}x$;

(3) $\int \left(\sqrt{x}+1\right)\left(\sqrt{x^3}-1\right)\mathrm{d}x$;

(4) $\int \sqrt[m]{x^n}\,\mathrm{d}x$;

(5) $\int \dfrac{x^2}{1+x^2}\mathrm{d}x$;

(6) $\int \left(2\mathrm{e}^x + \dfrac{3}{x}\right)\mathrm{d}x$;

(7) $\int \mathrm{e}^x\left(1-\dfrac{\mathrm{e}^{-x}}{\sqrt{x}}\right)\mathrm{d}x$;

(8) $\int \dfrac{\mathrm{e}^{2x}-1}{\mathrm{e}^x-1}\mathrm{d}x$;

(9) $\int \left(\dfrac{3}{1+x^2} - \dfrac{2}{\sqrt{1-x^2}}\right)\mathrm{d}x$;

(10) $\int 2^{2x}3^x\,\mathrm{d}x$;

(11) $\int \dfrac{2 \cdot 3^x - 5 \cdot 2^x}{3^x} \mathrm{d}x$;

(12) $\int \sin^2 \dfrac{x}{2} \mathrm{d}x$;

(13) $\int \cot^2 x \mathrm{d}x$;

(14) $\int \dfrac{1}{1 + \cos 2x} \mathrm{d}x$;

(15) $\int \dfrac{\cos 2x}{\cos x + \sin x} \mathrm{d}x$;

(16) $\int \dfrac{\cos 2x}{\cos^2 x \sin^2 x} \mathrm{d}x$;

(17) $\int \dfrac{1}{\cos^2 \dfrac{x}{2} \sin^2 \dfrac{x}{2}} \mathrm{d}x$;

(18) $\int \dfrac{\mathrm{d}x}{\sin x \cos x}$;

(19) $\int \sec x(\sec x - \tan x) \mathrm{d}x$;

(20) $\int \dfrac{3x^4 + 2x^2}{x^2 + 1} \mathrm{d}x$.

2. 一曲线通过$(\mathrm{e}^2, 3)$,并且在任一点处的切线斜率等于该点横坐标的倒数,求该曲线的方程.

3. 一物体由静止开始运动,经 t 秒后的速度为 $3t^2$(米/秒),问

(1) 在 3 秒后,物体离开出发点的距离是多少?

(2) 物体走完 360 米需要多少时间?

4.2 换元积分法

能用直接积分法计算的不定积分是非常有限的,因此,有必要进一步研究新的积分方法. 考虑到不定积分实际上是求导的逆运算,为此,本节把复合函数的求导法则反过来用于求不定积分. 利用中间变量代换,得到复合函数的积分法,称为**换元积分法**. 下面先介绍第一类换元积分法(又叫**凑微分法**).

4.2.1 第一类换元积分法

设 $f(u)$具有原函数 $F(u)$,即

$$F'(u) = f(u), \quad \int f(u) \mathrm{d}u = F(u) + C.$$

如果有 $u = \varphi(x)$,并且 $\varphi(x)$可微,则根据复合函数微分法有

$$\mathrm{d}F(\varphi(x)) = f(\varphi(x))\varphi'(x) \mathrm{d}x,$$

从而根据不定积分的定义得

$$\int f(\varphi(x))\varphi'(x) \mathrm{d}x = F(\varphi(x)) + C = \left[\int f(u) \mathrm{d}u\right]_{u=\varphi(x)}.$$

于是有下述定理:

定理 4.1 设 $f(u)$具有原函数,$u = \varphi(x)$可导,则有换元公式

$$\int f(\varphi(x))\varphi'(x) \mathrm{d}x = \left[\int f(u) \mathrm{d}u\right]_{u=\varphi(x)}. \tag{4.1}$$

证 略.

例 4.13　求 $\int (3x+1)^8 \mathrm{d}x$.

分析　由于基本积分公式中有 $\int x^a \mathrm{d}x = \dfrac{x^{a+1}}{a+1} + C$,若将 $\mathrm{d}x$ 凑为 $\mathrm{d}(3x+1)$,再令 $u=3x+1$,就可以根据此积分公式得到结果. 由于 $\mathrm{d}(3x+1)=3\mathrm{d}x$,因此,需要在被积函数中凑上一个常数因子 3,即

$$\int (3x+1)^8 \mathrm{d}x = \int \frac{1}{3} \cdot (3x+1)^8 \cdot 3\mathrm{d}x = \frac{1}{3} \int (3x+1)^8 \mathrm{d}(3x+1).$$

解　令 $u=3x+1$,则

$$\frac{1}{3} \int (3x+1)^8 \mathrm{d}(3x+1) = \frac{1}{3} \int u^8 \mathrm{d}u = \frac{1}{27} u^9 + C.$$

再把 $u=3x+1$ 代回就得到

$$\int (3x+1)^8 \mathrm{d}x = \frac{1}{27}(3x+1)^9 + C.$$　　　　■

例 4.14　$\int \dfrac{1}{3+2x} \mathrm{d}x$.

分析　由于基本积分公式中有 $\int \dfrac{1}{x} \mathrm{d}x = |x| + C$,若将 $\mathrm{d}x$ 凑为 $\mathrm{d}(3+2x)$,再令 $u=3+2x$,就可以根据此积分公式得到结果. 由于 $\mathrm{d}(3+2x)=2\mathrm{d}x$,因此,需要在被积函数中凑上一个常数因子 2,即

$$\int \frac{1}{3+2x} \mathrm{d}x = \int \frac{1}{2} \cdot \frac{1}{3+2x} \cdot 2\mathrm{d}x = \frac{1}{2} \int \frac{1}{3+2x} \mathrm{d}(3+2x).$$

解　令 $u=3+2x$,则

$$\int \frac{1}{3+2x} \mathrm{d}x = \frac{1}{2} \int \frac{1}{3+2x} \mathrm{d}(3+2x) = \frac{1}{2} \int \frac{1}{u} \mathrm{d}u = \frac{1}{2} \ln |u| + C.$$

再把 $u=3+2x$ 代回就得到

$$\int \frac{1}{3+2x} \mathrm{d}x = \frac{1}{2} \ln |3+2x| + C.$$　　　　■

一般地,对积分 $\int f(ax+b) \mathrm{d}x$ 总可以通过变换 $u=ax+b$,将其化成

$$\int f(ax+b) \mathrm{d}x = \int \frac{1}{a} f(ax+b) \mathrm{d}(ax+b)$$

$$= \frac{1}{a} \left[\int f(u) \mathrm{d}u \right]_{u=ax+b}.$$

如果

$$\int f(u) \mathrm{d}u = F(u) + C,$$

将 $u=ax+b$ 代回就得到

$$\int f(ax+b)\mathrm{d}x = \frac{1}{a}F(ax+b)+C.$$

例 4.15　求 $\int x\sqrt{1-x^2}\,\mathrm{d}x$.

解　设 $u=1-x^2$，则 $\mathrm{d}u=-2x\mathrm{d}x$，而被积函数中刚好有一个 x，因此，需要在被积函数中凑上一个常数因子 -2，即

$$\int x\sqrt{1-x^2}\,\mathrm{d}x = \int -\frac{1}{2}\cdot\sqrt{1-x^2}\cdot(-2x)\mathrm{d}x = -\frac{1}{2}\int\sqrt{1-x^2}\,\mathrm{d}(1-x^2)$$

$$= -\frac{1}{2}\int u^{\frac{1}{2}}\,\mathrm{d}u = -\frac{1}{2}\cdot\frac{2}{3}u^{\frac{3}{2}}+C = -\frac{1}{3}u^{\frac{3}{2}}+C = -\frac{1}{3}(1-x^2)^{\frac{3}{2}}+C. \blacksquare$$

例 4.16　求 $\int 2x\mathrm{e}^{x^2}\,\mathrm{d}x$.

解　被积函数中的一个因子为 $\mathrm{e}^{x^2}=\mathrm{e}^u$，即令 $u=x^2$，则 $\mathrm{d}u=2x\mathrm{d}x$，

$$\int 2x\mathrm{e}^{x^2}\,\mathrm{d}x = \int \mathrm{e}^{x^2}\cdot 2x\mathrm{d}x = \int \mathrm{e}^{x^2}\,\mathrm{d}(x^2) = \int \mathrm{e}^u\mathrm{d}u = \mathrm{e}^u+C = \mathrm{e}^{x^2}+C. \blacksquare$$

例 4.17　求 $\int \dfrac{\ln^2 x}{x}\mathrm{d}x$.

解　被积函数中的一个因子为 $\ln^2 x$，而 $\dfrac{1}{x}\mathrm{d}x=\mathrm{d}(\ln x)$，令 $u=\ln x$，则

$$\int \frac{\ln^2 x}{x}\mathrm{d}x = \int \ln^2 x\cdot\frac{1}{x}\mathrm{d}x = \int \ln^2 x\,\mathrm{d}(\ln x) = \int u^2\,\mathrm{d}u = \frac{1}{3}u^3+C = \frac{1}{3}\ln^3 x+C. \blacksquare$$

在对变量代换比较熟悉后，就不一定要写出中间变量 u.

例 4.18　求 $\int \dfrac{1}{a^2+x^2}\mathrm{d}x(a\neq 0)$.

解　由于基本积分公式中有 $\int \dfrac{\mathrm{d}x}{1+x^2} = \arctan x+C$，故先将分母提出 a^2，

$$\frac{1}{a^2+x^2} = \frac{1}{a^2}\cdot\frac{1}{1+\left(\dfrac{x}{a}\right)^2},$$

再由 $\dfrac{1}{a}\mathrm{d}x=\mathrm{d}\dfrac{x}{a}$，因此，需要在被积函数中凑上一个常数因子 $\dfrac{1}{a}$，即

$$\int \frac{1}{a^2+x^2}\mathrm{d}x = \frac{1}{a^2}\int \frac{1}{1+\left(\dfrac{x}{a}\right)^2}\mathrm{d}x = \frac{1}{a}\int \frac{1}{1+\left(\dfrac{x}{a}\right)^2}\mathrm{d}\left(\frac{x}{a}\right) = \frac{1}{a}\arctan\frac{x}{a}+C. \blacksquare$$

在例 4.18 中，实际上已经用了变量代换 $u=\dfrac{x}{a}$，并在求出积分 $\dfrac{1}{a}\int\dfrac{1}{1+u^2}\mathrm{d}u$ 后，代回了原积分变量 x，只是没有把这些步骤写出来而已.

例 4.19 求 $\int \dfrac{1}{\sqrt{a^2-x^2}}\mathrm{d}x (a>0)$.

解 同例 4.18 类似,先将被积函数变形,然后再求积分,即

$$\int \frac{1}{\sqrt{a^2-x^2}}\mathrm{d}x = \frac{1}{a}\int \frac{1}{\sqrt{1-\left(\dfrac{x}{a}\right)^2}}\mathrm{d}x = \int \frac{1}{\sqrt{1-\left(\dfrac{x}{a}\right)^2}}\mathrm{d}\left(\frac{x}{a}\right) = \arcsin\frac{x}{a}+C. \quad ■$$

在用第一类换元法求不定积分时,常常需要先对被积函数作恒等变形,然后再利用第一换元法求解. 例如,下面的例子.

例 4.20 求 $\int \dfrac{1}{x^2-a^2}\mathrm{d}x$.

解 由于

$$\frac{1}{x^2-a^2}=\frac{1}{2a}\left(\frac{1}{x-a}-\frac{1}{x+a}\right),$$

所以

$$\begin{aligned}
\int \frac{1}{x^2-a^2}\mathrm{d}x &= \frac{1}{2a}\int\left(\frac{1}{x-a}-\frac{1}{x+a}\right)\mathrm{d}x\\
&= \frac{1}{2a}\left[\int \frac{1}{x-a}\mathrm{d}x - \int \frac{1}{x+a}\mathrm{d}x\right]\\
&= \frac{1}{2a}\left[\int \frac{1}{x-a}\mathrm{d}(x-a) - \int \frac{1}{x+a}\mathrm{d}(x+a)\right]\\
&= \frac{1}{2a}\left(\ln|x-a|-\ln|x+a|\right)+C\\
&= \frac{1}{2a}\ln\left|\frac{x-a}{x+a}\right|+C,
\end{aligned}$$

即

$$\int \frac{1}{x^2-a^2}\mathrm{d}x = \frac{1}{2a}\ln\left|\frac{x-a}{x+a}\right|+C. \quad ■$$

例 4.21 求 $\int \dfrac{\mathrm{d}x}{x(1+2\ln x)}$.

解
$$\begin{aligned}
\int \frac{\mathrm{d}x}{x(1+2\ln x)} &= \int \frac{\mathrm{d}(\ln x)}{1+2\ln x}\\
&= \frac{1}{2}\int \frac{\mathrm{d}(1+2\ln x)}{1+2\ln x} = \frac{1}{2}\ln|1+2\ln x|+C. \quad ■
\end{aligned}$$

例 4.22 求 $\int \dfrac{\mathrm{e}^{3\sqrt{x}}}{\sqrt{x}}\mathrm{d}x$.

解 由于 $\mathrm{d}\sqrt{x}=\dfrac{1}{2}\dfrac{\mathrm{d}x}{\sqrt{x}}$,因此,

$$\int \frac{\mathrm{e}^{3\sqrt{x}}}{\sqrt{x}}\mathrm{d}x = 2\int \mathrm{e}^{3\sqrt{x}}\mathrm{d}\sqrt{x} = \frac{2}{3}\int \mathrm{e}^{3\sqrt{x}}\mathrm{d}(3\sqrt{x}) = \frac{2}{3}\mathrm{e}^{3\sqrt{x}}+C. \quad ■$$

当被积函数中含有三角函数时,在计算过程中往往要用到一些三角函数恒等式.

例 4.23　求 $\int \sin^3 x \mathrm{d}x$.

解　$\int \sin^3 x \mathrm{d}x = \int \sin^2 x \cdot \sin x \mathrm{d}x = -\int (1 - \cos^2 x) \mathrm{d}\cos x$

$$= -\int \mathrm{d}\cos x + \int \cos^2 x \mathrm{d}\cos x = -\cos x + \frac{1}{3}\cos^3 x + C.　■$$

例 4.24　求 $\int \tan x \mathrm{d}x$.

解 $\int \tan x \mathrm{d}x = \int \frac{\sin x}{\cos x} \mathrm{d}x = -\int \frac{1}{\cos x} \mathrm{d}(\cos x) = -\ln |\cos x| + C.　■$

类似地可得

$$\int \cot x \mathrm{d}x = \ln |\sin x| + C.$$

例 4.25　求 $\int \cos^2 x \mathrm{d}x$.

解　$\int \cos^2 x \mathrm{d}x = \int \frac{1 + \cos 2x}{2} \mathrm{d}x = \frac{1}{2}\left(\int \mathrm{d}x + \int \cos 2x \mathrm{d}x\right)$

$$= \frac{1}{2}\int \mathrm{d}x + \frac{1}{4}\int \cos 2x \mathrm{d}2x = \frac{1}{2}x + \frac{1}{4}\sin 2x + C.　■$$

例 4.26　求 $\int \sec^4 x \mathrm{d}x$.

解　令 $u = \tan x, \mathrm{d}u = \sec^2 x \mathrm{d}x$,则

$$\int \sec^4 x \mathrm{d}x = \int \sec^2 x \sec^2 x \mathrm{d}x = \int \sec^2 x \mathrm{d}(\tan x)$$

$$= \int (1 + \tan^2 x) \mathrm{d}(\tan x) = \tan x + \frac{1}{3}\tan^3 x + C.　■$$

例 4.27　求 $\int \csc x \mathrm{d}x$.

解　$\int \csc x \mathrm{d}x = \int \frac{1}{\sin x} \mathrm{d}x = \int \frac{1}{2\sin \dfrac{x}{2}\cos \dfrac{x}{2}} \mathrm{d}x = \int \frac{\mathrm{d}\left(\dfrac{x}{2}\right)}{\tan \dfrac{x}{2}\cos^2 \dfrac{x}{2}}$

$$= \int \frac{\mathrm{d}\tan \dfrac{x}{2}}{\tan \dfrac{x}{2}} = \ln\left|\tan \frac{x}{2}\right| + C.$$

因为

$$\tan \frac{x}{2} = \frac{\sin \dfrac{x}{2}}{\cos \dfrac{x}{2}} = \frac{2\sin^2 \dfrac{x}{2}}{\sin x} = \frac{1 - \cos x}{\sin x} = \csc x - \cot x,$$

所以上述不定积分又可表为

$$\int \csc x \, dx = \ln | \csc x - \cot x | + C.$$

例 4.28 求 $\int \sec x \, dx.$

解 利用例 4.27 的结果有

$$\int \sec x \, dx = \int \csc\left(x + \frac{\pi}{2}\right) dx = \int \csc\left(x + \frac{\pi}{2}\right) d\left(x + \frac{\pi}{2}\right)$$

$$= \ln\left| \csc\left(x + \frac{\pi}{2}\right) - \cot\left(x + \frac{\pi}{2}\right) \right| + C$$

$$= \ln | \sec x + \tan x | + C.$$

以上各例,可使我们认识到第一换元积分法在求不定积分中所起的作用. 当应用第一换元积分法时,需要一定的技巧,而且如何适当地选择变量代换 $u = \varphi(x)$ 无一般途径可循. 因此,要掌握第一类换元积分法,需做较多的练习,并需注意观察和总结被积函数的特征.

4.2.2 第二类换元积分法

如果不定积分 $\int f(x) dx$ 用直接积分法或第一类换元积分法不易求得,但作适当的变量替换 $x = \varphi(t)$ 后,所得到的关于新积分变量 t 的不定积分

$$\int f(\varphi(t)) \varphi'(t) dt$$

可以求得,则可解决 $\int f(x) dx$ 的计算问题,这就是所谓的第二类换元积分法.

定理 4.2 设 $x = \varphi(t)$ 是单调、可导的函数,并且 $\varphi'(t) \neq 0$,又设 $f(\varphi(t)) \varphi'(t)$ 具有原函数,则有换元公式

$$\int f(x) dx = \left[\int f(\varphi(t)) \varphi'(t) dt \right]_{t = \varphi^{-1}(x)}, \tag{4.2}$$

其中 $t = \varphi^{-1}(x)$ 为 $x = \varphi(t)$ 的反函数.

证 设 $f(\varphi(t)) \varphi'(t)$ 的原函数为 $\Phi(t)$,记 $\Phi(\varphi^{-1}(x)) = F(x)$,利用复合函数和反函数的求导法则得

$$F'(x) = \frac{d\Phi}{dt} \cdot \frac{dt}{dx} = f(\varphi(t)) \varphi'(t) \cdot \frac{1}{\varphi'(t)} = f(\varphi(t)) = f(x),$$

即 $F(x)$ 是 $f(x)$ 的原函数,所以有

$$\int f(x) dx = F(x) + C = \Phi(\varphi^{-1}(x)) + C$$

$$= \left[\int f[\varphi(t)] \varphi'(t) dt \right]_{t = \varphi^{-1}(x)}.$$

下面举例说明换元公式 (4.2) 的应用.

例 4.29 求 $\int \dfrac{1}{1 + \sqrt{x - 1}} dx.$

解 求解该积分的困难在于含有根号,为了去掉根号,令 $\sqrt{x-1}=u$,即 $x=u^2+1$,则 $\mathrm{d}x=2u\mathrm{d}u$,于是

$$\int \frac{1}{1+\sqrt{x-1}}\mathrm{d}x = \int \frac{2u}{1+u}\mathrm{d}u = 2\int\left(1-\frac{1}{1+u}\right)\mathrm{d}u = 2(u-\ln|1+u|)+C$$

$$= 2(\sqrt{x-1}-\ln|1+\sqrt{x-1}|)+C.$$ ■

例 4.30 求 $\int \sqrt{a^2-x^2}\,\mathrm{d}x\,(a>0)$.

解 求该积分的困难在于有根式 $\sqrt{a^2-x^2}$,但根据 $1-\sin^2 t=\cos^2 t$ 可化去根式.设 $x=a\sin t\left(-\dfrac{\pi}{2}<t<\dfrac{\pi}{2}\right)$,则 $\mathrm{d}x=a\cos t\mathrm{d}t$,

$$\sqrt{a^2-x^2}=\sqrt{a^2-a^2\sin^2 t}=a\cos t,$$

则

$$\int \sqrt{a^2-x^2}\,\mathrm{d}x = \int a\cos t \cdot a\cos t\mathrm{d}t = a^2\int \cos^2 t\mathrm{d}t = \frac{a^2}{2}\int(1+\cos 2t)\mathrm{d}t$$

$$= \frac{a^2}{2}\left(t+\frac{1}{2}\sin 2t\right)+C = \frac{a^2}{2}t+\frac{a^2}{2}\sin t\cos t+C.$$

为了将变量 t 还原回原来的积分变量 x,由 $x=a\sin t$ 作直角三角形(图 4.3),可知

$$\sin t=\frac{x}{a}, \quad \cos t=\frac{\sqrt{a^2-x^2}}{a},$$

于是

$$\int \sqrt{a^2-x^2}\,\mathrm{d}x = \frac{a^2}{2}\arcsin\frac{x}{a}+\frac{x}{2}\sqrt{a^2-x^2}+C.$$ ■

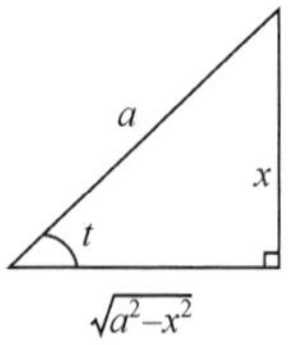

图 4.3

例 4.31 求 $\int \dfrac{\mathrm{d}x}{\sqrt{a^2+x^2}}\,(a>0)$.

解 和例 4.30 类似,可以利用三角公式 $1+\tan^2 t=\sec^2 t$ 来化去根式.设 $x=a\tan t$ $\left(-\dfrac{\pi}{2}<t<\dfrac{\pi}{2}\right)$,则 $\mathrm{d}x=a\sec^2 t\mathrm{d}t$,

$$\sqrt{a^2+x^2}=\sqrt{a^2+a^2\tan^2 t}=a\sec t,$$

则

$$\int \frac{\mathrm{d}x}{\sqrt{a^2+x^2}} = \int \frac{a\sec^2 t}{a\sec t}\mathrm{d}t = \int \sec t\mathrm{d}t = \ln|\sec t+\tan t|+C_1.$$

为了将 $\sec t$ 和 $\tan t$ 换成 x 的函数,由 $x=a\tan t$ 作直角三角形(图 4.4),可知

$$\tan t=\frac{x}{a}, \quad \sec t=\frac{\sqrt{a^2+x^2}}{a}.$$

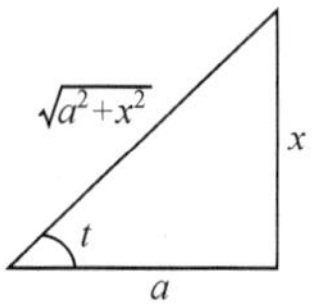

又因为 $\sec t+\tan t>0$,所以

图 4.4

$$\int \frac{\mathrm{d}x}{\sqrt{a^2+x^2}} = \ln\left(\frac{x}{a}+\frac{\sqrt{a^2+x^2}}{a}\right)+C_1 = \ln(x+\sqrt{a^2+x^2})-\ln a+C_1$$

$$=\ln(x+\sqrt{a^2+x^2})+C, \quad C=C_1-\ln a. \qquad\blacksquare$$

例 4. 32　求 $\int \dfrac{\mathrm{d}x}{\sqrt{x^2-a^2}}\,(a>0)$.

解　和上面两例类似,可以利用三角公式 $\sec^2 t-1=\tan^2 t$ 来化去根式. 注意到被积函数的定义域是 $(a,+\infty)$ 或 $(-\infty,-a)$ 两个区间,要在两个区间内求不定积分.

当 $x\in(a,+\infty)$ 时,设 $x=a\sec t,\left(0<t<\dfrac{\pi}{2}\right)$,则 $\mathrm{d}x=a\sec t\tan t\,\mathrm{d}t$,

$$\sqrt{x^2-a^2}=\sqrt{a^2\sec^2 t-a^2}=a\tan t,$$

则

$$\int \frac{\mathrm{d}x}{\sqrt{x^2-a^2}} = \int \frac{a\sec t\tan t}{a\tan t}\mathrm{d}t = \int \sec t\,\mathrm{d}t$$

$$=\ln(\sec t+\tan t)+C_1.$$

为了把 $\sec t$ 和 $\tan t$ 换成 x 的函数,由 $x=a\sec t$ 作直角三角形(图 4.5),可知

$$\sec t=\frac{x}{a}, \quad \tan t=\frac{\sqrt{x^2-a^2}}{a},$$

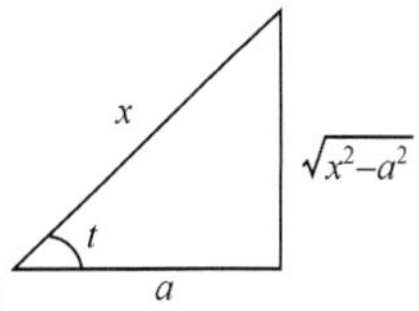

于是

$$\int \frac{\mathrm{d}x}{\sqrt{x^2-a^2}} = \ln\left(\frac{x}{a}+\frac{\sqrt{x^2-a^2}}{a}\right)+C_1 = \ln(x+\sqrt{x^2-a^2})-\ln a+C_1$$

图 4.5

$$=\ln(x+\sqrt{x^2-a^2})+C'_1, \quad C'_1=C_1-\ln a.$$

当 $x\in(-\infty,-a)$ 时,设 $x=-u$,则 $u>a$. 由上段结果有

$$\int \frac{\mathrm{d}x}{\sqrt{x^2-a^2}} =-\int \frac{\mathrm{d}u}{\sqrt{u^2-a^2}} =-\ln(u+\sqrt{u^2-a^2})+C_2$$

$$=-\ln(-x+\sqrt{x^2-a^2})+C_2 =-\ln\frac{a^2}{-x-\sqrt{x^2-a^2}}+C_2$$

$$=\ln(-x-\sqrt{x^2-a^2})-\ln a^2+C_2$$

$$=\ln(-x-\sqrt{x^2-a^2})+C'_2, \quad C'_2=C_2-\ln a^2.$$

将 $x\in(a,+\infty)$ 和 $x\in(-\infty,-a)$ 时的结果结合起来得

$$\int \frac{\mathrm{d}x}{\sqrt{x^2-a^2}} = \ln|x+\sqrt{x^2-a^2}|+C. \qquad\blacksquare$$

一般地,利用三角函数进行换元,这类积分换元多为以下三种情况:

(1) 被积函数含有因子 $\sqrt{a^2-x^2}$,设 $x=a\sin t$ 或 $x=a\cos t$ 进行换元;

(2) 被积函数含有因子 $\sqrt{a^2+x^2}$,设 $x=a\tan t$ 或 $x=a\cot t$ 进行换元;

（3）被积函数含有因子 $\sqrt{x^2-a^2}$，设 $x=a\sec t$ 或 $x=a\csc t$ 进行换元.

本节中一些例题的结果以后会经常遇到，所以它们通常也被当成公式使用．这样，常用的积分公式，除了基本积分表中的公式外，再增加下面几个（其中常数 $a>0$）：

（14）$\displaystyle\int \tan x\,\mathrm{d}x = -\ln|\cos x|+C;$ （15）$\displaystyle\int \cot x\,\mathrm{d}x = \ln|\sin x|+C;$

（16）$\displaystyle\int \sec x\,\mathrm{d}x = \ln|\sec x+\tan x|+C;$ （17）$\displaystyle\int \csc x\,\mathrm{d}x = \ln|\csc x-\cot x|+C;$

（18）$\displaystyle\int \frac{1}{a^2+x^2}\,\mathrm{d}x = \frac{1}{a}\arctan\frac{x}{a}+C;$ （19）$\displaystyle\int \frac{1}{x^2-a^2}\,\mathrm{d}x = \frac{1}{2a}\ln\left|\frac{x-a}{x+a}\right|+C;$

（20）$\displaystyle\int \frac{1}{\sqrt{a^2-x^2}}\,\mathrm{d}x = \arcsin\frac{x}{a}+C;$ （21）$\displaystyle\int \frac{\mathrm{d}x}{\sqrt{x^2+a^2}} = \ln(x+\sqrt{x^2+a^2})+C;$

（22）$\displaystyle\int \frac{\mathrm{d}x}{\sqrt{x^2-a^2}} = \ln|x+\sqrt{x^2-a^2}|+C.$

例 4.33 求 $\displaystyle\int \frac{1}{x^2+2x+3}\,\mathrm{d}x.$

解 $\displaystyle\int \frac{1}{x^2+2x+3}\,\mathrm{d}x = \int \frac{1}{(x+1)^2+(\sqrt{2})^2}\,\mathrm{d}(x+1),$

利用积分公式（18）便得

$$\int \frac{1}{x^2+2x+3}\,\mathrm{d}x = \frac{1}{\sqrt{2}}\arctan\frac{x+1}{\sqrt{2}}+C.$$ ■

例 4.34 求 $\displaystyle\int \frac{1}{\sqrt{1+x+x^2}}\,\mathrm{d}x.$

解 $\displaystyle\int \frac{1}{\sqrt{1+x+x^2}}\,\mathrm{d}x = \int \frac{1}{\sqrt{(x+\frac{1}{2})^2+\left[\frac{\sqrt{3}}{2}\right]^2}}\,\mathrm{d}\left(x+\frac{1}{2}\right),$

利用积分公式（21）便得

$$\int \frac{1}{\sqrt{1+x+x^2}}\,\mathrm{d}x = \ln\left(x+\frac{1}{2}+\sqrt{1+x+x^2}\right)+C.$$ ■

习 题 4.2

1. 在下列各式等号右端的横线上填入适当的系数，使等式成立：

（1）$\mathrm{d}x = \underline{\quad}\mathrm{d}(ax);$ （2）$\mathrm{d}x = \underline{\quad}\mathrm{d}(5x-2);$

（3）$x\,\mathrm{d}x = \underline{\quad}\mathrm{d}(5x^2);$ （4）$x^2\,\mathrm{d}x = \underline{\quad}\mathrm{d}(2-3x^3);$

（5）$\mathrm{e}^{2x}\,\mathrm{d}x = \underline{\quad}\mathrm{d}(\mathrm{e}^{2x});$ （6）$x^3\,\mathrm{d}x = \underline{\quad}\mathrm{d}(3x^4+2);$

（7）$x\mathrm{e}^{x^2}\,\mathrm{d}x = \underline{\quad}\mathrm{d}(\mathrm{e}^{x^2});$ （8）$\sin 3x\,\mathrm{d}x = \underline{\quad}\mathrm{d}(\cos 3x);$

（9）$\dfrac{1}{\sqrt{x}}\,\mathrm{d}x = \underline{\quad}\mathrm{d}\sqrt{x};$ （10）$\dfrac{x}{\sqrt{1-x^2}}\,\mathrm{d}x = \underline{\quad}\mathrm{d}\sqrt{1-x^2};$

(11) $\dfrac{1}{x}\mathrm{d}x=$ ____ $\mathrm{d}(3-5\ln|x|)$;

(12) $\dfrac{\mathrm{d}x}{5-2x}=$ ____ $\mathrm{d}\ln(5-2x)$;

(13) $\dfrac{\mathrm{d}x}{1+9x^2}=$ ____ $\mathrm{d}(\arctan 3x)$;

(14) $\dfrac{x}{x^2-1}\mathrm{d}x=$ ____ $\mathrm{d}\ln(x^2-1)$.

2. 求下列不定积分:

(1) $\displaystyle\int \sin 2x\,\mathrm{d}x$;

(2) $\displaystyle\int \mathrm{e}^{3x}\,\mathrm{d}x$;

(3) $\displaystyle\int (3-2x)^3\,\mathrm{d}x$;

(4) $\displaystyle\int \dfrac{1}{1+3x}\,\mathrm{d}x$;

(5) $\displaystyle\int \sqrt{1-2x}\,\mathrm{d}x$;

(6) $\displaystyle\int \dfrac{2x}{1+x^2}\,\mathrm{d}x$;

(7) $\displaystyle\int \mathrm{e}^x \sin\mathrm{e}^x\,\mathrm{d}x$;

(8) $\displaystyle\int \dfrac{\mathrm{e}^{\sqrt{t}}}{\sqrt{t}}\,\mathrm{d}t$;

(9) $\displaystyle\int \cos x\,\mathrm{e}^{\sin x}\,\mathrm{d}x$;

(10) $\displaystyle\int \dfrac{\mathrm{e}^x}{1+\mathrm{e}^x}\,\mathrm{d}x$;

(11) $\displaystyle\int \dfrac{x}{\sqrt{2-3x^2}}\,\mathrm{d}x$;

(12) $\displaystyle\int \dfrac{2x+5}{x^2+5x+1}\,\mathrm{d}x$;

(13) $\displaystyle\int \dfrac{\sin x+\cos x}{(\sin x-\cos x)^3}\,\mathrm{d}x$;

(14) $\displaystyle\int \tan^5 x\sec^4 x\,\mathrm{d}x$;

(15) $\displaystyle\int \tan^3 x\sec x\,\mathrm{d}x$;

(16) $\displaystyle\int \dfrac{1}{x\ln x\ln(\ln x)}\,\mathrm{d}x$;

(17) $\displaystyle\int \dfrac{10^{2\arccos x}}{\sqrt{1-x^2}}\,\mathrm{d}x$;

(18) $\displaystyle\int \cos^2(\omega t+\varphi)\sin(\omega t+\varphi)\,\mathrm{d}t$;

(19) $\displaystyle\int \tan\sqrt{1+x^2}\cdot\dfrac{x\,\mathrm{d}x}{\sqrt{1+x^2}}$;

(20) $\displaystyle\int \dfrac{1+\ln x}{(x\ln x)^2}\,\mathrm{d}x$;

(21) $\displaystyle\int \cos^2(\omega t+\varphi)\,\mathrm{d}t$;

(22) $\displaystyle\int \sin 2x\cos 3x\,\mathrm{d}x$;

(23) $\displaystyle\int \sin 5x\sin 7x\,\mathrm{d}x$;

(24) $\displaystyle\int \dfrac{\sin x\cos x}{1+\sin^4 x}\,\mathrm{d}x$;

(25) $\displaystyle\int \dfrac{\mathrm{d}x}{\mathrm{e}^x+\mathrm{e}^{-x}}$;

(26) $\displaystyle\int \dfrac{1-x}{\sqrt{9-4x^2}}\,\mathrm{d}x$;

(27) $\displaystyle\int \dfrac{x^3}{9+x^2}\,\mathrm{d}x$;

(28) $\displaystyle\int \dfrac{\mathrm{d}x}{2x^2-1}$;

(29) $\displaystyle\int \dfrac{\mathrm{d}x}{(x+1)(x-2)}$;

(30) $\displaystyle\int \dfrac{x}{x^2-x-2}\,\mathrm{d}x$;

(31) $\displaystyle\int \dfrac{1}{4+x^2}\,\mathrm{d}x$;

(32) $\displaystyle\int \dfrac{\arctan\sqrt{x}}{\sqrt{x}(1+x)}\,\mathrm{d}x$;

(33) $\int \dfrac{\ln\tan x}{\cos x\sin x}\mathrm{d}x$;

(34) $\int \dfrac{(\arctan x)^2}{(1+x^2)}\mathrm{d}x$;

(35) $\int \dfrac{x^2}{\sqrt{a^2-x^2}}\mathrm{d}x\,(a>0)$;

(36) $\int \dfrac{1}{\sqrt{(x^2+1)^3}}\mathrm{d}x$;

(37) $\int \dfrac{1}{x\sqrt{x^2-1}}\mathrm{d}x$;

(38) $\int \dfrac{\mathrm{e}^{\frac{1}{x}}}{x^2}\mathrm{d}x$;

(39) $\int \dfrac{\sqrt{x^2-9}}{x}\mathrm{d}x$;

(40) $\int \dfrac{\mathrm{d}x}{1+\sqrt{2x}}$;

(41) $\int \dfrac{1}{1+\sqrt{1-x^2}}\mathrm{d}x$;

(42) $\int \dfrac{1}{x+\sqrt{1-x^2}}\mathrm{d}x$;

(43) $\int \dfrac{x}{1+\sqrt{x}}\mathrm{d}x$;

(44) $\int \dfrac{x-1}{x^2+2x+3}\mathrm{d}x$;

(45) $\int \dfrac{x^3+1}{(x^2+1)^2}\mathrm{d}x$.

4.3　分部积分法

前面所介绍的换元积分法虽然可以解决许多积分问题，但有些积分，如 $\int x\ln x\mathrm{d}x$，$\int x\mathrm{e}^x\mathrm{d}x$，$\int x\sin x\mathrm{d}x$ 等，利用换元积分法就无法求解．本节将介绍另一种基本积分法——**分部积分法**．

设函数 $u=u(x)$ 和 $v=v(x)$ 具有连续导数，则两个函数乘积的导数公式为
$$(uv)'=u'v+uv',$$
移项得
$$uv'=(uv)'-u'v.$$
对这个等式两边求不定积分得
$$\int uv'\mathrm{d}x = uv - \int u'v\mathrm{d}x. \tag{4.3}$$
式(4.3)称为**分部积分公式**．为简便起见，也可以把式(4.3)写为
$$\int u\mathrm{d}v = uv - \int v\mathrm{d}u. \tag{4.4}$$

利用分部积分法计算不定积分的关键在于如何将 $\int f(x)\mathrm{d}x$ 化为 $\int u\mathrm{d}v$ 的形式，即如何选择 u 与 v，使它更容易计算．所采用的主要方法就是凑微分法．例如，求
$$\int x\mathrm{e}^x\mathrm{d}x.$$
应用分部积分公式(4.4)首先要将被积表达式 $x\mathrm{e}^x\mathrm{d}x$ 分成 u 与 $\mathrm{d}v$ 的乘积．当然，将

$xe^x dx$ 分成 u 与 dv 的乘积有多种不同的分法,但是要求选择一种恰当的分法,使分部积分公式(4.4)右边的积分 $\int v du$ 可根据基本积分公式表求出或比原来的积分要容易求出.

例如,选取 $u=x, dv=e^x dx=de^x$,即 $v=e^x, du=dx$ 则由分部积分公式(4.4)有

$$\int xe^x dx = \int \underset{u}{x} d\underset{v}{e^x} = \underset{uv}{xe^x} - \int \underset{v}{e^x} d\underset{u}{x},$$

即 $\int v du$ 为 $\int e^x dx$,可根据基本积分公式 $\int e^x dx = e^x + C$ 直接求出,则

$$\int xe^x dx = xe^x - e^x + C.$$

若选取 $u=e^x, dv=xdx=d\left(\dfrac{x^2}{2}\right)$,即 $v=\dfrac{x^2}{2}, du=e^x dx$,则由分部积分公式(4.4)有

$$\int xe^x dx = \int \underset{u}{e^x} d\underset{v}{\left(\dfrac{x^2}{2}\right)} = \underset{uv}{\dfrac{x^2}{2}e^x} - \int \underset{v}{\dfrac{x^2}{2}} d\underset{u}{e^x},$$

即 $\int v du$ 为 $\int \dfrac{x^2}{2} de^x = \int \dfrac{1}{2}x^2 e^x dx$. 此时,被积函数比原函数还复杂.

分部积分法实质上就是求两个函数乘积的导数的逆运算. 一般地,当被积函数为下列类型时,常考虑应用分部积分法(其中 m, n 为正整数):

$x^n \sin ax$, $\quad x^n \cos ax$, $\quad x^n e^{bx}$, $\quad x^n \ln x$, $\quad x^n \arcsin ax$, $\quad x^n \arccos ax$, $\quad x^n \arctan ax$,

$\sin ax e^{bx}$, $\quad \cos ax e^{bx}$, $\quad e^{bx} \arcsin ax$, $\quad e^{bx} \arccos ax, \cdots$.

下面将通过例子介绍分部积分法的应用.

例 4.35 求 $\int x\cos x dx$.

解 令 $u=x, \cos x dx=d\sin x=dv$,则 $v=\sin x, du=dx$,于是

$$\int x\cos x dx = \int xd\sin x = x\sin x - \int \sin x dx = x\sin x + \cos x + C. \qquad \blacksquare$$

若例 4.35 中,取 $u=\cos x, dv=xdx=d\left(\dfrac{x^2}{2}\right)$,则 $v=\dfrac{x^2}{2}, du=-\sin x$,于是

$$\int x\cos x dx = \int \cos x d\left(\dfrac{x^2}{2}\right) = \dfrac{x^2}{2}\cos x + \int \dfrac{x^2}{2}\sin x dx.$$

上式右端积分同样比原积分更不容易积出.

由此可见,利用分部积分法计算不定积分,恰当选取 u 与 dv 是一个关键,选择不当,将会使积分的计算变得更加复杂.

有些函数的积分需要连续多次应用分部积分.

例 4.36 求 $\int x^2 e^x dx$.

解 $\int x^2 e^x dx = \int x^2 de^x = x^2 e^x - \int e^x dx^2$

$$= x^2 e^x - 2 \int x e^x dx = x^2 e^x - 2 \int x d e^x$$

$$= x^2 e^x - 2x e^x + 2 \int e^x dx$$

$$= x^2 e^x - 2x e^x + 2 e^x + C. \qquad \blacksquare$$

一般地,形如 $\int x^n \sin ax \, dx$, $\int x^n \cos ax \, dx$, $\int x^n e^{bx} \, dx$ 的积分,可设 x^n 为 u,其余部分凑为 v,用一次分部积分就可以使幂函数的幂次降低一次.

例 4.37　求 $\int x \ln x \, dx$.

解　令 $u = \ln x$, $x dx = dv$,则 $v = \dfrac{x^2}{2}$, $du = \dfrac{1}{x} dx$,于是

$$\int x \ln x \, dx = \int \ln x \cdot \frac{1}{2} dx^2 = \frac{1}{2} \int \ln x \, dx^2 = \frac{1}{2} \left(x^2 \ln x - \int x^2 \cdot \frac{1}{x} dx \right)$$

$$= \frac{1}{2} \left(x^2 \ln x - \int x dx \right) = \frac{1}{2} \left(x^2 \ln x - \frac{1}{2} x^2 \right) + C. \qquad \blacksquare$$

例 4.38　求 $\int x \arctan x \, dx$.

解　令 $u = \arctan x$, $x dx = dv$,则 $v = \dfrac{1}{2} x^2$, $du = \dfrac{1}{1 + x^2} dx$,于是

$$\int x \arctan x \, dx = \frac{1}{2} \int \arctan x \, dx^2 = \frac{1}{2} \left(x^2 \arctan x - \int x^2 \cdot \frac{1}{1 + x^2} dx \right)$$

$$= \frac{1}{2} x^2 \arctan x - \frac{1}{2} \int \left(1 - \frac{1}{1 + x^2} \right) dx$$

$$= \frac{1}{2} x^2 \arctan x - \frac{1}{2} x + \frac{1}{2} \arctan x + C. \qquad \blacksquare$$

例 4.39　求 $\int \arccos x \, dx$.

解　令 $u = \arccos x$, $dx = dv$,则 $v = x$, $du = -\dfrac{1}{\sqrt{1 - x^2}} dx$,于是

$$\int \arccos x \, dx = x \arccos x - \int x \, d\arccos x$$

$$= x \arccos x - \int x \cdot \frac{-1}{\sqrt{1 - x^2}} dx$$

$$= x \arccos x - \frac{1}{2} \int (1 - x^2)^{-\frac{1}{2}} d(1 - x^2)$$

$$= x \arccos x - \sqrt{1 - x^2} + C. \qquad \blacksquare$$

例 4.40　求 $\int \ln x \, dx$.

解　令 $u=\ln x,\mathrm{d}v=\mathrm{d}x$,则 $v=x,\mathrm{d}u=\dfrac{1}{x}\mathrm{d}x$,于是

$$\int \ln x\mathrm{d}x = x\ln x - \int x\mathrm{d}\ln x = x\ln x - \int x\cdot\frac{1}{x}\mathrm{d}x = x\ln x - x + C.\qquad\blacksquare$$

一般地,形如 $\displaystyle\int x^n\ln x\mathrm{d}x,\int x^n\arcsin ax\,\mathrm{d}x,\int x^n\arccos ax\,\mathrm{d}x,\int x^n\arctan ax\,\mathrm{d}x$ 等的积分,可设 $\ln x,\arcsin ax,\arccos ax,\arctan ax$ 为 u,将 $x^n\mathrm{d}x$ 凑成 $\mathrm{d}v$,用分部积分就可以使对数函数或反三角函数消失.

例 4.41　求 $\displaystyle\int \mathrm{e}^x\sin x\mathrm{d}x$.

解　令 $u=\sin x,v=\mathrm{e}^x$,于是

$$\int \mathrm{e}^x\sin x\mathrm{d}x = \int\sin x\mathrm{d}\mathrm{e}^x = \mathrm{e}^x\sin x - \int\mathrm{e}^x\mathrm{d}\sin x = \mathrm{e}^x\sin x - \int\mathrm{e}^x\cos x\mathrm{d}x,$$

等式右端的积分与左端的积分是同一类型的. 对右端的积分再用一次分部积分法得

$$\int \mathrm{e}^x\sin x\mathrm{d}x = \mathrm{e}^x\sin x - \int\cos x\mathrm{d}\mathrm{e}^x$$

$$= \mathrm{e}^x\sin x - \mathrm{e}^x\cos x + \int\mathrm{e}^x\mathrm{d}\cos x$$

$$= \mathrm{e}^x\sin x - \mathrm{e}^x\cos x - \int\mathrm{e}^x\sin x\mathrm{d}x.$$

由于上式右端的第三项就是所求的积分 $\displaystyle\int \mathrm{e}^x\sin x\mathrm{d}x$,把它移到等号左端,再两端同除以 2 便得

$$\int \mathrm{e}^x\sin x\mathrm{d}x = \frac{1}{2}\mathrm{e}^x(\sin x - \cos x) + C.$$

因为上式右端已不包含积分项,所以必须加上任意常数 C.　　　　　　　　　　　■

注 4.2　例 4.41 中,若令 $u=\mathrm{e}^x,v=\cos x$,结果也一样.

一般地,形如 $\displaystyle\int \sin ax\,\mathrm{e}^{bx}\,\mathrm{d}x,\int\cos ax\,\mathrm{e}^{bx}\,\mathrm{d}x$ 等,$u,\mathrm{d}v$ 可任意选取,但在两次积分中,必须选用同类型的,以便经过两次分部积分后产生循环,从而解出所求积分.

例 4.42　求 $\displaystyle\int\sec^3 x\mathrm{d}x$.

解　$\displaystyle\int\sec^3 x\mathrm{d}x = \int\sec x\cdot\sec^2 x\mathrm{d}x = \int\sec x\mathrm{d}\tan x$

$$= \sec x\tan x - \int\sec x\tan^2 x\mathrm{d}x$$

$$= \sec x\tan x - \int\sec x(\sec^2 x - 1)\mathrm{d}x$$

$$= \sec x\tan x - \int\sec^3 x\mathrm{d}x + \int\sec x\mathrm{d}x$$

$$= \sec x\tan x + \ln|\sec x + \tan x| - \int\sec^3 x\mathrm{d}x,$$

所以

$$\int \sec^3 x \, \mathrm{d}x = \frac{1}{2}(\sec x \tan x + \ln|\sec x + \tan x|) + C.$$ ■

在积分计算过程中,有些积分要兼用换元积分法与分部积分法才能求出结果. 例如,下面的例子.

例 4.43 求 $\int \mathrm{e}^{\sqrt{x}} \, \mathrm{d}x$.

解 令 $\sqrt{x} = t$,则 $x = t^2$,$\mathrm{d}x = 2t \mathrm{d}t$,于是

$$\int \mathrm{e}^{\sqrt{x}} \, \mathrm{d}x = 2 \int t \mathrm{e}^t \, \mathrm{d}t = 2\mathrm{e}^t(t-1) + C.$$

将 $t = \sqrt{x}$ 代回,即

$$\int \mathrm{e}^{\sqrt{x}} \, \mathrm{d}x = 2\mathrm{e}^{\sqrt{x}}(\sqrt{x} - 1) + C,$$

其中用到了 $\int x \mathrm{e}^x \, \mathrm{d}x = x\mathrm{e}^x - \mathrm{e}^x + C.$ ■

习　题　4.3

求下列不定积分:

1. $\int x \sin x \, \mathrm{d}x$;

2. $\int \dfrac{\ln x}{x^3} \, \mathrm{d}x$;

3. $\int \arcsin x \, \mathrm{d}x$;

4. $\int x \mathrm{e}^{-x} \, \mathrm{d}x$;

5. $\int x^2 \ln x \, \mathrm{d}x$;

6. $\int \mathrm{e}^x \cos 2x \, \mathrm{d}x$;

7. $\int \mathrm{e}^{-2x} \sin \dfrac{x}{2} \, \mathrm{d}x$;

8. $\int x \cos \dfrac{x}{2} \, \mathrm{d}x$;

9. $\int x \sec^2 x \, \mathrm{d}x$;

10. $\int x \sin^2 x \, \mathrm{d}x$;

11. $\int \cos(\ln x) \, \mathrm{d}x$;

12. $\int \ln^2 x \, \mathrm{d}x$;

13. $\int (\arcsin x)^2 \, \mathrm{d}x$;

14. $\int x \sin x \cos x \, \mathrm{d}x$;

15. $\int \ln(x + \sqrt{1+x^2}) \, \mathrm{d}x$;

16. $\int x \ln^2 x \, \mathrm{d}x$;

17. $\int \mathrm{e}^{\sqrt{2x+1}} \, \mathrm{d}x$;

18. $\int x \ln(x-1) \, \mathrm{d}x$;

19. $\int x \tan^2 x \, \mathrm{d}x$;

20. $\int \dfrac{x \mathrm{e}^x}{(x+1)^2} \, \mathrm{d}x$.

4.4　有理函数的积分

前面介绍了求不定积分的两种基本方法,本节将介绍有理函数的积分以及可化为

有理函数的积分.

4.4.1 有理函数的积分

有理函数是指由两个多项式的商所表示的函数,即具有以下形式的函数:

$$\frac{P(x)}{Q(x)} = \frac{a_0 x^n + a_1 x^{n-1} + a_2 x^{n-2} + \cdots + a_{n-1} x + a_n}{b_0 x^m + b_1 x^{m-1} + b_2 x^{m-2} + \cdots + b_{m-1} x + b_m}, \quad a_0, b_0 \neq 0, \tag{4.5}$$

其中 m 和 n 为非负整数,$a_0, a_1, \cdots, a_n$ 及 $b_0, b_1, \cdots, b_m$ 都为实数,并且 $P(x)$ 与 $Q(x)$ 无公因式.

当 $n < m$ 时,称该有理函数为**真分式**;当 $n \geqslant m$ 时,称该有理函数为**假分式**. 对于假分式,利用多项式除法总可以将一个假分式化成一个多项式与一个真分式之和. 例如,

$$\frac{x^3 + x + 1}{x^2 + 1} = x + \frac{1}{x^2 + 1}.$$

多项式的不定积分是容易求得的,于是这里只讨论有理真分式的不定积分.

一般地,有理真分式 $\dfrac{P(x)}{Q(x)}$ 的不定积分可按下列三个步骤进行计算:

(1) 将 $Q(x)$ 在实数范围内分解成一次因式 $(x-a)^k$ 与二次因式 $(x^2 + px + q)^l$ 的乘积,其中 $p^2 - 4q < 0$,k, l 为正整数;

(2) 根据 $Q(x)$ 的分解结果,将所给有理分式拆成若干个部分分式之和(这里所指的部分分式是分母为一次或二次质因式的正整数次幂),具体做法如下:

若分母 $Q(x)$ 中含有因式 $(x-a)^k$,则分解后含有下列 k 个部分分式之和:

$$\frac{A_1}{(x-a)} + \frac{A_2}{(x-a)^2} + \cdots + \frac{A_k}{(x-a)^k}; \tag{4.6}$$

若分母 $Q(x)$ 中含有因式 $(x^2 + px + q)^l$,则分解后含有下列 l 个部分分式之和:

$$\frac{M_1 x + N_1}{(x^2 + px + q)} + \frac{M_2 x + N_2}{(x^2 + px + q)^2} + \cdots + \frac{M_l x + N_l}{(x^2 + px + q)^l}, \tag{4.7}$$

其中 $A_1, A_2, \cdots, A_k, M_i, N_i (i = 1, 2, \cdots, l)$ 为待定常数,可通过待定系数法求得;

(3) 求出各部分分式的原函数.

例 4.44 求 $\displaystyle\int \frac{x^3}{x+3} \mathrm{d}x$.

解 被积函数是个假分式,可以通过多项式的除法将其化为一个多项式与一个真分式之和,即

$$\frac{x^3}{x+3} = x^2 - 3x + 9 - \frac{27}{x+3},$$

则

$$\int \frac{x^3}{x+3} \mathrm{d}x = \int \left(x^2 - 3x + 9 - \frac{27}{x+3} \right) \mathrm{d}x = \frac{x^3}{3} - \frac{3}{2} x^2 + 9x - 27\ln|x+3| + C. \quad \blacksquare$$

下面举几个真分式的积分的例子.

例 4.45 求 $\int \dfrac{x+3}{x^2-5x+6}\mathrm{d}x$.

解 因为 $x^2-5x+6=(x-2)(x-3)$,所以设

$$\frac{x+3}{x^2-5x+6}=\frac{x+3}{(x-2)(x-3)}=\frac{A}{x-2}+\frac{B}{x-3},$$

其中 A,B 为待定常数. 两端消去分母得

$$x+3=A(x-3)+B(x-2)=(A+B)x-(3A+2B).$$

比较等式两端同次幂的系数有

$$\begin{cases}1=A+B,\\3=-3A-2B,\end{cases}$$

解得

$$A=-5,\quad B=6,$$

即

$$\frac{x+3}{x^2-5x+6}=\frac{6}{x-3}-\frac{5}{x-2},$$

所以

$$\int \frac{x+3}{x^2-5x+6}\mathrm{d}x=\int \frac{x+3}{(x-2)(x-3)}\mathrm{d}x=\int\left(\frac{6}{x-3}-\frac{5}{x-2}\right)\mathrm{d}x$$

$$=\int \frac{6}{x-3}\mathrm{d}x-\int \frac{5}{x-2}\mathrm{d}x$$

$$=6\ln|x-3|-5\ln|x-2|+C.$$

例 4.46 求 $\int \dfrac{1}{x(x-1)^2}\mathrm{d}x$.

解 被积有理函数可拆成

$$\frac{1}{x(x-1)^2}=\frac{A}{x}+\frac{B}{x-1}+\frac{C}{(x-1)^2},$$

其中 A,B,C 为待定常数. 两端消去分母得

$$1=A(x-1)^2+Bx(x-1)+Cx,$$

即

$$1=(A+B)x^2+(-2A-B+C)x+A.$$

比较等式两端同次幂的系数有

$$\begin{cases}0=A+B,\\0=-2A-B+C,\\1=A,\end{cases}$$

解得

$$A=1,\quad B=-1,\quad C=1,$$

即

$$\frac{1}{x(x-1)^2}=\frac{1}{x}-\frac{1}{x-1}+\frac{1}{(x-1)^2},$$

所以

$$\int \frac{1}{x(x-1)^2} dx = \int \left[\frac{1}{x} - \frac{1}{x-1} + \frac{1}{(x-1)^2} \right] dx$$

$$= \int \frac{1}{x} dx - \int \frac{1}{x-1} dx + \int \frac{1}{(x-1)^2} dx$$

$$= \ln|x| - \ln|x-1| - \frac{1}{x-1} + C.$$ ■

例 4.47 求 $\int \frac{x^2}{(x+2)(x^2+2x+2)} dx$.

解 设

$$\frac{x^2}{(x+2)(x^2+2x+2)} = \frac{A}{x+2} + \frac{Bx+C}{x^2+2x+2},$$

其中 A,B,C 为待定常数. 两端消去分母得

$$x^2 = A(x^2+2x+2) + (Bx+C)(x+2),$$

即

$$x^2 = (A+B)x^2 + (2A+2B+C)x + 2A+2C.$$

比较等式两端同次幂的系数有

$$\begin{cases} 1 = A+B, \\ 0 = 2A+2B+C, \\ 0 = 2A+2C, \end{cases}$$

解得

$$A=2, \quad B=-1, \quad C=-2,$$

即

$$\frac{x^2}{(x+2)(x^2+2x+2)} = \frac{2}{x+2} - \frac{x+2}{x^2+2x+2},$$

则

$$\int \frac{x^2}{(x+2)(x^2+2x+2)} dx = \int \frac{2}{x+2} dx - \int \frac{x+2}{x^2+2x+2} dx$$

$$= 2\ln|x+2| - \int \frac{x+2}{x^2+2x+2} dx.$$

又

$$\int \frac{x+2}{x^2+2x+2} dx = \int \frac{\frac{1}{2}(2x+2)+1}{x^2+2x+2} dx$$

$$= \frac{1}{2} \int \frac{2x+2}{x^2+2x+2} dx + \int \frac{1}{x^2+2x+2} dx$$

$$= \frac{1}{2} \int \frac{d(x^2+2x+2)}{x^2+2x+2} + \int \frac{d(x+1)}{(x+1)^2+1}$$

$$= \frac{1}{2}\ln \mid x^2+2x+2 \mid + \arctan(x+1)+C,$$

从而

$$\int \frac{x^2}{(x+2)(x^2+2x+2)}dx = 2\ln \mid x+2 \mid - \frac{1}{2}\ln \mid x^2+2x+2 \mid - \arctan(x+1)+C.$$

∎

4.4.2　可化为有理函数的积分举例

1. 三角有理式的积分

由 $\sin x$ 和 $\cos x$ 经有限次四则运算得到的函数,记作 $R(\sin x, \cos x)$,称为三角有理式. 对三角有理式的积分

$$\int R(\sin x, \cos x)dx$$

有一种万能代换法,即令 $t=\tan \dfrac{x}{2}$,也即 $x=2\arctan t$,则

$$\sin x = \frac{2\tan \dfrac{x}{2}}{1+\tan^2 \dfrac{x}{2}} = \frac{2t}{1+t^2},$$

$$\cos x = \frac{1-\tan^2 \dfrac{x}{2}}{1+\tan^2 \dfrac{x}{2}} = \frac{1-t^2}{1+t^2},$$

$$dx = \frac{2}{1+t^2}dt.$$

三角有理式的积分可以变为 t 的有理函数的积分. 下面举一个例子来说明.

例 4.48　求 $\displaystyle\int \frac{1+\sin x}{\sin x(1+\cos x)}dx.$

解　令 $\tan \dfrac{x}{2}=t$,则 $x=2\arctan t$,$dx=\dfrac{2}{1+t^2}dt$,于是

$$\int \frac{1+\sin x}{\sin x(1+\cos x)}dx = \int \frac{\left(1+\dfrac{2t}{1+t^2}\right)}{\dfrac{2t}{1+t^2}\left(1+\dfrac{1-t^2}{1+t^2}\right)} \cdot \frac{2}{1+t^2}dt = \frac{1}{2}\int \left(\frac{1}{t}+t+2\right)dt$$

$$= \frac{1}{2}\ln|t| + \frac{1}{4}t^2+t+C$$

$$= \frac{1}{2}\ln \left| \tan \frac{x}{2} \right| + \frac{1}{4}\tan^2 \frac{x}{2} + \tan \frac{x}{2} + C.$$

∎

2. 无理函数的积分

例 4.49　求 $\int \dfrac{\sqrt{x-1}}{x}\mathrm{d}x$.

解　为了去掉根号,可以设 $\sqrt{x-1}=u$,于是 $x=u^2+1$,$\mathrm{d}x=2u\mathrm{d}u$,从而所求积分为

$$\int \frac{\sqrt{x-1}}{x}\mathrm{d}x = \int \frac{u}{u^2+1} \cdot 2u\mathrm{d}u = 2\int \frac{u^2}{u^2+1}\mathrm{d}u$$
$$= 2\int \left(1-\frac{1}{1+u^2}\right)\mathrm{d}u = 2(u-\arctan u)+C$$
$$= 2(\sqrt{x-1}-\arctan \sqrt{x-1})+C. \qquad ■$$

例 4.50　求 $\int \dfrac{\mathrm{d}x}{1+\sqrt[3]{x+2}}$.

解　为了去掉根号,可以设 $u=\sqrt[3]{x+2}$,于是 $x=u^3-2$,$\mathrm{d}x=3u^2\mathrm{d}u$,从而所求积分为

$$\int \frac{\mathrm{d}x}{1+\sqrt[3]{x+2}} = \int \frac{3u^2}{1+u}\mathrm{d}u = 3\int \frac{u^2-1+1}{u+1}\mathrm{d}u$$
$$= 3\int \left(u-1+\frac{1}{u+1}\right)\mathrm{d}u = 3\left(\frac{1}{2}u^2-u+\ln |u+1|\right)+C$$
$$= 3\left[\frac{1}{2}(\sqrt[3]{x+2})^2 - \sqrt[3]{x+2}+\ln |\sqrt[3]{x+2}+1|\right]+C. \qquad ■$$

例 4.51　求 $\int \dfrac{\mathrm{d}x}{(1+\sqrt[3]{x})\sqrt{x}}$.

解　被积函数中出现了两个根式 $\sqrt{x}$,$\sqrt[3]{x}$. 为了能同时消去这两个根式,可令 $x=t^6$,于是 $\mathrm{d}x=6t^5\mathrm{d}t$,从而所求积分为

$$\int \frac{\mathrm{d}x}{(1+\sqrt[3]{x})\sqrt{x}} = \int \frac{6t^5}{(1+t^2)t^3}\mathrm{d}t = 6\int \frac{t^2}{1+t^2}\mathrm{d}t$$
$$= 6\int \left(1-\frac{1}{1+t^2}\right)\mathrm{d}t = 6(t-\arctan t)+C$$
$$= 6(\sqrt[6]{x}-\arctan \sqrt[6]{x})+C. \qquad ■$$

例 4.52　求 $\int \dfrac{1}{x}\sqrt{\dfrac{1+x}{x}}\mathrm{d}x$.

解　为了去掉根号,可以设 $t=\sqrt{\dfrac{1+x}{x}}$,于是 $\dfrac{1+x}{x}=t^2$,$x=\dfrac{1}{t^2-1}$,则 $\mathrm{d}x=$
$-\dfrac{2t\mathrm{d}t}{(t^2-1)^2}$,从而所求积分为

$$\int \frac{1}{x}\sqrt{\frac{1+x}{x}}\,\mathrm{d}x = \int (t^2-1)t \cdot \frac{-2t}{(t^2-1)^2}\,\mathrm{d}t = -2\int \frac{t^2}{t^2-1}\,\mathrm{d}t$$

$$= -2\int \left(1+\frac{1}{t^2-1}\right)\mathrm{d}t = -2t - 2\int \frac{\mathrm{d}t}{(t+1)(t-1)}$$

$$= -2t + 2\ln|t+1| - \ln|t^2-1| + C$$

$$= -2\sqrt{\frac{x+1}{x}} + 2\ln\left(\sqrt{\frac{1+x}{x}}+1\right) + \ln|x| + C. \quad ■$$

例 4.49～例 4.52 说明,若被积函数中含有简单根式 $\sqrt[n]{ax+b}$ 或 $\sqrt[n]{\dfrac{ax+b}{cx+d}}$,则可以令此简单根式为 u,往往可化为有理函数的积分.

下面再通过例子介绍一种很有用的代换——倒代换,利用它常可以消去被积函数分母中的变量. 此法常用于 x 的次幂较高者.

例 4.53 求 $\displaystyle\int \frac{(x-1)^7}{x^9}\,\mathrm{d}x.$

解 设 $x=\dfrac{1}{t}$,则 $\mathrm{d}x=-\dfrac{\mathrm{d}t}{t^2}$,于是

$$\int \frac{(x-1)^7}{x^9}\,\mathrm{d}x = \int \left(\frac{1}{t}-1\right)^7 t^9 \left(-\frac{\mathrm{d}t}{t^2}\right) = -\int (1-t)^7\,\mathrm{d}t$$

$$= \int (1-t)^7\,\mathrm{d}(1-t) = \frac{1}{8}(1-t)^8 + C = \frac{1}{8}\left(1-\frac{1}{x}\right)^8 + C. \quad ■$$

习　题　4.4

求下列不定积分:

1. $\displaystyle\int \frac{x+1}{(x-1)^3}\,\mathrm{d}x;$

2. $\displaystyle\int \frac{2x+3}{x^2+3x-10}\,\mathrm{d}x;$

3. $\displaystyle\int \frac{x^2+2x-1}{(x-1)(x^2-x+1)}\,\mathrm{d}x;$

4. $\displaystyle\int \frac{\mathrm{d}x}{x(x^2+1)};$

5. $\displaystyle\int \frac{3}{x^3+1}\,\mathrm{d}x;$

6. $\displaystyle\int \frac{x^2+1}{(x+1)^2(x-1)}\,\mathrm{d}x;$

7. $\displaystyle\int \frac{x}{(x+1)(x+2)(x+3)}\,\mathrm{d}x;$

8. $\displaystyle\int \frac{x^5+x^4-8}{x^3-x}\,\mathrm{d}x;$

9. $\displaystyle\int \frac{\mathrm{d}x}{(x^2+1)(x^2+x)};$

10. $\displaystyle\int \frac{\mathrm{d}x}{x^4-1};$

11. $\displaystyle\int \frac{\mathrm{d}x}{(x^2+1)(x^2+x+1)};$

12. $\displaystyle\int \frac{x^2+1}{x^4+1}\,\mathrm{d}x;$

13. $\displaystyle\int \frac{\mathrm{d}x}{2+\sin x};$

14. $\displaystyle\int \frac{1}{3+\sin^2 x}\,\mathrm{d}x;$

15. $\displaystyle\int \frac{\mathrm{d}x}{3+\cos x}$;

16. $\displaystyle\int \frac{1}{(2+\cos x)\sin x}\mathrm{d}x$;

17. $\displaystyle\int \frac{1}{1+\sin x+\cos x}\mathrm{d}x$;

18. $\displaystyle\int \frac{\mathrm{d}x}{1+\sqrt[3]{x+1}}$;

19. $\displaystyle\int \frac{1}{\sqrt{x}+\sqrt[4]{x}}\mathrm{d}x$;

20. $\displaystyle\int \frac{(\sqrt{x})^{3}-1}{\sqrt{x}+1}\mathrm{d}x$.

4.5 积分表的使用

从前面的讨论可以看出,积分的计算比导数的计算要灵活、复杂. 为了使用的方便,人们将一些常用的积分公式汇集成表,这种表叫做**积分表**(见附录). 求积分时,可根据被积函数的类型直接或经过简单变形后,在积分表内查得所需的结果.

下面举例来说明积分表的使用方法.

例 4.54 查表求积分 $\displaystyle\int \frac{1}{x(2x+3)^{2}}\mathrm{d}x$.

解 被积函数含有 $ax+b$,在积分表(一)中查得公式(9)为

$$\int \frac{\mathrm{d}x}{x(ax+b)^{2}} = \frac{1}{b(ax+b)} - \frac{1}{b^{2}}\ln\left|\frac{ax+b}{x}\right| + C,$$

这里 $a=2,b=3$,于是有

$$\int \frac{1}{x(2x+3)^{2}}\mathrm{d}x = \frac{1}{3(2x+3)} - \frac{1}{9}\ln\left|\frac{2x+3}{x}\right| + C.$$

■

例 4.55 查表求积分 $\displaystyle\int \frac{\mathrm{d}x}{5-3\sin x}$.

解 被积函数含有三角函数,在积分表(十一) 中查关于积分 $\displaystyle\int \frac{\mathrm{d}x}{a+b\sin x}$ 的公式,但公式有两个,这要看 $a^{2}>b^{2}$ 还是 $a^{2}<b^{2}$,再决定采用哪一个.

这里 $a=5,b=-3,a^{2}>b^{2}$,所以用式(103),

$$\int \frac{\mathrm{d}x}{a+b\sin x} = \frac{2}{\sqrt{a^{2}-b^{2}}}\arctan\frac{a\tan\dfrac{x}{2}+b}{\sqrt{a^{2}-b^{2}}} + C, \quad a^{2}>b^{2},$$

于是

$$\int \frac{\mathrm{d}x}{5-3\sin x} = \frac{2}{\sqrt{5^{2}-(-3)^{2}}}\arctan\frac{5\tan\dfrac{x}{2}-3}{\sqrt{5^{2}-(-3)^{2}}} + C$$

$$= \frac{1}{2}\arctan\frac{5\tan\dfrac{x}{2}-3}{4} + C.$$

■

例 4.56　查表求积分 $\displaystyle\int \frac{\mathrm{d}x}{x\sqrt{4x^2+9}}$.

解　这个积分不能在积分表中直接查到,需要先进行变量代换.

令 $2x=u$,则 $\sqrt{4x^2+9}=\sqrt{u^2+3^3}$. 因为 $x=\dfrac{u}{2}$,$\mathrm{d}x=\dfrac{1}{2}\mathrm{d}u$,于是

$$\int \frac{\mathrm{d}x}{x\sqrt{4x^2+9}} = \int \frac{\dfrac{1}{2}\mathrm{d}u}{\dfrac{u}{2}\sqrt{u^2+3^2}} = \int \frac{\mathrm{d}u}{u\sqrt{u^2+3^2}},$$

被积函数含有 $\sqrt{u^2+3^2}$,属于积分表(六)中的积分,查到公式(37)为

$$\int \frac{\mathrm{d}x}{x\sqrt{x^2+a^2}} = \frac{1}{a}\ln\frac{\sqrt{x^2+a^2}-a}{|x|}+C.$$

这里 $a=3$,x 相当于 u,于是

$$\int \frac{\mathrm{d}u}{u\sqrt{u^2+3^2}} = \frac{1}{3}\ln\frac{\sqrt{u^2+3^2}-3}{|u|}+C,$$

再把 $u=2x$ 代入得

$$\int \frac{\mathrm{d}x}{x\sqrt{4x^2+9}} = \frac{1}{3}\ln\frac{\sqrt{4x^2+9}-3}{2|x|}+C.$$ ∎

例 4.57　查表求积分 $\displaystyle\int \sin^4 x\mathrm{d}x$.

解　在积分表(十一)中查到公式(95)为

$$\int \sin^n x\mathrm{d}x = -\frac{1}{n}\sin^{n-1}x\cos x + \frac{n-1}{n}\int \sin^{n-2}x\mathrm{d}x.$$

该公式只是一个递推公式,每使用一次可使被积函数中正弦的幂次减少两次,反复使用,可以化简被积函数,直到求出最后结果.

这里 $n=4$,于是

$$\int \sin^4 x\mathrm{d}x = -\frac{1}{4}\sin^3 x\cos x + \frac{3}{4}\int \sin^2 x\mathrm{d}x.$$

对积分 $\displaystyle\int \sin^2 x\mathrm{d}x$ 再用公式(93) 得

$$\int \sin^2 x\mathrm{d}x = \frac{x}{2} - \frac{1}{4}\sin 2x + C,$$

从而所求积分为

$$\int \sin^4 x\mathrm{d}x = -\frac{1}{4}\sin^3 x\cos x + \frac{3}{4}\left(\frac{x}{2} - \frac{1}{4}\sin 2x\right)+C.$$ ∎

一般来说,查积分表往往可以节省计算积分的时间,但并非绝对,有时对一些比较简单的积分,应用基本积分方法来计算比查表更快些. 例如,$\displaystyle\int \sin^4 x\cos x\mathrm{d}x$ 利用凑微

分法计算很快就可以得到结果,而查表计算反而显得更慢,所以求积分时,究竟是直接计算还是查表,应根据实际情况而定.

在本章的最后还要指出的是,对初等函数来说,在其定义区间内,它的原函数一定存在,但不能保证一定是初等函数,如函数 e^{-x^2},$\sin x^2$,$\dfrac{1}{\sqrt{1+x^4}}$,$\dfrac{1}{\ln x}$ 等,其原函数都不是初等函数,它们的积分都不能用初等函数来表达,通常称这些积分是"积不出"的.

习 题 4.5

利用积分表计算下列不定积分:

1. $\displaystyle\int \frac{\mathrm{d}x}{\sqrt{4x^2-9}}$;

2. $\displaystyle\int \frac{\mathrm{d}x}{x^2+2x+5}$;

3. $\displaystyle\int \frac{\mathrm{d}x}{\sqrt{5-4x+x^2}}$;

4. $\displaystyle\int \sqrt{2x^2+9}\,\mathrm{d}x$;

5. $\displaystyle\int \sqrt{3x^2-2}\,\mathrm{d}x$;

6. $\displaystyle\int e^{2x}\cos x\,\mathrm{d}x$;

7. $\displaystyle\int x\arcsin \frac{x}{2}\,\mathrm{d}x$;

8. $\displaystyle\int \frac{\mathrm{d}x}{(x^2+9)^2}$;

9. $\displaystyle\int \frac{\mathrm{d}x}{\sin^3 x}$;

10. $\displaystyle\int e^{-2x}\sin 3x\,\mathrm{d}x$;

11. $\displaystyle\int \sin 3x\sin 5x\,\mathrm{d}x$;

12. $\displaystyle\int \ln^3 x\,\mathrm{d}x$;

13. $\displaystyle\int \frac{1}{x^2(1-x)}\,\mathrm{d}x$;

14. $\displaystyle\int \frac{\sqrt{x-1}}{x}\,\mathrm{d}x$;

15. $\displaystyle\int \frac{1}{(1+x^2)^2}\,\mathrm{d}x$;

16. $\displaystyle\int \sqrt{\frac{1-x}{1+x}}\,\mathrm{d}x$.

总 习 题 四

求下列不定积分:

1. $\displaystyle\int \frac{\mathrm{d}x}{e^x-e^{-x}}$;

2. $\displaystyle\int \frac{x}{(1-x)^3}\,\mathrm{d}x$;

3. $\displaystyle\int \frac{x^2\,\mathrm{d}x}{a^6-x^6}\,(a>0)$;

4. $\displaystyle\int \frac{1+\cos x}{x+\sin x}\,\mathrm{d}x$;

5. $\displaystyle\int \frac{\ln(\ln x)}{x}\,\mathrm{d}x$;

6. $\displaystyle\int \frac{\sin x\cos x}{1+\sin^4 x}\,\mathrm{d}x$;

7. $\displaystyle\int \tan^4 x\,\mathrm{d}x$;

8. $\displaystyle\int \frac{\mathrm{d}x}{x(x^6+4)}$;

9. $\displaystyle\int \sqrt{\dfrac{a+x}{a-x}}\,\mathrm{d}x\,(a>0)$；

10. $\displaystyle\int \dfrac{\mathrm{d}x}{\sqrt{x(1+x)}}$；

11. $\displaystyle\int x\cos^2 x\,\mathrm{d}x$；

12. $\displaystyle\int \dfrac{\mathrm{d}x}{x^2\sqrt{x^2-1}}$；

13. $\displaystyle\int \sqrt{x}\sin\sqrt{x}\,\mathrm{d}x$；

14. $\displaystyle\int \ln(1+x^2)\,\mathrm{d}x$；

15. $\displaystyle\int \dfrac{\sqrt{1+\cos x}}{\sin x}\,\mathrm{d}x$；

16. $\displaystyle\int \dfrac{x^{11}}{x^8+3x^4+2}\,\mathrm{d}x$；

17. $\displaystyle\int \dfrac{\sin x}{1+\sin x}\,\mathrm{d}x$；

18. $\displaystyle\int \dfrac{x\mathrm{e}^x\,\mathrm{d}x}{(1+\mathrm{e}^x)^2}$；

19. $\displaystyle\int \sqrt{1-x^2}\arcsin x\,\mathrm{d}x$；

20. $\displaystyle\int \dfrac{\mathrm{d}x}{\sin^3 x\cos x}$．

第 5 章　定　积　分

本章将讨论积分学的另一个问题——定积分. 先从几何与力学问题出发,引进定积分的定义,即一种特定结构的和式的极限,然后讨论它的性质及计算方法.

5.1　定积分的概念和性质

5.1.1　定积分问题举例

1. 曲边梯形的面积

设 $y=f(x)$ 在区间 $[a,b]$ 上非负、连续,由直线 $x=a,x=b,y=0$ 和 $y=f(x)$ 所围成的图形(图 5.1)称为曲边梯形,其中曲线弧称为曲边. 怎样求出曲边梯形的面积呢?

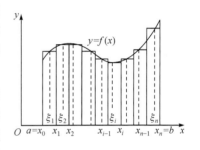

图 5.1

假若把区间 $[a,b]$ 划分成许多小区间,这样就把曲边梯形分成了许多小的曲边梯形. 因为曲边是连续的,故这些小曲边梯形的面积可近似地用相应的小矩形的面积代替. 如果区间 $[a,b]$ 无限细分下去,使得每个小区间的长度都趋于零,则这时所有这些小矩形的面积之和的极限就应是这个曲边梯形的面积.

准确的叙述如下:

(1) **分割**. 用任意一组分点
$$a=x_0<x_1<x_2<\cdots<x_{n-1}<x_n=b$$
把区间 $[a,b]$ 分成 n 个小区间(图 5.1),
$$[x_0,x_1],\quad [x_1,x_2],\quad \cdots,\quad [x_{i-1},x_i],\quad \cdots,\quad [x_{n-1},x_n],$$
并记它们的长度为 $\Delta x_i=x_i-x_{i-1}(i=1,2,\cdots,n)$. 又分别过每个分点作平行于 y 轴的直线段,把曲边梯形分成 n 个小曲边梯形(图 5.1),
$$\Delta\sigma_1,\quad \Delta\sigma_2,\quad \cdots,\quad \Delta\sigma_n,$$
其中记号 $\Delta\sigma_i$ 仍表示第 i 个小曲边梯形的面积.

(2) **作近似**. 由于 $f(x)$ 连续,故在每个小区间 $[x_{i-1},x_i]$ 上任取一点 ξ_i,则以 $\Delta x_i=x_i-x_{i-1}$ 为底,$f(\xi_i)$ 为高的小矩形的面积 $f(\xi_i)\Delta x_i$ 就近似地等于 $\Delta\sigma_i$,即
$$\Delta\sigma_i\approx f(\xi_i)\Delta x_i.$$

(3) **求和**. 把 n 个小曲边梯形的面积之和作为所求曲边梯形面积 σ 的近似值,即
$$\sigma=\sum_{i=1}^{n}\Delta\sigma_i\approx\sum_{i=1}^{n}f(\xi_i)\Delta x_i.$$

（4）取极限. 为了保证所有小区间的长度都无限小，可令所有小区间的长度中的最大者 $\lambda = \max\{\Delta x_1, \Delta x_2, \cdots, \Delta x_n\}$ 趋于零（此时，分点数 n 无限增多，必有 $n \to \infty$），则把（3）中和式的极限定义为所有曲边梯形的面积 σ，即

$$\sigma = \lim_{\lambda \to 0} \sum_{i=1}^{n} f(\xi_i) \Delta x_i.$$

2. 变速直线运动的路程

设某物体做直线运动，已知速度 $v = v(t)$ 是时间区间 $[T_1, T_2]$ 上的连续函数，并且 $v(t) \geqslant 0$，求在这段时间内物体所经过的路程 s.

已经知道，对于等速直线运动，所求路程可用

$$路程 = 速度 \times 时间$$

来进行计算．现在的问题是：速度不是常量，而是随时间变化的变量，故不能直接利用上述公式来计算．然而，仍可依下述步骤进行计算：

（1）分割. 用任意一组分点 $T_1 = t_0 < t_1 < t_2 < \cdots < t_{n-1} < t_n = T_2$，把时间区间 $[T_1, T_2]$ 分成 n 个小时间区间

$$[t_0, t_1], \quad [t_1, t_2], \quad \cdots, \quad [t_{i-1}, t_i], \quad \cdots, \quad [t_{n-1}, t_n],$$

并记各小时间区间的长度为

$$\Delta t_i = t_i - t_{i-1}, \quad i = 1, 2, \cdots, n.$$

（2）作近似. 将每个小时间区间 $[t_{i-1}, t_i]$ 上各时刻的速度近似看成等速运动，在每个小区间 $[t_{i-1}, t_i]$ 上，任取一点 τ_i，记该小区间上的速度为 $v(\tau_i)$，则物体在小时间段 $[t_{i-1}, t_i]$ 内所经过的路程 Δs_i 就近似地等于 $v(\tau_i) \Delta t_i$，即

$$\Delta s_i \approx v(\tau_i) \Delta t_i.$$

（3）求和. 所求路程 s 的近似值为

$$s = \sum_{i=1}^{n} \Delta s_i \approx \sum_{i=1}^{n} v(\tau_i) \Delta t_i.$$

（4）取极限. 当 $\lambda = \max\{\Delta t_1, \Delta t_2, \cdots, \Delta t_n\} \to 0$ 时，将上述和式的极限定义为所求路程 s，即

$$s = \lim_{\lambda \to 0} \sum_{i=1}^{n} v(\tau_i) \Delta t_i.$$

5.1.2　定积分的概念

由上面两个例子可以看到，曲边梯形的面积及变速直线运动的路程的计算方法都归结为具有相同结构的一种特定和的极限，抽去这些问题的具体意义，便可抽象出下述定积分的概念：

定义 5.1　设 $f(x)$ 是定义在闭区间 $[a, b]$ 上的有界函数．

（1）用任意一组分点 $a = x_0 < x_1 < x_2 < \cdots < x_{n-1} < x_n = b$ 将区间 $[a, b]$ 分成 n 个小区间

$$[x_0,x_1], \quad [x_1,x_2], \quad \cdots, \quad [x_{i-1},x_i], \quad \cdots, \quad [x_{n-1},x_n],$$

并记它们的长度为

$$\Delta x_i = x_i - x_{i-1}, \quad i=1,2,\cdots,n.$$

(2) 在每个小区间 $[x_{i-1},x_i]$ 上任取一点 $\xi_i(i=1,2,\cdots,n)$，作和式

$$\sum_{i=1}^{n} f(\xi_i)\Delta x_i.$$

(3) 记 $\lambda = \max\{\Delta x_1, \Delta x_2, \cdots, \Delta x_n\}$，并取极限

$$\lim_{\lambda \to 0} \sum_{i=1}^{n} f(\xi_i)\Delta x_i. \tag{5.1}$$

如果极限(5.1)存在，并且该极限值与区间 $[a,b]$ 上小区间 $[x_{i-1},x_i]$ 的分法无关，与点 ξ_i 在 $[x_{i-1},x_i]$ 上的取法也无关，则称此极限值为函数 $f(x)$ 在闭区间 $[a,b]$ 上的**定积分**(也称 $f(x)$ 在 $[a,b]$ 上可积)，记作 $\int_a^b f(x)\mathrm{d}x$，即

$$\int_a^b f(x)\mathrm{d}x = \lim_{\lambda \to 0} \sum_{i=1}^{n} f(\xi_i)\Delta x_i,$$

其中 $f(x)$ 称为**被积函数**，$f(x)\mathrm{d}x$ 称为**被积表达式**，x 称为**积分变量**，$[a,b]$ 称为**积分区间**，a 称为**积分下限**，b 称为**积分上限**，和式 $\sum_{i=1}^{n} f(\xi_i)\Delta x_i$ 称为**积分和**.

关于定积分，有下面三个重要结论.

(1) 函数 $f(x)$ 在 $[a,b]$ 上可积的充分条件. 若 $f(x)$ 在 $[a,b]$ 上连续或有界，并且只有有限个间断点，则 $f(x)$ 在 $[a,b]$ 上可积.

(2) 定积分仅与被积函数和积分区间有关，而与积分变量的符号无关，即

$$\int_a^b f(x)\mathrm{d}x = \int_a^b f(u)\mathrm{d}u$$

(这是由于和式 $\sum_{i=1}^{n} f(\xi_i)\Delta x_i$ 的极限存在，并且其极限值仅与被积函数 $f(x)$ 的表达式和积分区间 $[a,b]$ 有关).

(3) 定积分的几何意义. 定积分 $\int_a^b f(x)\mathrm{d}x$ 表示 x 轴，曲线 $y=f(x)$，直线 $x=a$ 和 $x=b$ 所围成的各部分面积的代数和. 在 x 轴上方的面积取正号，在 x 轴下方的面积取负号(图 5.2).

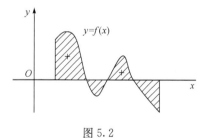

图 5.2

怎样计算定积分的值呢？下面举一个用定义来计算定积分的例子.

例 5.1 利用定义计算定积分 $\int_0^1 x^2 \mathrm{d}x$.

解 因为被积函数 $f(x)=x^2$ 在积分区间 $[0,1]$ 连续，故 $f(x)$ 在 $[0,1]$ 上可积，因而积分和 $\sum_{i=1}^{n} f(\xi_i)\Delta x_i$ 的极限与区间的分法和点 ξ_i 的取法均无关，从而可将区间 $[0,1]$

进行 n 等分,分点为 $x_i = \dfrac{i}{n}(i=1,2,3,\cdots,n)$;取 $\xi_i = x, i = 1,2,3,\cdots n.$ 于是,得和式

$$\sum_{i=1}^n f(\xi_i)\Delta x_i = \sum_{i=1}^n \xi_i^2 \Delta x_i = \sum_{i=1}^n x_i^2 \Delta x_i = \sum_{i=1}^n \left(\frac{i}{n}\right)^2 \cdot \frac{1}{n}$$

$$= \frac{1}{n^3}\sum_{i=1}^n i^2 = \frac{1}{n^3}\frac{1}{6}n(n+1)(2n+1)$$

$$= \frac{1}{6}\left(1+\frac{1}{n}\right)\left(2+\frac{1}{n}\right)$$

$$0 = \frac{0}{n} < \frac{1}{n} < \frac{2}{n} < \cdots < \frac{n}{n} = 1,$$

并取 $\xi_i = x_i = \dfrac{i}{n}$,于是

$$\sum_{i=1}^n f(\xi_i)\Delta x_i = \sum_{i=1}^n \left(\frac{i}{n}\right)^2 \frac{1}{n} = \frac{1}{n^3}\sum_{i=1}^n i^2 = \frac{1}{n^3}\frac{1}{6}n(n+1)(2n+1) = \frac{(n+1)(2n+1)}{6n^2}.$$

又当 $\lambda = \dfrac{1}{n} \to 0$ 时,有 $n \to \infty$,故

$$\int_0^1 x^2 \mathrm{d}x = \lim_{\lambda \to 0}\sum_{i=1}^n f(\xi_i)\Delta x_i = \lim_{n\to\infty}\frac{(n+1)(2n+1)}{6n^2} = \lim_{n\to\infty}\frac{1}{6}\left(1+\frac{1}{n}\right)\left(2+\frac{1}{n}\right) = \frac{1}{3}.$$

5.1.3 定积分的性质

函数 $f(x)$ 在 $[a,b]$ 上的定积分 $\displaystyle\int_a^b f(x)\mathrm{d}x$ 的定义中要求 $a < b$,如果 $a = b$ 或 $a > b$,则定积分 $\displaystyle\int_a^b f(x)\mathrm{d}x$ 就没有意义,但为了运算的需要及应用的方便,可补充规定如下:

(1) 当 $a = b$ 时,$\displaystyle\int_a^b f(x)\mathrm{d}x = 0$;

(2) 当 $a > b$ 时,$\displaystyle\int_a^b f(x)\mathrm{d}x = -\int_b^a f(x)\mathrm{d}x$,即交换积分的上、下限时,绝对值不变而符号相反.

下面讨论定积分的性质,并假定各性质中所列出的定积分都是存在的,同时上、下限的大小如不特别指出,均不加限制. 另外,定积分性质的证明多是用定积分的定义来直接证明. 为书写简便起见,一般省略书写积分和的步骤,即省略 $[a,b]$ 的分法、ξ_i 的选取及作和的步骤,而直接写出积分和.

性质 5.1 函数和(差)的定积分等于定积分的和(差),即

$$\int_a^b [f(x)\pm g(x)]\mathrm{d}x = \int_a^b f(x)\mathrm{d}x \pm \int_a^b g(x)\mathrm{d}x.$$

证 左 $= \displaystyle\lim_{\lambda\to 0}\sum_{i=1}^n [f(\xi_i)\pm g(\xi_i)]\Delta x_i$

$$= \lim_{\lambda\to 0}\sum_{i=1}^n f(\xi_i)\Delta x_i \pm \lim_{\lambda\to 0}\sum_{i=1}^n g(\xi_i)\Delta x_i = 右.\qquad\blacksquare$$

性质 5.2 被积函数的常数因子可以提到积分号外面,即

$$\int_a^b k f(x) \mathrm{d}x = k \int_a^b f(x) \mathrm{d}x.$$

证 左 $= \lim\limits_{\lambda \to 0} \sum\limits_{i=1}^n k f(\xi_i) \Delta x_i = k \lim\limits_{\lambda \to 0} \sum\limits_{i=1}^n f(\xi_i) \Delta x_i =$ 右. ∎

性质 5.3(可加性) 若 c 是区间 $[a,b]$ 内的任意一点,即 $a < c < b$,则

$$\int_a^b f(x) \mathrm{d}x = \int_a^c f(x) \mathrm{d}x + \int_c^b f(x) \mathrm{d}x.$$

证 对于积分 $\int_a^b f(x) \mathrm{d}x$,在分割区间 $[a,b]$ 时,总可以使得 c 永远是个分点.这样,$[a,b]$ 上的积分和就等于 $[a,c]$ 上的积分和加上 $[c,b]$ 上的积分和,记作

$$\sum_{[a,b]} f(\xi_i) \Delta x_i = \sum_{[a,c]} f(\xi_i) \Delta x_i + \sum_{[c,b]} f(\xi_i) \Delta x_i.$$

在上式中,两端同时令 $\lambda \to 0$ 取极限便得

$$\int_a^b f(x) \mathrm{d}x = \int_a^c f(x) \mathrm{d}x + \int_c^b f(x) \mathrm{d}x. \quad ∎$$

性质 5.3 表明,定积分对积分区间具有可加性. 另外还可以看到,当 c 不在 $[a,b]$ 上时,性质 5.3 仍成立,即无论 a, b, c 的位置如何,总有等式

$$\int_a^b f(x) \mathrm{d}x = \int_a^c f(x) \mathrm{d}x + \int_c^b f(x) \mathrm{d}x$$

成立.

性质 5.4 如果在 $[a,b]$ 上,$f(x) = 1$,则

$$\int_a^b 1 \mathrm{d}x = \int_a^b \mathrm{d}x = b - a.$$

性质 5.4 的证明读者自己完成.

性质 5.5 如果在 $[a,b]$ 上,$f(x) \geqslant 0$,则 $\int_a^b f(x) \mathrm{d}x \geqslant 0$.

证 因为 $f(x) \geqslant 0$,故 $f(\xi_i) \geqslant 0 (i = 1, 2, \cdots, n)$,所以 $\sum\limits_{i=1}^n f(\xi_i) \Delta x_i \geqslant 0$,从而令 $\lambda = \max\{\Delta x_1, \Delta x_2, \cdots, \Delta x_n\} \to 0$,则得

$$\int_a^b f(x) \mathrm{d}x \geqslant 0. \quad ∎$$

推论 5.1 如果在 $[a,b]$ 上,$f(x) \leqslant g(x)$,则

$$\int_a^b f(x) \mathrm{d}x \leqslant \int_a^b g(x) \mathrm{d}x, \quad a < b.$$

证 因为 $g(x) - f(x) \geqslant 0$,故由性质 5.5 和性质 5.1 立即得证. ∎

推论 5.2 $\left| \int_a^b f(x) \mathrm{d}x \right| \leqslant \int_a^b |f(x)| \mathrm{d}x, \quad a < b.$

证 由不等式 $-|f(x)| \leqslant f(x) \leqslant |f(x)|$,推论 5.1 和性质 5.2 可得

$$-\int_a^b |f(x)| \mathrm{d}x \leqslant \int_a^b f(x) \mathrm{d}x \leqslant \int_a^b |f(x)| \mathrm{d}x,$$

即

$$\left| \int_a^b f(x)\mathrm{d}x \right| \leqslant \int_a^b |f(x)|\mathrm{d}x, \quad a < b.$$ ■

性质 5.6　设 M 和 m 分别是函数 $f(x)$ 在区间 $[a,b]$ 上的最大值和最小值,则

$$m(b-a) \leqslant \int_a^b f(x)\mathrm{d}x \leqslant M(b-a).$$

证　因为 $m \leqslant f(x) \leqslant M$,故由推论 5.1 得

$$\int_a^b m\,\mathrm{d}x \leqslant \int_a^b f(x)\mathrm{d}x \leqslant \int_a^b M\,\mathrm{d}x,$$

再由性质 5.2 和性质 5.4 立即得证. ■

性质 5.7(定积分中值定理)　若 $f(x)$ 在闭区间 $[a,b]$ 上连续,则在 $[a,b]$ 上,至少存在一点 ξ,使得下式成立:

$$\int_a^b f(x)\mathrm{d}x = f(\xi)(b-a), \quad a \leqslant \xi \leqslant b.$$

证　因为 $f(x)$ 在 $[a,b]$ 上连续,故存在最大值 M 和最小值 m,使得 $m \leqslant f(x) \leqslant M$,从而由性质 5.6 得

$$m \leqslant \frac{1}{b-a}\int_a^b f(x)\mathrm{d}x \leqslant M.$$

于是由闭区间上连续函数的介值定理知,存在 $\xi \in [a,b]$,使得

$$f(\xi) = \frac{1}{b-a}\int_a^b f(x)\mathrm{d}x,$$

即

$$\int_a^b f(x)\mathrm{d}x = f(\xi)(b-a).$$ ■

积分中值公式的几何意义如下:在区间 $[a,b]$ 上,至少存在一点 ξ,使得以 $[a,b]$ 为底边,曲线 $y=f(x)$ 为曲边的曲边梯形的面积等于同一底边而高为 $f(\xi)$ 的矩形的面积(图 5.3).

利用性质 5.5、推论 5.1 和性质 5.6 可比较和估计定积分的大小.

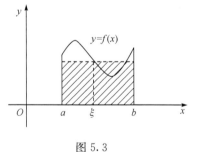

图 5.3

例 5.2　不计算积分,试比较积分 $\int_0^1 x\mathrm{d}x$ 与 $\int_0^1 \ln(1+x)\mathrm{d}x$ 的大小.

解　由例 3.5 可知,当 $x>0$ 时,

$$\ln(1+x) < x,$$

故

$$\int_0^1 x\mathrm{d}x \geqslant \int_0^1 \ln(1+x)\mathrm{d}x.$$ ■

例 5.3 不计算积分,试估计积分 $\int_1^3 x^3 \mathrm{d}x$ 的大小.

解 因为当 $1 \leqslant x \leqslant 3$ 时,$1 \leqslant x^3 \leqslant 27$,故由性质 5.6 得

$$2 \leqslant \int_1^3 x^3 \mathrm{d}x \leqslant 54.$$ ■

习 题 5.1

1. 利用定积分的定义计算下列定积分:

(1) $\int_0^3 (2x+1)\mathrm{d}x$;

(2) $\int_0^1 \mathrm{e}^x \mathrm{d}x$.

2. 利用定积分的几何意义,说明下列等式:

(1) $\int_0^1 2x\mathrm{d}x = 1$;

(2) $\int_0^1 \sqrt{1-x^2}\,\mathrm{d}x = \dfrac{\pi}{4}$;

(3) $\int_1^2 x\mathrm{d}x = \dfrac{3}{2}$;

(4) $\int_{-\pi}^{\pi} \sin x\mathrm{d}x = 0$.

3. 将下列定积分表达成积分和的极限形式:

(1) $\int_1^3 \dfrac{1}{x}\mathrm{d}x$;

(2) $\int_1^2 (8-x^3)\mathrm{d}x$.

4. 证明定积分的性质

$$\int_a^b 1\mathrm{d}x = \int_a^b \mathrm{d}x = b-a.$$

5. 不计算积分,比较下列各组积分值的大小.

(1) $\int_0^1 x\mathrm{d}x$ 与 $\int_0^1 x^2\mathrm{d}x$;

(2) $\int_1^2 x\mathrm{d}x$ 与 $\int_1^2 x^2\mathrm{d}x$;

(3) $\int_0^1 \mathrm{e}^x \mathrm{d}x$ 与 $\int_0^1 (1+x)\mathrm{d}x$;

(4) $\int_{-\frac{\pi}{2}}^0 \sin x\mathrm{d}x$ 与 $\int_0^{\frac{\pi}{2}} \sin x\mathrm{d}x$.

6. 设 $f(x)$ 和 $g(x)$ 在 $[a,b]$ 上连续,证明

(1) 若在 $[a,b]$ 上,$f(x) \geqslant 0$,并且 $\int_a^b f(x)\mathrm{d}x = 0$,则在 $[a,b]$ 上恒有 $f(x)=0$;

(2) 若在 $[a,b]$ 上,$f(x) \leqslant g(x)$,并且 $\int_a^b f(x)\mathrm{d}x = \int_a^b g(x)\mathrm{d}x$,则在 $[a,b]$ 上恒有 $f(x) = g(x)$;

(3) 若在 $[a,b]$ 上,$f(x) \geqslant 0$,并且存在 $x_0 \in (a,b)$,使得 $f(x_0) > 0$,则 $\int_a^b f(x)\mathrm{d}x > 0$.

7. 不计算积分,试估计定积分 $\int_1^4 (x^2+1)\mathrm{d}x$ 的值.

5.2 微积分基本公式

通过定积分性质的讨论,已经获得了有关定积分的运算方法和大小比较等知识,但

直接按定积分定义计算定积分是不容易的. 为此,下面进一步讨论如何用较简单的方法计算定积分的问题. 在此,将建立定积分与不定积分之间的关系,并通过求原函数的方法来计算定积分,这就是所谓的**微积分基本公式**.

5.2.1 积分上限函数及其导数

设函数 $f(x)$ 在区间 $[a,b]$ 上连续,并且 $x \in [a,b]$. 现在来考察 $f(x)$ 在部分区间 $[a,x]$ 上的定积分 $\int_a^x f(x)dx$.

由于 $f(x)$ 在 $[a,x]$ 上仍是连续的,所以这个定积分存在定积分与其积分变量的记法无关,为明确起见,可把定积分 $\int_a^x f(x)dx$ 改写成 $\int_a^x f(t)dt$.

又因为定积分 $\int_a^x f(t)dt$ 只与被积函数 $f(t)$ 和积分区间 $[a,x]$ 有关,故当上限 x 在 $[a,b]$ 内任意变动时,对每一个取定的 x 值,定积分 $\int_a^x f(t)dt$ 都有一个对应值,所以它是一个定义在 $[a,b]$ 上的函数,将其记为 $\Phi(x)$,即

$$\Phi(x) = \int_a^x f(t)dt, \quad a \leqslant x \leqslant b.$$

定义 5.2 函数 $\Phi(x) = \int_a^x f(t)dt(a \leqslant x \leqslant b)$ 称为 $f(x)$ 的**积分上限函数**,其中 $f(x)$ 在 $[a,b]$ 上连续.

定理 5.1 若函数 $f(x)$ 在区间 $[a,b]$ 上连续,则积分上限函数 $\Phi(x) = \int_a^x f(t)dt$ 在 $[a,b]$ 上可导,并且

$$\Phi'(x) = \frac{d}{dx}\int_a^x f(t)dt = f(x), \quad a \leqslant x \leqslant b.$$

证 只需证明对任意的 $x \in [a,b]$ 有

$$\Phi'(x) = \lim_{\Delta x \to 0} \frac{\Phi(x+\Delta x) - \Phi(x)}{\Delta x} = f(x), \quad a \leqslant x \leqslant b.$$

即可. 假设自变量 x 有改变量 Δx,使得 $x + \Delta x \in [a,b]$,则

$$\begin{aligned}
\Phi(x+\Delta x) - \Phi(x) &= \int_a^{x+\Delta x} f(t)dt - \int_a^x f(t)dt \\
&= \int_a^x f(t)dt + \int_x^{x+\Delta x} f(t)dt - \int_a^x f(t)dt \\
&= \int_x^{x+\Delta x} f(t)dt.
\end{aligned}$$

因为 $f(x)$ 在 $[a,b]$ 上连续,故由积分中值公式得

$$\Phi(x+\Delta x) - \Phi(x) = f(x+\theta\Delta x)\Delta x, \quad 0 < \theta < 1,$$

从而

$$\Phi'(x) = \lim_{\Delta x \to 0} \frac{\Phi(x+\Delta x) - \Phi(x)}{\Delta x} = \lim_{\Delta x \to 0} f(x+\theta\Delta x) = f(x).$$

定理 5.1 指出如下重要结论:区间上的连续函数 $f(x)$ 一定存在原函数,并且积分上限函数 $\Phi(x)$ 就是 $f(x)$ 的一个原函数. 准确地说,有如下定理:

定理 5.2(微积分基本定理)　若函数 $f(x)$ 在 $[a,b]$ 上连续,则其积分上限函数 $\Phi(x) = \int_a^x f(t)\mathrm{d}t$ 就是 $f(x)$ 在 $[a,b]$ 上的一个原函数.

定理 5.2 的重要意义在于:一方面,肯定了连续函数的原函数存在;另一方面,初步提示了积分学中定积分与原函数之间的联系. 因此,可能通过原函数(或不定积分)来计算定积分.

运用定理 5.1,可以进一步得到如下一些变限积分的求导公式:

(1) 若 $f(t)$ 在 $[a,b]$ 上连续,则当 $x\in[a,b]$ 时,$\dfrac{\mathrm{d}}{\mathrm{d}x}\int_x^b f(t)\mathrm{d}t = -f(x)$ (注意:下限为变量 x);

(2) 若 $f(t)$ 在 $[c,d]$ 上连续,$u=u(x)$ 在 $[a,b]$ 上可导,并且其值域 $\Omega\subseteq[c,d]$,则 $\int_c^{u(x)} f(t)\mathrm{d}t$ 在 $[a,b]$ 上可导,并且

$$\frac{\mathrm{d}}{\mathrm{d}x}\int_c^{u(x)} f(t)\mathrm{d}t = f(u(x))\cdot u'(x), \quad a\leqslant x\leqslant b;$$

(3) $\dfrac{\mathrm{d}}{\mathrm{d}x}\int_{v(x)}^{u(x)} f(t)\mathrm{d}t = f[u(x)]u'(x) - f(v(x))v'(x)$.

此公式称为莱布尼茨公式.

下面举几个有关积分上限函数的例子.

例 5.4　求 $\lim\limits_{x\to 0}\dfrac{\int_0^x \sin t\,\mathrm{d}t}{x^2}$.

解　由于 $\sin t$ 在 $[0,x]$ 上连续,故当 $x\to 0$ 时,分子是无穷小量,此极限为 $\dfrac{0}{0}$ 型未定式,从而由洛必达法则有

$$原式 = \lim_{x\to 0}\frac{\sin x}{2x} = \frac{1}{2}.　■$$

例 5.5　设 $f(x)$ 在 $[0,+\infty)$ 内连续,并且 $f(x)>0$,证明

$$F(x) = \frac{\int_0^x tf(t)\mathrm{d}t}{\int_0^x f(t)\mathrm{d}t}$$

在 $(0,+\infty)$ 内是严格单调增加函数.

证　因为当 $x>0$ 时,

$$F'(x) = \frac{xf(x)\int_0^x f(t)\mathrm{d}t - f(x)\int_0^x tf(t)\mathrm{d}t}{\left[\int_0^x f(t)\mathrm{d}t\right]^2} = \frac{f(x)\int_0^x (x-t)f(t)\mathrm{d}t}{\left[\int_0^x f(t)\mathrm{d}t\right]^2},$$

又由于在 $[0,x]$ 上, $f(t)>0$, $(x-t)f(t)\geqslant0$ 且 $(x-t)f(t)\neq0$, 故由习题 5.1 第 6 题(3)
中的结论可知, $\int_0^x(x-t)f(t)\mathrm{d}t>0$. 又 $f(x)>0$, 从而当 $x>0$ 时, $F'(x)>0$, 即 $F(x)$
在 $(0,+\infty)$ 内是严格单调增加函数. ■

5.2.2　牛顿-莱布尼茨公式

定理 5.3　若函数 $F(x)$ 是连续函数 $f(x)$ 在区间 $[a,b]$ 上的一个原函数, 则

$$\int_a^b f(x)\mathrm{d}x = F(b) - F(a). \tag{5.2}$$

证　因为 $F(x)$ 是 $f(x)$ 的原函数, 并且由定理 5.2 知, 函数 $\Phi(x)=\int_a^x f(t)\mathrm{d}t$ 也是
$f(x)$ 的一个原函数, 故

$$\Phi(x) = \int_a^x f(t)\mathrm{d}t = F(x) + C, \quad C \text{ 为常数}.$$

为了确定常数 C, 在上式中, 令 $x=a$ 便得 $C=\Phi(a)-F(a)=-F(a)$, 于是

$$\int_a^x f(t)\mathrm{d}t = F(x) - F(a), \quad a\leqslant x\leqslant b.$$

在上式中, 再令 $x=b$, 就得到所要证的式(5.2). ■

称式(5.2)为定积分的基本公式, 也称为牛顿-莱布尼茨公式.

为方便起见, 以后把 $F(b)-F(a)$ 记作 $F(x)\big|_a^b$, 于是式(5.2)又可以写成

$$\int_a^b f(x)\mathrm{d}x = F(x)\,\big|_a^b = F(b) - F(a).$$

这个公式进一步揭示了定积分与被积函数的原函数或不定积分之间的联系. 它表明,
一个连续函数在区间 $[a,b]$ 上的定积分等于它的任意一个原函数在 $[a,b]$ 上的增量.

下面将利用牛顿-莱布尼茨公式来计算定积分.

例 5.6　求 $\int_0^{\frac{\pi}{2}} \sin x\mathrm{d}x$.

解　因为 $(-\cos x)'=\sin x$, 即 $-\cos x$ 是 $\sin x$ 的一个原函数, 故

$$\int_0^{\frac{\pi}{2}} \sin x\mathrm{d}x = -\cos x\,\big|_0^{\frac{\pi}{2}} = -\left(\cos\frac{\pi}{2} - \cos 0\right) = 1.$$ ■

例 5.7　求 $\int_0^1 \dfrac{\mathrm{d}x}{1+x^2}$.

解　因为 $(\arctan x)'=\dfrac{1}{1+x^2}$, 故

$$\int_0^1 \frac{\mathrm{d}x}{1+x^2} = \arctan x\,\big|_0^1 = \arctan 1 - \arctan 0 = \frac{\pi}{4}.$$ ■

例 5.8　求 $\int_{-2}^{-1} \dfrac{\mathrm{d}x}{x}$.

解　因为 $\int \dfrac{\mathrm{d}x}{x} = \ln|x|+C$, 故

$$\int_{-2}^{-1} \frac{\mathrm{d}x}{x} = \ln|x| \Big|_{-2}^{-1} = \ln|-1| - \ln|-2| = -\ln 2.$$ ■

例 5.9　计算 $y = \mathrm{e}^x - x$ 在 $[0,1]$ 上与 x 轴、y 轴及直线 $x = 1$ 所围成的曲边梯形的面积.

解　如图 5.4 所示,由定积分的几何意义可知,所求曲边梯形的面积为

$$A = \int_0^1 (\mathrm{e}^x - x)\mathrm{d}x.$$

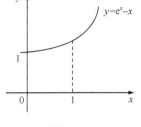

图 5.4

由于

$$\int (\mathrm{e}^x - x)\mathrm{d}x = \mathrm{e}^x - \frac{1}{2}x^2 + C,$$

故

$$A = \left(\mathrm{e}^x - \frac{1}{2}x^2 \right) \Big|_0^1 = \mathrm{e} - \frac{3}{2}.$$ ■

习　题　5.2

1. 求函数 $y = \displaystyle\int_0^x \sin t\,\mathrm{d}t$ 在 $x = \dfrac{\pi}{4}$ 处的导数.

2. 计算下列各导数:

(1) $\dfrac{\mathrm{d}}{\mathrm{d}x}\displaystyle\int_0^{x^2} \sqrt{1 + 2t^2}\,\mathrm{d}t$;

(2) $\dfrac{\mathrm{d}}{\mathrm{d}x}\displaystyle\int_1^{\mathrm{e}^x} \ln t\,\mathrm{d}t$;

(3) $\dfrac{\mathrm{d}}{\mathrm{d}x}\displaystyle\int_x^1 \sqrt{1 + t^2}\,\mathrm{d}t$;

(4) $\dfrac{\mathrm{d}}{\mathrm{d}x}\displaystyle\int_{x^2}^{x^3} \dfrac{\mathrm{d}t}{\sqrt{1 + t^2}}$.

3. 求由方程 $\displaystyle\int_0^y \mathrm{e}^t\,\mathrm{d}t + \int_0^x \cos t\,\mathrm{d}t = 0$ 所决定的隐函数 $y = f(x)$ 的导数 $\dfrac{\mathrm{d}y}{\mathrm{d}x}$.

4. 计算下列各积分:

(1) $\displaystyle\int_0^a (3x^2 - x + 1)\mathrm{d}x$;

(2) $\displaystyle\int_1^2 \dfrac{1}{1 + x^2}\mathrm{d}x$;

(3) $\displaystyle\int_0^1 \dfrac{1}{\sqrt{4 - x^2}}\mathrm{d}x$;

(4) $\displaystyle\int_0^1 \dfrac{x^2}{x + 3}\mathrm{d}x$;

(5) $\displaystyle\int_e^{\mathrm{e}^2} \dfrac{1}{x\ln x}\mathrm{d}x$;

(6) $\displaystyle\int_0^{\frac{\pi}{2}} \dfrac{\cos x}{(1 + \sin x)^2}\mathrm{d}x$;

(7) $\displaystyle\int_{-1}^0 \dfrac{3x^4 + 3x^2 + 1}{x^2 + 1}\mathrm{d}x$;

(8) $\displaystyle\int_0^{2\pi} |\sin x|\,\mathrm{d}x$;

(9) $\displaystyle\int_{-1}^1 |x|\,\mathrm{d}x$;

(10) $\displaystyle\int_0^2 f(x)\mathrm{d}x$, 其中 $f(x) = \begin{cases} x + 1, & x \leqslant 1, \\ \dfrac{1}{2}x^2, & x > 1. \end{cases}$

5. 证明下列各题：

(1) $\displaystyle\int_{-\pi}^{\pi} \cos mx\, dx = 0$(其中 m 为正整数)；

(2) $\displaystyle\int_{-\pi}^{\pi} \cos nx \sin nx\, dx = 0$(其中 m, n 为正整数且 $m \neq n$).

6. 求下列极限：

(1) $\displaystyle\lim_{x \to 0} \frac{\displaystyle\int_0^x \cos t^2\, dt}{x}$；

(2) $\displaystyle\lim_{x \to 0} \frac{\displaystyle\int_0^x \sin 2t\, dt}{\displaystyle\int_0^x t\, dt}$.

7. 设

$$f(x) = \begin{cases} \dfrac{1}{2}\sin x, & 0 \leqslant x \leqslant \pi, \\ 0, & x < 0 \text{ 或 } x > \pi, \end{cases}$$

求函数 $\Phi(x) = \displaystyle\int_0^x f(t)\, dt$ 在 $(-\infty, +\infty)$ 内的表达式.

5.3　定积分的换元法和分部积分法

5.3.1　定积分的换元法

由 5.2 节的结果知道,应用牛顿-莱布尼茨公式求定积分,首先要求被积函数的原函数(或不定积分),其次再按式(5.2)计算. 在一般情况下,把这两步截然分开是比较麻烦的. 通常,在应用换元积分法求原函数的过程中,也相应地变换积分的上、下限,可使得计算较为简便. 为此,下面介绍定积分的换元法.

定理 5.4　若函数 $f(x)$ 在区间 $[a,b]$ 上连续,而函数 $x = \varphi(t)$ 满足如下条件：

(1) $\varphi(\alpha) = a, \varphi(\beta) = b$；

(2) $\varphi(t)$ 在 $[\alpha, \beta]$(或 $[\beta, \alpha]$)上具有连续导数,并且其值域包含在 $[a,b]$ 中,

则有

$$\int_a^b f(x)\, dx = \int_\alpha^\beta f(\varphi(t)) \varphi'(t)\, dt. \tag{5.3}$$

式(5.3)称为定积分的换元积分公式.

证　设 $F(x)$ 是 $f(x)$ 的原函数,即 $F'(x) = f(x)$. 由于函数 $F(\varphi(t))$ 是由 $F(x)$ 与 $x = \varphi(t)$ 复合而成的,故

$$[F(\varphi(t))]' = F'(x) \cdot \varphi'(t) = f(x) \cdot \varphi'(t) = f(\varphi(t)) \varphi'(t),$$

即 $F(\varphi(t))$ 是 $f(\varphi(t)) \varphi'(t)$ 的原函数,故由牛顿-莱布尼茨公式有

$$\int_a^b f(x)\, dx = F(x) \Big|_a^b = F(b) - F(a),$$

而　$\displaystyle\int_\alpha^\beta f(\varphi(t)) \varphi'(t)\, dt = F(\varphi(t)) \Big|_\alpha^\beta = F(\varphi(\beta)) - F(\varphi(\alpha)) = F(b) - F(a),$

故

$$\int_a^b f(x)\mathrm{d}x = \int_\alpha^\beta f(\varphi(t))\varphi'(t)\mathrm{d}t.$$

下面举几个例子来说明定积分的换元积分法公式的简便.

例 5.10 求 $\displaystyle\int_0^a \sqrt{a^2 - x^2}\,\mathrm{d}x$

解 用两种方法.

方法一 直接应用牛顿-莱布尼茨公式. 因为

$$\int \sqrt{a^2 - x^2}\,\mathrm{d}x = \frac{a^2}{2}\arcsin\frac{x}{a} + \frac{x\sqrt{a^2 - x^2}}{2} + C,$$

所以

$$\int_0^a \sqrt{a^2 - x^2}\,\mathrm{d}x = \left(\frac{a^2}{2}\arcsin\frac{x}{a} + \frac{x\sqrt{a^2 - x^2}}{2}\right)\Bigg|_0^a = \frac{\pi a^2}{4}.$$

方法二 应用定积分的换元积分公式.

设 $x = a\sin t$，则 $\mathrm{d}x = a\cos t\mathrm{d}t$，并且当 $x = 0$ 时，$t = 0$；当 $x = a$ 时，$t = \dfrac{\pi}{2}$. 于是

$$原式 = a^2\int_0^{\frac{\pi}{2}} \cos^2 t\mathrm{d}t = \frac{a^2}{2}\left(t + \frac{\sin 2t}{2}\right)\Bigg|_0^{\frac{\pi}{2}} = \frac{\pi a^2}{4}.$$

比较上述两种方法可知，后者较前者简单，这是因为定积分的换元积分公式不像不定积分的换元积分公式那样，需要回到原来（代换前）的变量.

例 5.11 计算 $\displaystyle\int_0^{\ln 2} \sqrt{\mathrm{e}^x - 1}\,\mathrm{d}x$.

解 令 $\sqrt{\mathrm{e}^x - 1} = t$，即 $x = \ln(1 + t^2)$，则有 $\mathrm{d}x = \dfrac{2t}{1 + t^2}\mathrm{d}t$，并且当 $x = 0$ 时，$t = 0$；当 $x = \ln 2$ 时，$t = 1$. 于是

$$原式 = 2\int_0^1 \frac{t^2}{1 + t^2}\mathrm{d}t = 2\int_0^1\left(1 - \frac{1}{1 + t^2}\right)\mathrm{d}t$$

$$= 2(t - \arctan t)\Big|_0^1 = 2 - \frac{\pi}{2}.$$

例 5.12 计算 $\displaystyle\int_0^{\frac{\pi}{2}} \cos^5 x\sin x\mathrm{d}x$.

解 令 $t = \cos x$，则 $\mathrm{d}t = -\sin x\mathrm{d}x$，并且当 $x = 0$ 时，$t = 1$；当 $x = \dfrac{\pi}{2}$ 时，$t = 0$. 于是

$$原式 = -\int_1^0 t^5\mathrm{d}t = \int_0^1 t^5\mathrm{d}t = \frac{1}{6}t^6\Bigg|_0^1 = \frac{1}{6}.$$

在例 5.12 中，如果不明显地写出新变量 t，那么定积分的上、下限就不必变更，这种做法的实质是先求不定积分，然后再用牛顿-莱布尼茨公式. 现将这种做法叙述如下：

$$\int_0^{\frac{\pi}{2}} \cos^5 x\sin x\mathrm{d}x = -\int_0^{\frac{\pi}{2}} \cos^5 x\mathrm{d}\cos x = -\left(\frac{\cos^6 x}{6}\right)\Bigg|_0^{\frac{\pi}{2}} = \frac{1}{6}.$$

例 5.13　计算 $\displaystyle\int_0^\pi \sqrt{\sin x - \sin^3 x}\,\mathrm{d}x$.

解　由于

$$\sqrt{\sin x - \sin^3 x} = \sqrt{\sin x\cos^2 x} = \sin^{\frac{1}{2}}x\,|\cos x|,$$

而在 $\left[0,\dfrac{\pi}{2}\right]$ 上，$|\cos x| = \cos x$；在 $\left[\dfrac{\pi}{2},\pi\right]$ 上，$|\cos x| = -\cos x$，所以

$$\begin{aligned}
\text{原式} &= \int_0^\pi \sin^{\frac{1}{2}}x\,|\cos x|\,\mathrm{d}x \\
&= \int_0^{\frac{\pi}{2}} \sin^{\frac{1}{2}}x\cos x\,\mathrm{d}x + \int_{\frac{\pi}{2}}^\pi \sin^{\frac{1}{2}}x(-\cos x)\,\mathrm{d}x \\
&= \int_0^{\frac{\pi}{2}} \sin^{\frac{1}{2}}x\,\mathrm{d}\sin x - \int_{\frac{\pi}{2}}^\pi \sin^{\frac{1}{2}}x\,\mathrm{d}\sin x \\
&= \frac{2}{3}\sin^{\frac{3}{2}}x\Big|_0^{\frac{\pi}{2}} - \frac{2}{3}\sin^{\frac{3}{2}}x\Big|_{\frac{\pi}{2}}^\pi = \frac{4}{3}.
\end{aligned}$$

例 5.14　证明

(1) 若 $f(x)$ 在 $[-a,a]$ 上连续且为偶函数，则 $\displaystyle\int_{-a}^a f(x)\,\mathrm{d}x = 2\int_0^a f(x)\,\mathrm{d}x$；

(2) 若 $f(x)$ 在 $[-a,a]$ 上连续且为奇函数，则 $\displaystyle\int_{-a}^a f(x)\,\mathrm{d}x = 0$.

证　$\displaystyle\int_{-a}^a f(x)\,\mathrm{d}x = \int_{-a}^0 f(x)\,\mathrm{d}x + \int_0^a f(x)\,\mathrm{d}x$

$$\begin{aligned}
&\xrightarrow[\;x=-t\;]{\text{第一个中令}} -\int_a^0 f(-t)\,\mathrm{d}t + \int_0^a f(x)\,\mathrm{d}x \\
&= \int_0^a f(-x)\,\mathrm{d}x + \int_0^a f(x)\,\mathrm{d}x = \int_0^a [f(-x)+f(x)]\,\mathrm{d}x,
\end{aligned}$$

故

(1) 若 $f(x)$ 为偶函数，则 $f(x)+f(-x)=2f(x)$，故

$$\int_{-a}^a f(x)\,\mathrm{d}x = \int_0^a [f(-x)+f(x)]\,\mathrm{d}x = 2\int_0^a f(x)\,\mathrm{d}x.$$

(2) 若 $f(x)$ 为奇函数，则 $f(x)+f(-x)=0$，故

$$\int_{-a}^a f(x)\,\mathrm{d}x = \int_0^a [f(-x)+f(x)]\,\mathrm{d}x = 0.$$

例 5.15　证明若 $f(x)$ 是以 T 为周期的连续函数，则

$$\int_a^{a+T} f(x)\,\mathrm{d}x = \int_0^T f(x)\,\mathrm{d}x.$$

证　因为

$$\int_a^{a+T} f(x)\,\mathrm{d}x = \int_a^0 f(x)\,\mathrm{d}x + \int_0^T f(x)\,\mathrm{d}x + \int_T^{a+T} f(x)\,\mathrm{d}x,$$

所以只需讨论 $\displaystyle\int_T^{a+T} f(x)\,\mathrm{d}x$ 即可.

令 $x=t+T$，则 $\mathrm{d}x=\mathrm{d}t$. 当 $x=T$ 时，$t=0$；当 $x=a+T$ 时，$t=a$. 于是

$$\int_T^{a+T} f(x)\mathrm{d}x = \int_0^a f(t+T)\mathrm{d}t = \int_0^a f(t)\mathrm{d}t = \int_0^a f(x)\mathrm{d}x$$

$$= -\int_a^0 f(x)\mathrm{d}x,$$

则

$$\int_a^{a+T} f(x)\mathrm{d}x = \int_a^0 f(x)\mathrm{d}x + \int_0^T f(x)\mathrm{d}x + \int_T^{a+T} f(x)\mathrm{d}x$$

$$= \int_a^0 f(x)\mathrm{d}x + \int_0^T f(x)\mathrm{d}x - \int_a^0 f(x)\mathrm{d}x$$

$$= \int_0^T f(x)\mathrm{d}x.$$
■

例 5.16 若 $f(x)$ 在 $[0,1]$ 上连续,证明

(1) $\displaystyle\int_0^{\frac{\pi}{2}} f(\sin x)\mathrm{d}x = \int_0^{\frac{\pi}{2}} f(\cos x)\mathrm{d}x$;

(2) $\displaystyle\int_0^{\pi} x f(\sin x)\mathrm{d}x = \frac{\pi}{2}\int_0^{\pi} f(\sin x)\mathrm{d}x$,并由这个等式计算 $\displaystyle\int_0^{\pi} \frac{x\sin x}{1+\cos^2 x}\mathrm{d}x$.

证 (1) 左 $\xrightarrow{x=\frac{\pi}{2}-t}$ $\displaystyle\int_{\frac{\pi}{2}}^0 f\left(\sin\left(\frac{\pi}{2}-t\right)\right)\mathrm{d}(-t) = \int_0^{\frac{\pi}{2}} f(\cos t)\mathrm{d}t = $ 右 .

(2) 左 $\xrightarrow{x=\pi-t}$ $\displaystyle\int_{\pi}^0 (\pi-t) f(\sin(\pi-t))\mathrm{d}(-t)$

$$= \int_0^{\pi} (\pi-t) f(\sin t)\mathrm{d}t = \pi\int_0^{\pi} f(\sin x)\mathrm{d}x - \int_0^{\pi} x f(\sin x)\mathrm{d}x,$$

从而

$$\int_0^{\pi} x f(\sin x)\mathrm{d}x = \frac{\pi}{2}\int_0^{\pi} f(\sin x)\mathrm{d}x.$$

利用上述结论,由于 $\dfrac{\sin x}{1+\cos^2 x} = \dfrac{\sin x}{2-\sin^2 x}$ 是关于 $\sin x$ 的函数,故有

$$\int_0^{\pi} \frac{x\sin x}{1+\cos^2 x}\mathrm{d}x = \frac{\pi}{2}\int_0^{\pi} \frac{\sin x}{1+\cos^2 x}\mathrm{d}x = -\frac{\pi}{2}\int_0^{\pi} \frac{\mathrm{d}\cos x}{1+\cos^2 x}$$

$$= -\frac{\pi}{2}\arctan(\cos x)\Big|_0^{\pi} = \frac{\pi^2}{4}.$$
■

5.3.2 定积分的分部积分法

与不定积分的分部积分法一样,对于定积分的计算也有相应的分部积分法,具体如下:

设 $u(x),v(x)$ 在 $[a,b]$ 上有连续的导数 $u'(x),v'(x)$,则

$$[u(x)v(x)]' = u(x)v'(x) + u'(x)v(x),$$

于是

$$\int_a^b [u'(x)v(x) + u(x)v'(x)]\mathrm{d}x = u(x)v(x)\Big|_a^b,$$

即

$$\int_a^b u(x)v'(x)\mathrm{d}x = u(x)v(x)\Big|_a^b - \int_a^b v(x)u'(x)\mathrm{d}x,$$

或简记为

$$\int_a^b u\,\mathrm{d}v = uv\Big|_a^b - \int_a^b v\,\mathrm{d}u.$$

上述公式称为定积分的分部积分公式.

例 5.17　计算 $\displaystyle\int_0^{\ln2} x\mathrm{e}^{-x}\mathrm{d}x$.

解　原式 $\displaystyle= -\int_0^{\ln2} x\mathrm{d}\mathrm{e}^{-x} = -x\mathrm{e}^{-x}\Big|_0^{\ln2} + \int_0^{\ln2}\mathrm{e}^{-x}\mathrm{d}x$

$$= -\ln2\,\mathrm{e}^{-\ln2} - \mathrm{e}^{-x}\Big|_0^{\ln2}$$

$$= \frac{1}{2}\ln\frac{\mathrm{e}}{2}.$$ ■

例 5.18　计算 $\displaystyle\int_0^1 \arcsin x\,\mathrm{d}x$.

解　原式 $\displaystyle= x\arcsin x\Big|_0^1 + \int_0^1 \frac{-x}{\sqrt{1-x^2}}\mathrm{d}x$

$$= \frac{\pi}{2} + \sqrt{1-x^2}\,\Big|_0^1$$

$$= \frac{\pi}{2} - 1.$$ ■

例 5.19　计算 $\displaystyle\int_0^{\frac{\pi}{2}} \mathrm{e}^x\sin x\,\mathrm{d}x$

解　原式 $\displaystyle= \int_0^{\frac{\pi}{2}}\sin x\,\mathrm{d}\mathrm{e}^x = \mathrm{e}^x\sin x\Big|_0^{\frac{\pi}{2}} - \int_0^{\frac{\pi}{2}}\mathrm{e}^x\cos x\,\mathrm{d}x$

$$= \mathrm{e}^{\frac{\pi}{2}} - \int_0^{\frac{\pi}{2}}\cos x\,\mathrm{d}\mathrm{e}^x$$

$$= \mathrm{e}^{\frac{\pi}{2}} - \mathrm{e}^x\cos x\Big|_0^{\frac{\pi}{2}} - \int_0^{\frac{\pi}{2}}\mathrm{e}^x\sin x\,\mathrm{d}x$$

$$= \mathrm{e}^{\frac{\pi}{2}} + 1 - \int_0^{\frac{\pi}{2}}\mathrm{e}^x\sin x\,\mathrm{d}x,$$ ■

故

$$\int_0^{\frac{\pi}{2}}\mathrm{e}^x\sin x\,\mathrm{d}x = \frac{1}{2}(\mathrm{e}^{\frac{\pi}{2}} + 1).$$

例 5.20　计算 $\displaystyle\int_0^1 \mathrm{e}^{-\sqrt{x}}\mathrm{d}x$

解　令 $\sqrt{x}=t$,则

$$原式 = \int_0^1 \mathrm{e}^{-t}\cdot 2t\,\mathrm{d}t = -2\int_0^1 t\,\mathrm{d}\mathrm{e}^{-t}$$

$$=-2te^{-t}\Big|_0^1+2\int_0^1 e^{-t}\mathrm{d}t$$

$$=-2e^{-1}-2e^{-t}\big|_0^1$$

$$=2-\frac{4}{e}. \qquad\blacksquare$$

习 题 5.3

1. 求下列定积分:

(1) $\displaystyle\int_{\frac{\pi}{3}}^{\pi}\sin\left(x+\frac{\pi}{3}\right)\mathrm{d}x$;

(2) $\displaystyle\int_0^{\frac{\pi}{2}}\sin^2 x\cos x\mathrm{d}x$;

(3) $\displaystyle\int_{-\frac{\pi}{2}}^{\frac{\pi}{2}}\cos^2\frac{x}{2}\mathrm{d}x$;

(4) $\displaystyle\int_1^5\frac{\sqrt{x-1}}{x}\mathrm{d}x$;

(5) $\displaystyle\int_1^4\frac{x}{\sqrt{2+4x}}\mathrm{d}x$;

(6) $\displaystyle\int_0^a x^2\sqrt{a^2-x^2}\mathrm{d}x(a>0)$;

(7) $\displaystyle\int_{-a}^a\frac{x^2}{\sqrt{x^2+a^2}}\mathrm{d}x$;

(8) $\displaystyle\int_0^{\frac{\pi}{2}}\sqrt{1+\sin 2x}\mathrm{d}x$;

(9) $\displaystyle\int_1^{e^2}\frac{\mathrm{d}x}{x\sqrt{1+\ln x}}$;

(10) $\displaystyle\int_{-2}^0\frac{\mathrm{d}x}{x^2+2x+2}$.

2. 利用分部积分法计算下列定积分:

(1) $\displaystyle\int_0^1\arccos x\mathrm{d}x$;

(2) $\displaystyle\int_1^e x\ln x\mathrm{d}x$;

(3) $\displaystyle\int_{\frac{\pi}{4}}^{\frac{\pi}{3}}\frac{x}{\sin^2 x}\mathrm{d}x$;

(4) $\displaystyle\int_0^{\frac{\pi}{2}}e^{2x}\cos x\mathrm{d}x$;

(5) $\displaystyle\int_{\frac{1}{e}}^e|\ln x|\mathrm{d}x$;

(6) $\displaystyle\int_0^1 e^{\sqrt{x}}\mathrm{d}x$.

3. 利用奇偶性求下列定积分:

(1) $\displaystyle\int_{-1}^1\frac{x^2\arcsin x}{\sqrt{1+x^2}}\mathrm{d}x$;

(2) $\displaystyle\int_{-\frac{\pi}{4}}^{\frac{\pi}{4}}\sqrt{\sec^2 x-1}\mathrm{d}x$.

4. 设 $f(x)$ 在 $[a,b]$ 上连续,证明 $\displaystyle\int_a^b f(x)\mathrm{d}x=\int_a^b f(a+b-x)\mathrm{d}x$.

5. 证明

(1) $\displaystyle\int_x^1\frac{\mathrm{d}X}{1+X^2}=\int_1^{\frac{1}{x}}\frac{\mathrm{d}X}{1+X^2}(x>0)$;

(2) $\displaystyle\int_0^1 x^m(1-x)^n\mathrm{d}x=\int_0^1 x^n(1-x)^m\mathrm{d}x(m>0,n>0)$.

5.4　非正常积分(广义积分)Γ函数与 B 函数

在一些实际问题中,会遇到积分区间为无穷区间,或者被积函数为无界函数的积分.下面将对定积分作相应的推广,从而形成广义积分的概念.

5.4.1　无穷限广义积分

定义 5.3　设函数 $f(x)$ 在 $[a, +\infty)$ 上连续,任取 $b > a$,若极限

$$\lim_{b \to +\infty} \int_a^b f(x)\mathrm{d}x$$

存在,则称此极限值为函数 $f(x)$ 在 $[a, +\infty)$ 上的**广义积分**,记作 $\int_a^{+\infty} f(x)\mathrm{d}x$,即

$$\int_a^{+\infty} f(x)\mathrm{d}x = \lim_{b \to +\infty} \int_a^b f(x)\mathrm{d}x.$$

此时,也称广义积分 $\int_a^{+\infty} f(x)\mathrm{d}x$ **收敛**. 如果上述极限不存在,则称广义积分 $\int_a^{+\infty} f(x)\mathrm{d}x$ **发散**.

类似地,设 $f(x)$ 在 $(-\infty, b]$ 上连续,取 $b > a$,若极限

$$\lim_{a \to -\infty} \int_a^b f(x)\mathrm{d}x$$

存在,则称此极限值为函数 $f(x)$ 在 $(-\infty, b]$ 上的广义积分,记作 $\int_{-\infty}^b f(x)\mathrm{d}x$,即

$$\int_{-\infty}^b f(x)\mathrm{d}x = \lim_{a \to -\infty} \int_a^b f(x)\mathrm{d}x.$$

此时,也称广义积分 $\int_{-\infty}^b f(x)\mathrm{d}x$ 收敛;否则,称广义积分 $\int_{-\infty}^b f(x)\mathrm{d}x$ 发散.

设函数 $f(x)$ 在 $(-\infty, +\infty)$ 上连续,而且广义积分 $\int_{-\infty}^0 f(x)\mathrm{d}x$ 和 $\int_0^{+\infty} f(x)\mathrm{d}x$ 都收敛,则称上述两个广义积分之和为函数 $f(x)$ 在 $(-\infty, +\infty)$ 上的广义积分,记作 $\int_{-\infty}^{+\infty} f(x)\mathrm{d}x$,即

$$\int_{-\infty}^{+\infty} f(x)\mathrm{d}x = \int_{-\infty}^0 f(x)\mathrm{d}x + \int_0^{+\infty} f(x)\mathrm{d}x$$

$$= \lim_{a \to -\infty} \int_a^0 f(x)\mathrm{d}x + \lim_{b \to +\infty} \int_0^b f(x)\mathrm{d}x.$$

此时,也称 $\int_{-\infty}^{+\infty} f(x)\mathrm{d}x$ 收敛;否则,称 $\int_{-\infty}^{+\infty} f(x)\mathrm{d}x$ 发散.

上述广义积分统称为**无穷限广义积分**.

按广义积分的定义 5.3,它是一类常义积分的极限. 因此,广义积分的基本计算方法就是先计算常义积分(即定积分),然后再取极限.

例 5.21　计算广义积分 $\int_{-\infty}^{+\infty} \dfrac{\mathrm{d}x}{1 + x^2}$.

解 考虑极限 $\lim\limits_{a \to -\infty} \int_a^0 \dfrac{\mathrm{d}x}{1+x^2}$ 和 $\lim\limits_{b \to +\infty} \int_0^b \dfrac{\mathrm{d}x}{1+x^2}$. 由于

$$\lim_{a \to -\infty} \int_a^0 \frac{\mathrm{d}x}{1+x^2} = \lim_{a \to -\infty} \arctan x \big|_a^0 = \lim_{a \to -\infty} (-\arctan a) = \frac{\pi}{2},$$

$$\lim_{b \to +\infty} \int_0^b \frac{\mathrm{d}x}{1+x^2} = \lim_{b \to +\infty} \arctan x \big|_0^b = \lim_{b \to +\infty} \arctan b = \frac{\pi}{2},$$

故

$$\int_{-\infty}^{+\infty} \frac{\mathrm{d}x}{1+x^2} = \int_{-\infty}^0 \frac{\mathrm{d}x}{1+x^2} + \int_0^{+\infty} \frac{\mathrm{d}x}{1+x^2}$$

$$= \lim_{a \to -\infty} \int_a^0 \frac{\mathrm{d}x}{1+x^2} + \lim_{b \to +\infty} \int_0^b \frac{\mathrm{d}x}{1+x^2}$$

$$= \frac{\pi}{2} + \frac{\pi}{2} = \pi.$$ ■

例 5.22 证明广义积分 $\int_a^{+\infty} \dfrac{\mathrm{d}x}{x^p}$ $(a>0)$ 当 $p>1$ 时收敛,当 $p \leqslant 1$ 时发散.

证 当 $p>1$ 时,

$$\lim_{b \to +\infty} \int_a^b \frac{\mathrm{d}x}{x^p} = \lim_{b \to +\infty} \left(\frac{b^{1-p}}{1-p} - \frac{a^{1-p}}{1-p} \right) = \frac{a^{1-p}}{p-1},$$

即 $\int_a^{+\infty} \dfrac{\mathrm{d}x}{x^p} (a>0)$ 当 $p>1$ 时收敛.

当 $p=1$ 时,

$$\lim_{b \to +\infty} \int_a^b \frac{\mathrm{d}x}{x^p} = \lim_{b \to +\infty} \ln x \big|_a^b = \lim_{b \to +\infty} \ln b - \ln a = +\infty,$$

即 $\int_a^{+\infty} \dfrac{\mathrm{d}x}{x^p} (a>0)$ 当 $p=1$ 时发散.

当 $p<1$ 时,

$$\lim_{b \to +\infty} \int_a^b \frac{\mathrm{d}x}{x^p} = \lim_{b \to +\infty} \frac{x^{1-p}}{1-p} \Big|_a^b = \lim_{b \to +\infty} \left(\frac{b^{1-p}}{1-p} - \frac{a^{1-p}}{1-p} \right) = +\infty,$$

即 $\int_a^{+\infty} \dfrac{\mathrm{d}x}{x^p}$ $(a>0)$ 当 $p<1$ 时发散. ■

5.4.2 无界函数的广义积分

定义 5.4 设函数 $f(x)$ 在 $(a,b]$ 上连续且 $\lim\limits_{x \to a^+} f(x) = \infty$,任取 $\varepsilon > 0$,若极限

$$\lim_{\varepsilon \to 0^+} \int_{a+\varepsilon}^b f(x) \mathrm{d}x$$

存在,则称广义积分 $\int_a^b f(x) \mathrm{d}x$ 收敛;若上述极限不存在,则称广义积分 $\int_a^b f(x) \mathrm{d}x$ 发散.

类似地,设函数 $f(x)$ 在 $[a,\ b)$ 上连续且 $\lim\limits_{x\to b^-}f(x)=\infty$,任取 $\varepsilon>0$,若极限

$$\lim_{\varepsilon\to0^+}\int_a^{b-\varepsilon}f(x)\mathrm{d}x$$

存在,则定义广义积分 $\displaystyle\int_a^b f(x)\mathrm{d}x=\lim_{\varepsilon\to0^+}\int_a^{b-\varepsilon}f(x)\mathrm{d}x$. 此时,也称广义积分 $\displaystyle\int_a^b f(x)\mathrm{d}x$ 收敛;否则,称广义积分 $\displaystyle\int_a^b f(x)\mathrm{d}x$ 发散.

设函数 $f(x)$ 在 $[a,b]$ 上除点 $c(a<c<b)$ 外连续且 $\lim\limits_{x\to c}f(x)=\infty$,若广义积分

$$\int_a^c f(x)\mathrm{d}x\quad\text{与}\quad\int_c^b f(x)\mathrm{d}x$$

均收敛,则定义

$$\int_a^b f(x)\mathrm{d}x=\int_a^c f(x)\mathrm{d}x+\int_c^b f(x)\mathrm{d}x$$

$$=\lim_{\varepsilon\to0^+}\int_a^{c-\varepsilon}f(x)\mathrm{d}x+\lim_{\varepsilon\to0^+}\int_{c+\varepsilon}^b f(x)\mathrm{d}x,$$

并称广义积分 $\displaystyle\int_a^b f(x)\mathrm{d}x$ 收敛;否则,称广义积分 $\displaystyle\int_a^b f(x)\mathrm{d}x$ 发散.

例 5.23　计算广义积分 $\displaystyle\int_0^a\frac{\mathrm{d}x}{\sqrt{a^2-x^2}}(a>0)$.

解　因为被积函数在 $[0,a)$ 内连续且 $\lim\limits_{x\to a^-}f(x)=\infty$,故

$$\text{原式}=\lim_{\varepsilon\to0^+}\int_0^{a-\varepsilon}\frac{\mathrm{d}x}{\sqrt{a^2-x^2}}=\lim_{\varepsilon\to0^+}\arcsin\frac{x}{a}\Big|_0^{a-\varepsilon}$$

$$=\lim_{\varepsilon\to0^+}\arcsin\frac{a-\varepsilon}{a}=\frac{\pi}{2}.$$ ■

例 5.24　讨论广义积分 $\displaystyle\int_{-1}^1\frac{\mathrm{d}x}{x^2}$ 的敛散性.

解　因为被积函数 $f(x)=\dfrac{1}{x^2}$ 在 $[-1,1]$ 上除 $x=0$ 外连续且 $\lim\limits_{x\to0}f(x)=\infty$,又由于

$$\lim_{\varepsilon\to0^+}\int_{-1}^{0-\varepsilon}\frac{\mathrm{d}x}{x^2}=\lim_{\varepsilon\to0^+}\left(-\frac{1}{x}\right)\Big|_{-1}^{-\varepsilon}=\lim_{\varepsilon\to0^+}\left(\frac{1}{\varepsilon}-1\right)=+\infty,$$

故广义积分 $\displaystyle\int_{-1}^0\frac{\mathrm{d}x}{x^2}$ 发散,从而广义积分 $\displaystyle\int_{-1}^1\frac{\mathrm{d}x}{x^2}$ 发散. ■

注 5.1　在例 5.24 中,如果疏忽了 $x=0$ 是被积函数的无穷间断点,就有可能得出错误结论. 例如,

$$\int_{-1}^1\frac{\mathrm{d}x}{x^2}=\left(-\frac{1}{x}\right)\Big|_{-1}^1=-1-1=-2.$$

例 5.25　证明 $\displaystyle\int_a^b\frac{\mathrm{d}x}{(x-a)^q}$ 当 $q<1$ 时收敛,当 $q\geqslant1$ 时发散.

证　由于

$$\int_a^b \frac{\mathrm{d}x}{(x-a)^q} = \lim_{\varepsilon \to 0^+} \int_{a+\varepsilon}^b \frac{\mathrm{d}x}{(x-a)^q},$$

故先计算积分 $\int_{a+\varepsilon}^b \frac{\mathrm{d}x}{(x-a)^q}(\varepsilon > 0)$.

当 $q=1$ 时,

$$\int_{a+\varepsilon}^b \frac{\mathrm{d}x}{(x-a)^q} = \ln|x-a| \Big|_{a+\varepsilon}^b = \ln(b-a) - \ln\varepsilon;$$

当 $q \neq 1$ 时,

$$\int_{a+\varepsilon}^b \frac{\mathrm{d}x}{(x-a)^q} = \frac{(x-a)^{1-q}}{1-q} \Big|_{a+\varepsilon}^b = \frac{(b-a)^{1-q}}{1-q} - \frac{\varepsilon^{1-q}}{1-q},$$

故

$$\lim_{x \to \infty} \int_{a+\varepsilon}^b \frac{\mathrm{d}x}{(x-a)^q} = \begin{cases} +\infty, & q=1, \\ \dfrac{1}{1-q}(b-a)^{1-q}, & q<1, \\ +\infty, & q>1. \end{cases}$$

于是当 $q<1$ 时,所讨论的广义积分收敛,其值为 $\dfrac{1}{1-q}(b-a)^{1-q}$;当 $q \geqslant 1$ 时,所讨论的广义积分发散. ■

5.4.3 Γ 函数与 B 函数

定义 5.5 函数 $\Gamma(\alpha) = \displaystyle\int_0^{+\infty} x^{\alpha-1} \mathrm{e}^{-x} \mathrm{d}x \,(\alpha > 0)$ 称为 Γ 函数,其定义域为 $(0, +\infty)$. Γ 函数有如下两个性质.

(1) Γ 函数在区间 $(0, +\infty)$ 上连续;

(2) 递推公式:$\forall \alpha > 0$ 有

$$\Gamma(\alpha+1) = \alpha\Gamma(\alpha);$$

特别地,当 $\alpha = n (n \in \mathbf{N})$ 时,有

$$\Gamma(n+1) = n\Gamma(n) = n(n-1)\Gamma(n-1) = \cdots$$
$$= n(n-1)\cdots 2 \cdot 1\Gamma(1),$$

而 $\Gamma(1) = \displaystyle\int_0^{+\infty} \mathrm{e}^{-x} \mathrm{d}x = 1$,即

$$\Gamma(n+1) = n! = \int_0^{+\infty} x^n \mathrm{e}^{-x} \mathrm{d}x.$$

这是 $n!$ 的一个分析表达式. 所以对任意正整数 n 有 $\Gamma(n+1) = n!$,从而可以把 Γ 函数看成是阶乘的推广.

定义 5.6 函数

$$\mathrm{B}(p, q) = \int_0^1 x^{p-1}(1-x)^{q-1} \mathrm{d}x$$

称为 B 函数(贝塔函数),其定义域为区域 $D = \{0 < p < +\infty, 0 < q < +\infty\}$. B 函数有如

下三个性质：

(1) 对称性：$B(p,q)=B(q,p)$；

(2) 递推公式：$\forall\, p>0, q>1$ 有

$$B(p,q)=\frac{q-1}{p+q-1}B(p,q-1);$$

特别地，当 $p=m, q=n(m,n\in\mathbf{N})$ 时，Γ 函数与 B 函数有如下关系：

$$B(m,n)=\frac{\Gamma(m)\Gamma(n)}{\Gamma(m+n)};$$

(3) 对于任意的 $p>0, q>0$，

$$B(p,q)=2\int_0^{\frac{\pi}{2}}\cos^{2p-1}\varphi\sin^{2q-1}\varphi\mathrm{d}\varphi.$$

由性质(3)可得到如下几个简单公式：

$$\int_0^{\frac{\pi}{2}}\cos^{2p-1}\varphi\sin^{2q-1}\varphi\mathrm{d}\varphi=\frac{1}{2}B(p,q)=\frac{\Gamma(p)\Gamma(q)}{2\Gamma(p+q)}, \tag{5.4}$$

$$\int_0^{\frac{\pi}{2}}\sin^n\varphi\mathrm{d}\varphi=\frac{\Gamma\left(\dfrac{n+1}{2}\right)\Gamma\left(\dfrac{1}{2}\right)}{2\Gamma\left(\dfrac{n}{2}+1\right)}. \tag{5.5}$$

在式(5.5)中，令 $n=0$ 有

$$\int_0^{\frac{\pi}{2}}\mathrm{d}\varphi=\frac{\Gamma\left(\dfrac{1}{2}\right)\Gamma\left(\dfrac{1}{2}\right)}{2\Gamma(1)}=\frac{1}{2}\left[\Gamma\left(\frac{1}{2}\right)\right]^2,$$

即

$$\Gamma\left(\frac{1}{2}\right)=\sqrt{\pi}. \tag{5.6}$$

例 5.26 求概率积分 $\displaystyle\int_0^{+\infty}\mathrm{e}^{-x^2}\mathrm{d}x$ 和 $\displaystyle\int_{-\infty}^{+\infty}\mathrm{e}^{-x^2}\mathrm{d}x$.

解 设 $x^2=t$，则 $\mathrm{d}x=\dfrac{\mathrm{d}t}{2\sqrt{t}}$，于是有

$$\int_0^{+\infty}\mathrm{e}^{-x^2}\mathrm{d}x=\frac{1}{2}\int_0^{+\infty}t^{-\frac{1}{2}}\mathrm{e}^{-t}\mathrm{d}t=\frac{1}{2}\Gamma\left(\frac{1}{2}\right)=\frac{\sqrt{\pi}}{2},$$

$$\int_{-\infty}^{+\infty}\mathrm{e}^{-x^2}\mathrm{d}x=2\int_0^{+\infty}\mathrm{e}^{-x^2}\mathrm{d}x=\sqrt{\pi}. \qquad\blacksquare$$

例 5.27 证明 $\displaystyle\int_0^1\frac{\mathrm{d}x}{\sqrt{1-x^4}}\cdot\int_0^1\frac{x^2\mathrm{d}x}{\sqrt{1-x^4}}=\frac{\pi}{4}$.

证 设 $t=x^4$，则 $\mathrm{d}x=\dfrac{1}{4}t^{-\frac{3}{4}}\mathrm{d}t$，于是有

$$\int_0^1\frac{\mathrm{d}x}{\sqrt{1-x^4}}\cdot\int_0^1\frac{x^2\mathrm{d}x}{\sqrt{1-x^4}}=\frac{1}{4}\int_0^1 t^{-\frac{3}{4}}(1-t)^{-\frac{1}{2}}\mathrm{d}t\cdot\frac{1}{4}\int_0^1 t^{-\frac{1}{4}}(1-t)^{-\frac{1}{2}}\mathrm{d}t$$

$$= \frac{1}{4} B\left(\frac{1}{4}, \frac{1}{2}\right) \cdot \frac{1}{4} B\left(\frac{3}{4}, \frac{1}{2}\right)$$

$$= \frac{1}{16} \frac{\Gamma\left(\frac{1}{4}\right)\Gamma\left(\frac{1}{2}\right)}{\Gamma\left(\frac{3}{4}\right)} \cdot \frac{\Gamma\left(\frac{3}{4}\right)\Gamma\left(\frac{1}{2}\right)}{\Gamma\left(\frac{5}{4}\right)}$$

$$= \frac{1}{16} \frac{\Gamma\left(\frac{1}{4}\right)\Gamma\left(\frac{1}{2}\right)\Gamma\left(\frac{3}{4}\right)\Gamma\left(\frac{1}{2}\right)}{\Gamma\left(\frac{3}{4}\right) \cdot \frac{1}{4}\Gamma\left(\frac{1}{4}\right)}$$

$$= \frac{1}{4}\left[\Gamma\left(\frac{1}{2}\right)\right]^2 = \frac{\pi}{4}. \qquad ■$$

习 题 5.4

1. 判断下列各广义积分的敛散性,若收敛,求其值:

(1) $\int_1^{+\infty} \frac{1}{\sqrt{x}} dx$;

(2) $\int_0^{+\infty} xe^{-x} dx$;

(3) $\int_2^{+\infty} \frac{dx}{x^2 + x - 2}$;

(4) $\int_{-\infty}^{+\infty} \frac{dx}{x^2 + 2x + 2}$;

(5) $\int_0^1 \frac{1}{\sqrt{1-x}} dx$;

(6) $\int_{-1}^0 \frac{1}{\sqrt{1-x^2}} dx$;

(7) $\int_0^1 \ln\frac{1}{1-x^2} dx$;

(8) $\int_0^1 \frac{\arcsin x}{\sqrt{1-x^2}} dx$.

2. 当 k 为何值时,广义积分 $\int_2^{+\infty} \frac{1}{x(\ln x)^k} dx$ 收敛? 当 k 为何值时,这个广义积分发散?

3. 讨论广义积分 $\int_1^2 \frac{1}{(x-1)^\alpha} dx (\alpha > 0)$ 的敛散性,若收敛,求其值.

4. 用 Γ 函数与 B 函数求下列广义积分:

(1) $\int_0^{+\infty} \frac{x^2}{1+x^4} dx$;

(2) $\int_0^{\frac{\pi}{2}} \sin^6 x \cos^4 x dx$;

总 习 题 五

1. 求下列定积分:

(1) $\int_{-1}^3 (3x^2 - 2x + 1) dx$;

(2) $\int_0^{\frac{\pi}{3}} \tan x dx$;

(3) $\int_1^e \dfrac{2+\ln x}{x}\mathrm{d}x$;

(4) $\int_1^5 \dfrac{\sqrt{x-1}}{x}\mathrm{d}x$;

(5) $\int_{-1}^1 \dfrac{\tan x}{\sin^2 x+1}\mathrm{d}x$;

(6) $\int_0^{\ln 2} \sqrt{\mathrm{e}^x-1}\,\mathrm{d}x$;

(7) $\int_0^1 \sqrt{(1-x^2)^3}\,\mathrm{d}x$;

(8) $\int_0^1 x^2 \mathrm{e}^{-x}\mathrm{d}x$;

(9) $\int_1^2 \dfrac{\sqrt{x^2-1}}{x}\mathrm{d}x$;

(10) $\int_{\frac{\pi}{2}}^{\pi} \sqrt{1-\sin^2 x}\,\mathrm{d}x$.

2. 求下列极限:

(1) $\lim\limits_{x\to 0} \dfrac{\displaystyle\int_0^x \cos^2 t\,\mathrm{d}t}{x}$;

(2) $\lim\limits_{x\to 0} \dfrac{1}{x}\displaystyle\int_0^x \dfrac{1-\cos t}{t}\mathrm{d}t$;

(3) $\lim\limits_{x\to a} \dfrac{x}{x-a}\displaystyle\int_a^x f(t)\,\mathrm{d}t$,其中 $f(t)$ 连续;

(4) $\lim\limits_{x\to+\infty} \dfrac{\displaystyle\int_0^x (\arctan t)^2\,\mathrm{d}t}{\sqrt{x^2+1}}$.

3. 设 $f(x)$ 在区间 $[a,b]$ 上连续且 $f(x)>0$,

$$F(x)=\int_a^x f(t)\,\mathrm{d}t+\int_b^x \frac{\mathrm{d}t}{f(t)}, \quad x\in[a,b].$$

证明

(1) 函数 $F(x)$ 在区间 $[a,b]$ 上单调增加;

(2) 方程 $F(x)=0$ 在 (a,b) 中有且只有一个根.

4. 计算下列广义积分:

(1) $\int_0^{+\infty} \dfrac{\arctan x}{(1+x^2)^{\frac{3}{2}}}\mathrm{d}x$;

(2) $\int_0^{+\infty} \dfrac{\mathrm{d}x}{(1+x^2)(1+x^\alpha)}\ (\alpha>0)$;

(3) $\int_0^1 \dfrac{x}{\sqrt{1-x^2}}\mathrm{d}x$.

第6章　定积分的应用

本章中,将应用定积分理论来分析和解决一些几何、物理中的问题.通过一些实例,建立计算这些几何、物理量的公式,同时介绍和解决这类问题的一种重要分析方法——微元法.

6.1　定积分的微元法

在定积分的应用研究中,经常采用所谓微元法.下面将说明这种方法的基本思想.

首先回顾利用定积分来讨论曲边梯形面积的方法及步骤.设 $f(x)$ 在区间 $[a,b]$ 上连续且 $f(x)\geqslant0$,求以 $f(x)$ 为曲边,以 $[a,b]$ 为底边的曲边梯形的面积 σ.

(1) 对区间 $[a,b]$ 作一个分割,即用任意一组分点将区间 $[a,b]$ 分成长度为 $\Delta x_i(i=1,2,\cdots,n)$ 的 n 个小区间,相应的曲边梯形被分成 n 个"小曲边梯形",记第 i 个小曲边梯形的面积为 $\Delta\sigma_i$;

(2) 对每个小曲边梯形,利用"较简单"的小矩形的面积来近似代替 $\Delta\sigma_i$,得到 $\Delta\sigma_i$ 的近似值

$$\Delta\sigma_i\approx f(\xi_i)\Delta x_i;$$

(3) 将 n 个小曲边梯形的面积的近似值和作为所求曲边梯形的面积 σ 的近似值,即

$$\sigma=\sum_{i=1}^{n}\Delta\sigma_i\approx\sum_{i=1}^{n}f(\xi_i)\Delta x_i;$$

(4) 当区间 $[a,b]$ 的分割很细密,即每个小区间的长度 $\Delta x_i\to0$ 时(此时,小矩形的面积也就趋于小曲边梯形的面积),所求曲边梯形的面积就是相应的小矩形的面积和的极限值,故当 $\lambda=\max\{\Delta x_1,\Delta x_2,\cdots,\Delta x_n\}\to0$ 时有

$$\sigma=\lim_{\lambda\to0}\sum_{i=1}^{n}f(\xi_i)\Delta x_i=\int_a^b f(x)\mathrm{d}x.$$

从上述利用定积分解决曲边梯形面积问题的思想和过程来看,

(1) 定积分是分布在区间上的整体量,由于整体是由局部组成的,所以将实际问题抽象为定积分,必须从整体着眼,从局部入手,这里所说的"局部"不是分法中的小区间,而是这种小区间在极限过程 $(\lambda\to0)$ 中缩小的相当细微的部分;

(2) 用定积分来解决的实际问题中的所求量可分成部分量之和;

(3) 用定积分来解决所求量,实际上可抽象地看成无穷多个细密部分的累加——"连续作和".

一般地,如果某一实际问题中所求量符合下列条件:

(1) U 是与一个变量 x 的变化区间 $[a, b]$ 有关的量.

(2) 如果把区间 $[a, b]$ 分成许多长为 Δx_i 的部分区间, 相应地, 也将 U 分成许多部分 ΔU_i, 则 U 应等于所有部分量之和.

满足条件(1), (2)的量 U 称为对区间 $[a, b]$ 具有可加性.

(3) 部分量 ΔU_i 可近似地表为 $f(\xi_i)\Delta x_i$.

在上述条件下, 所说的量 U 就可考虑用定积分来计算, 其步骤如下:

(1) 根据总量的具体情况, 选取一个变量为积分变量(如 x), 并确定它的变化区间.

(2) 设想把区间 $[a, b]$ 分成 n 个小区间, 取其中任一个细小区间, 并记作 $[x, x+\mathrm{d}x]$, 其区间长为 $\mathrm{d}x$, 求出相应于这个小区间的部分量 ΔU 的近似值. 如果 ΔU 能近似地表示成 $[a, b]$ 上一个连续函数在 x 处的函数值 $f(x)$ 与 $\mathrm{d}x$ 之积, 则称 $f(x)\mathrm{d}x$ 为量 U 的微元, 记作 $\mathrm{d}U = f(x)\mathrm{d}x$.

(3) 以所求量 U 的微元 $f(x)\mathrm{d}x$ 为被积表达式, 在区间 $[a, b]$ 上作定积分, 则有

$$U = \int_a^b f(x)\mathrm{d}x.$$

这个方法通常叫做微元法.

在本章各节中, 将应用这个方法来整体讨论一些几何、物理上的问题.

6.2　定积分在几何上的应用

6.2.1　平面图形的面积

1. 直角坐标情形

在第 5 章中已经知道, 由连续曲线 $y = f(x)$($f(x) \geqslant 0$), x 轴以及直线 $x = a$, $x = b$ ($a < b$) 所围成的曲边梯形(图 5.1)的面积公式为

$$S = \int_a^b f(x)\mathrm{d}x.$$

但在函数变号的情形下, 函数图形的某些部分在 x 轴上方, 而其余部分在 x 轴下方(图 6.1), 由于面积总是非负的实数, 因此, 图形在 x 轴下方的部分的面积应该是

$$\int_c^d |f(x)|\mathrm{d}x.$$

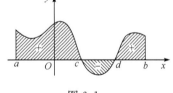

图 6.1

各部分面积的总和就是由曲线 $y = f(x)$, x 轴以及直线 $x = a$, $x = b$ 所围图形的面积.

一般地, 设位于直线 $x = a$, $x = b$ 间的图形, 其边界可表为如下两部分(图 6.2):

$$y = f(x), a \leqslant x \leqslant b, \quad y = g(x), f(x) \geqslant g(x).$$

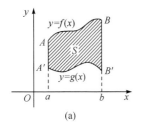
　　(a)

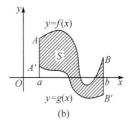
　　(b)

图 6.2

　　在 x 处取宽为 $\mathrm{d}x$ 的一狭条,其面积微元 $\mathrm{d}S$ 可看成是以 $\mathrm{d}x$ 为宽,以 $f(x)-g(x)$ 为长的矩形,所以

$$\mathrm{d}S=[f(x)-g(x)]\mathrm{d}x.$$

把这些面积微元从 $x=a$ 到 $x=b$ "加起来",即从 a 到 b 对 x 积分得

$$S=\int_a^b[f(x)-g(x)]\mathrm{d}x. \tag{6.1}$$

　　如果 $y=f(x),y=g(x)(a\leqslant x\leqslant b)$,如图 6.3 所示,则所围图形的面积为

$$S=\int_a^b\mid f(x)-g(x)\mid\mathrm{d}x.$$

　　如果边界曲线是自变量 y 的单值函数(图 6.4),即 $x=\varphi(y),x=\psi(y)(c\leqslant y\leqslant d)$,并且 $\varphi(y)\leqslant\psi(y)$(即曲线 $x=\psi(y)$ 在 $x=\varphi(y)$ 的右边),则

$$S=\int_c^d[\psi(y)-\varphi(y)]\mathrm{d}y. \tag{6.2}$$

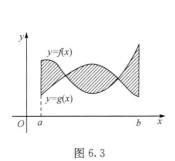

图 6.3

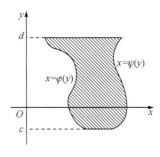

图 6.4

　　在一般情况下,平面上任意曲线所围成的平面图形都可以看成是由若干个上述两种类型的图形组成的. 例如,如图 6.5 所示的图形可以分成三部分,而每一部分都可以用式(6.1)或(6.2)来计算.

　　例 6.1　计算由两条抛物线 $y=x^2,y^2=x$ 所围成的图形的面积.

　　解　这两条抛物线所围成的图形如图 6.6 所示,

由 $\begin{cases}y=x^2,\\y^2=x\end{cases}$

可得交点为 $(0,0),(1,1)$,从而它们所围成的图形在直线 $x=0$ 与 $x=1$

图 6.5

之间. 取横坐标 x 为积分变量,其变化范围为 $[0,1]$. 在区间 $[0,1]$ 上,任取一小区间 $[x,x+dx]$,这个小区间相应的那一部分面积近似地等于高为 $\sqrt{x}-x^2$,底为 dx 的小矩形的面积(图 6.1),从而得出面积微元为

$$dS=(\sqrt{x}-x^2)dx.$$

于是以 $(\sqrt{x}-x^2)dx$ 为被积表达式,在 $[0,1]$ 上作定积分即可得出所求面积为

$$S=\int_0^1(\sqrt{x}-x^2)dx=\left(\frac{2}{3}x^{\frac{3}{2}}-\frac{x^3}{3}\right)\Big|_0^1=\frac{1}{3}. \blacksquare$$

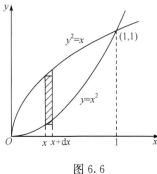

图 6.6

例 6.2 求由两条曲线 $y=x^2$, $y=\dfrac{x^2}{4}$ 及直线 $y=1$ 在第一象限围成的平面区域的面积.

解 **方法一** 所求平面区域如图 6.7 所示,其积分变量 x 的变化范围是 $[0,2]$. 但应注意到所求平面区域应分成两个部分 S_1 与 S_2. 在区间 $[0,1]$ 上的那一部分平面区域 S_1 是由两曲线 $y=x^2$ 与 $y=\dfrac{x^2}{4}$ 所围成的,在区间 $[1,2]$ 上的那一部分平面区域 S_2 是由两曲线 $y=1$ 与 $y=\dfrac{x^2}{4}$ 所围成的,故由例 6.1 可知

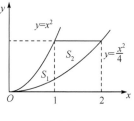

图 6.7

$$S_1=\int_0^1\left(x^2-\frac{1}{4}x^2\right)dx=\frac{1}{4}\int_0^1 3x^2 dx=\frac{1}{4}x^3\Big|_0^1=\frac{1}{4},$$

$$S_2=\int_1^2\left(1-\frac{1}{4}x^2\right)dx=\left(x-\frac{1}{12}x^3\right)\Big|_1^2=\frac{5}{12},$$

从而所求面积为

$$S=S_1+S_2=\frac{1}{4}+\frac{5}{12}=\frac{2}{3}.$$

方法二 如图 6.8 所示,视 y 为自变量,则所求平面区域可看成是由曲线 $x=\sqrt{y}$, $x=2\sqrt{y}$ 与 $y=1$ 所围成的。取 y 为积分变量,其变化范围为 $[0,1]$. 在 $[0,1]$ 上的任一小区间 $[y,y+dy]$ 上,相应的那一部分的面积可近似地等于 $(2\sqrt{y}-\sqrt{y})dy$(图 6.7),即面积微元为

$$dS=(2\sqrt{y}-\sqrt{y})dy,$$

故所求面积为

$$S=\int_0^1(2\sqrt{y}-\sqrt{y})dy=\int_0^1\sqrt{y}dy=\frac{2}{3}. \blacksquare$$

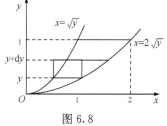

图 6.8

注 6.1 由例 6.2 的两种解法可见,对微元法的积分变量的选取应根据具体情况分析而定,这样有助于计算

的简化.

例 6.3 求抛物线 $y^2=2x$ 与直线 $y=x-4$ 所围成的平面区域的面积.

解 依题意,画出所求平面区域如图 6.9 所示,并求出其交点为 $A(8,4)$,$B(2,-2)$.

(1) 若取 y 为积分变量,则面积元素为

$$dS=\left[(y+4)-\frac{y^2}{2}\right]dy,$$

于是所求面积为

$$S=\int_{-2}^{4}\left[(y+4)-\frac{1}{2}y^2\right]dy=\left.\left(\frac{1}{2}y^2+4y-\frac{1}{6}y^3\right)\right|_{-2}^{4}$$
$$=18.$$

(2) 若取 x 为积分变量,则应将所求区域分成两个部分 S_1 和 S_2,即

$$S_1=\int_{0}^{2}\left[\sqrt{2x}-(-\sqrt{2x})\right]dx,$$
$$S_2=\int_{2}^{8}\left[\sqrt{2x}-(x-4)\right]dx,$$

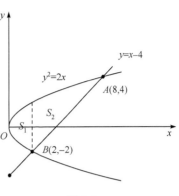

图 6.9

从而所求面积为

$$S=S_1+S_2=2\int_{0}^{2}\sqrt{2x}dx+\int_{2}^{8}(\sqrt{2x}-x+4)dx=18. \quad\blacksquare$$

显然,选择积分变量为 y 要方便一些. 选择用何种变量积分的原则如下:其一是尽量不分"块";其二是被积函数积分容易.

2. **参数方程情形**

设曲边梯形的曲边 $y=f(x)(f(x)\geqslant0,x\in[a,b])$ 由参数方程 $\begin{cases}x=\varphi(t),\\y=\psi(t)\end{cases}$ 给出,若 $\varphi(\alpha)=a,\varphi(\beta)=b$,并且 $x=\varphi(t)$ 在 $[\alpha,\beta]$(或 $[\beta,\alpha]$)上具有连续导数,$y=\psi(t)$ 在 $[\alpha,\beta]$(或 $[\beta,\alpha]$)上连续,则此曲边梯形的面积

$$S=\int_{a}^{b}|f(x)|dx=\int_{\alpha}^{\beta}\psi(t)\varphi'(t)dt.$$

例 6.4 求椭圆 $\dfrac{x^2}{a^2}+\dfrac{y^2}{b^2}=1$ 所围区域的面积.

解 如图 6.10 所示,由对称性知,所求面积 $S=4S_1$,其中 S_1 为该椭圆在第一象限的部分与两坐标轴所围区域的面积,而

$$S_1=\int_{0}^{a}ydx,$$

利用椭圆的参数方程 $\begin{cases}x=a\cos\theta,\\y=b\sin\theta,\end{cases}$ 并利用定积分的换元法,即令

$$\begin{cases}x=a\cos\theta,\\y=b\sin\theta,\end{cases}$$

则

$$S_1 = \int_0^a y\mathrm{d}x = -ab\int_{\frac{\pi}{2}}^0 \sin^2\theta\mathrm{d}\theta = \frac{\pi ab}{4},$$

故

$$S = \pi ab.$$

注 6.2　例 6.4 中,也可取 x 为积分变量,则

$$0 \leqslant x \leqslant a, y = b\sqrt{1 - \frac{x^2}{a^2}}.$$

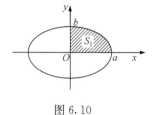

图 6.10

3. 极坐标情形

设曲线 $r = \varphi(\theta)$ 及射线 $\theta = \alpha, \theta = \beta$ 所围成的平面区域(简称曲边扇形)如图 6.11 所示,求此曲边扇形的面积,其中 $r = r(\theta)$ 在 $[\alpha, \beta]$ 上连续,并且 $\varphi(\theta) \geqslant 0$.

取 θ 为积分变量,其变化范围为 $[\alpha, \beta]$,相应于任一小区间 $[\theta, \theta + \mathrm{d}\theta]$ 的小曲边扇形(图 6.11 中的阴影部分)的面积都可以用半径为 $r = \varphi(\theta)$,中心角为 $\mathrm{d}\theta$ 的小扇形面积来近似代替,从而曲边扇形的面积微元为

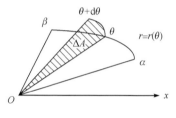

$$\mathrm{d}S = \frac{1}{2}r^2\mathrm{d}\theta = \frac{1}{2}[\varphi(\theta)]^2\mathrm{d}\theta,$$

于是所求曲边扇形的面积为

图 6.11

$$S = \frac{1}{2}\int_\alpha^\beta [\varphi(\theta)]^2\mathrm{d}\theta.$$

例 6.5　计算阿基米德螺线 $r = a\theta(a > 0)$ 上相应于 θ 从 0 变到 2π 的一段弧与极轴所围成的图形的面积.

解　如图 6.12 所示,所求图形是一个曲边扇形,从而

$$\mathrm{d}S = \frac{1}{2}r^2\mathrm{d}\theta,$$

于是所求面积为

$$S = \frac{1}{2}\int_0^{2\pi}(a\theta)^2\mathrm{d}\theta = \frac{a^2}{2}\cdot\frac{\theta^3}{3}\Big|_0^{2\pi} = \frac{4}{3}a^2\pi^2. \qquad\blacksquare$$

例 6.6　求双纽线 $r^2 = a^2\cos2\theta(a > 0)$ 所围成的区域(图 6.13)的面积.

解　因为双纽线关于两条坐标轴都对称,故双纽线所围成的区域的面积是第一象限那部分 $r^2 = a^2\cos2\theta\left(0 < \theta < \dfrac{\pi}{4}\right)$ 所围成的区域的面积的 4 倍,而在第一象限中,故所求面积为

$$S = 4\cdot\frac{1}{2}\int_0^{\frac{\pi}{4}}r^2\mathrm{d}\theta = 2a^2\int_0^{\frac{\pi}{4}}\cos2\theta\mathrm{d}\theta = a^2. \qquad\blacksquare$$

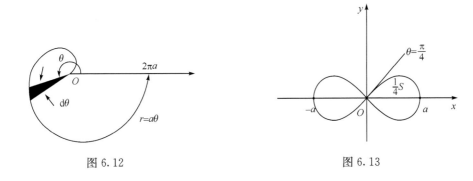

图 6.12　　　　　　　　　　　　　　　　　图 6.13

6.2.2　体积

1. 旋转体的体积

由一平面图形绕该平面内一条直线旋转一周而成的立体称为**旋转体**,其中这条直线称为**旋转轴**. 例如,圆柱体、圆锥体、球体,可分别看成由矩形分别绕它的一条边、直角三角形绕它的直角边、半圆绕它的直径旋转一周而成的旋转体.

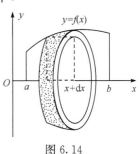

下面考虑用定积分来计算旋转体的体积. 设立体是以连续曲线 $y=f(x)$,直线 $x=a$,$x=b$ 以及 x 轴所围成的平面图形绕 Ox 轴旋转而成的旋转体(图 6.14),求其体积 V.

取 x 为积分变量,其变化区间为 $[a,b]$. 在 $[a,b]$ 上,取任意区间 $[x,x+dx]$,相应的小曲边梯形绕 x 轴旋转而成的薄扁旋转体的体积可以近似地看成是以 $y=f(x)$ 为底半径,以 dx 为高的扁圆柱体的体积,即体积微元 $dV=\pi[f(x)]^2dx$,从而得到所求旋转体的体积公式为

图 6.14

$$V = \pi\int_a^b [f(x)]^2\,dx.$$

类似地,若立体是以连续曲线 $x=\varphi(y)$,直线 $y=c$,$y=d$ 及 y 轴所围成的平面图形绕 Oy 轴旋转而成的旋转体,则其体积公式为

$$V = \pi\int_c^d [\varphi(y)]^2\,dy.$$

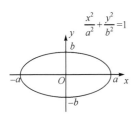

图 6.15

例 6.7　求椭圆 $\dfrac{x^2}{a^2}+\dfrac{y^2}{b^2}=1$ 分别绕 x 轴与 y 轴旋转而得的旋转体的体积.

解　记椭圆绕 x 轴旋转而得的旋转体的体积为 V_x,则所求旋转体也可视为是由上半椭圆 $\dfrac{x^2}{a^2}+\dfrac{y^2}{b^2}=1\ (y\geqslant 0)$(图 6.15)绕 x 轴旋转一周而得的,故

$$V_x = \pi \int_{-a}^{a} y^2 \, dx$$

$$= \pi \int_{-a}^{a} \frac{b^2}{a^2}(a^2 - x^2) \, dx$$

$$= \frac{4}{3}\pi a b^2.$$

同理,椭圆绕 y 轴旋转而得的旋转体的体积为

$$V_y = \pi \int_{-b}^{b} x^2 \, dy$$

$$= \pi \int_{-b}^{b} \frac{b^2}{a^2}(b^2 - y^2) \, dy$$

$$= \frac{4}{3}\pi a^2 b.$$ ■

2. 平行截面面积为已知的立体体积

从计算旋转体的体积的方法可以看到,对一个立体,如果已知该立体上垂直于一定轴的各个截面的面积,那么这个立体的体积就可以用定积分来计算.

如图 6.16 所示,取上述定轴为 x 轴,并假设该立体介于平面 $x=a, x=b$ 之间,$A(x)$ 表示过点 $x(a \leqslant x \leqslant b)$ 且垂直于 x 轴的截面面积.倘若 $A(x)$ 在 $[a,b]$ 上连续,计算这个立体的面积.

取 x 为积分变量,其变化区间为 $[a,b]$.在 $[a,b]$ 上任意一小区间 $[x, x+dx]$ 相应的一薄片的体积可近似地看成底面积为 $A(x)$,高为 dx 的小柱体的体积,即体积微元为 $dV = A(x)dx$,则所求立体的体积计算公式为

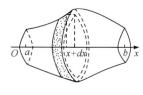

图 6.16

$$V = \int_{a}^{b} A(x) \, dx.$$

例 6.8 证明底面积为 Q,高为 h 的圆锥体的体积为 $V = \dfrac{1}{3}Qh$.

证 如图 6.17 所示,建立坐标系,则 $0 \leqslant x \leqslant h$.下面先计算过点 x 且垂直于 x 轴的圆锥体的截面面积 $A(x)$.

由初等几何可知,$\dfrac{A(x)}{Q} = \dfrac{x^2}{h^2}$(面积比等于相似比的平方),

于是 $A(x) = \dfrac{Q}{h^2}x^2$,从而所求圆锥体的体积为

$$V = \int_{0}^{h} A(x) \, dx = \int_{0}^{h} \frac{Q}{h^2}x^2 \, dx = \frac{1}{3}Qh.$$ ■

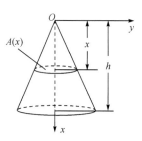

图 6.17

例 6.9 一平面经过半径为 R 的圆柱体的底圆中心,并与底面交成角 α(图 6.18),试计算这个平面截圆柱体所得立体的体积.

解　如图 6.18 所示,选取坐标系,则积分变量 x 的变化区间为 $[-R,R]$. 在 $[-R,R]$ 中任取一点 x,并记 $A(x)$ 是经过 x 且垂直于 x 轴的截面面积. 显然,所得截面为直角三角形,其面积为

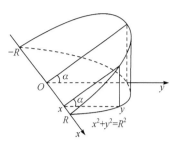

$$A(x)=\frac{1}{2}\sqrt{R^2-x^2}\cdot\sqrt{R^2-x^2}\tan\alpha$$
$$=\frac{1}{2}(R^2-x^2)\tan\alpha,$$

故

图 6.18

$$V=\frac{1}{2}\tan\alpha\int_{-R}^{R}(R^2-x^2)\mathrm{d}x=\frac{2}{3}R^3\tan\alpha.\qquad\blacksquare$$

6.2.3　平面曲线的弧长

从刘徽的割圆术可知,圆的周长等于圆的内接正 n 边形的周长当 $n\rightarrow\infty$ 时的极限. 现在用类似的方法来建立平面的连续曲线弧长的概念,并应用定积分来计算其弧长.

设有平面曲线弧长 $\overset{\frown}{AB}$(图 6.19),在弧 $\overset{\frown}{AB}$ 上任取分点 $A=M_0,M_1,M_2,\cdots,M_{n-1},M_n=B$,并依次连接相邻分点而得到一内接折线. 当分点数目无限增加且每一小段 $\overline{M_{i-1}M_i}$ 都缩向一点时,若此折线长 $\sum\limits_{i=1}^{n}|\overline{M_{i-1}M_i}|$ 的极限存在,则称此极限为曲线弧 $\overset{\frown}{AB}$ 的弧长,同时称曲线弧 $\overset{\frown}{AB}$ 为**可求长的**.

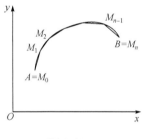

可以证明,**光滑曲线弧一定是可求长的,但连续曲线弧不一定可求长**.

图 6.19

因为光滑曲线弧可求长,故下面用微元法对曲线方程分别是直角坐标方程、参数方程和极坐标方程的情形讨论其弧长的计算.

1.　直角坐标方程的情形

设曲线弧 $\overset{\frown}{AB}$ 由直角坐标方程 $y=f(x)(a\leqslant x\leqslant b)$ 给出,其中 $f(x)$ 在 $[a,b]$ 上具有一阶连续导数,求这段曲线弧的长度.

如图 6.20 所示,选取 x 为积分变量,则 $a\leqslant x\leqslant b$,并在 $[a,b]$ 中任取一小区间 $[x,x+\mathrm{d}x]$,相应的小弧段 $\overset{\frown}{MN}$ 的长度可以用点 $M(x,f(x))$ 处的切线上相应的小线段 $\overline{MM'}$ 来近似代替. 又

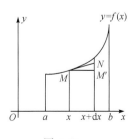

$$\overline{MM'}=\sqrt{(\mathrm{d}x)^2+(\mathrm{d}y)^2},$$

于是弧长微元 $\mathrm{d}s=\sqrt{(\mathrm{d}x)^2+(\mathrm{d}y)^2}$. 注意到 $y=f(x)$,便有 $\mathrm{d}s=\sqrt{1+[f'(x)]^2}\mathrm{d}x$,从而有计算弧 $\overset{\frown}{AB}$ 的长度计算公式

图 6.20

$$s = \int_a^b \sqrt{1 + [f'(x)]^2}\,\mathrm{d}x.$$

例 6.10　计算上半圆弧 $\overset{\frown}{AB}$： $y = \sqrt{R^2 - x^2}\,(-R \leqslant x \leqslant R)$ 的长度．

解　由 $y = \sqrt{R^2 - x^2}$ 得 $y' = \dfrac{-x}{\sqrt{R^2 - x^2}}$，故弧长微元为

$$\mathrm{d}s = \sqrt{1 + \frac{x^2}{R^2 - x^2}}\,\mathrm{d}x = \frac{R\,\mathrm{d}x}{\sqrt{R^2 - x^2}}\,,$$

于是所求弧长为

$$s = \int_{-R}^{R} \frac{R\,\mathrm{d}x}{\sqrt{R^2 - x^2}} = 2R\int_0^R \frac{\mathrm{d}x}{\sqrt{R^2 - x^2}}$$

$$= 2R\int_0^{\frac{\pi}{2}} \frac{\cos t\,\mathrm{d}t}{\sqrt{1 - \sin^2 t}}$$

$$= \pi R.$$ ■

2. 参数方程的情形

设曲线弧由参数方程 $\begin{cases} x = \varphi(t), \\ y = \psi(t) \end{cases} (\alpha \leqslant t \leqslant \beta)$ 给出，其中 $x = \varphi(t)$，$y = \psi(t)$ 在 $[\alpha, \beta]$ 上具有连续导数，现在计算这条曲线的弧长．

同直角坐标方程的情形类似，取 t 为积分变量，其变化区间为 $[\alpha, \beta]$，并在 $[\alpha, \beta]$ 上任一小区间 $[t, t+\mathrm{d}t]$，相应的小弧段的长度(弧长微元)为

$$\mathrm{d}s = \sqrt{(\mathrm{d}x)^2 + (\mathrm{d}y)^2}$$

$$= \sqrt{[\varphi'(t)]^2 + [\psi'(t)]^2}\,\mathrm{d}t,$$

于是所求弧长为

$$s = \int_\alpha^\beta \sqrt{[\varphi'(t)]^2 + [\psi'(t)]^2}\,\mathrm{d}t.$$

例 6.11　求旋轮线(图 6.21)

$$\begin{cases} x = a(t - \sin t), \\ y = a(1 - \cos t) \end{cases}$$

一拱的弧长 $(0 \leqslant t \leqslant 2\pi)$．

解　因为

$$\mathrm{d}s = \sqrt{x'^2 + y'^2}\,\mathrm{d}t = a\sqrt{(1 - \cos t)^2 + \sin^2 t}\,\mathrm{d}t = 2a\sin\frac{t}{2}\,\mathrm{d}t,$$

故

$$s = \int_0^{2\pi} 2a\sin\frac{t}{2}\,\mathrm{d}t = -4a\cos\frac{t}{2}\,\Big|_0^{2\pi}$$

$$= -4a(-1 - 1) = 8a.$$

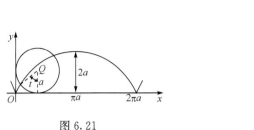

图 6.21

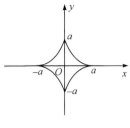

图 6.22

例 6.12　求星形线 $x=a\cos^3 t,y=a\sin^3 t(0\leqslant t\leqslant 2\pi,a>0)$（图 6.22）的全长.

解　由于对称性,星形线的全长等于它在第一象限那一部分的 4 倍. 又

$$x'=-3a\cos^2 t\sin t,\quad y'=3\sin^2 t\cos t,$$

故星形线的全长为

$$s=4\int_0^{\frac{\pi}{2}}\sqrt{x'^2+y'^2}\mathrm{d}t$$

$$=12a\int_0^{\frac{\pi}{2}}\sqrt{\sin^2 t\cos^2 t}\mathrm{d}t$$

$$=12a\int_0^{\frac{\pi}{2}}\sin t\cos t\mathrm{d}t$$

$$=6a.$$ ■

3. 极坐标方程的情形

设曲线弧由极坐标方程 $r=r(\theta)(\alpha\leqslant\theta\leqslant\beta)$ 给出,其中 $r(\theta)$ 在 $[\alpha,\beta]$ 上具有连续导数,计算这条曲线的弧长.

由直角坐标与极坐标的关系,可将极坐标方程 $r=r(\theta)$ 化成以 θ 为参数的方程

$$\begin{cases}x=r(\theta)\cos\theta,\\y=r(\theta)\sin\theta,\end{cases}\quad\alpha\leqslant\theta\leqslant\beta,$$

则

$$\mathrm{d}s=\sqrt{(\mathrm{d}x)^2+(\mathrm{d}y)^2}$$

$$=\sqrt{[r(\theta)]^2+[r'(\theta)]^2}\mathrm{d}\theta,$$

故所求弧长为

$$s=\int_\alpha^\beta\sqrt{[r(\theta)]^2+[r'(\theta)]^2}\mathrm{d}\theta.$$

例 6.13　求心脏线 $r=a(1+\cos\theta)(0\leqslant\theta\leqslant 2\pi,a>0)$（图 6.23）的全长.

解　由于对称性,心脏线的全长等于它在 $[0,\pi]$ 上那一部分的 2 倍. 又

$$\mathrm{d}s=\sqrt{[r(\theta)]^2+[r'(\theta)]^2}\mathrm{d}\theta$$

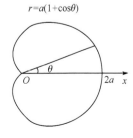

图 6.23

$$= \sqrt{[a(1+\cos\theta)]^2 + (-a\sin\theta)^2}\,\mathrm{d}\theta$$
$$= \sqrt{2}a\,\sqrt{1+\cos\theta}\,\mathrm{d}\theta,$$

故心脏线的全长为

$$s = 2\int_0^\pi \sqrt{2}a\,\sqrt{1+\cos\theta}\,\mathrm{d}\theta$$
$$= 4a\int_0^\pi \sqrt{\cos^2\frac{\theta}{2}}\,\mathrm{d}\theta$$
$$= 4a\int_0^\pi \cos\frac{\theta}{2}\,\mathrm{d}\theta$$
$$= 8a.$$

习 题 6.2

1. 求下列曲线所围成的平面区域的面积:

(1) $y=\sqrt{x}$ 与 $y=x$;　　　　(2) $y=3-x^2$ 与 $y=2x$;

(3) $y=\mathrm{e}^x$,$y=\mathrm{e}^{-x}$ 与 $x=1$;　　(4) $\sqrt{x}+\sqrt{y}=1$,$x=0$ 与 $y=0$;

(5) $y+x=2$,$x=2$ 与 $y=1$;　　(6) $y=\ln x$,$x=0$,$y=\dfrac{1}{2}$ 与 $y=2$.

2. 求由抛物线 $y=-x^2+4x-3$ 及它在点 $A(0,-3)$ 和点 $B(3,0)$ 处的切线所围成的平面区域的面积.

3. 求下列各曲线所围成的平面区域的面积:

(1) $x=a\cos^3 t$,$y=a\sin^3 t$;　　(2) $x=2t-t^2$,$y=2t^2-t^3$;

(3) $y=a(1+\cos\theta)(a>0)$;　　(4) $r=2a\cos\theta$.

4. 求位于曲线 $y=\mathrm{e}^x$ 下方,该曲线过原点的切线的左方以及 x 轴上方之间的图形的面积.

5. 求由摆线 $x=a(t-\sin t)$,$y=a(1-\cos t)$ 的一拱$(0\leqslant t\leqslant 2\pi)$ 与横轴所围成的图形的面积.

6. 求下列曲线围成的区域绕 x 轴旋转所成的旋转体的体积:

(1) $y=x$,$x=4$ 与 $y=0$;　　　(2) $y=x^2$,$x=1$ 与 $y=0$;

(3) $xy=4$,$x=1$,$x=4$ 与 $y=0$;　(4) $y=x^2$ 与 $y=\sqrt{x}$.

7. 求下列已知曲线所围成的图形,按指定的轴旋转所产生的旋转体的体积:

(1) $y=x^2$,$x=y^2$,绕 y 轴;

(2) $x^2+(y-5)^2=16$,绕 x 轴.

8. 求圆盘 $x^2+y^2\leqslant 1$ 绕直线 $x=-1$ 旋转所成的旋转体的体积.

9. 设有一截锥体,其高为 h,上底和下底均为椭圆,其轴长分别为 $2a$,$2b$ 和 $2A$,$2B$,求这个截锥体的体积.

10. 计算曲线 $y=\dfrac{2}{3}x^{\frac{3}{2}}$ 上相应于 x 从 a 到 b 的一段弧的长度.

11. 计算曲线 $y=\dfrac{\sqrt{x}}{3}(3-x)$ 上相应 x 从 1 到 3 的一段弧(图 6.24)的长度.

12. 计算曲线 $y^2=x^3$ 上由 $x=0$ 到 $x=1$ 的一段弧的长度.

13. 计算摆线 $x=a(\theta-\sin\theta),y=a(1-\cos\theta)$ 的一拱 $(0\leqslant\theta\leqslant2\pi)$ 的长度(图 6.25).

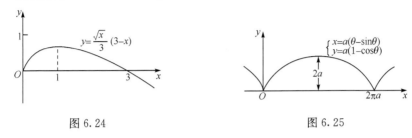

图 6.24　　　　　　　　　　　　　　　图 6.25

14. 计算阿基米德螺线 $r=a\theta(a>0)$ 相应于 θ 从 0 到 2π 的一段弧(图 6.26)的长度.

15. 计算曲线 $r=a\sin^3\dfrac{\theta}{3}$ 的全长 $(a>0)$.

16. 计算圆的渐开线 $\begin{cases}x=a(\cos t+t\sin t),\\ y=a(\sin t-t\cos t)\end{cases}$ 相应于 t 从 0 到 π 的一段弧(图 6.27)的长度.

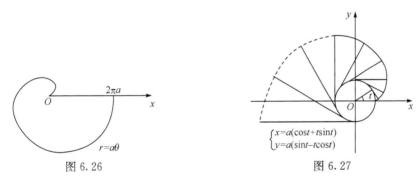

图 6.26　　　　　　　　　　　　　　　图 6.27

6.3　定积分在物理上的应用

在 5.2~5.4 节中,已阐明了定积分在几何方面的一些应用.在物理学方面,定积分的应用也是相当广泛的,如求具有均匀质量分布的平面曲线和平面图形的重心、转动惯量,变力沿直线所做的功等.本节中,将通过例子来阐明对这些物理问题的解决方法.

6.3.1　重心

从物理学可知,若平面上有 n 个质点,它们的质量分别为 $m_1,m_2,\cdots,m_n$,其位置分别为 $m_1(x_1,y_1),m_2(x_2,y_2),\cdots,m_n(x_n,y_n)$,则这一组点的重心 $M(\bar{x},\bar{y})$ 的坐标为

$$\bar{x} = \frac{\sum_{i=1}^{n} x_i m_i}{\sum_{i=1}^{n} m_i}, \quad \bar{y} = \frac{\sum_{i=1}^{n} y_i m_i}{\sum_{i=1}^{n} m_i}.$$

下面将其推广到质量连续分布(曲线、平面图形)的情形.

设具有均匀质量的平面薄板(图 6.28)是由曲线 $y=f(x)$,直线 $x=a$,$x=b$ 和 x 轴所围成的曲边梯形,又设此平面薄板的面密度为常数 μ,计算这个平面薄板的重心.

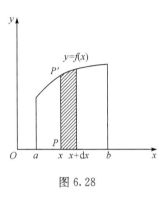

在区间 $[a,b]$ 上任取一小区间 $[x,x+dx]$,相应的小曲边梯形的质量微元为 $dm=\mu \cdot f(x)dx$. 又此平面薄板的质量是均匀的(面密度为常数 μ),故此小曲边梯形薄板对 y 轴及 x 轴的静力矩微元 dm_y, dm_x 分别为

$$dm_y = x \cdot dm = x\mu f(x)dx,$$

$$dm_x = \frac{f(x)}{2}dm = \frac{\mu}{2}f^2(x)dx.$$

图 6.28

由于 dx 很小,并且质量是均匀分布的,所以可以将它们分别看成质量集中于 PP' 的中点 $\left(x, \frac{f(x)}{2}\right)$ 处的质点分别对 y, x 轴的静力矩,从而整个平面薄板对 y, x 轴的静力矩 m_y, m_x 分别为

$$m_y = \mu \int_a^b x f(x)dx, \quad m_x = \frac{\mu}{2}\int_a^b f^2(x)dx.$$

又因此平面薄板的质量为 $m = \mu \int_a^b f(x)dx$,从而此平面薄板的重心坐标 $(\bar{x}, \bar{y})$ 为

$$\bar{x} = \frac{m_y}{m} = \frac{\int_a^b x f(x)dx}{\int_a^b f(x)dx}, \quad \bar{y} = \frac{m_x}{m} = \frac{\frac{1}{2}\int_a^b f^2(x)dx}{\int_a^b f(x)dx}.$$

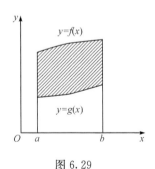

类似地可以得到,若平面薄板由曲线 $y=f(x)$,$y=g(x)$ $(f(x)>g(x))$ 及直线 $x=a$,$x=b$ 所围成(图 6.29),并且面密度为常数,则此平面薄板的重心 $(\bar{x}, \bar{y})$ 为

$$\bar{x} = \frac{\int_a^b x[f(x)-g(x)]dx}{\int_a^b [f(x)-g(x)]dx},$$

图 6.29

$$\bar{y} = \frac{\int_a^b [f^2(x)-g^2(x)]dx}{\int_a^b [f(x)-g(x)]dx}.$$

例 6.14　求半径为 a 的半圆形均匀薄板的重心.

解　取半圆 $\dfrac{2}{3}a^3$ 的底为 x 轴,过圆心作 y 轴垂直于 x 轴建立坐标系(图 6.30). 由图形的对称性知,重心一定在 y 轴上,即 $\overline{x}=0$. 又

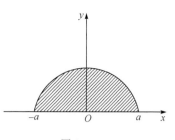

图 6.30

$$
\int_{-a}^{a} f(x)\mathrm{d}x = \int_{-a}^{a}\sqrt{a^2-x^2}\mathrm{d}x = 2\int_{0}^{a}\sqrt{a^2-x^2}\mathrm{d}x
$$

$$
\xlongequal{x=a\sin t} 2a^2\int_{0}^{\frac{\pi}{2}}\cos^2 t\,\mathrm{d}t
$$

$$
= a^2\int_{0}^{\frac{\pi}{2}}(1+\cos 2t)\mathrm{d}t = \frac{a^2\pi}{2}
$$

又因为

$$
\frac{1}{2}\int_{-a}^{a}f^2(x)\mathrm{d}x = \frac{1}{2}\int_{-a}^{a}(a^2-x^2)\mathrm{d}x = \frac{2}{3}a^3,
$$

故

$$
\overline{y} = \frac{\dfrac{1}{2}\displaystyle\int_{-a}^{a}f^2(x)\mathrm{d}x}{\displaystyle\int_{-a}^{a}f(x)\mathrm{d}x} = \frac{\dfrac{2}{3}a^3}{\dfrac{a^2\pi}{2}} = \frac{4a}{3\pi}.
$$

■

6.3.2　转动惯量

已经知道,质量为 $m_1,m_2,\cdots,m_n$ 的质点 $m_i(x_i,y_i)(i=1,2,\cdots,n)$ 构成的质点组,它绕某个轴 L 的转动惯量为

$$
J_L = \sum_{i=1}^{n} m_i r_i^2,
$$

其中 r_i 为点 (x_i,y_i) 到 L 轴的距离. 特别地,当 L 分别为 x 轴和 y 轴时有

$$
J_x = \sum_{i=1}^{n} m_i y_i^2, \quad J_y = \sum_{i=1}^{n} m_i x_i^2.
$$

对于质量连续均匀分布的物体的转动惯量,则可以利用定积分的微元法来计算. 现举例如下.

例 6.15　设有长为 L,质量为 m 的均匀细杆,求杆绕过其一端点且与杆垂直的轴 l 的转动惯量.

解　如图 6.31 所示,建立坐标系. 因为杆的质量分布是均匀的,所以其线密度为 $\mu=\dfrac{m}{L}$. 在 $[0,L]$ 上任取一小区间 $[x,x+\mathrm{d}x]$,并将小段 $[x,x+\mathrm{d}x]$ 视为质量为 $\mu\mathrm{d}x$,并且集中在点 x 处的质点,则相应的转动惯量微元为

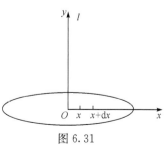

图 6.31

$$\mathrm{d}J=\mu\mathrm{d}x\cdot x^2=\mu x^2\mathrm{d}x,$$

于是所求转动惯量为

$$J=\int_0^L\mu x^2\mathrm{d}x=\frac{1}{3}mL^2.$$ ■

例 6.16 求半径为 r,质量为 m 的均匀圆周,对过圆心且垂直于圆周的轴 L 的转动惯量(图 6.32).

图 6.32

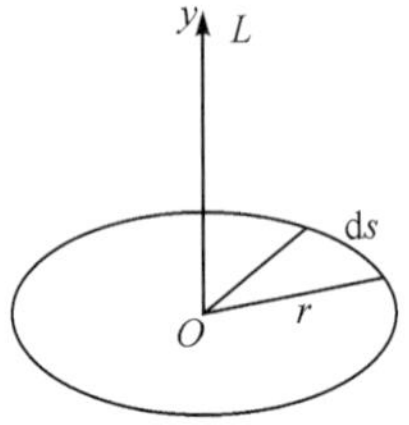

解 由于质量分布是均匀的,所以圆的线密度为 $\mu=\frac{m}{2\pi r}$. 将圆周分为若干小弧段,并将任意一段的弧长记为 $\mathrm{d}s$,则质量为

$$\mathrm{d}m=\mu\mathrm{d}s=\frac{m}{2\pi r}\mathrm{d}s.$$

又圆周的参数方程为

$$\begin{cases}x=r\cos\theta,\\ y=r\sin\theta\end{cases},\quad 0\leqslant\theta\leqslant2\pi$$

故

$$\mathrm{d}s=\sqrt{r^2\sin^2\theta+r^2\cos^2\theta}\mathrm{d}\theta=r\mathrm{d}\theta,$$

从而转动惯量微元

$$\mathrm{d}J=r^2\mu\mathrm{d}s=\frac{m}{2\pi}r^2\mathrm{d}\theta.$$

于是所求转动惯量为

$$J=\int_0^{2\pi}\frac{m}{2\pi}r^2\mathrm{d}\theta=mr^2.$$ ■

例 6.17 求质量为 m,半径为 a 的半圆形均匀薄板对其直径所在轴的转动惯量 .

解 如图 6.33 所示,建立直角坐标系,取圆心为原点,直径所在直线为 x 轴,则半圆形区域 D 为$\{x^2+y^2\leqslant a^2,y\geqslant0\}$. 取 y 为积分变量,则其变化区间为$[0,a]$. 在$[0,a]$上的任一小区间$[y,y+\mathrm{d}y]$,相应的小窄条对 x 轴的转动惯量可以近似地看成质量为 $\frac{m}{\frac{\pi a^2}{2}}\cdot2x\mathrm{d}y$,与 x 轴的距离为 y 的线条(图 6.33)对 x 轴的转动惯量,故转动惯量微元为

$$\begin{aligned}\mathrm{d}J&=\frac{4m}{\pi a^2}x\mathrm{d}y\cdot y^2=\frac{4m}{\pi a^2}\sqrt{a^2-y^2}\mathrm{d}y\cdot y^2\\&=\frac{4m}{\pi a^2}y^2\sqrt{a^2-y^2}\mathrm{d}y,\end{aligned}$$

图 6.33

从而所求转动惯量为

$$J=\int_0^a\frac{4m}{\pi a^2}y^2\sqrt{a^2-y^2}\mathrm{d}y=\frac{ma^2}{2}.$$ ■

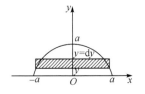

6.3.3　变力沿直线所做的功

从物理学可知,物体在直线运动的过程中,有常力 F 作用于这个物体上,并且力 F 的方向与物体运动的方向一致,则当物体移动了位移 s 时,力 F 对物体所做的功为

$$W = F \cdot s.$$

若力 F 在运动过程中是变化的,要求力 F 所做的功,这就是变力对物体做功的问题. 下面通过例子说明如何利用微元法来解决此问题.

例 6.18　把一个带 $+q$ 电量的点电荷放在 x 轴上坐标原点 O 处,将一单位正电荷放在离开 O 点距离为 a 处(图 6.34),当这个单位正电荷在电场中从 a 处沿 x 轴移动到 $b(b>a)$ 处时,计算电场力对它所做的功.

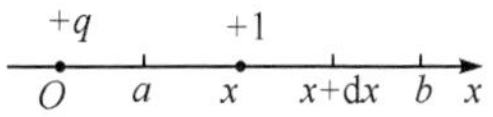

图 6.34

解　由静电学知,电场对点电荷的作用力的大小为

$$F = k \frac{q}{x^2}, \quad k \text{ 为常数}.$$

在上述运动过程中,电场对这个单位正电荷的作用力是根据它与 O 点的距离 x 而变化的,其变化区间为 $[a,b]$. 由于在 $[a,b]$ 的任一小区间 $[x,x+\mathrm{d}x]$ 上,当单位正电荷从 x 移动到 $x+\mathrm{d}x$ 时,电场力对它所做的功近似地等于 $k \cdot \dfrac{q}{x^2} \cdot \mathrm{d}x$,即功微元 $\mathrm{d}W = \dfrac{kq}{x^2}\mathrm{d}x$,于是所求的功为

$$W = \int_a^b \frac{kq}{x^2}\mathrm{d}x = kq\left(\frac{1}{a} - \frac{1}{b}\right). \qquad\blacksquare$$

例 6.19　一弹簧的长为 L,将其一端固定于 O 处,一物体置于另一端,将弹簧压缩至点 a 处,放手后弹簧伸长,求弹簧的弹力将物体从点 a 移到点 b 时所做的功,其中 $a<b<L$.

解　由胡克定律知,弹力 $F = k(L-x)$,其中 x 为物体离开点 O 的距离,k 为常数. 若取 x 为积分变量,则 x 的积分变化区间为 $[a,b]$,并且在 $[a,b]$ 的任一小区间 $[x,x+\mathrm{d}x]$ 上,弹簧的弹力将物体从 x 移动到 $x+\mathrm{d}x$ 处所做的功近似地等于 $k(L-x) \cdot \mathrm{d}x$,即功微元为 $\mathrm{d}W = k(L-x) \cdot \mathrm{d}x$,于是所求的功为

$$W = \int_a^b k(L-x) \cdot \mathrm{d}x = \frac{1}{2}k(b-a)(2L-a-b). \qquad\blacksquare$$

6.3.4　水压力

从物理学可知,在水深 h 处的压强为 $p = \gamma \cdot h$,其中 γ 为水的比重. 若有一面积为 A 的平板水平放置于水深 h 处,则平板一侧所受的水压力为 $P = p \cdot A$. 如果平板垂直放置于水中,那么水深不同的点处的压强是不同的,怎样计算它所受的压力呢? 下面举例来说明其计算方法.

例 6.20　一铅直倒立的等腰三角形水闸,其底为 am,高为 hm,并且底与水面相齐,试用定积分计算此水闸所承受的压力(图 6.35).

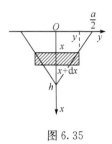

图 6.35

解　取 x 为积分变量,则它的变化区间为 $[0,h]$. 由于在 $[0,h]$ 的任一小区间 $[x,x+dx]$ 上,相应的小窄条面积的近似值为 $dS = 2ydx$(图 6.35 中的阴影部分),其中 $\dfrac{y}{h-x} = \dfrac{\frac{a}{2}}{h}$,即 $y = \dfrac{a}{2h}(h-x)$,故小窄条的面积 $dS = \dfrac{a}{h}(h-x)dx$,从而小窄条所受的水压力近似为

$$dP = \gamma \cdot dS \cdot x = \frac{a\gamma}{h}(h-x)xdx,$$

此即水压力微元,于是所求水压力为

$$P = \int_0^h \frac{a\gamma}{h}(h-x)xdx = \frac{a\gamma}{h}\int_0^h (hx-x^2)dx = \frac{a\gamma h^2}{6}. \qquad\blacksquare$$

6.3.5　引力

从物理学可知,质量分别为 m_1,m_2,相距为 r 的两质点之间的引力为

$$F = G\frac{m_1 m_2}{r^2},$$

其中 G 为引力系数,其引力方向沿两质点连线方向. 但对计算一细棒对一质点的引力问题,由于细棒上各点到该质点的距离是变化的,从而细棒对该质点的引力在大小及方向上都是变化的,故不能用上述公式计算. 下面举例说明利用定积分来解决这种问题.

例 6.21　设有一长度为 L,线密度为 ρ 的均匀细棒,在其中垂线上距 a 单位处有一质量为 m 的质点 M,试计算该棒对质点 M 的引力.

解　如图 6.36 所示,选取坐标系,使棒定位于 y 轴上,质点 M 位于 x 轴上,棒的中点为坐标原点 O. 取 y 为积分变量,则其变化区间为 $\left[-\dfrac{L}{2},\dfrac{L}{2}\right]$. 设 $[y,y+dy]$ 是 $\left[-\dfrac{L}{2},\dfrac{L}{2}\right]$ 上的任一小区间,将细直棒上相应于 $[y,y+dy]$ 的一小段近似地看成一质点,则该质点的质量为 $\rho \cdot dy$,与点 M 相距 $r = \sqrt{a^2+y^2}$,它对质点 M 的引力大小为

$$dF = G\frac{\rho m dy}{(\sqrt{a^2+y^2})^2},$$

其方向从点 M 指向点 $(0,y)$. 记 dF_x 与 dF_y 分别是它对质点 M 的引力在 x 轴与 y 轴上的分力(投影),则

$$dF_x = -G\frac{am\rho dy}{(a^2+y^2)^{\frac{3}{2}}}, \quad dF_y = G\frac{ym\rho dy}{(a^2+y^2)^{\frac{3}{2}}},$$

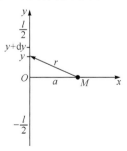

图 6.36

它们即为引力在 x 轴和 y 轴方向上的引力微元,于是引力在 x 轴和 y 轴方向的分力分别为

$$F_x = -G\int_{-\frac{L}{2}}^{\frac{L}{2}} \frac{am\rho\,\mathrm{d}y}{(a^2+y^2)^{\frac{3}{2}}} = -\frac{2Gm\rho l}{a} \cdot \frac{1}{\sqrt{4a^2+L^2}},$$

$$F_y = \int_{-\frac{L}{2}}^{\frac{L}{2}} \frac{Gm\rho y\,\mathrm{d}y}{(a^2+y^2)^{\frac{3}{2}}} = 0(由对称性可直接说明). \qquad\blacksquare$$

6.3.6　交流电的平均功率

从电工学可知,电流在单位时间内所做的功称为电流的功率 P,即 $P=\dfrac{W}{t}$. 直流电通过电阻 R,消耗在电阻 R 上的功率是 $P=I^2R$,其中 I 为电流强度. 因为直流电电流的大小和方向都不变,所以 I 是常数,故经过时间 t,消耗在电阻 R 上的功率 $W=P\cdot t=I^2Rt$. 但对交流电来说,因为交流电流 $i=i(t)$ 不是常数,故通过电阻 R 所消耗的功率 $P=I^2R$ 也随时间变化. 在实际运用中,常常采用平均功率,即将 $\dfrac{W}{T}=\overline{P}$ 叫做**平均功率**,其中 T 为电流 $i(t)$ 变化一个周期所需要的时间,W 为在一个周期 T 内消耗在电阻 R 上的功.

由于交流电流 i 随时间变化,因此,它所做的功不能像直流电一样求得,需利用定积分来计算. 这是因为虽然交流电不断变化,但在很短的时间间隔内,可近似地认为是不变的(即近似看成是直流电),因而在 $\mathrm{d}t$ 时间内,在电阻 R 上所消耗的功近似为 $\mathrm{d}W=Ri^2(t)\mathrm{d}t$(功微元),从而在一个周期 T 内消耗的功为

$$W = \int_0^T Ri^2(t)\,\mathrm{d}t,$$

于是交流电的平均功率为

$$\overline{P} = \frac{W}{T} = \frac{1}{T}\int_0^T Ri^2(t)\,\mathrm{d}t. \qquad\blacksquare$$

例 6.22　设交流电 $i(t)=I_m\sin\omega t$,其中 I_m 为电流最大值(峰值),ω 为角频率,从而周期 $T=\dfrac{2\pi}{\omega}$. 若电流通过纯电阻电路,其电阻为 R(抗阻),求交流电的平均功率 $\overline{P}$.

解　$\overline{P} = \dfrac{1}{T}\int_0^T Ri^2(t)\,\mathrm{d}t = \dfrac{\omega}{2\pi}\int_0^{\frac{2\pi}{\omega}} RI_m^2\sin^2\omega t\,\mathrm{d}t = \dfrac{RI_m^2}{2}.$ 　$\blacksquare$

习　题　6.3

1. 求抛物线 $ax=y^2$,$ay=x^2(a>0)$ 所围成的平面图形的重心坐标.

2. 求旋轮线 $x=a(t-\sin t)$,$y=a(1-\cos t)$ $(0\leqslant t\leqslant 2\pi)$ 与 x 轴所围成的图形的重心坐标.

3. 利用定积分计算以 a 和 b 为直角边的直角三角形的重心.

4. 设有面密度为 $\mu=1$ 的三角形平板,它由直线 $x=0,y=0,\dfrac{x}{a}+\dfrac{y}{b}=1$ 所围成,求此三角形平板对 x 轴和 y 轴的转动惯量.

5. 一矩形薄板,长为 a,宽为 b,质量为 m,求它绕矩形长 a 所在边的转动惯量.

6. 弹性物体在力 F 的作用下缩短距离 x,力 F 与距离 x 满足胡克定律 $F=kx$. 现有一个弹簧,原长为 1m,每压缩 1cm 需 5gf,若自 80cm 缩至 60cm,问做功多少?

7. 形状是长 3m,宽 2m 的矩形闸门,将其垂直地放在水中,水面超过门顶 2m,求此闸门上所受到的水压力.

8. 求水对垂直壁上的压力,该壁的形状是半径为 a 的倒立半圆,并且其直径位于水的表面上(水的比重 $\gamma=1\mathrm{t/m^3}$).

9. 设有一长度为 L,线密度为 ρ 的均匀细直棒,在与棒的一端垂直距离为 a 单位处有一质量为 m 的质点 M,试求此细棒对质点 M 的引力.

10. 计算周期为 T 的矩形脉冲电流 $i=\begin{cases} a, & 0 \leqslant t \leqslant c \\ 0, & c < t \leqslant T \end{cases}$ 对阻抗为 R 的纯电阻电路的平均功率.

11. 对于正弦形交流电 $i=I_\mathrm{m}\sin(\omega t+\varphi_0)$,若电流通过其阻抗为 R 的纯电阻电路,问其平均功率是多少?

6.4　定积分的其他应用举例

6.4.1　高速公路出口处车辆平均行驶速度

例 6.23　某公路管理处在城市高速公路出口处,记录了几个星期内车辆平均行驶速度. 数据统计表明,一个普通工作日的下午 1 点至 6 点,此路口在 t 时刻的车辆平均行驶速度为
$$S(t)=2t^3-21t^2+60t+40(\mathrm{km/h}),$$
试求下午 1 点至 6 点的车辆平均行驶速度.

解　一般地,连续函数 $f(x)$ 在 $[a,b]$ 上的平均值等于 $f(x)$ 在 $[a,b]$ 上的定积分除以 $[a,b]$ 的长度 $b-a$. 本题求的是函数 $S(t)$ 在区间 $[1,6]$ 内的平均值. 车辆平均行驶速度为
$$\bar{V}=\frac{1}{6-1}\int_1^6 S(t)\mathrm{d}t=\frac{1}{5}\int_1^6 (2t^3-21t^2+60t-40)\mathrm{d}t=78.5(\mathrm{km/h}). \qquad \blacksquare$$

6.4.2　学习曲线与工人的熟练程度

在电冰箱、电视机、汽车等行业中,装配工人的工作是一种重复性的熟练劳动. 在这些行业中,新工人的学习过程如下:刚开始时,由于技术不熟练,生产单位产品需要较多的劳动时间;随着不断地工作,新工人的熟练程度逐步提高,生产单位产品所需的劳动时间越来越短;当工人达到完全熟练程度以后,生产单位产品所需要的劳动时间就会稳定在一个定值.

设 x 为新工人累计完成的生产量,y 表示该工人生产第 x 个单位产品时所需的劳动时间,根据统计分析,y 一般可表示为如下形式:

$$y = \begin{cases} cx^k, & x \leqslant A, \\ cA^k, & x > A, \end{cases} \quad c > 0, A > 0, -1 \leqslant k < 0.$$

这个函数关系反映了新工人的学习过程,通常被称为**学习曲线**.

例 6.24　纺织厂招收一批新工人学习 1511 型织布机的操作.观察工人的学习过程发现,当累计织完 25 匹布以后,工人织每匹布需要用 16h;当累计织完 64 匹布以后,工人织每匹布需要用 10h.已知熟练工人织每匹布需要用 8h,试确定出新工人的学习曲线,并计算新工人用多少时间,才能达到熟练工人的程度.

解　设工人的学习曲线为

$$y = \begin{cases} cx^k, & x \leqslant A, \\ cA^k, & x > A, \end{cases}$$

其中 x 为工人累计织布匹数.由观察数据知

$$y(25) = c(25)^k = 16, \tag{6.3}$$
$$y(64) = c(64)^k = 10, \tag{6.4}$$

用(6.3)除以(6.4)得 $\dfrac{(25)^k}{(64)^k} = \dfrac{8}{5}$,所以

$$k = \frac{\lg \dfrac{8}{5}}{\lg \dfrac{25}{64}} = \frac{\lg \dfrac{8}{5}}{-2\lg \dfrac{8}{5}} = -\frac{1}{2}.$$

将 $k = -\dfrac{1}{2}$ 代入(6.4)得 $c = 10 \times (64)^{\frac{1}{2}} = 80$.又根据学习曲线知,当 $x > A$ 时,$cA^k = 8$,因而将 $c = 80, k = -\dfrac{1}{2}$ 代入可求出 $A = 100$.因此,学习曲线函数为

$$y = \begin{cases} 80x^{-\frac{1}{2}}, & x \leqslant 100, \\ 8, & x > 100. \end{cases}$$

下面计算达到熟练度所需要的时间 T.由学习曲线知,当工人织完 100 匹布后即可成为熟练工,因此,T 即为织 100 匹布所用的时间.当工人织完 x 匹后,再织 Δx 匹布所用的时间为

$$\Delta y = 80x^{-\frac{1}{2}} \Delta x = \frac{80}{\sqrt{x}} \Delta x.$$

根据微元法,织 100 匹布所用的时间为

$$T = \int_0^{100} \frac{80}{\sqrt{x}} dx = 160\sqrt{x} \Big|_0^{100} = 1600(\text{h}). \qquad\blacksquare$$

思考题　按照上述学习曲线,计算新工人织 200 匹布所用的时间.

6.4.3　人口统计模型

例 6.25　某城市 2000 年的人口密度近似为 $P(r) = \dfrac{4}{r^2 + 20}$,其中 $P(r)$ 表示距市中

心 $r$km 区域内的人口数.

(1) 试求距市中心 2km 区域内的人口数;

(2) 若人口密度近似为 $P(r)=1.2\mathrm{e}^{-0.2r}$(单位不变),试求距市中心 2km 区域内的人口数.

解　假设从城市中心画一条射线,把这条线上从 0 到 2 分成 n 个小区间,每个小区间的长度为 Δr,每个小区间都确定了一个圆环.估算每个圆环中的人口数,并把它们相加,就得到了总的人口数.第 j 个圆环的面积为

$$\pi r_j^2 - \pi r_{j-1}^2 = \pi r_j^2 - \pi(r_j - \Delta r)^2$$
$$= \pi r_j^2 - \pi[r_j^2 - 2r_j\Delta r + (\Delta r)^2] = 2\pi r_j\Delta r - \pi(\Delta r)^2.$$

当 n 很大时,Δr 很小,$\pi(\Delta r)^2$ 相对于 $2\pi r_j\Delta r$ 来说很小,可忽略不计,所以此环的面积近似为 $2\pi r_j\Delta r$.在第 j 个环内,人口密度可看成常数 $P(r_j)$,所以此环内的人口数近似为

$$P(r_j) \cdot 2\pi r_j\Delta r.$$

距市中心 2km 区域内的人口数近似为 $\sum\limits_{j=1}^{n} P(r_j) \cdot 2\pi r_j\Delta r$,则人口数为

$$N = \int_0^2 P(r)2\pi r\mathrm{d}r.$$

(1) 当 $P(r)=\dfrac{4}{r^2+20}$ 时,

$$N = \int_0^2 \frac{2\pi \cdot 4}{r^2+20}r\mathrm{d}r = 4\pi\int_0^2 \frac{2r\mathrm{d}r}{r^2+20} = 4\pi\ln\frac{24}{20} \approx 229100,$$

即距市中心 2km 区域内的人口数大约为 229100 人.

(2) 当 $P(r)=1.2\mathrm{e}^{-0.2r}$ 时,

$$N = \int_0^2 2.4\pi r\mathrm{e}^{-0.2r}\mathrm{d}r = 2.4\pi\int_0^2 r\mathrm{e}^{-0.2r}\mathrm{d}r$$

$$= 2.4\pi\frac{r\mathrm{e}^{-0.2r}}{-0.2}\bigg|_0^2 - 2.4\pi\int_0^2 \frac{\mathrm{e}^{-0.2r}}{-0.2}\mathrm{d}r$$

$$= -24\pi\mathrm{e}^{-0.4} + (-60\pi\mathrm{e}^{-0.4} + 60\pi) \approx 1160200,$$

即距市中心 2km 区域内的人口数大约为 1160200 人. ■

讨论　例 6.25 中选取的两个人口密度 $P(r)=\dfrac{4}{r^2+20}$,$P(r)=1.2\mathrm{e}^{-0.2r}$ 有一个共同的性质,即 $P'(r)<0$,即随着距市中心的距离越远,人口密度越小.另外,需要指出的是,当人口密度 $P(r)$ 选取不同的模式时,估算出的人口可能会相差很大.因此,选择适当的人口密度模式对于准确的估算人口数至关重要.

6.4.4　单位时间内的血流量

例 6.26　将血管看成是一个圆柱形的管子,它的圆截面的半径为 R(cm),管中的

血流平行于血管的中心轴. 距离中心轴 r 处血的流速为 $V=\dfrac{P_1-P_2}{4\eta L}(R^2-r^2)$，计算单位时间内血管中的血流量 $Q(\mathrm{cm^3/s})$.

解　将上述血管的圆截面分成许多个圆环，每个圆环的宽度为 $\mathrm{d}r$，如图 6.37 所示. 小圆环的面积近似为 $2\pi r\mathrm{d}r$. $1\mathrm{s}$ 内通过该圆环的血流量为 $v\cdot 2\pi r\mathrm{d}r$，把 $1\mathrm{s}$ 内通过所有这样的同心圆环上的血流量相加，则得

$$
\begin{aligned}
Q &= \int_0^R 2\pi v r\,\mathrm{d}r \\
&= 2\pi\frac{P_1-P_2}{4\eta L}\int_0^R (R^2 r - r^3)\,\mathrm{d}r \\
&= \frac{\pi(P_1-P_2)}{2\eta L}\left(\frac{R^2}{2}r^2 - \frac{1}{4}r^4\right)\Big|_0^R \\
&= \frac{\pi(P_1-P_2)}{8\eta L}R^4\ (\mathrm{cm^3/s}).
\end{aligned}
$$

此式被称为泊肃叶(Poiseuille)公式.　　　　　　　　　　　　　　■

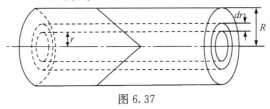

图 6.37

例 6.26 中，实际要算的是曲线 V 沿血管的中心线旋转而成的旋转体的体积，如图 6.38 所示. 此旋转体的体积等于单位时间内通过半径为 R 的血管中的血流量. 由于 $v=\dfrac{P_1-P_2}{4\eta L}(R^2-r^2)$，其中 $\dfrac{P_1-P_2}{4\eta L}$，不妨设为 k，则 $v=k(R^2-r^2)$，所以 $r^2=R^2-\dfrac{v}{k}$，从而所求血流量为

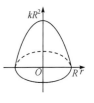

图 6.38

$$
\begin{aligned}
Q &= \int_0^{kR^2} \pi r^2\,\mathrm{d}v = \int_0^{kR^2} \pi\left(R^2 - \frac{v}{k}\right)\mathrm{d}v \\
&= \frac{k\pi}{2}R^4 = \frac{\pi(P_1-P_2)}{8\eta L}R^4.
\end{aligned}
$$

6.4.5　终身供应润滑油所需的数量

例 6.27　某制造公司在生产了一批超音速运输机后停产了，但该公司承诺将为客户终身供应一种适用于该机型的特殊润滑油. 一年后，这批飞机的用油率(单位:L/y)由下式给出: $r(t)=\dfrac{300}{t^{\frac{3}{2}}}$，其中 t 表示飞机服役的年数($t\geqslant 1$)，该公司要一次性生产该批飞机一年后所需的润滑油，并在需要时分发出去，请问需要生产此润滑油多少 L?(图 6.39)

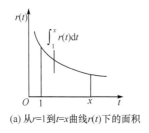
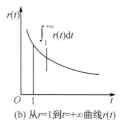

(a) 从$r=1$到$t=x$曲线$r(t)$下的面积　　　(b) 从$r=1$到$t=+\infty$曲线$r(t)$

图 6.39

解　因为$r(t)$是该批飞机一年后的用油率,故$\int_{1}^{x} r(t)\mathrm{d}t$ 等于第一年到第x年该批

飞机所用的润滑油的数量,于是$\int_{1}^{+\infty} r(t)\mathrm{d}t$ 就等于该批飞机终身所需的润滑油的数

量,而

$$
\begin{aligned}
\int_{1}^{+\infty} r(t)\,\mathrm{d}t &= \lim_{x \to +\infty} \int_{1}^{x} \frac{300}{t^{\frac{3}{2}}}\,\mathrm{d}t \\
&= \lim_{x \to +\infty} 300 \int_{1}^{x} t^{-\frac{3}{2}}\,\mathrm{d}t \\
&= 300 \lim_{x \to +\infty} \left(-2 t^{-\frac{1}{2}}\right)\Big|_{1}^{x} \\
&= 600(\mathrm{L}).
\end{aligned}
$$

■

总 习 题 六

1. 一金属棒长 3m,离棒左端 xm 处的线密度 $\rho(x)=\dfrac{1}{\sqrt{x+1}}$(kg/m). 问当 x 为何值时,$[0,x]$一段上的质量为全棒质量的一半.

2. 抛物线 $y=\dfrac{1}{2}x^2$ 分割圆 $x^2+y^2 \leqslant 8$ 成两个部分,求这两部分的面积.

3. 求圆 $r=1$ 被心形线 $r=1+\cos\theta$ 所分割成的两部分的面积.

4. 求圆盘$(x-2)^2+y^2 \leqslant 1$ 绕 y 轴旋转而成的旋转体的体积.

5. 有一立体,以抛物线 $y^2=2x$ 与直线 $x=2$ 所围成的图形为底,而垂直于抛物线轴的截面都是等边三角形,求其体积.

6. 求抛物线 $y=\dfrac{1}{2}x^2$ 被圆 $x^2+y^2=3$ 所截下的有限部分的弧长.

7. 求椭圆盘$\dfrac{x^2}{a^2}+\dfrac{y^2}{b^2} \leqslant 1(0 \leqslant x \leqslant a,0 \leqslant y \leqslant b)$的重心坐标.

8. 半径为 r 的球沉入水中,球的上部与水面相切,若球的比重与水相同,现将球从水中取出,需要做多少功?

9. 边长为 a 和 b 的矩形薄板,与液面成 α 角斜沉于液体内,长边平行于液面而位于深 h 处,设 $a>b$,液体的比重为 γ,试求薄板所受的压力.

10. 设星形线 $x=a\cos^3 t,y=b\sin^3 t$ 上每一点的线密度的大小等于该点到原点距离的平方,在原点 O 处有一单位质点,求星形线在第一象限的弧对该质点的引力.

第7章 微分方程

对于自然现象、社会经济现象的研究,要运用数学工具处理的首要条件是构造其数学模型,将实际问题的特征实质用数学的语言符号翻译出来,在此模型上才能运用数学工具进行推导. 在众多的数学模型中,方程占有重要的地位,而当微积分的内容运用到方程中时,微分方程就产生了.

应用函数关系可以对客观事物的规律性进行研究. 寻求函数关系,对各门类科学研究都具有重要的现实意义. 在诸多问题情况下,不能直接寻找到所需的函数关系,但是根据问题所提供的环境条件,有时可以列出含有需要寻求的函数及其导数的关系式,这样的关系式称为**微分方程**. 对其进行研究,确定未知函数,称为**解微分方程**. 本章主要介绍微分方程的一些基本概念、理论结果和常用解法. 本章从微积分在方程中的应用的角度简单介绍一类模型——常微分方程. 由此可见,本章与前面各章的区别在于它属于应用数学的范畴.

7.1 微分方程的基本概念

7.1.1 微分方程的实例

例 7.1 设曲线 $y=y(x)$ 过原点 $O(0,0)$,并且曲线上任一点 $M(x,y)$ 的切线斜率等于该点横坐标的平方,求曲线方程.

解 依题意,

$$\frac{\mathrm{d}y}{\mathrm{d}x}=x^2. \tag{7.1}$$

同时还满足以下条件:

$$当 \ x=0 \ 时,y=0. \tag{7.2}$$

对式(7.1)积分得 $\int y'(x)\mathrm{d}x = \int x^2 \mathrm{d}x$,即

$$y(x)=\frac{1}{3}x^3+C. \tag{7.3}$$

又 $y(0)=0$,代入式(7.3)得 $C=0$,故曲线方程为

$$y(x)=\frac{1}{3}x^3. \tag{7.4}$$

例 7.2 质量为 m 的物体在离地面高为 s_0m 处,以初速 ν_0 垂直上抛,设此物体的运动只受重力的影响,试确定该物体运动的路程 s 与时间 t 的函数关系.

解 因为物体运动的加速度是路程 s 对时间 t 的二阶导数,由于物体运动只受重

力的影响,所以由牛顿第二定律知,所求函数 $s=s(t)$ 应满足

$$\frac{\mathrm{d}^2 s}{\mathrm{d}t^2}=-g,\tag{7.5}$$

其中 g 为重力加速度,取垂直向上的方向为正方向. 此外,$s(t)$ 还应满足如下条件:

$$\begin{cases} s(0)=s_0, \\ s'(0)=v_0. \end{cases}$$

式(7.5)两端对 t 积分得

$$\frac{\mathrm{d}s}{\mathrm{d}t}=-gt+C_1.$$

再对 t 积分得

$$s=-\frac{1}{2}gt^2+C_1 t+C_2.$$

把条件代入上面两式得 $C_1=v_0,C_2=s_0$,于是有

$$s=-\frac{1}{2}gt^2+v_0 t+s_0. \qquad\blacksquare$$

上述两个例子中的关系式(7.1)和(7.5)都含有未知函数的导数,它们都是微分方程. 例 7.1 和例 7.2 都是从实际问题出发,利用已知条件,建立起含有未知函数的导数的一个等式,利用积分求出未知函数.

用微分方程求解实际问题的关键是建立实际问题的数学模型——微分方程. 这首先要根据实际问题所提供的条件,选择和确定模型的变量. 再根据有关学科,如物理、化学、生物、几何、经济等学科理论,找到这些变量所遵循的定律,用微分方程将其表示出来. 为此,必须了解相关学科的一些基本概念、原理和定律,要会用导数或微分表示几何量和物理量.

用微分方程解决实际问题的基本步骤如下:

(1) 建立起实际问题的数学模型,也就是建立反映这个实际问题的微分方程;

(2) 求解这个微分方程;

(3) 用所得的数学结果解释实际问题,从而预测到某些物理过程的特定性质,以便达到能动地改造世界、解决实际问题的目的.

7.1.2 微分方程的基本概念

1. 常微分方程和偏微分方程

(1) 凡是含有未知函数的导数(或微分)的方程,称为**微分方程**;

(2) 未知函数是一元函数的微分方程称为**常微分方程**,未知函数是多元函数的微分方程称为**偏微分方程**.

本书只讨论常微分方程,简称微分方程或方程. 例如,$(y^2-6x)y'+2y=0$ 与 $y''+y=\sin x$ 均为常微分方程.

2. 微分方程的阶

微分方程中出现的未知函数最高阶导数的阶数,称为微分方程的**阶**. 例如,$y'=y$ 是一阶微分方程;$y''=2\sin x, y''+py'+qy=f(x)$ 都是二阶微分方程;$x^2 y'''+(y')^6=x^5$ 是三阶微分方程.

3. 线性微分方程和非线性微分方程

一般地,n 阶微分方程的形式为

$$F(x,y,y',\cdots,y^{(n)})=0, \tag{7.6}$$

其中 F 为 $n+2$ 个变量的函数. 这里必须指出,在方程(7.6)中,$y^{(n)}$ 是必须出现的,而 $x,y,y',\cdots,y^{(n-1)}$ 等变量则可以不出现.

如果(7.6)中未知函数 y 和它的导数 $y',\cdots,y^{(n)}$ 都是一次的, 则称(7.6)为 n 阶**线性微分方程**;否则,称之为**非线性微分方程**.

4. 微分方程的解、通解、初始条件与特解

如果把函数 $y=f(x)$ 代入微分方程后,能使方程成为恒等式,则称该函数为微分方程的**解**. 若微分方程的解中含有任意常数,并且独立的任意常数的个数与方程的阶数相同,则称这样的解为微分方程的**通解**.

用未知函数及其各阶导数在某个特定点的值作为确定通解中任意常数的条件,称为**初始条件**(或**定解条件**). 满足初始条件的微分方程的解称为该微分方程的**特解**.

一阶微分方程的初始条件可写为当 $x=x_0$ 时 $y=y_0$ 或 $y|_{x=x_0}=y_0$;二阶微分方程的初始条件可写为当 $x=x_0$ 时 $y=y_0, y'=y_0'$ 或 $y|_{x=x_0}=y_0, y'|_{x=x_0}=y_0'$,其中 x_0, y_0 和 y_0' 都为给定的值.

求微分方程 $y'=f(x,y)$ 满足初始条件 $y|_{x=x_0}=y_0$ 的特解的问题,叫做一阶微分方程的**初值问题**,记作

$$\begin{cases} y'=f(x,y), \\ y|_{x=x_0}=y_0. \end{cases} \tag{7.7}$$

微分方程的解的图形是一条曲线,叫做微分方程的**积分曲线**. 初值问题(7.7)的几何意义是求微分方程通过点 (x_0,y_0) 的那条积分曲线. 二阶微分方程的初值问题

$$\begin{cases} y''=f(x,y,y'), \\ y|_{x=x_0}=y_0, y'|_{x=x_0}=y_0' \end{cases}$$

的几何意义是,求微分方程通过点 (x_0,y_0) 且在该点处的切线斜率为 y_0' 的那条积分曲线.

也称(7.6)为 n **阶隐式微分方程**.

n **阶显式方程**的一般形式为

$$y^{(n)}=f(x,y,y',\cdots,y^{(n-1)}).$$

由实际问题建立未知函数所满足的微分方程的过程称为**列方程**,求微分方程解的

过程称为**解方程**.

　　约定　在本书的前面或后面内容中出现没特别说明的字母 $C, C_1, C_2, \cdots$ 时,都表示在某确定范围上取任意实数值的常数.

习　题　7.1

　　1. 试说出下列各微分方程的阶数:

　　(1) $x(y')^2 - 2yy' + x = 0$;　　　　　　　　　(2) $x^3 y'' - 2x^2 y' + 5y^7 = 0$;

　　(3) $6x^5 y''' + 7y'' + 2x^4 y = 0$;　　　　　　　(4) $(8x - 5y)\mathrm{d}x - (x + 2y)\mathrm{d}y = 0$;

　　(5) $L^3 \dfrac{\mathrm{d}^2 Q}{\mathrm{d}t^2} + R^2 \dfrac{\mathrm{d}Q}{\mathrm{d}t} + 7 \dfrac{Q}{C} = 0$;　　　　(6) $\rho^7 \dfrac{\mathrm{d}\rho}{\mathrm{d}\theta} + 3\rho - \cos^3\theta = 0$.

　　2. 指出下列各题中的函数是否为所给微分方程的解:

　　(1) $xy' = 2y, y = 5x^2$;　　　　　　　　　　(2) $y'' + y = 0, y = 3\sin x - 4\cos x$;

　　(3) $y'' - 2y' + y = 0, y = x^2 \mathrm{e}^x$;

　　(4) $y'' - (\lambda_1 + \lambda_2)y' + \lambda_1 \lambda_2 y = 0, y = C_1 \mathrm{e}^{\lambda_1 x} + C_2 \mathrm{e}^{\lambda_2 x}$.

　　3. 在下列各题中,验证所给二元方程所确定的函数为所给微分方程的解:

　　(1) $(x - 2y)y' = 2x - y, x^2 - xy + y^2 = C$;

　　(2) $(xy - x)y'' + xy'^2 + yy' - 2y' = 0, y = \ln(xy)$.

　　4. 验证函数 $x = C_1 \cos at + C_2 \sin at$ 是微分方程

$$\frac{\mathrm{d}^2 x}{\mathrm{d}t^2} + a^2 x = 0$$

的通解.

　　5. 验证由方程 $x^2 - xy + y^2 = C$ 所确定的隐函数是微分方程

$$(x - 2y)y' = 2x - y$$

的解,并求出满足初始条件 $y|_{x=1} = 1$ 的特解.

　　6. 设曲线 $y = f(x)$ 在其上任一点 $M(x, y)$ 的切线斜率为 $3x^2$,并且曲线过点 $(0, -1)$,求曲线的方程.

　　7. 列车在平直线路上以 20m/s 的速度行驶,当制动时,列车获得加速度 $-0.4\mathrm{m/s}^2$. 问开始制动后多少时间,列车才能停住,以及列车在这段时间里行驶了多少路程?

7.2　可分离变量的微分方程

7.2.1　可分离变量的方程

　　形如

$$\frac{\mathrm{d}y}{\mathrm{d}x} = f(x)g(y) \tag{7.8}$$

的一阶微分方程,叫做**可分离变量的微分方程**,其中 $f(x), g(y)$ 分别为 x, y 的连续函数. 它的解法如下:把方程中的两个变量分离开来,使方程的一边只含有 y 的函数和

$\mathrm{d}y$,另一边只含有 x 的函数和 $\mathrm{d}x$,然后两边积分,从而求出微分方程的通解.这种方法称为**分离变量法**.具体步骤如下：

（1）分离变量得

$$\frac{\mathrm{d}y}{g(y)} = f(x)\mathrm{d}x, \quad g(y) \neq 0;$$

（2）两边积分得

$$\int \frac{\mathrm{d}y}{g(y)} = \int f(x)\mathrm{d}x;$$

（3）求得积分为

$$G(y) = F(x) + C \quad （为(7.8)的隐式通解）,$$

其中 $G(y), F(x)$ 分别为 $\dfrac{1}{g(y)}$,$f(x)$ 的原函数.

例如,

$$\frac{\mathrm{d}y}{\mathrm{d}x} = xy, \quad \frac{\mathrm{d}y}{\mathrm{d}x} = \frac{x}{y}, \quad xy\mathrm{d}x + x^2 \mathrm{e}^y \mathrm{d}y = 0$$

都是可分离变量方程；

$$\frac{\mathrm{d}y}{\mathrm{d}x} = x + y, \quad \frac{\mathrm{d}y}{\mathrm{d}x} = \mathrm{e}^x + \mathrm{e}^y, \quad \frac{\mathrm{d}y}{\mathrm{d}x} = \frac{x}{x+y}, \quad (x+y)\mathrm{d}x + (x^2 + \mathrm{e}^y)\mathrm{d}y = 0$$

都不是可分离变量方程.

$M_1(x)M_2(y)\mathrm{d}x + N_1(x)N_2(y)\mathrm{d}y = 0$ 的解法是 $\displaystyle\int \frac{M_1(x)}{N_1(x)}\mathrm{d}x + \int \frac{N_2(y)}{M_2(y)}\mathrm{d}y = 0$.

注 7.1 方程的通解不一定表示方程的所有解.

例 7.3 求微分方程 $xy\mathrm{d}y + \mathrm{d}x = y^2 \mathrm{d}x + y\mathrm{d}y$ 满足条件 $y|_{x=0} = 2$ 的特解.

解 这是可分离变量的微分方程.将方程分离变量有

$$\frac{y}{y^2 - 1}\mathrm{d}y = \frac{1}{x-1}\mathrm{d}x,$$

两边积分得

$$\int \frac{y}{y^2 - 1}\mathrm{d}y = \int \frac{1}{x-1}\mathrm{d}x,$$

求积分得

$$\frac{1}{2}\ln|y^2 - 1| = \ln|x-1| + C_1,$$

$$\ln|y^2 - 1| = \ln(x-1)^2 + 2C_1,$$

$$|y^2 - 1| = (x-1)^2 \mathrm{e}^{2C_1},$$

$$y^2 - 1 = \pm \mathrm{e}^{2C_1}(x-1)^2.$$

记 $\pm \mathrm{e}^{2C_1} = C \neq 0$,从而得方程的解为

$$y^2 - 1 = C(x-1)^2.$$

可以验证,当 $C = 0$ 时,$y = \pm 1$,它们也是原方程的解.因此,$y^2 - 1 = C(x-1)^2$ 中的 C

可以为任意常数,所以原方程的通解为

$$y^2 - 1 = C(x-1)^2, \quad C \text{ 为任意常数}.$$

代入初始条件 $y|_{x=0} = 2$ 得 $C = 3$,所以特解为

$$y^2 - 1 = 3(x-1)^2.$$ ■

例 7.4　求微分方程 $\dfrac{\mathrm{d}y}{\mathrm{d}x} = -\dfrac{y}{x}$ 的通解.

解　分离变量得

$$\frac{\mathrm{d}y}{y} = -\frac{\mathrm{d}x}{x},$$

两边同时积分

$$\int \frac{\mathrm{d}y}{y} = -\int \frac{\mathrm{d}x}{x}, \text{即 } \ln y = -\ln x + \ln C,$$

于是 $\ln(xy) = \ln C$,即 $xy = C$ 为所求的通解. ■

注 7.2　为运算方便起见,常省略对数内的绝对值符号,但需注意的是,最后得到的任意常数 C 可正、可负,也可为零. 积分常数 C 可写为 $\ln C, -\ln C, \dfrac{C}{2}, \dfrac{C}{3}$ 等.

例 7.5　放射性元素铀不断地有原子放射出微粒子而变成其他元素,铀的含量就不断减少,这种现象叫做衰变. 由原子物理学可知,铀的衰变速度与当时未衰变的原子的含量 M 成正比. 已知 $t=0$ 时铀的含量为 M_0,求在衰变过程中,含量 $M(t)$ 随时间变化的规律.

解　铀的衰变速度就是 $M(t)$ 对时间 t 的导数 $\dfrac{\mathrm{d}M}{\mathrm{d}t}$. 由于铀的衰变速度与其含量成正比,从而得到微分方程如下:

$$\frac{\mathrm{d}M}{\mathrm{d}t} = -\lambda M, \tag{7.9}$$

其中 $\lambda(\lambda > 0)$ 为常数,叫做衰变系数。λ 前的负号是由于当 t 增加时 M 单调减少,即 $\dfrac{\mathrm{d}M}{\mathrm{d}t} < 0$ 的缘故.

由题易知,初始条件为

$$M|_{t=0} = M_0$$

方程(7.9)是可分离变量的,分离变量后得

$$\frac{\mathrm{d}M}{M} = -\lambda \mathrm{d}t.$$

两端积分得

$$\int \frac{\mathrm{d}M}{M} = \int (-\lambda) \mathrm{d}t.$$

以 $\ln C$ 表示任意常数,因为 $M > 0$,于是

$$\ln M = -\lambda t + \ln C,$$

即

$$M = Ce^{-\lambda t}$$

是方程(7.9)的通解. 以初始条件代入上式得

$$M_0 = Ce^0 = C,$$

故

$$M = M_0 e^{-\lambda t}.$$

由此可见,铀的含量随时间的增加而按指数规律衰减.　　　　　　　　■

*7.2.2　可化为可分离变量的方程

对于形如

$$\frac{\mathrm{d}y}{\mathrm{d}x} = f(ax + by) \tag{7.10}$$

的方程,其中 a 和 b 为常数,作变量代换 $z = ax + by$,两端对 x 求导得

$$\frac{\mathrm{d}z}{\mathrm{d}x} = a + b\frac{\mathrm{d}y}{\mathrm{d}x}.$$

因为 $\dfrac{\mathrm{d}y}{\mathrm{d}x} = f(z)$,故得

$$\frac{\mathrm{d}z}{\mathrm{d}x} = a + bf(z) \quad 或 \quad \frac{\mathrm{d}z}{a + bf(z)} = \mathrm{d}x.$$

方程(7.10)已化为可分离变量的方程,两边分别积分得

$$x = \int \frac{\mathrm{d}z}{a + bf(z)} + C.$$

求出积分后再用 $ax + by$ 代替 z,便得方程(7.10)的通解.

例 7.6　求微分方程 $\dfrac{\mathrm{d}y}{\mathrm{d}x} = \dfrac{1}{x - y} + 1$ 的通解.

解　作变换 $z = x - y$,两端对 x 求导得

$$\frac{\mathrm{d}z}{\mathrm{d}x} = 1 - \frac{\mathrm{d}y}{\mathrm{d}x}.$$

又因为

$$\frac{\mathrm{d}y}{\mathrm{d}x} = \frac{1}{z} + 1,$$

于是

$$\frac{\mathrm{d}z}{\mathrm{d}x} = 1 - \frac{1}{z} - 1,$$

化简为

$$z\mathrm{d}z = -\mathrm{d}x.$$

两边分别积分得

$$z^2 = -2x + C,$$

从而原方程的通解为

$$(x-y)^2 = -2x + C.$$ ■

习 题 7.2

1. 求下列微分方程的通解:

(1) $y' = e^{x+y}$;

(2) $xy' - y\ln y = 0$;

(3) $3x^2 + 5x - 5y' = 0$;

(4) $y' = \dfrac{xy}{1+x^2}$;

(5) $\dfrac{\mathrm{d}y}{\mathrm{d}x} = 2xy^2$;

(6) $\dfrac{\mathrm{d}y}{\mathrm{d}x} = \dfrac{1+y^2}{xy+x^3 y}$;

(7) $y' + ay = b(a,b$ 为常数且 $a \neq 0)$;

(8) $\sqrt{1-y^2} = 3x^2 yy'$;

(9) $y' + \sin\dfrac{x+y}{2} = \sin\dfrac{x-y}{2}$.

2. 求下列微分方程满足所给初始条件的特解:

(1) $x\mathrm{d}y + 2y\mathrm{d}x = 0, y|_{x=2} = 1$;

(2) $\sin x\cos y\mathrm{d}x - \cos x\sin y\mathrm{d}y = 0, y(0) = \dfrac{\pi}{4}$.

3. 求解初值问题

$$\begin{cases} y' = \sin(x+y+1), \\ y(0) = -1. \end{cases}$$

4. 设曲线上任一点 $M(x,y)$ 处的切线分别与 x 轴、y 轴交于 A,B,并且 $|AM| = |MB|$,求曲线方程.

5. (树的增长模型)一棵小树刚栽下去的时候长得比较慢,渐渐地,小树长高了而且长得越来越快,几年不见,绿荫底下已经可乘凉了. 但长到某一高度后,它的生长速度趋于稳定,然后再慢慢降下来. 这一现象很具有普遍性. 试建立这种现象的数学模型.

6. 设一容器内有盐水 1200L,其中含盐 20kg. 现以 8L/min 的速率向容器内注入清水,并不断搅拌以保持溶液均匀,同时立刻以同样速率将冲淡后的溶液排出,试问 2.5h 后,容器内溶液中的含盐量是多少?

7. 镭元素的衰变满足如下规律:其衰变的速度与它的现存量成正比. 由经验得知,镭经过 1600 年后,只剩下原始量的一半,试求镭现存量 M 与时间 t 的函数关系.

8. 物体由高空下落,除受重力作用外,还受空气阻力的作用. 在速度不太大的情况下,空气的阻力可看成与速度的平方成正比. 试证明在这种情况下,落体存在极限速度.

7.3　齐次微分方程

7.3.1　齐次方程

若一阶微分方程

$$y' = f(x, y)$$

中的函数 $f(x, y)$ 可写成 $\dfrac{y}{x}$ 的函数,即

$$y' = f(x, y) = \varphi\left(\frac{y}{x}\right), \tag{7.11}$$

则称这个方程为**齐次方程**. 例如,

$$(x^2 + y^2)\,\mathrm{d}x - xy\mathrm{d}y = 0$$

可化为

$$\frac{\mathrm{d}y}{\mathrm{d}x} = \frac{x^2 + y^2}{xy} = \frac{1 + (y/x)^2}{y/x} = \varphi\left(\frac{y}{x}\right)$$

为齐次方程. 又如,$(x+y)\mathrm{d}x + (y-x)\mathrm{d}y = 0$ 是齐次方程,因为它可以化为

$$\frac{\mathrm{d}y}{\mathrm{d}x} = \frac{x+y}{x-y} = \frac{1 + \dfrac{y}{x}}{1 - \dfrac{y}{x}}.$$

齐次方程 $\dfrac{\mathrm{d}y}{\mathrm{d}x} = \varphi\left(\dfrac{y}{x}\right)$ 的解法如下:作代换 $u = \dfrac{y}{x}$,则 $y = ux$,于是

$$\frac{\mathrm{d}y}{\mathrm{d}x} = x\,\frac{\mathrm{d}u}{\mathrm{d}x} + u,$$

从而

$$x\,\frac{\mathrm{d}u}{\mathrm{d}x} + u = \varphi(u),$$

$$\frac{\mathrm{d}u}{\mathrm{d}x} = \frac{\varphi(u) - u}{x}.$$

分离变量得

$$\frac{\mathrm{d}u}{\varphi(u) - u} = \frac{\mathrm{d}x}{x},$$

两端积分得

$$\int \frac{\mathrm{d}u}{\varphi(u) - u} = \int \frac{\mathrm{d}x}{x}, \text{即} \int \frac{\mathrm{d}u}{\varphi(u) - u} = \ln x + C.$$

求出积分后,再用 $\dfrac{y}{x}$ 代替 u,便得所给齐次方程的通解.

例如,$(x+y)\mathrm{d}x + (y-x)\mathrm{d}y = 0$ 可化为

$$\frac{\mathrm{d}y}{\mathrm{d}x}=\frac{x+y}{x-y}=\frac{1+\dfrac{y}{x}}{1-\dfrac{y}{x}}.$$

令 $u=\dfrac{y}{x}$，可得

$$x\,\frac{\mathrm{d}u}{\mathrm{d}x}+u=\frac{1+u}{1-u}.$$

分离变量得

$$\frac{(1-u)\,\mathrm{d}u}{1+u^2}=\frac{\mathrm{d}x}{x}.$$

积分后，将 $u=\dfrac{y}{x}$ 代回即得所求通解.

注 7.3　一般地，对齐次方程使用变换 $u=\dfrac{y}{x}$，或视 x 为未知函数的齐次方程使用

变换 $u=\dfrac{x}{y}$，都可化为可分离变量方程.

一般地，形如 $M(x,y)\mathrm{d}y+N(x,y)\mathrm{d}x=0$ 的方程，若 $M(x,y)$ 与 $N(x,y)$ 均为 x,y

的 m 次齐次函数，则它可化为形如 $\dfrac{\mathrm{d}y}{\mathrm{d}x}=\varphi\left(\dfrac{y}{x}\right)$ 的齐次方程.

例 7.7　解方程 $xy'=y(1+\ln y-\ln x)$.

解　原式可化为

$$\frac{\mathrm{d}y}{\mathrm{d}x}=\frac{y}{x}\left(1+\ln\frac{y}{x}\right).$$

令 $u=\dfrac{y}{x}$，则

$$\frac{\mathrm{d}y}{\mathrm{d}x}=x\,\frac{\mathrm{d}u}{\mathrm{d}x}+u,$$

于是

$$x\,\frac{\mathrm{d}u}{\mathrm{d}x}+u=u(1+\ln u).$$

分离变量得

$$\frac{\mathrm{d}u}{u\ln u}=\frac{\mathrm{d}x}{x},$$

两端积分得

$$\ln(|\ln u|)=\ln|x|+\ln|C|,$$
$$\ln u=Cx,$$

即

$$u = e^{Cx},$$

故方程通解为

$$y = x e^{Cx}.$$ ■

例 7.8 求微分方程 $y' = \dfrac{y}{y+x}$ 的通解.

解 原方程可化为

$$\frac{dy}{dx} = \frac{\dfrac{y}{x}}{\dfrac{y}{x} + 1}.$$

令 $u = \dfrac{y}{x}$,则 $u + x\dfrac{du}{dx} = \dfrac{u}{u+1}$,即 $\dfrac{u+1}{u^2}du = -\dfrac{dx}{x}$. 两边取积分

$$\int\left(\frac{1}{u} + \frac{1}{u^2}\right)du = -\int\frac{1}{x}dx,$$

积分得

$$\frac{1}{u} - \ln|u| = \ln|x| - \ln|C|.$$

将 $u = \dfrac{y}{x}$ 代回,整理得原方程的通解为 $y = C e^{\frac{x}{y}}$(其中 C 为任意常数). ■

*7.3.2　可化为齐次方程的微分方程

有些方程可经过变量代换化为齐次方程. 例如,方程

$$\frac{dy}{dx} = \frac{ax+by+c}{a_1 x + b_1 y + c_1},$$

其中 a,b,c 与 a_1,b_1,c_1 都为已知的常量. 以下分三种情况来讨论:

(1) 若 $c = c_1 = 0$,则该方程为

$$\frac{dy}{dx} = \frac{ax+by}{a_1 x + b_1 y} = \frac{a + b\dfrac{y}{x}}{a_1 + b_1\dfrac{y}{x}} = \varphi\left(\frac{y}{x}\right),$$

是齐次方程;

(2) 若 $\begin{vmatrix} a & b \\ a_1 & b_1 \end{vmatrix} \neq 0, c^2 + c_1^2 \neq 0$,则可作变换 $x = X + h, y = Y + k$,其中 h,k 为待定的常数,于是 $dx = dX, dy = dY$,该方程变形为

$$\frac{dY}{dX} = \frac{aX + bY + ah + bk + c}{a_1 X + b_1 Y + a_1 h + b_1 k + c_1}.$$

因为 $\begin{vmatrix} a & b \\ a_1 & b_1 \end{vmatrix} \neq 0, c^2 + c_1^2 \neq 0$,所以方程组

$$\begin{cases} ah+bk+c=0, \\ a_1h+b_1k+c_1=0 \end{cases}$$

有唯一确定的解 h,k. 这样,该方程就化为齐次方程

$$\frac{\mathrm{d}Y}{\mathrm{d}X}=\frac{aX+bY}{a_1X+b_1Y}=\varphi\left(\frac{Y}{X}\right).$$

求出这个齐次方程的通解后,代回 $X=x-h,Y=y-k$,即得该方程的通解.

（3）若 $\begin{vmatrix} a & b \\ a_1 & b_1 \end{vmatrix}=0,c^2+c_1^2\neq0$,则方程组

$$\begin{cases} ah+bk+c=0, \\ a_1h+b_1k+c_1=0 \end{cases}$$

无解. 这时,需要用另外的方法来求解. 令 $\dfrac{a}{a_1}=\dfrac{b}{b_1}=\lambda$,则该方程可写为

$$\frac{\mathrm{d}y}{\mathrm{d}x}=\frac{(ax+by)+c}{\lambda(ax+by)+c_1}.$$

引入新变量 $v=ax+by$ 得

$$\frac{\mathrm{d}v}{\mathrm{d}x}=a+b\,\frac{\mathrm{d}y}{\mathrm{d}x} \quad 或 \quad \frac{\mathrm{d}y}{\mathrm{d}x}=\frac{1}{b}\left(\frac{\mathrm{d}v}{\mathrm{d}x}-a\right),$$

于是该方程成为

$$\frac{1}{b}\left(\frac{\mathrm{d}v}{\mathrm{d}x}-a\right)=\frac{v+c}{\lambda v+c_1},$$

这是可分离变量的微分方程.

以上方法还可应用于更一般的微分方程

$$\frac{\mathrm{d}y}{\mathrm{d}x}=f\left(\frac{ax+by+c}{a_1x+b_1y+c_1}\right).$$

解法　使用变换方法转化为前面已能解决的情况,通过例题解析说明如下.

例 7.9　求微分方程 $(2x+y-4)\mathrm{d}x+(x+y-1)\mathrm{d}y=0$ 的通解.

解　原方程变形为

$$\frac{\mathrm{d}y}{\mathrm{d}x}=-\frac{2x+y-4}{x+y-1},$$

这属于上面讨论的情形. 令 $x=X+h,y=Y+k$,则 $\mathrm{d}x=\mathrm{d}X,\mathrm{d}y=\mathrm{d}Y$,代入上式得

$$\frac{\mathrm{d}Y}{\mathrm{d}X}=-\frac{2(X+h)+Y+k-4}{X+h+Y+k-1},$$

即

$$\frac{\mathrm{d}Y}{\mathrm{d}X}=\frac{-2X-Y-2h-k+4}{X+Y+h+k-1}.$$

解方程

$$\begin{cases} -2h-k+4=0, \\ h+k-1=0, \end{cases}$$

得 $h=3,k=-2$. 令 $x=X+3,y=Y-2$,则原方程为

$$\frac{\mathrm{d}Y}{\mathrm{d}X}=\frac{-2X-Y}{X+Y}.$$

这是齐次方程. 令 $u=\dfrac{Y}{X}$ 得 $Y=uX$,从而

$$\frac{\mathrm{d}Y}{\mathrm{d}X}=u+X\frac{\mathrm{d}u}{\mathrm{d}X},$$

于是方程变为

$$u+X\frac{\mathrm{d}u}{\mathrm{d}X}=\frac{-2-u}{1+u}\quad 或 \quad X\frac{\mathrm{d}u}{\mathrm{d}X}=\frac{-2-2u-u^2}{1+u}.$$

分离变量得

$$-\frac{u+1}{u^2+2u+2}\mathrm{d}u=\frac{\mathrm{d}X}{X}.$$

积分得

$$\ln C_1-\frac{1}{2}\ln(u^2+2u+2)=\ln|X|,$$

于是

$$\frac{C_1}{\sqrt{u^2+2u+2}}=|X|,$$

即

$$C_1^2=X^2(u^2+2u+2)\quad 或 \quad Y+2XY+2X^2=C_2,$$

其中 $C_2=C_1^2$. 将 $X=x-3,Y=y+2$ 代回,得

$$2x^2+2xy+y^2-8x-2y=C,\quad C=C_2-10.\quad ■$$

　　由上面的例子可知,解齐次方程实际上是通过变量替换的方法,将方程化为可分离变量方程,然后进行求解. 在解微分方程中,变量替换法有着特殊的作用,但困难之处是如何选择适当的变量替换,一般来说,并无一定的规律可循,往往要根据所给定微分方程的特点而定.

习　题　7.3

1. 求下列齐次方程的通解:

(1) $\dfrac{\mathrm{d}y}{\mathrm{d}x}=\dfrac{x+y}{x-y}$;

(2) $y'-\dfrac{y}{x}=2\tan\dfrac{y}{x}$;

(3) $y'=\dfrac{2y^4+x^4}{xy^3}$;

(4) $2xy\mathrm{d}x+(y^2-x^2)\mathrm{d}y=0$;

(5) $(y+\sqrt{x^2+y^2})\mathrm{d}x-x\mathrm{d}y=0$;

(6) $y\mathrm{d}x-(x+\sqrt{x^2+y^2})\mathrm{d}y=0$.

2. 求微分方程 $y^2+(x^2-xy)y'=0$ 满足初始条件 $y|_{x=1}=-1$ 的特解.

3. 解下列初值问题:

$$\begin{cases} (y+\sqrt{x^2+y^2})\mathrm{d}x-x\mathrm{d}y=0, \\ y(1)=0. \end{cases}$$

*4. 化方程 $\dfrac{\mathrm{d}y}{\mathrm{d}x}=\dfrac{x-y-1}{x+y+1}$ 为齐次方程,并求出通解.

*5. 解方程 $y'=\dfrac{4x+6y+4}{2x+3y+6}$.

7.4　一阶线性微分方程

7.4.1　一阶线性微分方程

形如

$$\frac{\mathrm{d}y}{\mathrm{d}x}+P(x)y=Q(x) \tag{7.12}$$

的一阶微分方程叫做**一阶线性微分方程**,其中 $P(x),Q(x)$ 都为 x 的连续函数.

若 $Q(x)\equiv0$,则方程(7.12)变成

$$\frac{\mathrm{d}y}{\mathrm{d}x}+P(x)y=0, \tag{7.13}$$

称之为**一阶齐次线性方程**. 当 $Q(x)\equiv0$ 不成立时,方程(7.12)称为**一阶非齐次线性方程**.

例如,微分方程

$$\frac{\mathrm{d}y}{\mathrm{d}x}=3xy+2x, \quad y'=xy+y+\sin x, \quad y\mathrm{d}x-\tan x\mathrm{d}y=0, \quad xy\mathrm{d}x-\frac{x^2+1}{x+1}\mathrm{d}y=0$$

等都是一阶线性微分方程.

先求一阶齐次线性方程(7.13)的通解. 这里"齐次"的含义与7.3节中的不同. 这里指的是在(7.12)中"自由项" $Q(x)\equiv0(Q(x)$ 也称为非齐次项).

方程(7.13)是可分离变量的方程,当 $y\neq0$ 时,可改写为

$$\frac{\mathrm{d}y}{y}=-P(x)\mathrm{d}x.$$

两边积分得 $\ln|y|=-\displaystyle\int P(x)\mathrm{d}x+C_1$,故一阶齐次线性方程的通解为

$$y=\pm\,\mathrm{e}^{-\int P(x)\mathrm{d}x+C_1}=C\mathrm{e}^{-\int P(x)\mathrm{d}x}, \quad C\text{ 为任意常数}.$$

在用上式进行具体运算时,其中的不定积分 $\displaystyle\int P(x)\mathrm{d}x$ 只表示 $P(x)$ 的一个确定的原函数.

下面再讨论一阶非齐次线性方程(7.12)的通解的求法. 前面已求得一阶齐次线性方程(7.13)的通解为

$$y=C\mathrm{e}^{-\int P(x)\mathrm{d}x}, \tag{7.14}$$

其中 C 为任意常数. 要求非齐次方程(7.12)的解, 则需要该函数的导数还要有一个等于 $Q(x)$ 的加项. 联系到乘积导数的公式, 现在设非齐次方程(7.12)有

$$y = C(x)\mathrm{e}^{-\int P(x)\mathrm{d}x} \tag{7.15}$$

形式的解, 即将齐次方程通解中的任意常数 C 换成 x 的未知函数 $C(x)$, 这种求非齐次方程通解的方法, 叫做**常数变易法**.

现在来求解未知函数 $C(x)$. 为此, 两端对 x 求导, 将(7.15)以及它的导数

$$y' = C'(x)\mathrm{e}^{-\int P(x)\mathrm{d}x} - C(x) \cdot P(x)\mathrm{e}^{-\int P(x)\mathrm{d}x}$$

代入方程(7.12)中得

$$C'(x)\mathrm{e}^{-\int P(x)\mathrm{d}x} - C(x) \cdot P(x)\mathrm{e}^{-\int P(x)\mathrm{d}x} + C(x)P(x)\mathrm{e}^{-\int P(x)\mathrm{d}x} = Q(x) ,$$

即

$$C'(x)\mathrm{e}^{-\int P(x)\mathrm{d}x} = Q(x) \quad \text{或} \quad C'(x) = Q(x)\mathrm{e}^{\int P(x)\mathrm{d}x} .$$

两端积分得

$$C(x) = \int Q(x)\mathrm{e}^{\int P(x)\mathrm{d}x}\mathrm{d}x + C ,$$

所以非齐次线性方程(7.12)的通解为

$$y = \mathrm{e}^{-\int P(x)\mathrm{d}x}\left(\int Q(x)\mathrm{e}^{\int P(x)\mathrm{d}x}\mathrm{d}x + C\right) \tag{7.16}$$

或

$$y = C\mathrm{e}^{-\int P(x)\mathrm{d}x} + \mathrm{e}^{-\int P(x)\mathrm{d}x}\int Q(x)\mathrm{e}^{\int P(x)\mathrm{d}x}\mathrm{d}x .$$

仔细分析方程(7.12)的通解公式(7.16)可以发现, 它由两项组成, 第一项是对应齐次方程的通解, 第二项是非齐次方程的一个特解(它是通解中取 $C=0$ 对应的特解). 因此, 有如下结论:

通解的结构　一阶非齐次线性微分方程的通解等于对应的齐次线性微分方程的通解与非齐次线性微分方程的一个特解之和.

在求解具体方程时, 建议使用常数变易法的诱导变换 $y = C(x)\mathrm{e}^{-\int P(x)\mathrm{d}x}$ 去求解, 可不记忆如上的通解公式. 当然, 为了节省求解时间, 也可记住公式, 通过代入公式求解, 这种解法称为**公式法**.

例 7.10　求方程 $xy' + y = \mathrm{e}^x$ 的通解.

解　原方程变形为 $y' + \dfrac{1}{x}y = \dfrac{\mathrm{e}^x}{x}$, 并且

$$P(x) = \frac{1}{x} , \quad Q(x) = \frac{\mathrm{e}^x}{x} .$$

先求

$$\int P(x)\mathrm{d}x = \int \frac{1}{x}\mathrm{d}x = \ln x ,$$

故

$$e^{\int P(x)dx} = e^{\ln x} = x, \quad e^{-\int P(x)dx} = e^{-\ln x} = \frac{1}{x}.$$

由(7.16)可得通解为

$$y = \frac{1}{x}\left(\int \frac{e^x}{x} \cdot x dx + C\right) = \frac{1}{x}\left(\int e^x dx + C\right) = \frac{1}{x}(e^x + C).$$ ∎

例 7.11 求 $y' - y\tan x = \sec x$ 的通解.

解 由于 $y' - y\tan x = \sec x$ 为一阶非齐次线性方程,并且

$$P(x) = -\tan x, \quad Q(x) = \sec x,$$

代入(7.16)得其通解为

$$y = \left(\int \sec x e^{-\int \tan x dx} dx + C\right) e^{\int \tan x dx} = (x + C)\sec x.$$ ∎

例 7.12 求 $\dfrac{dy}{dx} - \dfrac{2y}{x+1} = (x+1)^{\frac{3}{2}}$ 的通解.

解 这是一个非齐次线性方程,先求对应的齐次方程的通解.

$$\frac{dy}{dx} - \frac{2}{x+1}y = 0,$$

$$\frac{dy}{y} = \frac{2}{x+1}dx.$$

两边积分得

$$\ln y = 2\ln(x+1) + \ln C,$$

所以

$$y = C(x+1)^2.$$

用常数变易法,把 C 换成 $C(x)$,即令 $y = C(x)(x+1)^2$,则

$$\frac{dy}{dx} = C'(x)(x+1)^2 + 2C(x)(x+1).$$

代入所给的非齐次方程得

$$C'(x) = (x+1)^{-\frac{1}{2}},$$

两边积分得

$$C(x) = 2(x+1)^{\frac{1}{2}} + C.$$

把 $C(x)$ 代入 $y = C(x+1)^2$ 中,即得所求方程的通解为

$$y = (x+1)^2\left[2(x+1)^{\frac{1}{2}} + C\right].$$ ∎

例 7.13 解方程 $\dfrac{dy}{dx} = \dfrac{1}{x+y}$.

解 方法一 若把方程变形为

$$\frac{dx}{dy} - x = y,$$

则由一阶非齐次线性微分方程的通解公式得

$$x = \mathrm{e}^{-\int P(y)\mathrm{d}y}\left(\int Q(y)\mathrm{e}^{\int P(y)\mathrm{d}y}\mathrm{d}y + C\right) = \mathrm{e}^{-\int(-1)\mathrm{d}y}\left(\int y\mathrm{e}^{\int(-1)\mathrm{d}y}\mathrm{d}y + C\right)$$

$$= \mathrm{e}^{y}\left(\int y\mathrm{e}^{-y}\mathrm{d}y + C\right) = \mathrm{e}^{y}[-\mathrm{e}^{-y}(y+1) + C] = C\mathrm{e}^{y} - y - 1.$$

方法二　用变量代换来解所给方程. 令 $x+y=u$, 则 $y=u-x$, $\dfrac{\mathrm{d}y}{\mathrm{d}x}=\dfrac{\mathrm{d}u}{\mathrm{d}x}-1$. 代入原方程得

$$\frac{\mathrm{d}u}{\mathrm{d}x} - 1 = \frac{1}{u},$$

$$\frac{\mathrm{d}u}{\mathrm{d}x} = \frac{u+1}{u}.$$

分离变量得

$$\frac{u}{u+1}\mathrm{d}u = \mathrm{d}x,$$

两边积分得

$$u - \ln|u+1| = x + C.$$

以 $u=x+y$ 代入上式, 即得

$$y - \ln|x+y+1| = C$$

或

$$x = C_1\mathrm{e}^{y} - y - 1, \quad C_1 = \pm\mathrm{e}^{-C}. \qquad \blacksquare$$

7.4.2　伯努利方程——可化为一阶线性方程的方程

形如

$$\frac{\mathrm{d}y}{\mathrm{d}x} + P(x)y = Q(x)y^{n}, \quad n \neq 0,1 \qquad\qquad (7.17)$$

的方程称为**伯努利(Bernoulli)方程**.

注 7.4　伯努利方程的特点是, 未知函数的导数仍是一次的, 但未知函数 y 出现 n 次方. 当 $n \neq 0,1$ 时为非线性的.

也可以通过适当的变量替换, 将其化为线性的微分方程.

求解方法如下: 将方程(7.17)的两端同乘以 y^{-n} 得

$$y^{-n}\frac{\mathrm{d}y}{\mathrm{d}x} + P(x)y^{1-n} = Q(x),$$

设变量替换 $z=y^{1-n}$, 则 $\dfrac{\mathrm{d}z}{\mathrm{d}x}=(1-n)y^{-n}\dfrac{\mathrm{d}y}{\mathrm{d}x}$, 即 $y^{-n}\dfrac{\mathrm{d}y}{\mathrm{d}x}=\dfrac{1}{1-n}\dfrac{\mathrm{d}z}{\mathrm{d}x}$. 代入原方程得

$$\frac{1}{1-n}\frac{\mathrm{d}z}{\mathrm{d}x} + P(x)z = Q(x),$$

即

$$\frac{\mathrm{d}z}{\mathrm{d}x} + (1-n)P(x)z = (1-n)Q(x).$$

这样,就把(7.17)化成以 z 为未知函数的线性方程了,可以求解. 求出 z 后,再用 y 带回,即得伯努利方程的解,故通解为

$$z = y^{1-n} = \mathrm{e}^{-\int(1-n)P(x)\mathrm{d}x}\left[\int(1-n)Q(x)\mathrm{e}^{\int(1-n)P(x)\mathrm{d}x}\mathrm{d}x + C\right].$$

例 7.14 求解微分方程 $\dfrac{\mathrm{d}y}{\mathrm{d}x} - xy = -\mathrm{e}^{-x^2}y^3$.

解 这是一个 $n=3$ 的伯努利方程. 令 $z = y^{-2}$,则有

$$\frac{\mathrm{d}z}{\mathrm{d}x} + 2xz = 2\mathrm{e}^{-x^2}.$$

这是一阶线性方程,解之得

$$z = \mathrm{e}^{-x^2}(2x + C).$$

将 z 换成 y^{-2},即得原方程的通解为

$$y^2 = \mathrm{e}^{x^2}(2x + C)^{-1}.$$ ∎

注 7.5 (1) 不同类型的微分方程(具有不同的特征)采用不同的解法;

(2) 可分离变量的微分方程和一阶线性微分方程是具有初等解法(即把微分方程的求解问题化为积分问题,其解的表达式由初等函数表示)的最基本的微分方程;

(3) 变换是求解微分方程的重要手段.

例如,齐次微分方程可通过变换 $u = \dfrac{y}{x}$ 或 $u = \dfrac{x}{y}$ 转化为可分离变量的微分方程;伯努利方程可通过变换 $z = y^{1-n}$ 转化为非齐次线性微分方程.

习 题 7.4

1. 求下列微分方程的通解:

(1) $\dfrac{\mathrm{d}y}{\mathrm{d}x} = \dfrac{y}{2x - y^2}$;

(2) $2y' - y = \mathrm{e}^x$;

(3) $y' - 2xy = \mathrm{e}^{x^2}\cos x$;

(4) $y' - y\cot x = 2x\sin x$;

(5) $xy' + y = x\mathrm{e}^x$;

(6) $\mathrm{d}x + (x\cos y - \sin 2y)\mathrm{d}y = 0$;

(7) $(y^2 - 6x)y' + 2y = 0$;

(8) $y' + \cos x \cdot y = \mathrm{e}^{-\sin x}$;

(9) $(x^2 + 1)\dfrac{\mathrm{d}y}{\mathrm{d}x} + 2xy = 4x^2$;

(10) $\dfrac{\mathrm{d}y}{\mathrm{d}x} + 2xy = x\mathrm{e}^{-x^2}$;

(11) $y' = \dfrac{1}{x\cos y + \sin 2y}$.

2. 求下列微分方程满足所给初始条件的特解:

(1) $(y^2 - 6x)y' + 2y = 0, y|_{x=2} = 1$;

(2) $\cos^2 x \dfrac{\mathrm{d}y}{\mathrm{d}x} + y = \tan x, y|_{x=0} = 0$;

(3) $xy' + y = \dfrac{\ln x}{x}, y|_{x=1} = \dfrac{1}{2}$.

3. 已知某曲线经过点 $(1,1)$,它的切线在纵轴上的截距等于切点的横坐标,求它的方程.

4. 求下列伯努利方程的通解:

(1) $\dfrac{\mathrm{d}y}{\mathrm{d}x}+\dfrac{y}{x}=a(\ln x)y^2$;

(2) $xy'+y-y^2\ln x=0$;

(3) $\dfrac{\mathrm{d}y}{\mathrm{d}x}+\dfrac{1}{x}y=x^2y^6$;

(4) $(x^2y^3+xy)y'=1$;

(5) $y'+x(y-x)+x^3(y-x)^2=1$.

5. 解如下初值问题:

$$\begin{cases} \dfrac{\mathrm{d}y}{\mathrm{d}x}=\dfrac{2x^3y}{x^4+y^2}, \\ y(1)=1. \end{cases}$$

6. 设函数 $\psi(x)$ 可导,并且满足

$$\psi(x)\cos x+2\int_0^x\psi(t)\sin t\,\mathrm{d}t = x+1,$$

求 $\psi(x)$.

7.5 几种特殊的高阶微分方程

从本节起,讨论二阶和高于二阶的微分方程,这类方程称为**高阶微分方程**. 有些高阶微分方程可以通过代换化成较低阶的方程来求解. 以二阶微分方程而论,如果能设法作代换,把它从二阶降至一阶,那么就有可能用一阶微分方程所讲的方法来求解.

下面介绍三种容易降阶的高阶微分方程的求解方法.

7.5.1 $y^{(n)}=f(x)$ 型的微分方程

微分方程

$$y^{(n)}=f(x) \tag{7.18}$$

的右端仅含有自变量 x,对于这种方程,两端积分便使它降为一个 $n-1$ 阶的微分方程

$$y^{(n-1)} = \int f(x)\,\mathrm{d}x + C_1 .$$

再积分可得

$$y^{(n-2)} = \int\left[\int f(x)\,\mathrm{d}x + C_1\right]\mathrm{d}x + C_2 .$$

依此继续下去,连续积分 n 次,在求积分过程中每次都需增加一个常数,便得方程 (7.18) 的含有 n 个任意常数的通解

$$\underbrace{\iint\cdots\int}_{n个}f(x)\,\mathrm{d}x + C_1x^{n-1} + C_2x^{n-2} + \cdots + C_{n-1}x + C_n .$$

例如，$\dfrac{\mathrm{d}^2 y}{\mathrm{d}x^2} = -g$ 属此类型，只要积分两次就可得出通解为

$$y = -\frac{1}{2}gx^2 + C_1 x + C_2.$$

可由初始条件确定这两个任意常数而得到特解.

例 7.15 求微分方程 $y'' = x\cos x$ 的通解.

解 逐次积分得

$$y' = \int x\cos x \,\mathrm{d}x = \int x\mathrm{d}(\sin x) = x \cdot \sin x - \int \sin x \,\mathrm{d}x$$
$$= x \cdot \sin x + \cos x + C_1 ,$$

从而

$$y = \int (x\sin x + \cos x + C_1)\mathrm{d}x$$
$$= \int x\mathrm{d}(-\cos x) + \sin x + C_1 x$$
$$= -x\cos x + \int \cos x \,\mathrm{d}x + \sin x + C_1 x$$
$$= -x\cos x + 2\sin x + C_1 x + C_2 . \qquad ■$$

7.5.2 $y'' = f(x, y')$ 型的微分方程

与标准形式相比，缺少 y，这种方程右端不显含未知函数 y，可先把 y' 看成未知函数. 作代换 $y' = p(x)$，则 $y'' = p'(x)$，原方程可以化为一阶方程

$$p'(x) = f(x, p(x)).$$

这是关于未知函数 $p(x)$ 的一阶微分方程. 这种方法叫做**降阶法**. 解此一阶方程可求出其通解

$$p = p(x, C_1).$$

由关系式 $y' = p(x)$ 积分即得原方程的通解（通解中含有两个任意常数）

$$y = \int p(x, C_1)\mathrm{d}x + C_2 .$$

例 7.16 求方程 $y'' - y' = \mathrm{e}^x$ 的通解.

解 令 $y' = p(x)$，则 $y'' = \dfrac{\mathrm{d}p}{\mathrm{d}x}$，原方程化为

$$\frac{\mathrm{d}p}{\mathrm{d}x} - p = \mathrm{e}^x.$$

这是一阶线性微分方程. 由式(7.16)得通解

$$p(x) = \mathrm{e}^x(x + C_1),$$

故原方程的通解为

$$y = \int \mathrm{e}^x(x + C_1)\mathrm{d}x = x\mathrm{e}^x - \mathrm{e}^x + C_1\mathrm{e}^x + C_2$$

$$= e^x(x-1+C_1)+C_2.$$

例 7.17 求微分方程
$$(1+x^2)y''=2xy'$$
满足初始条件 $y|_{x=0}=1, y'|_{x=0}=3$ 的特解.

解 所给方程是 $y''=f(x,y')$ 型的. 设 $y'=P(x)$, 则 $y''=\dfrac{\mathrm{d}p}{\mathrm{d}x}$, 代入方程并分离变量后有
$$\frac{\mathrm{d}p}{p}=\frac{2x}{1+x^2}\mathrm{d}x.$$
两边积分得
$$\ln|p|=\ln(1+x^2)+C,$$
即
$$y'=P(x)=C_1(1+x^2),\quad C_1=\pm e^C.$$
由条件 $y'|_{x=0}=3$ 得 $C_1=3$, 所以
$$y'=3(1+x^2).$$
两边再积分得
$$y=x^3+3x+C_2.$$
又由条件 $y|_{x=0}=1$ 得 $C_2=1$, 于是所求的特解为
$$y=x^3+3x+1.$$

注 7.6 求高阶微分方程满足初始条件的特解时, 对任意常数应尽可能及时地定出来, 这样处理会使运算大大简化, 而不要求出通解之后再逐一确定.

7.5.3 $y''=f(y,y')$ 型的微分方程

此种类型方程右端不显含自变量 x, 作代换 $y'=p(y)=p$, 则
$$y''=\frac{\mathrm{d}p}{\mathrm{d}y}\cdot\frac{\mathrm{d}y}{\mathrm{d}x}=p\frac{\mathrm{d}p}{\mathrm{d}y},$$
故原方程化为
$$p\frac{\mathrm{d}p}{\mathrm{d}y}=f(y,p).$$
这是关于未知函数 $p(y)$ 的一阶微分方程. 视 y 为自变量, p 是 y 的函数, 设所求出的通解为 $p=p(y,C_1)$, 则由关系式 $\dfrac{\mathrm{d}y}{\mathrm{d}x}=p(y,C_1)$, 用分离变量法解此方程, 可得原方程的通解 $y=y(x,C_1,C_2)$.

例 7.18 求方程 $yy''-y'^2=0$ 的通解.

解 作代换 $y'=p(y)=p$, 则 $y''=\dfrac{\mathrm{d}p}{\mathrm{d}y}\cdot p$, 原方程化为
$$yp\frac{\mathrm{d}p}{\mathrm{d}y}-p^2=0.$$

分离变量有 $\dfrac{dp}{p}=\dfrac{dy}{y}$,积分得 $p=C_1y$,即 $\dfrac{dy}{dx}=C_1y$. 再分离变量,求积分得原方程通解为

$$y=C_2e^{C_1x}.$$ ∎

注 7.7 这些解法的基本思想就是把高阶方程通过某种变换降为较低阶方程加以求解,所以称为降阶法.

习 题 7.5

1. 求下列各微分方程的通解:

(1) $y'''=e^{2x}-\cos x$;

(2) $y''=\dfrac{1}{1+x^2}$;

(3) $y''-y'-x=0$;

(4) $(1+x^2)y''+2xy'=1$;

(5) $x^3y''+x^2y'=1$;

(6) $xy''=y'\ln y'$;

(7) $y''=1+y'^2$;

(8) $1+y'^2=yy''$;

(9) $(y''')^2+(y'')^2=1$;

(10) $yy''-y'^2=y^2y'$.

2. 求下列各微分方程满足所给初始条件的特解:

(1) $y''=\dfrac{x}{y'}$,$y(1)=-1$,$y'(1)=1$;

(2) $xy''+xy'^2-y'=0$,$y(2)=2$,$y'(2)=1$;

(3) $2(y')^2=y''(y-1)$,$y|_{x=1}=2$,$y'|_{x=1}=-1$;

(4) $y''=4y$,$y|_{x=0}=1$,$y'|_{x=0}=2$;

(5) $y''=2y^3$,$y(0)=y'(0)=1$;

(6) $yy''=y'^2-y'^3$,$y(1)=1$,$y'(1)=-1$.

3. 位于坐标原点的我舰向位于 Ox 轴上 A 点处的敌舰发射制导鱼雷,使鱼雷永远对准敌舰. 设敌舰以速度 v_0 沿平行于 Oy 轴的直线行驶,又设鱼雷的速度为 $5v_0$,求鱼雷的航迹曲线的方程. 又敌舰航行多远时将被击中?(为便于计算,设 $OA=1$.)

7.6 线性微分方程解的结构

在工程及物理问题中,遇到的高阶方程很多都是线性方程,或者可简化为线性方程.

n 阶线性微分方程的一般形式为

$$y^{(n)}+p_1(x)y^{(n-1)}+\cdots+p_{n-1}(x)y'+p_n(x)y=f(x), \tag{7.19}$$

其中 $p_1(x),\cdots,p_n(x),f(x)$ 都为 x 的连续函数.

若 $f(x)\equiv0$,即

$$y^{(n)}+p_1(x)y^{(n-1)}+\cdots+p_{n-1}(x)y'+p_n(x)y=0 \tag{7.20}$$

称为 n 阶**齐次线性方程**. 反之,称为 n 阶**非齐次线性方程**.

若 $y_i(x)(i=1,2,\cdots,n)$ 均与 x 无关,则方程(7.20)为**常系数齐次线性微分方程**;

否则,称为**变系数齐次线性微分方程**.

下面着重讨论二阶线性微分方程解的性质.二阶微分方程的求解是本章的核心内容,相应的方法和结论可推广到更高阶的方程或微分方程组中去.

形如

$$y''+p(x)y'+q(x)y=f(x) \tag{7.21}$$

的方程称为**二阶线性微分方程**,方程右端的 $f(x)$ 称为**自由项**.

当 $f(x)\equiv0$ 时,方程(7.21)为

$$y''+p(x)y'+q(x)y=0, \tag{7.22}$$

称为**二阶齐次线性微分方程**.

当 $f(x)\neq0$ 时,方程(7.21)称为**二阶非齐次线性微分方程**.

定理 7.1(齐次线性微分方程解的叠加原理) 若 $y_1(x)$ 和 $y_2(x)$ 是二阶齐次线性微分方程(7.22)的两个解,则 $y=C_1y_1+C_2y_2$(其中 C_1,C_2 为任意常数)也是方程(7.22)的解.

证 略.

定理 7.1 表明了齐次线性微分方程的解具有叠加性.从形式上来看,叠加起来的解含有 C_1,C_2 两个任意常数,但它还不一定是方程(7.22)的通解.

例如,$y_1=\sin2x$ 和 $y_2=2\sin2x$ 都是方程 $y''+4y=0$ 的解,把 y_1,y_2 叠加得

$$y=C_1y_1+C_2y_2=C_1\sin2x+2C_2\sin2x=(C_1+2C_2)\sin2x=C\sin2x,$$

其中 $C=C_1+2C_2$.由于只有一个独立的任意常数,所以它不是二阶微分方程 $y''+4y=0$ 的通解.

问题   如果 $y_1(x),y_2(x)$ 是方程(7.22)的解,则 $C_1y_1+C_2y_2$ 就是方程(7.22)含有两个任意常数的解,它是否为(7.22)的通解呢? 这决定于这两个函数是否线性相关.为此,引入函数的线性相关与线性无关的概念.

定义 7.1   设 $y_1(x),y_2(x),\cdots,y_n(x)$ 是定义在区间 I 上的函数,如果存在不全为零的数 $k_1,k_2,\cdots,k_n$,使得 $k_1y_1+k_2y_2+\cdots+k_ny_n\equiv0$,则称 $y_1(x),y_2(x),\cdots,y_n(x)$ 在区间 I 上**线性相关**;否则,称 $y_1(x),y_2(x),\cdots,y_n(x)$ 在区间 I 上**线性无关**.

由定义 7.1 不难推出如下两个结论:

(1) 在 I 上有定义的函数组 $y_1,y_2,\cdots,y_n$ 中,如果有一个函数为零,则 $y_1,y_2,\cdots,y_n$ 在 I 上线性相关;

(2) 对于两个都不恒等于零的函数 y_1 与 y_2,如果存在一个常数 C,使得 $y_2=Cy_1$,则把函数 y_1 与 y_2 叫做线性相关;否则,就叫做线性无关.

显然,当 $y_1\neq0$ 时,如果 $\dfrac{y_2}{y_1}$ 不恒等于一个常数,则 y_1 与 y_2 就是线性无关的.

例如,函数 $y_1=\sin2x$ 与 $y_2=2\sin2x$.因为当 $x\neq\dfrac{n\pi}{2}(n\in\mathbf{Z})$ 时,

$$\frac{y_2}{y_1}=\frac{2\sin2x}{\sin2x}=2,$$

所以 y_2 与 y_1 是线性相关的.

又如,函数 $y_1 = \sin 2x$ 与 $y_2 = \cos 2x$,因为当 $x \neq \dfrac{n\pi}{2}(n \in \mathbf{Z})$ 时,

$$\frac{y_2}{y_1} = \cot 2x \neq 常数,$$

所以函数 $y_1 = \sin 2x$ 与 $y_2 = \cos 2x$ 是线性无关的.

再如,函数 $y_1 = \mathrm{e}^x$ 与 $y_2 = \mathrm{e}^{-x}$ 在任意区间上都是线性无关的. 事实上,$\dfrac{y_1}{y_2} = \dfrac{\mathrm{e}^x}{\mathrm{e}^{-x}} = \mathrm{e}^{2x} \neq 常数$,在任意区间上都成立.

有了两个函数线性相关与线性无关的概念后,就有下面关于二阶齐次线性微分方程(7.22)通解的结构定理:

定理 7.2(齐次线性微分方程通解的结构定理) 若 $y_1(x)$ 和 $y_2(x)$ 是二阶齐次线性微分方程(7.22)的两个线性无关解,则 $y = C_1 y_1 + C_2 y_2$(其中 C_1, C_2 为任意常数)就是方程(7.22)的通解.

证 略.

定理 7.2 表明,方程(7.22)的两个解需满足一定条件,其组合才能构成通解.

例如,$\sin 2x$ 与 $\cos 2x$ 是二阶常系数线性微分方程 $y'' + 4y = 0$ 的两个特解,而 $\sin 2x$ 与 $\cos 2x$ 是线性无关的,所以 $C_1 \sin 2x + C_2 \cos 2x$ 就是方程 $y'' + 4y = 0$ 的通解.

注 7.8 求二阶常系数线性齐次微分方程(7.22)的通解,关键在于求出方程的两个线性无关的特解 y_1 和 y_2.

在 7.4 节中已经看到,一阶非齐次线性微分方程的通解由两部分构成. 一部分是对应的齐次方程的通解;另一部分是非齐次方程本身的一个特解. 实际上,不仅一阶非齐次线性微分方程的通解具有这样的结构,二阶及更高阶的非齐次线性微分方程的通解也具有同样的结构.

定理 7.3(非齐次线性微分方程通解的结构定理) 若 y^* 为非齐次线性微分方程(7.21)的一个特解,Y 为与(7.21)对应的齐次方程(7.22)的通解,则非齐次线性方程(7.21)的通解为 $y = Y + y^*$.

推论 7.1 方程(7.19)的任意两个解之差必为方程(7.20)的解.

推论 7.2 设 $y_1(x), y_2(x), \cdots, y_n(x)$ 是方程(7.20)的线性无关的解,而 $\bar{y}(x)$ 是方程(7.19)的某个解,则方程(7.19)的通解可表示为

$$y = C_1 y_1(x) + C_2 y_2(x) + \cdots + C_n y_n(x) + \bar{y}(x), \tag{7.23}$$

其中 $C_i (i = 1, \cdots, n)$ 为任意常数,并且通解(7.23)包括了方程(7.19)的所有解.

定理 7.3 告诉我们,要解非齐次线性方程,只需知道它的一个特解和对应的齐次线性方程的通解即可.

例如,$y = C_1 \cos x + C_2 \sin x$ 是齐次方程 $y'' + y = 0$ 的通解,$y^* = x^2 - 2$ 是 $y'' + y = x^2$ 的一个特解,因此,$y = C_1 \cos x + C_2 \sin x + x^2 - 2$ 是方程 $y'' + y = x^2$ 的通解.

　　和一阶非齐次线性微分方程一样,对于非齐次方程(7.19),也有由对应齐次方程的一个通解求出它本身的一个特解的常数变易法(也称拉格朗日法).

　　* 常数变易法　　用常数变易法求解线性非齐次方程.常数变易法的本质如下:先求出对应齐次方程的通解,再将通解中的常数变易为自变量的函数,然后确定待定函数.

　　定理7.4　　如果 $y(x)=y_1(x)+iy_2(x)$(其中 $i=\sqrt{-1}$)是方程
$$y''+p_1(x)y'+p_2(x)y=f_1(x)+if_2(x)$$
的解,则 $y_1(x)$ 与 $y_2(x)$ 分别是方程 $y''+p_1(x)y'+p_2(x)y=f_1(x)$ 和 $y''+p_1(x)y'+p_2(x)y=f_2(x)$ 的解.

　　证　略.

　　非齐次线性微分方程(7.21)的特解有时可用下述定理来帮助求出:

　　定理7.5(非齐次线性微分方程解的分离定理或叠加原理)　　若 y_1^*, y_2^* 分别为 $y''+P(x)y'+Q(x)y=f_1(x)$ 和 $y''+P(x)y'+Q(x)y=f_2(x)$ 的特解,则 $y_1^*+y_2^*$ 就是 $y''+P(x)y'+Q(x)y=f_1(x)+f_2(x)$ 的特解.

　　证　略.

　　例7.19　　验证
$$\frac{d^2x}{dt^2}+\frac{t}{1-t}\frac{dx}{dt}-\frac{1}{1-t}x=0$$
有线性无关的解 t,e^t,并求方程 $\dfrac{d^2x}{dt^2}+\dfrac{t}{1-t}\dfrac{dx}{dt}-\dfrac{1}{1-t}x=t-1$ 的通解.

　　解　　由题意,将 t 代入方程 $\dfrac{d^2x}{dt^2}+\dfrac{t}{1-t}\dfrac{dx}{dt}-\dfrac{1}{1-t}x=0$ 得
$$\frac{d^2t}{dt^2}+\frac{t}{1-t}\frac{dt}{dt}-\frac{1}{1-t}t=\frac{t}{1-t}-\frac{t}{1-t}=0,$$
即 t 为该方程的解.同理,e^t 也是该方程的解.又显然,t,e^t 线性无关,故 t,e^t 是方程 $\dfrac{d^2x}{dt^2}+\dfrac{t}{1-t}\dfrac{dx}{dt}-\dfrac{1}{1-t}x=0$ 的线性无关的解.由题设可得所求通解为 $x(t)=C_1(t)t+C_2(t)e^t$,则有
$$\begin{cases} C'_1(t)t+C'_2(t)e^t=0, \\ C'_1(t)+C'_2(t)e^t=t-1. \end{cases}$$
解之得
$$C'_1(t)=-1, \quad C'_2(t)=te^{-t}.$$
积分得
$$C_1(t)=-t+C_1, \quad C_2(t)=-(te^{-t}+e^{-t})+C_2,$$
故所求通解为
$$x(t)=C_1t+C_2e^t-(t^2+t+1).$$

习　题　7.6

1. 下列函数组在其定义区间内哪些是线性无关的?

(1) x^2, x^3;

(2) $3x, 5x$;

(3) $e^{5x}, 3e^{5x}$;

(4) e^{-2x}, e^{2x};

(5) $\cos3x, \sin3x$;

(6) e^{3x}, xe^{3x};

(7) $\sin2x, \sin x\cos x$;

(8) $e^{2x}\cos3x, e^{2x}\sin3x$;

(9) $\ln2x, x\ln2x$;

(10) $e^{\lambda_1 x}, e^{\lambda_2 x}(\lambda_1 \neq \lambda_2)$.

2. 验证 $y_1 = \cos\omega x, y_2 = \sin\omega x$ 都是方程 $y'' + \omega^2 y = 0$ 的解,并写出该方程的通解.

3. 验证 $y_1 = \cos x$ 与 $y_2 = \sin x$ 是方程 $y'' + y = 0$ 的线性无关解,并写出其通解.

4. 验证 $y_1 = e^{x^2}, y_2 = xe^{x^2}$ 都是方程 $y'' - 4xy' + 4x^2 y - 2y = 0$ 的解,并写出该方程的通解.

5. 设

$$y_1 = xe^x + e^{2x}, \quad y_2 = xe^x + e^{-x}, \quad y_3 = xe^x + e^{2x} - e^{-x}$$

是某二阶非齐次线性方程的解,求该方程的通解.

6. 设二阶非齐次线性方程

$$y'' + p(x)y' + q(x)y = f(x)$$

有三个特解 $y_1 = x, y_2 = e^x, y_3 = e^{2x}$,求该方程满足初始条件 $y(0) = 1, y'(0) = 3$ 的特解.

7.7　常系数齐次线性微分方程

本节先介绍二阶常系数齐次线性微分方程的解法.二阶常系数线性微分方程的一般形式为

$$y'' + py' + qy = f(x),$$

其中 p, q 为常数,$f(x)$ 为 x 的已知函数.当 $f(x)$ 恒等于零时,称之为**二阶常系数齐次线性微分方程**;否则,称之为**二阶常系数非齐次线性微分方程**.

由 7.6 节可知,要求

$$y'' + py' + qy = 0 \tag{7.24}$$

的通解,可先求它的相互独立的两个特解 $y = y_1(x)$ 与 $y = y_2(x)$(即 $y_2(x)/y_1(x)$ 不恒等于常数),则 $y = C_1 y_1 + C_2 y_2$ 为方程(7.25)的通解,其中 C_1 与 C_2 为任意常数.

为了寻找这两个特解,注意到当 r 为常数时,指数函数 $y = e^{rx}$ 和它的各阶导数只相差一个常数因子,因此,不妨用 $y = e^{rx}$ 来尝试.

设 $y = e^{rx}$ 为方程(7.25)的解,则 $y' = re^{rx}, y'' = r^2 e^{rx}$. 代入方程(7.25)得

$$(r^2 + pr + q)e^{rx} = 0.$$

由于 $e^{rx} \neq 0$,所以有

$$r^2 + pr + q = 0. \tag{7.25}$$

只要 r 满足式(7.26),函数 $y = e^{rx}$ 就是微分方程(7.25)的解. 把代数方程(7.26)称为

微分方程(7.25)的**特征方程**,特征方程的根称为**特征根**. 由于特征方程是一元二次方程,故其特征根有三种不同的情况,相应地,可以得到微分方程(7.25)的三种不同形式的通解.

(1) 当 $p^2-4q>0$ 时,特征方程(7.26)有两个不相等的实根 r_1 和 r_2. 此时,可得方程(7.25)的两个特解为

$$y_1=e^{r_1x}, \quad y_2=e^{r_2x},$$

并且 $y_2/y_1=e^{(r_2-r_1)x}\neq$ 常数,故 $y=C_1e^{r_1x}+C_2e^{r_2x}$ 是方程(7.25)的通解.

(2) 当 $p^2-4q=0$ 时,特征方程(7.26)有两个相等的实根 $r_1=r_2$. 此时,得到微分方程(7.25)的一个特解 $y_1=e^{r_1x}$. 为求(7.25)的通解,还需求出与 e^{r_1x} 相互独立的另一解 y_2. 不妨设 $y_2/y_1=u(x)$,则

$$y_2=e^{r_1x}u(x), \quad y'_2=e^{r_1x}(u'+r_1u), \quad y''_2=e^{r_1x}(u''+2r_1u'+r_1^2u).$$

将 y_2,y'_2,y''_2 代入方程(7.25),得

$$e^{r_1x}[u''+(2r_1+p)u'+(r_1^2+pr_1+q)u]=0.$$

将上式约去 e^{r_1x} 得

$$u''+(2r_1+p)u'+(r_1^2+pr_1+q)u=0.$$

由于 r_1 是特征方程(7.26)的二重根,因此,$r_1^2+pr_1+q=0,2r_1+p=0$,于是

$$u''=0.$$

不妨取 $u=x$,由此得到微分方程(7.25)的另一个特解为

$$y_2=xe^{r_1x},$$

并且 $y_2/y_1=x\neq$ 常数,从而得到微分方程(7.25)的通解为

$$y=C_1e^{r_1x}+C_2xe^{r_1x},即 \ y=(C_1+C_2x)e^{r_1x}.$$

(3) 当 $p^2-4q<0$ 时,特征方程(7.26)有一对共轭复根 $r_{1,2}=\alpha\pm i\beta$. 此时,$\tilde{y}_{1,2}=e^{(\alpha\pm i\beta)x}$ 为两个线性无关的特解. 由叠加定理,$y_1=\dfrac{(\tilde{y}_1+\tilde{y}_2)}{2}$,$y_2=\dfrac{(\tilde{y}_1-\tilde{y}_2)}{2i}$ 也为两个线性无关的特解. 由欧拉公式 $e^{i\beta}=\cos\beta+i\sin\beta$ 得

$$e^{(\alpha+i\beta)x}=e^{\alpha x}(\cos\beta x+i\sin\beta x),$$

可得两个新的实函数

$$y_1=\frac{\tilde{y}_1+\tilde{y}_2}{2}=\frac{e^{\alpha x}(\cos\beta x+i\sin\beta x)+e^{\alpha x}(\cos\beta x-i\sin\beta x)}{2}=e^{\alpha x}\cos\beta x,$$

$$y_1=\frac{\tilde{y}_1-\tilde{y}_2}{2i}=\frac{e^{\alpha x}(\cos\beta x+i\sin\beta x)-e^{\alpha x}(\cos\beta x-i\sin\beta x)}{2i}=e^{\alpha x}\sin\beta x,$$

并且 $y_2/y_1=\tan\beta x\neq$ 常数,故微分方程(7.25)的通解为

$$y=e^{\alpha x}(C_1\cos\beta x+C_2\sin\beta x).$$

综上所述,求微分方程(7.25)通解的步骤可归纳如下:

第 1 步　写出微分方程(7.25)的特征方程 $r^2+pr+q=0$,求出特征根.

第 2 步　根据特征根的不同形式,按照表 7.1 写出微分方程(7.25)的通解.

表 7.1

特征方程 $r^2+pr+q=0$ 的两根 r_1,r_2	$y''+py'+qy=0$ 的通解
两个不相等实根（$p^2-4q>0$）$r_1\neq r_2$	$y=C_1\mathrm{e}^{r_1x}+C_2\mathrm{e}^{r_2x}$
两个相等实根（$p^2-4q=0$）$r_1=r_2$	$y=(C_1+C_2x)\mathrm{e}^{r_1x}$
一对共轭复根（$p^2-4q<0$） $r_1=\alpha+\mathrm{i}\beta,r_2=\alpha-\mathrm{i}\beta$ $\alpha=-\dfrac{p}{2},\beta=\dfrac{\sqrt{4q-p^2}}{2}$	$y=\mathrm{e}^{\alpha x}(C_1\cos\beta x+C_2\sin\beta x)$

如此解二阶常系数线性微分方程的方法称为**特征根法**.

例 7.20　求微分方程 $y''-3y'+2y=0$ 的通解.

解　由方程 $y''-3y'+2y=0$ 可写出其特征方程
$$r^2-3r+2=0,$$
解特征方程可得两个特征根 $r_1=1,r_2=2$,是两个不等实根,故所求微分方程的通解为
$$y=C_1\mathrm{e}^{r_1x}+C_2\mathrm{e}^{r_2x}=C_1\mathrm{e}^x+C_2\mathrm{e}^{2x}.\ \blacksquare$$

例 7.21　求微分方程 $y''-4y'+5y=0$ 的通解.

解　根据方程 $y''-4y'+5y=0$ 写出特征方程为
$$r^2-4r+5=0,$$
求出两个特征根 $r_1=2+\mathrm{i},r_2=2-\mathrm{i}$,为一对共轭复根,$\alpha=2,\beta=1$,故所求微分方程的通解为
$$y=\mathrm{e}^{2x}(C_1\cos x+C_2\sin x).\ \blacksquare$$

例 7.22　求微分方程 $y''+4y'+4y=0,y|_{x=0}=0,y'|_{x=0}=1$ 的解.

解　由微分方程 $y''+4y'+4y=0$ 写出特征方程为
$$r^2+4r+4=0,$$
解出特征根为 $r_1=r_2=-2$,为两个相等实根,故方程的通解为
$$y=(C_1+C_2x)\mathrm{e}^{-2x}.$$
将 $y|_{x=0}=0$ 代入上式得 $C_1=0$,则 $y=C_2x\mathrm{e}^{-2x}$,故 $y'=C_2\mathrm{e}^{-2x}-2C_2x\mathrm{e}^{-2x}$. 再将 $y'|_{x=0}=1$ 代入得 $C_2=1$,故方程初值问题的解为
$$y=x\mathrm{e}^{-2x}.\ \blacksquare$$

注 7.9　用微分方程解决实际问题,包括建立微分方程、确定初始条件和求解方程这几个主要步骤. 由于问题的广泛性,一般建立微分方程要涉及许多方面的知识,如几何、物理等,本书不过多讨论,主要介绍微分方程的解法.

本节介绍的求二阶常系数齐次线性微分方程通解的原理和方法(特征根法),对一阶常系数齐次线性微分方程也是适用的,也可以用于求解更高阶的常系数齐次线性方程.

高阶微分方程一般都很难求得通解,只有常系数线性微分方程的解法已经完全解决. n 阶常系数齐次线性方程的一般形式可以写成
$$y^{(n)}+p_1y^{(n-1)}+p_2y^{(n-2)}+\cdots+p_{n-1}y'+p_ny=0,$$

其中 $p_1,\cdots,p_n$ 为常数. 由于假设 $y=\mathrm{e}^{rx}$ 为它的解,经求导代入方程消去 e^{rx} 后得到的相应的特征方程

$$r^n+p_1r^{n-1}+p_2r^{n-2}+\cdots+p_{n-1}r+p_n=0.$$

这是 n 次方程,它一定有 n 个根 $r_1,\cdots,r_n$,其中 r_i 可以为 k 重实根,也可以为 k 重共轭复根 $\alpha\pm\mathrm{i}\beta$. 每一个 r_i 都对应齐次方程的一个特解,共得到 n 个线性无关的特解. 利用线性微分方程解的结构,可构成含 n 个任意常数的通解.

根据特征方程的根,可按表 7.2 写出其通解形式.

表 7.2

特征方程的根	微分方程通解中所对应的项
单实根 r	给出一项 $C\mathrm{e}^{rx}$
一对单复根 $r_{1,2}=\alpha\pm\mathrm{i}\beta$	给出两项 $\mathrm{e}^{\alpha x}(C_1\cos\beta x+C_2\sin\beta x)$
k 重实根 r	给出 k 项 $\mathrm{e}^{rx}(C_1+C_2x+\cdots+C_kx^{k-1})$
一对 k 重复根 $r_{1,2}=\alpha\pm\mathrm{i}\beta$	给出 $2k$ 项 $\mathrm{e}^{\alpha x}[(C_1+C_2x+\cdots+C_kx^{k-1})\cos\beta x+(D_1+D_2x+\cdots+D_kx^{k-1})\sin\beta x]$

例 7.23 求微分方程 $y'''+2y''+y'=0$ 的通解.

解 特征方程为

$$r^3+2r^2+r=0,$$

特征根为

$$r_1=0,\quad r_2=r_3=-1,$$

通解为

$$y=C_1\mathrm{e}^{0x}+(C_2+C_3x)\mathrm{e}^{-x}=C_1+(C_2+C_3x)\mathrm{e}^{-x}.\qquad\blacksquare$$

例 7.24 求四阶微分方程 $y^{(4)}+8y'=0$ 的通解.

解 所给微分方程的特征方程为 $r^4+8r=0$,即

$$r(r+2)(r^2-2r+4)=0,$$

其特征根为

$$r_1=0,\quad r_2=-2,\quad r_{3,4}=1\pm\mathrm{i}\sqrt{3}.$$

于是得方程的通解为

$$y=C_1+C_2\mathrm{e}^{-2x}+\mathrm{e}^x(C_3\cos\sqrt{3}x+C_4\sin\sqrt{3}x).\qquad\blacksquare$$

例 7.25 求方程 $y^{(4)}+\beta^4y=0$ 的通解,其中 $\beta>0$.

解 特征方程为

$$r^4+\beta^4=0.$$

由于

$$r^4+\beta^4=(r^2+\beta^2)^2-2\beta^2r^2=(r^2-\sqrt{2}\beta r+\beta^2)(r^2+\sqrt{2}\beta r+\beta^2),$$

故它的根为

$$r_{1,2}=\frac{\beta}{\sqrt{2}}(1\pm\mathrm{i}),\quad r_{3,4}=-\frac{\beta}{\sqrt{2}}(1\pm\mathrm{i}).$$

因此,所给微分方程的通解为

$$y=\mathrm{e}^{\frac{\beta}{\sqrt{2}}x}\left(C_1\cos\frac{\beta}{\sqrt{2}}x+C_2\sin\frac{\beta}{\sqrt{2}}x\right)+\mathrm{e}^{-\frac{\beta}{\sqrt{2}}x}\left(C_3\cos\frac{\beta}{\sqrt{2}}x+C_4\sin\frac{\beta}{\sqrt{2}}x\right).$$ ■

习　题　7.7

1. 求下列微分方程的通解:

(1) $y''-2y'-3y=0$;

(2) $y''+3y'-4y=0$;

(3) $y''-2y'+5y=0$;

(4) $y''+2y'+y=0$;

(5) $y''+y=0$;

(6) $x''+x'+x=0$;

(7) $y^{(4)}+5y''-36y=0$;

(8) $y^{(4)}-6y'''+12y''-8y'=0$;

(9) $y^{(4)}+4y''+4y=0$;

(10) $y^{(4)}-2y'''+2y''=0$.

2. 求下列微分方程满足所给初始条件的特解:

(1) $\dfrac{\mathrm{d}^2s}{\mathrm{d}t^2}+2\dfrac{\mathrm{d}s}{\mathrm{d}t}+s=0,s\big|_{t=0}=4,s'\big|_{t=0}=-2$;

(2) $y''-4y'+4y=0,y\big|_{x=0}=1,y'\big|_{x=0}=1$;

(3) $y''-y'-2y=0,y\big|_{x=0}=0,y'\big|_{x=0}=3$.

7.8　常系数非齐次线性微分方程

本节着重介绍二阶常系数非齐次线性微分方程的解法.

对于二阶常系数非齐次线性微分方程

$$y''+py'+qy=f(x),\tag{7.26}$$

其中 p,q 为常数,由定理 7.3,只需求出它的一个特解,再利用 7.7 节的二阶常系数齐次线性微分方程通解的求法,写出非齐次方程对应的齐次方程的通解,然后利用二阶常系数非齐次线性微分方程解的结构定理即可写出方程(7.28)的通解. 设 y^* 是方程(7.28)的一个特解,Y 为其对应齐次方程的通解,则 $y=y^*+Y$ 是(7.26)的通解.

下面分两种情形来讨论(7.26)的特解的求法.

(1) $f(x)=\mathrm{e}^{\lambda x}P_m(x)$ 型,其中 λ 为常数,$P_m(x)$ 为 x 的 m 次多项式;

(2) $f(x)=P_m(x)\mathrm{e}^{\lambda x}\cos\omega x$ 或 $P_m(x)\mathrm{e}^{\lambda x}\sin\omega x$ 型,其中 λ 和 ω 为常数.

对于以上两种情形,下面用**待定系数法**来求方程(7.26)的一个特解,其基本思想如下:先根据 $f(x)$ 的特点,确定特解 y^* 的类型,然后把 y^* 代入到原方程中,确定 y^* 中的待定系数.

7.8.1　$f(x)=\mathrm{e}^{\lambda x}P_m(x)$ 型[$P_m(x)$ 为 m 次多项式]

根据方程的特点,多项式与指数函数乘积的导数仍然是同一类型的函数,可以推测它有特解 $y^*=Q(x)\mathrm{e}^{\lambda x}$,其中 $Q(x)$ 为一待定多项式.

用待定系数法求这类微分方程的解,

$y^* = Q(x)e^{\lambda x}$,　$(y^*)' = e^{\lambda x}[\lambda Q(x) + Q'(x)]$,　$(y^*)'' = e^{\lambda x}[\lambda^2 Q(x) + 2\lambda Q'(x) + Q''(x)]$,

将 y^*,$(y^*)'$,$(y^*)''$ 代入(7.26),整理得

$$Q''(x) + (2\lambda + p)Q'(x) + (\lambda^2 + p\lambda + q)Q(x) = P_m(x). \tag{7.27}$$

(1) 若 λ 不是特征方程的根,因为 $P_m(x)$ 为 m 次多项式,所以由式(7.27)知,$Q(x)$ 也应为 m 次多项式,故可令 $Q(x)$ 为一标准多项式

$$Q_m(x) = a_m x^m + a_{m-1} x^{m-1} + \cdots + a_1 x + a_0,$$

其中系数 $a_i (i = 0, 1, \cdots, m)$ 待定. 将 $y^* = Q_m(x)e^{\lambda x}$ 代入原方程(此过程相当于将 $Q(x) = Q_m(x)$ 代入式(7.29)),用待定系数法求出系数 $a_i (i = 0, 1, \cdots, m)$,即可得 $Q_m(x)$,从而得出特解 $y^* = Q_m(x)e^{\lambda x}$.

(2) 若 λ 是特征方程的单根,则 $\lambda^2 + p\lambda + q = 0, 2\lambda + p \neq 0$. 式(7.27)变为

$$Q''(x) + (2\lambda + p)Q'(x) = P_m(x). \tag{7.28}$$

由式(7.28)知,$Q'(x)$ 为 m 次多项式,即 $Q(x)$ 为 $m+1$ 次多项式,故可令 $Q(x) = xQ_m(x)$. 将 $y^* = xQ_m(x)e^{\lambda x}$ 代入原方程(此过程相当于将 $Q(x) = xQ_m(x)$ 代入式(7.28),用待定系数法求出系数 $a_i(i = 0, 1, \cdots, m)$,即可得 $Q_m(x)$,从而得出特解 $y^* = xQ_m(x)e^{\lambda x}$.

(3) 若 λ 是特征方程的二重根,则 $\lambda^2 + p\lambda + q = 0, 2\lambda + p = 0$,式(7.27)变为

$$Q''(x) = P_m(x). \tag{7.29}$$

可见,$Q''(x)$ 为 m 次多项式,即 $Q(x)$ 为 $m+2$ 次多项式,故可令 $Q(x) = x^2 Q_m(x)$. 将 $y^* = x^2 Q_m(x)e^{\lambda x}$ 代入原方程[此过程相当于将 $Q(x) = x^2 Q_m(x)$ 代入式(7.29)],用待定系数法求出系数 $a_i(i = 0, 1, \cdots, m)$,即可得 $Q_m(x)$,从而得出特解

$$y^* = x^2 Q_m(x)e^{\lambda x}.$$

综上所述,有以下结论:

若 $f(x) = e^{\lambda x} P_m(x)$,则二阶常系数非齐次线性微分方程(7.26)具有形如

$$y^* = x^k Q_m(x)e^{\lambda x}$$

的特解,其中 $Q_m(x)$ 为与 $P_m(x)$ 同次(m 次)的多项式,而 k 按 λ 不是特征方程的根、是特征方程的单根或是特征方程的重根,依次取为 $0, 1$ 或 2.

下面给出上述非齐次方程 $f(x) = e^{\lambda x} P_m(x)$ 型的特解形式(表 7.3).

表 7.3

特征方程 $r^2 + pr + q = 0$ 的两个根 r_1, r_2	方程 $y'' + py' + qy = e^{\lambda x} P_m(x)$ 的特解形式
$\lambda \neq r_1, r_2$	$y^* = Q_m(x)e^{\lambda x}$
$\lambda = r_1, \lambda \neq r_2$	$y^* = xQ_m(x)e^{\lambda x}$
$\lambda = r_1 = r_2$	$y^* = x^2 Q_m(x)e^{\lambda x}$

注 7.10　表 7.3 中的 $P_m(x)$ 为已知的 m 次多项式,$Q_m(x)$ 为待定的 m 次多项式,如 $Q_2(x) = Ax^2 + Bx + C$,　其中 A, B, C 为待定常数.

例 7.26　求微分方程 $y'' - 5y' + 4y = x^2 - 2x + 1$ 的通解.

解　此二阶常系数非齐次线性微分方程中的 $f(x)$ 是 $P_m(x)e^{\lambda x}$,其中

$$P_m(x) = x^2 - 2x + 1, \quad \lambda = 0,$$

方程对应的齐次线性微分方程为

$$y'' - 5y' + 4y = 0,$$

它的特征方程为 $r^2 - 5r + 4 = 0$，特征根为 $r_1 = 1, r_2 = 4$，故齐次方程通解为

$$Y = C_1 e^x + C_2 e^{4x}.$$

由于 $\lambda = 0$ 不是特征方程的根，故应设非齐次方程的特解为

$$y^* = b_0 x^2 + b_1 x + b_2.$$

代入原非齐次微分方程，并化简得

$$4b_0 x^2 + (4b_1 - 10b_0)x + 4b_2 - 5b_1 + 2b_0 = x^2 - 2x + 1.$$

比较两端 x 的同次幂的系数得

$$\begin{cases} 4b_0 = 1, \\ 4b_1 - 10b_0 = -2, \\ 4b_2 - 5b_1 + 2b_0 = 1, \end{cases}$$

解得

$$\begin{cases} b_0 = \dfrac{1}{4}, \\ b_1 = \dfrac{1}{8}, \\ b_2 = \dfrac{9}{32}, \end{cases}$$

故非齐次方程的特解为

$$y^* = \frac{1}{4}x^2 + \frac{1}{8}x + \frac{9}{32}.$$

因此，原非齐次方程的通解为

$$y = Y + y^* = C_1 e^x + C_2 e^{4x} + \frac{1}{4}\left(x^2 + \frac{1}{2}x + \frac{9}{8}\right). \qquad \blacksquare$$

例 7.27 解方程 $y'' - 6y' + 9y = (x+1)e^{3x}$.

解 方程对应的齐次线性微分方程的特征方程为 $r^2 - 6r + 9 = 0$，特征根为 $r_1 = r_2 = 3$，故齐次方程通解为

$$Y = (C_1 + C_2 x)e^{3x}.$$

因为 $\lambda = 3$ 为特征方程的二重根，故令非齐次方程的特解为

$$y^* = x^k Q_m(x)e^{\lambda x} = x^2(ax + b)e^{3x}.$$

将 $Q(x) = x^2(ax + b)$ 代入 $Q''(x) = P_m(x)$，即 $6ax + 2b = x + 1$ 得

$$a = \frac{1}{6}, \quad b = \frac{1}{2},$$

故

$$y^* = \left(\frac{1}{6}x^3 + \frac{1}{2}x^2\right)e^{3x}.$$

因此,原方程通解为

$$y=(C_1+C_2x)\mathrm{e}^{3x}+\frac{1}{2}x^2\left(\frac{1}{3}x+1\right)\mathrm{e}^{3x}.$$ ■

例 7.28　求微分方程 $y''-y=4x\mathrm{e}^x$ 满足 $y|_{x=0}=0,y'|_{x=0}=1$ 的特解.

解　所给方程 $y''-y=4x\mathrm{e}^x$ 的 $f(x)$ 是 $P_m(x)\mathrm{e}^{\lambda x}$,其中 $P_m(x)=4x,\lambda=1$. 对应的齐次方程的特征方程为 $r^2-1=0$,其根为 $r_1=1,r_2=-1$,故对应的齐次方程的通解为

$$Y=C_1\mathrm{e}^x+C_2\mathrm{e}^{-x}.$$

因为 $\lambda=1$ 是特征方程的单根,故可设特解为

$$y^*=x(ax+b)\mathrm{e}^x.$$

代入原方程得

$$(2a+2b+4ax)\mathrm{e}^x=4x\mathrm{e}^x,$$

比较同类项系数得 $a=1,b=-1$,从而原方程通解为

$$y=C_1\mathrm{e}^x+C_2\mathrm{e}^{-x}+x(x-1)\mathrm{e}^x.$$

由初始条件 $x=0$ 时 $y=0,y'=1$ 得

$$C_1+C_2=0,\quad C_1-C_2=2,$$

从而 $C_1=1,C_2=-1$. 因此,满足初始条件得特解为

$$y=\mathrm{e}^x-\mathrm{e}^{-x}+x(x-1)\mathrm{e}^x.$$ ■

通过以上两例可知,二阶常系数非齐次线性微分方程中,自由项 $f(x)=P_m(x)\mathrm{e}^{\lambda x}$ 当 λ 为实数时,其特解的求解步骤如下:

第 1 步　写出特征方程,并求出特征根.

第 2 步　判明 λ 是否为特征根,据此设出特解 $y^*=Q(x)\mathrm{e}^{\lambda x}$.

第 3 步　将多项式 $Q(x)$ 代入式(7.29)确定其系数($y^*=Q(x)$ 或 $y^*=A\mathrm{e}^{\lambda x}$ 时代入原方程即可).

第 4 步　写出原方程的特解.

7.8.2　$f(x)=P_m(x)\mathrm{e}^{\lambda x}\cos\omega x$ 或 $P_m(x)\mathrm{e}^{\lambda x}\sin\omega x$ 型

根据欧拉公式

$$\mathrm{e}^{(\lambda+\mathrm{i}\omega)x}=\mathrm{e}^{\lambda x}(\cos\omega x+\mathrm{i}\sin\omega x),$$

即 $\mathrm{e}^{\lambda x}\cos\omega x,\mathrm{e}^{\lambda x}\sin\omega x$ 分别为 $\mathrm{e}^{(\lambda+\mathrm{i}\omega)x}$ 的实部和虚部. 因此,可先求出

Ⅰ 型方程　$y''+py'+qy=P_m(x)\mathrm{e}^{(\lambda+\mathrm{i}\omega)x}$ 　　　　　　　　　(7.30)

的特解 $\bar{y}^*$,然后再取其实部或虚部即得

Ⅱ 型方程　$y''+py'+qy=P_m(x)\mathrm{e}^{\lambda x}\cos\omega x$ 或 $P_m(x)\mathrm{e}^{\lambda x}\sin\omega x$

的特解 y^*.

由 7.8.1 节知,方程(7.32)的特解为

$$\bar{y}^*=x^kQ_m(x)\mathrm{e}^{(\lambda+\mathrm{i}\omega)x},$$

而 k 按 $\lambda+\mathrm{i}\omega$ 不是特征方程的根或是特征方程的单根分别取为 0 或 1,$Q_m(x)$ 为复多项式,不妨令

$$Q_m(x) = Q_{m1}(x) + iQ_{m2}(x),$$

$$\bar{y}^* = x^k [Q_{m1}(x) + iQ_{m2}(x)] e^{\lambda x} (\cos\omega x + i\sin\omega x)$$

$$= x^k [Q_{m1}(x)\cos\omega x - Q_{m2}(x)\sin\omega x] e^{\lambda x} + ix^k [Q_{m2}(x)\cos\omega x + Q_{m1}(x)\sin\omega x] e^{\lambda x}.$$

取 $\bar{y}^*$ 的实部或虚部即得原方程的特解 y^*.

综上所述,对类型 II,可令其特解

$$y^* = x^k [M_m(x)\cos\omega x + N_m(x)\sin\omega x] e^{\lambda x},$$

其中 k 按 $\lambda + i\omega$ 不是特征方程的根或是特征方程的单根分别取为 0 或 1,$M_m(x)$,$N_m(x)$ 为与 $P_m(x)$ 同次的待定多项式. 将 y^* 代入原方程,用待定系数法求出 $M_m(x)$,$N_m(x)$ 即可得特解 y^*.

对于 $f(x) = e^{\lambda x} [P_l(x)\cos\omega x + P_n(x)\sin\omega x]$ 型,其中 λ, ω 为常数,$P_l(x)$,$P_n(x)$ 分别为 x 的 l, n 次多项式,并且允许其中一个为零,由于指数函数的各阶导数仍为指数函数,正弦函数与余弦函数的导数也总是余弦函数与正弦函数,于是可以证明,方程

$$y'' + py' + qy = e^{\lambda x} [P_l(x)\cos\omega x + P_n(x)\sin\omega x]$$

具有形如

$$y^* = x^k e^{\lambda x} [R_m^{(1)}(x)\cos\omega x + R_m^{(2)}(x)\sin\omega x]$$

的特解,其中 $R_m^{(1)}(x)$,$R_m^{(2)}(x)$ 为 m 次多项式,$m = \max\{l, n\}$,而 k 按 $\lambda + i\omega$(或 $\lambda - i\omega$)不是特征方程的根或是特征方程的单根分别取为 0 或 1.

注 7.11 当二阶微分方程的特征方程有复数根时,决不会出现重根,所以在这里与前一种情形不一样,k 不可能等于 2.

$f(x) = e^{\lambda x} [P_l(x)\cos\omega x + P_n(x)\sin\omega x]$ 型的特解形式如表 7.4 所示(其中 $m = \max\{l, n\}$).

表 7.4

特征方程 $r^2 + pr + q = 0$ 的两个根 r_1, r_2	方程 $y'' + py' + qy = e^{\lambda x}[P_l(x)\cos\omega x + p_n(x)\sin\omega x]$
$r_{1,2} \neq \lambda \pm i\omega$	$y^* = e^{\lambda x}[R_m^{(1)}(x)\cos\omega x + R_m^{(2)}(x)\sin\omega x]$
$r_{1,2} = \lambda \pm i\omega$	$y^* = xe^{\lambda x}[R_m^{(1)}(x)\cos\omega x + R_m^{(2)}(x)\sin\omega x]$

例 7.29 求微分方程 $y'' + y + \sin 2x = 0$ 在初值条件 $y|_{x=\pi} = 1$,$y'|_{x=\pi} = 1$ 下的特解.

解 将方程变形为 $y'' + y = -\sin 2x$,则 $f(x)$ 是 $e^{\lambda x}[P_l(x)\cos\omega x + P_n(x)\sin\omega x]$ 型的,其中 $P_l(x) = 0$,$P_n(x) = -1$,$\lambda = 0$,$\omega = 2$. 对应的齐次方程为 $y'' + y = 0$,特征方程为 $r^2 + 1 = 0$,特征根为 $r_{1,2} = \pm i$,为两个共轭复根,故齐次方程的通解为

$$Y = C_1\cos x + C_2\sin x.$$

由于 $\lambda + i\omega = 2i$ 不是特征方程的根,故非齐次方程的特解可设为

$$y^* = b_0\cos 2x + b_1\sin 2x.$$

代入原方程得

$$-3b_0\cos 2x - 3b_1\sin 2x = -\sin 2x.$$

比较等式两端同次幂的系数得 $b_0=0,b_1=\dfrac{1}{3}$,故

$$y^*=\frac{1}{3}\sin2x.$$

原方程的通解为

$$y=C_1\cos x+C_2\sin x+\frac{1}{3}\sin2x.$$

再由 $y|_{x=\pi}=1,y'|_{x=\pi}=1$ 代入可得 $C_1=-1,C_2=-\dfrac{1}{3}$,故所给初值条件的解为

$$y=-\cos x-\frac{1}{3}\sin x+\frac{1}{3}\sin2x.$$

例 7.30   求方程 $y''+\omega^2y=\cos\omega x$ 的一个特解.

解   特征方程为 $r^2+\omega^2=0$,其特征根为 $r=\pm\omega i$. 因为 $\beta=\omega$,βi 是特征方程的根,故可设方程的特解为

$$y^*=ax\cos\omega x+bx\sin\omega x.$$

将其代入原方程可得

$$(ax\cos\omega x+bx\sin\omega x)''+\omega^2(ax\cos\omega x+bx\sin\omega x)=\cos\omega x,$$

整理得

$$2\omega b\cos\omega x-2\omega a\sin\omega x=\cos\omega x,$$

比较系数应有

$$\begin{cases}2\omega b=1,\\ -2\omega a=0,\end{cases}$$

从而解得

$$a=0,\quad b=\frac{1}{2\omega},$$

所以原方程的特解为

$$y^*=\frac{x}{2\omega}\sin\omega x.$$

由以上两例可以看到,当方程(7.28)的自由项 $f(x)=A\cos\beta x$ 或 $f(x)=A\sin\beta x$ 时,其特解求解步骤如下:

第 1 步   写出特征方程,并求出其特征根.

第 2 步   判明 $\lambda=\beta i$ 是否为特征根. 若不是,则设特解为

$$y^*=a\cos\beta x+b\sin\beta x;$$

若是,则设特解为

$$y^*=ax\cos\beta x+bx\sin\beta x,$$

其中 a,b 为待定系数.

第 3 步   将所设特解代入原方程并化简整理为 $\cos\omega x$ 与 $\sin\omega x$ 的线性组合.

第 4 步   比较两端 $\cos\beta x$,$\sin\beta x$ 的系数,确定 a,b 的值.

第 5 步　写出原微分方程的特解.

例 7.31　求微分方程 $y''-3y'=2e^{2x}\sin x$ 的通解.

解　二阶常系数非齐次线性微分方程中的 $f(x)$ 是 $e^{\lambda x}[P_l(x)\cos\omega x+P_n(x)\sin\omega x]$ 型的,其中 $P_l(x)=0,P_n(x)=2,\lambda=2,\omega=1$. 对应的齐次方程为 $y''-3y'=0$,它的特征方程为 $r^2-3r=0$,解得 $r_1=0,r_2=3$,故齐次方程的通解为

$$Y=C_1+C_2e^{3x}.$$

由于 $\lambda+i\omega=2+i$ 不是特征方程的根,故非齐次方程的特解可设为

$$y^*=e^{2x}(a\cos x+b\sin x),$$

代入所给方程得

$$(b-3a)e^{2x}\cos x-(a+3b)e^{2x}\sin x=2e^{2x}\sin x.$$

比较等式两端同次幂的系数得

$$\begin{cases} b-3a=0, \\ -(a+3b)=2, \end{cases}$$

解得

$$\begin{cases} b=-\dfrac{3}{5}, \\ a=-\dfrac{1}{5}, \end{cases}$$

故特解为

$$y^*=e^{2x}\left(-\frac{1}{5}\cos x-\frac{3}{5}\sin x\right),$$

原方程的通解为

$$y=C_1+C_2e^{3x}-\frac{1}{5}e^{2x}(\cos x+3\sin x).$$　■

例 7.32　求方程 $y''+y'-2y=e^x(\cos x-7\sin x)$ 的通解.

解　所求解的方程对应的齐次方程 $y''+y'-2y=0$ 的特征方程为

$$r^2+r-2=0,$$

特征根 $r_1=1,r_2=-2$,于是齐次方程的通解为

$$Y=C_1e^x+C_2e^{-2x}.$$

因为 $\lambda\pm i\omega=1\pm i$ 不是特征根,故所求方程具有形如

$$y^*=e^x(A\cos x+B\sin x)$$

的特解,求得

$$(y^*)'=e^x[(A+B)\cos x+(B-A)\sin x],$$
$$(y^*)''=e^x(2B\cos x-2A\sin x).$$

代入所求方程并化简得恒等式

$$(3B-A)\cos x-(B+3A)\sin x=\cos x-7\sin x.$$

比较上式两端 $\cos x$ 和 $\sin x$ 的系数可得

$$\begin{cases} -A+3B=1, \\ -3A-B=-7. \end{cases}$$

因此,$A=2,B=1$,故

$$y^* = \mathrm{e}^x(2\cos x + \sin x),$$

所求通解为

$$y = \mathrm{e}^x(2\cos x + \sin x) + C_1\mathrm{e}^x + C_2\mathrm{e}^{-2x}. \qquad \blacksquare$$

注 7.12　上述求常系数非齐次线性微分方程特解的方法称为待定系数法求特解. 对于简单的微分方程,也可以利用观察法或常数变易法求特解. 上述方法对 n 阶常系数非齐次线性微分方程的情形也适用.

习　题　7.8

1. 求下列各微分方程的通解:

(1) $y'' + y' = x^2$;

(2) $y'' - 5y' + 6y = x\mathrm{e}^{2x}$;

(3) $y'' - 3y' + 2y = x\mathrm{e}^x$;

(4) $y'' - y' - 2y = (5-6x)\mathrm{e}^{-x}$;

(5) $y'' + \dfrac{1}{2}y' - \dfrac{1}{2}y = (x^2+1)\mathrm{e}^x$;

(6) $y'' - 4y' + 4y = 3x\mathrm{e}^{2x}$;

(7) $y'' + 4y = \sin 2x$;

(8) $y'' - 2y' + 5y = \mathrm{e}^x\cos 2x$;

(9) $y'' + y = x\cos 2x$;

(10) $x'' - 2x' + 3x = \mathrm{e}^{-t}\cos t$.

2. 求下列各微分方程满足已给初始条件的特解:

(1) $y'' - 3y' = -6x + 2, y(0)=1, y'(0)=-3$;

(2) $y'' + 6y' + 9y = x\mathrm{e}^{-3x}, y\big|_{x=0}=0, y'\big|_{x=0}=1$.

3. 求下列各微分方程的特解:

(1) $y'' - 2y' - 3y = 3x + 1$;

(2) $2y'' + y' + 5y = x^2 + 3x + 2$;

(3) $y'' + 6y' + 9y = 5\mathrm{e}^{-3x}$;

(4) $y'' - 4y' + 4y = (2x^2+x+1)\mathrm{e}^{2x}$;

(5) $y'' + y = x\cos 2x$.

4. 设 $f(x)$ 是连续函数,并且满足

$$f(x) = \sin x - \int_0^x (x-t)f(t)\,\mathrm{d}t,$$

试求 $f(x)$.

总 习 题 七

1. 填空题

(1) 含有未知函数的＿＿＿＿方程叫微分方程;

(2) 微分方程 $(y')^2 + 3xy = 4\sin x$ 的阶数为＿＿＿;

(3) 微分方程 $\dfrac{\mathrm{d}^2 y}{\mathrm{d}x^2} + xy = 0$ 的自变量为＿＿＿,未知函数为＿＿＿,方程的阶数为

＿＿＿;

(4) 微分方程 $xyy''+x^2(y')^2-y^3y'=0$ 的阶数为_____；

(5) 微分方程 $\dfrac{dy}{dx}=e^{2x-y}$ 为_____方程；

(6) 微分方程 $y''=\cos x$ 的通解为_____；

(7) 微分方程 $y'-2y=0$ 的通解为_____；

(8) 如果微分方程的解中不含任意常数，则此解称为_____；

(9) 微分方程 $y\ln x dx=x\ln y dy$ 满足 $y\big|_{x=1}=1$ 的特解为_____.

2. 选择题

(1) 下列微分方程中，属于变量可分离的微分方程是( )；

A. $x\sin(xy)dx+ydy=0$ 　　　　　　B. $y'=\ln(x+y)$

C. $y'=x\sin y$ 　　　　　　　　　　D. $y'+\dfrac{1}{x}y=e^x\cdot y^2$

(2) 方程 $(y-x^3)dx+xdy=2xydx+x^2dy$ 是( )；

A. 变量可分离的方程 　　　　　　　B. 齐次方程

C. 一阶线性方程 　　　　　　　　　D. 都不对

(3) 微分方程 $y'=e^{-\frac{x}{2}}$ 的通解为( ).

A. $y=e^{-\frac{x}{2}}+C$ 　　　　　　　B. $y=e^{\frac{x}{2}}+C$

C. $y=-2e^{-\frac{x}{2}}+C$ 　　　　　　D. $y=Ce^{-\frac{x}{2}}$

3. 求下列微分方程的通解：

(1) $\dfrac{dy}{dx}=\dfrac{x^3}{y^3}$；　　　　　　　　(2) $(1+x)dy=(1-y)dx$；

(3) $(x-2y)y'=2x-y$；　　　　　　(4) $y'-y=e^x$；

(5) $y'+2xy=2xe^{-x^2}$；　　　　　　(6) $y'-\dfrac{2}{x+1}y=(x+1)^3$；

(7) $\dfrac{dy}{dx}-3xy=2x$；　　　　　　(8) $y=x\dfrac{dy}{dx}+y^2\sin^2 x$；

(9) $y''=e^x$；　　　　　　　　　　(10) $y''+y'=x^2$；

(11) $y''-2ay'+y=0$；　　　　　　(12) $y''-4y'+8y=e^{2x}\sin 2x$；

(13) $y''+y=\tan x(0<x<0.5\pi)$；　　(14) $x''+x=\sin t-\cos 2t$；

(15) $x''+6x'+5x=e^{2t}$.

4. 求下列微分方程的特解：

(1) $xy'-y=0,y\big|_{x=1}=2$；　　　　(2) $2y'\sqrt{x}=y,y\big|_{x=4}=1$；

(3) $\dfrac{dy}{dx}=e^{2x-y},y(0)=0$；　　　　(4) $y''-2yy'=0,y(0)=1,y'(0)=1$.

(5) $y''+2y'-3y=4\sin x$.

5. 设降落伞从跳伞塔下落后，所受空气阻力与速度成正比，并设降落伞离开跳伞塔时($t=0$)的速度为零. 求降落伞的下落速度与时间的函数关系.

6. 一质量为 m 的质点由静止开始沉入液体, 当下沉时, 液体的反作用力与下沉速度成正比, 求此质点的运动规律.

7. 设曲线上任一点 $P(x,y)$ 的切线及该点到坐标原点 O 的连线 OP 与 y 轴围成的面积是常数 A, 求曲线方程.

8. 设 $f(x)$ 为连续函数, 并且满足 $f(x) = e^x - \int_0^x (x-t)f(t)\mathrm{d}t$, 求 $f(x)$.

9. 已知方程 $\dfrac{\mathrm{d}^2 x}{\mathrm{d}t^2} - x = 0$ 的线性无关的解为 e^t, e^{-t}, 求此方程满足初始条件 $x(0)=1$, $x'(0)=0$ 和 $x(0)=0, x'(0)=1$ 的线性无关的解, 并求出方程满足初始条件 $x(0)=x_0, x'(0)=x'_0$ 的解.

附录　常用积分公式

(一) 含有 $ax+b$ 的积分 $(a\neq0)$

1. $\displaystyle\int \frac{\mathrm{d}x}{ax+b} = \frac{1}{a}\ln|ax+b|+C.$

2. $\displaystyle\int (ax+b)^{\mu}\mathrm{d}x = \frac{1}{a(\mu+1)}(ax+b)^{\mu+1}+C(\mu\neq-1).$

3. $\displaystyle\int \frac{x}{ax+b}\mathrm{d}x = \frac{1}{a^2}(ax+b-b\ln|ax+b|)+C.$

4. $\displaystyle\int \frac{x^2}{ax+b}\mathrm{d}x = \frac{1}{a^3}\left[\frac{1}{2}(ax+b)^2-2b(ax+b)+b^2\ln|ax+b|\right]+C.$

5. $\displaystyle\int \frac{\mathrm{d}x}{x(ax+b)} = -\frac{1}{b}\ln\left|\frac{ax+b}{x}\right|+C.$

6. $\displaystyle\int \frac{\mathrm{d}x}{x^2(ax+b)} = -\frac{1}{bx}+\frac{a}{b^2}\ln\left|\frac{ax+b}{x}\right|+C.$

7. $\displaystyle\int \frac{x}{(ax+b)^2}\mathrm{d}x = \frac{1}{a^2}\left(\ln|ax+b|+\frac{b}{ax+b}\right)+C.$

8. $\displaystyle\int \frac{x^2}{(ax+b)^2}\mathrm{d}x = \frac{1}{a^3}\left(ax+b-2b\ln|ax+b|-\frac{b^2}{ax+b}\right)+C.$

9. $\displaystyle\int \frac{\mathrm{d}x}{x(ax+b)^2} = \frac{1}{b(ax+b)}-\frac{1}{b^2}\ln\left|\frac{ax+b}{x}\right|+C.$

(二) 含有 $\sqrt{ax+b}$ 的积分

10. $\displaystyle\int \sqrt{ax+b}\,\mathrm{d}x = \frac{2}{3a}\sqrt{(ax+b)^3}+C.$

11. $\displaystyle\int x\sqrt{ax+b}\,\mathrm{d}x = \frac{2}{15a^2}(3ax-2b)\sqrt{(ax+b)^3}+C.$

12. $\displaystyle\int x^2\sqrt{ax+b}\,\mathrm{d}x = \frac{2}{105a^3}(15a^2x^2-12abx+8b^2)\sqrt{(ax+b)^3}+C.$

13. $\displaystyle\int \frac{x}{\sqrt{ax+b}}\mathrm{d}x = \frac{2}{3a^2}(ax-2b)\sqrt{ax+b}+C.$

14. $\displaystyle\int \frac{x^2}{\sqrt{ax+b}}\mathrm{d}x = \frac{2}{15a^3}(3a^2x^2-4abx+8b^2)\sqrt{ax+b}+C.$

15. $\displaystyle\int\frac{\mathrm{d}x}{x\ \sqrt{ax+b}}=\begin{cases}\dfrac{1}{\sqrt{b}}\ln\left|\dfrac{\sqrt{ax+b}-\sqrt{b}}{\sqrt{ax+b}+\sqrt{b}}\right|+C, & b>0,\\[4mm]\dfrac{2}{\sqrt{-b}}\arctan\sqrt{\dfrac{ax+b}{-b}}+C, & b<0.\end{cases}$

16. $\displaystyle\int\frac{\mathrm{d}x}{x^2\ \sqrt{ax+b}}=-\frac{\sqrt{ax+b}}{bx}-\frac{a}{2b}\int\frac{\mathrm{d}x}{x\ \sqrt{ax+b}}.$

17. $\displaystyle\int\frac{\sqrt{ax+b}}{x}\mathrm{d}x=2\ \sqrt{ax+b}+b\int\frac{\mathrm{d}x}{x\ \sqrt{ax+b}}.$

18. $\displaystyle\int\frac{\sqrt{ax+b}}{x^2}\mathrm{d}x=-\frac{\sqrt{ax+b}}{x}+\frac{a}{2}\int\frac{\mathrm{d}x}{x\ \sqrt{ax+b}}.$

(三) 含有 $x^2\pm a^2$ 的积分

19. $\displaystyle\int\frac{\mathrm{d}x}{x^2+a^2}=\frac{1}{a}\arctan\frac{x}{a}+C.$

20. $\displaystyle\int\frac{\mathrm{d}x}{(x^2+a^2)^n}=\frac{x}{2(n-1)a^2(x^2+a^2)^{n-1}}+\frac{2n-3}{2(n-1)a^2}\int\frac{\mathrm{d}x}{(x^2+a^2)^{n-1}}.$

21. $\displaystyle\int\frac{\mathrm{d}x}{x^2-a^2}=\frac{1}{2a}\ln\left|\frac{x-a}{x+a}\right|+C.$

(四) 含有 $ax^2+b(a>0)$ 的积分

22. $\displaystyle\int\frac{\mathrm{d}x}{ax^2+b}=\begin{cases}\dfrac{1}{\sqrt{ab}}\arctan\sqrt{\dfrac{a}{b}}x+C, & b>0,\\[4mm]\dfrac{1}{2\ \sqrt{-ab}}\ln\left|\dfrac{\sqrt{ax}-\sqrt{-b}}{\sqrt{ax}+\sqrt{-b}}\right|+C, & b<0.\end{cases}$

23. $\displaystyle\int\frac{x}{ax^2+b}\mathrm{d}x=\frac{1}{2a}\ln|ax^2+b|+C.$

24. $\displaystyle\int\frac{x^2}{ax^2+b}\mathrm{d}x=\frac{x}{a}-\frac{b}{a}\int\frac{\mathrm{d}x}{ax^2+b}.$

25. $\displaystyle\int\frac{\mathrm{d}x}{x(ax^2+b)}=\frac{1}{2b}\ln\frac{x^2}{|ax^2+b|}+C.$

26. $\displaystyle\int\frac{\mathrm{d}x}{x^2(ax^2+b)}=-\frac{1}{bx}-\frac{a}{b}\int\frac{\mathrm{d}x}{ax^2+b}.$

27. $\displaystyle\int\frac{\mathrm{d}x}{x^3(ax^2+b)}=\frac{a}{2b^2}\ln\frac{|ax^2+b|}{x^2}-\frac{1}{2bx^2}+C.$

28. $\displaystyle\int\frac{\mathrm{d}x}{(ax^2+b)^2}=\frac{x}{2b(ax^2+b)}+\frac{1}{2b}\int\frac{\mathrm{d}x}{ax^2+b}.$

(五) 含有 $ax^2+bx+c(a>0)$ 的积分

29. $\displaystyle\int \frac{\mathrm{d}x}{ax^2+bx+c} = \begin{cases} \dfrac{2}{\sqrt{4ac-b^2}}\arctan\dfrac{2ax+b}{\sqrt{4ac-b^2}}+C, & b^2<4ac, \\[3mm] \dfrac{1}{\sqrt{b^2-4ac}}\ln\left|\dfrac{2ax+b-\sqrt{b^2-4ac}}{2ax+b+\sqrt{b^2-4ac}}\right|+C, & b^2>4ac. \end{cases}$

30. $\displaystyle\int \frac{x}{ax^2+bx+c}\mathrm{d}x = \frac{1}{2a}\ln|ax^2+bx+c|-\frac{b}{2a}\int\frac{\mathrm{d}x}{ax^2+bx+c}.$

(六) 含有 $\sqrt{x^2+a^2}\,(a>0)$ 的积分

31. $\displaystyle\int \frac{\mathrm{d}x}{\sqrt{x^2+a^2}} = \operatorname{arsh}\frac{x}{a}+C_1 = \ln(x+\sqrt{x^2+a^2})+C.$

32. $\displaystyle\int \frac{\mathrm{d}x}{\sqrt{(x^2+a^2)^3}} = \frac{x}{a^2\sqrt{x^2+a^2}}+C.$

33. $\displaystyle\int \frac{x}{\sqrt{x^2+a^2}}\mathrm{d}x = \sqrt{x^2+a^2}+C.$

34. $\displaystyle\int \frac{x}{\sqrt{(x^2+a^2)^3}}\mathrm{d}x = -\frac{1}{\sqrt{x^2+a^2}}+C.$

35. $\displaystyle\int \frac{x^2}{\sqrt{x^2+a^2}}\mathrm{d}x = \frac{x}{2}\sqrt{x^2+a^2}-\frac{a^2}{2}\ln(x+\sqrt{x^2+a^2})+C.$

36. $\displaystyle\int \frac{x^2}{\sqrt{(x^2+a^2)^3}}\mathrm{d}x = -\frac{x}{\sqrt{x^2+a^2}}+\ln(x+\sqrt{x^2+a^2})+C.$

37. $\displaystyle\int \frac{\mathrm{d}x}{x\sqrt{x^2+a^2}} = \frac{1}{a}\ln\frac{\sqrt{x^2+a^2}-a}{|x|}+C.$

38. $\displaystyle\int \frac{\mathrm{d}x}{x^2\sqrt{x^2+a^2}} = -\frac{\sqrt{x^2+a^2}}{a^2 x}+C.$

39. $\displaystyle\int \sqrt{x^2+a^2}\,\mathrm{d}x = \frac{x}{2}\sqrt{x^2+a^2}+\frac{a^2}{2}\ln(x+\sqrt{x^2+a^2})+C.$

40. $\displaystyle\int \sqrt{(x^2+a^2)^3}\,\mathrm{d}x = \frac{x}{8}(2x^2+5a^2)\sqrt{x^2+a^2}+\frac{3}{8}a^4\ln(x+\sqrt{x^2+a^2})+C.$

41. $\displaystyle\int x\sqrt{x^2+a^2}\,\mathrm{d}x = \frac{1}{3}\sqrt{(x^2+a^2)^3}+C.$

42. $\displaystyle\int x^2\sqrt{x^2+a^2}\,\mathrm{d}x = \frac{x}{8}(2x^2+a^2)\sqrt{x^2+a^2}-\frac{a^4}{8}\ln(x+\sqrt{x^2+a^2})+C.$

43. $\displaystyle\int \frac{\sqrt{x^2+a^2}}{x}\mathrm{d}x = \sqrt{x^2+a^2}+a\ln\frac{\sqrt{x^2+a^2}-a}{|x|}+C.$

44. $\displaystyle\int \frac{\sqrt{x^2+a^2}}{x^2}\mathrm{d}x = -\frac{\sqrt{x^2+a^2}}{x} + \ln(x+\sqrt{x^2+a^2}) + C.$

（七）含有 $\sqrt{x^2-a^2}\,(a>0)$ 的积分

45. $\displaystyle\int \frac{\mathrm{d}x}{\sqrt{x^2-a^2}} = \frac{x}{|x|}\mathrm{arch}\,\frac{|x|}{a} + C_1 = \ln\left|x+\sqrt{x^2-a^2}\right| + C.$

46. $\displaystyle\int \frac{\mathrm{d}x}{\sqrt{(x^2-a^2)^3}} = -\frac{x}{a^2\sqrt{x^2-a^2}} + C.$

47. $\displaystyle\int \frac{x}{\sqrt{x^2-a^2}}\mathrm{d}x = \sqrt{x^2-a^2} + C.$

48. $\displaystyle\int \frac{x}{\sqrt{(x^2-a^2)^3}}\mathrm{d}x = -\frac{1}{\sqrt{x^2-a^2}} + C.$

49. $\displaystyle\int \frac{x^2}{\sqrt{x^2-a^2}}\mathrm{d}x = \frac{x}{2}\sqrt{x^2-a^2} + \frac{a^2}{2}\ln\left|x+\sqrt{x^2-a^2}\right| + C.$

50. $\displaystyle\int \frac{x^2}{\sqrt{(x^2-a^2)^3}}\mathrm{d}x = -\frac{x}{\sqrt{x^2-a^2}} + \ln\left|x+\sqrt{x^2-a^2}\right| + C.$

51. $\displaystyle\int \frac{\mathrm{d}x}{x\sqrt{x^2-a^2}} = \frac{1}{a}\arccos\frac{a}{|x|} + C.$

52. $\displaystyle\int \frac{\mathrm{d}x}{x^2\sqrt{x^2-a^2}} = \frac{\sqrt{x^2-a^2}}{a^2 x} + C.$

53. $\displaystyle\int \sqrt{x^2-a^2}\,\mathrm{d}x = \frac{x}{2}\sqrt{x^2-a^2} - \frac{a^2}{2}\ln\left|x+\sqrt{x^2-a^2}\right| + C.$

54. $\displaystyle\int \sqrt{(x^2-a^2)^3}\,\mathrm{d}x = \frac{x}{8}(2x^2-5a^2)\sqrt{x^2-a^2} + \frac{3}{8}a^4\ln\left|x+\sqrt{x^2-a^2}\right| + C.$

55. $\displaystyle\int x\sqrt{x^2-a^2}\,\mathrm{d}x = \frac{1}{3}\sqrt{(x^2-a^2)^3} + C.$

56. $\displaystyle\int x^2\sqrt{x^2-a^2}\,\mathrm{d}x = \frac{x}{8}(2x^2-a^2)\sqrt{x^2-a^2} - \frac{a^4}{8}\ln\left|x+\sqrt{x^2-a^2}\right| + C.$

57. $\displaystyle\int \frac{\sqrt{x^2-a^2}}{x}\mathrm{d}x = \sqrt{x^2-a^2} - a\arccos\frac{a}{|x|} + C.$

58. $\displaystyle\int \frac{\sqrt{x^2-a^2}}{x^2}\mathrm{d}x = -\frac{\sqrt{x^2-a^2}}{x} + \ln\left|x+\sqrt{x^2-a^2}\right| + C.$

（八）含有 $\sqrt{a^2-x^2}\,(a>0)$ 的积分

59. $\displaystyle\int \frac{\mathrm{d}x}{\sqrt{a^2-x^2}} = \arcsin\frac{x}{a} + C.$

60. $\displaystyle\int \frac{\mathrm{d}x}{\sqrt{(a^2-x^2)^3}} = \frac{x}{a^2\sqrt{a^2-x^2}} + C.$

61. $\displaystyle\int \frac{x}{\sqrt{a^2-x^2}}\mathrm{d}x = -\sqrt{a^2-x^2} + C.$

62. $\displaystyle\int \frac{x}{\sqrt{(a^2-x^2)^3}}\mathrm{d}x = \frac{1}{\sqrt{a^2-x^2}} + C.$

63. $\displaystyle\int \frac{x^2}{\sqrt{a^2-x^2}}\mathrm{d}x = -\frac{x}{2}\sqrt{a^2-x^2} + \frac{a^2}{2}\arcsin\frac{x}{a} + C.$

64. $\displaystyle\int \frac{x^2}{\sqrt{(a^2-x^2)^3}}\mathrm{d}x = \frac{x}{\sqrt{a^2-x^2}} - \arcsin\frac{x}{a} + C.$

65. $\displaystyle\int \frac{\mathrm{d}x}{x\sqrt{a^2-x^2}} = \frac{1}{a}\ln\frac{a-\sqrt{a^2-x^2}}{|x|} + C.$

66. $\displaystyle\int \frac{\mathrm{d}x}{x^2\sqrt{a^2-x^2}} = -\frac{\sqrt{a^2-x^2}}{a^2 x} + C.$

67. $\displaystyle\int \sqrt{a^2-x^2}\,\mathrm{d}x = \frac{x}{2}\sqrt{a^2-x^2} + \frac{a^2}{2}\arcsin\frac{x}{a} + C.$

68. $\displaystyle\int \sqrt{(a^2-x^2)^3}\,\mathrm{d}x = \frac{x}{8}(5a^2-2x^2)\sqrt{a^2-x^2} + \frac{3}{8}a^4\arcsin\frac{x}{a} + C.$

69. $\displaystyle\int x\sqrt{a^2-x^2}\,\mathrm{d}x = -\frac{1}{3}\sqrt{(a^2-x^2)^3} + C.$

70. $\displaystyle\int x^2\sqrt{a^2-x^2}\,\mathrm{d}x = \frac{x}{8}(2x^2-a^2)\sqrt{a^2-x^2} + \frac{a^4}{8}\arcsin\frac{x}{a} + C.$

71. $\displaystyle\int \frac{\sqrt{a^2-x^2}}{x}\mathrm{d}x = \sqrt{a^2-x^2} + a\ln\frac{a-\sqrt{a^2-x^2}}{|x|} + C.$

72. $\displaystyle\int \frac{\sqrt{a^2-x^2}}{x^2}\mathrm{d}x = -\frac{\sqrt{a^2-x^2}}{x} - \arcsin\frac{x}{a} + C.$

(九) 含有 $\sqrt{\pm ax^2+bx+c}\,(a>0)$ 的积分

73. $\displaystyle\int \frac{\mathrm{d}x}{\sqrt{ax^2+bx+c}} = \frac{1}{\sqrt{a}}\ln\left|2ax+b+2\sqrt{a}\sqrt{ax^2+bx+c}\right| + C.$

74. $\displaystyle\int \sqrt{ax^2+bx+c}\,\mathrm{d}x = \frac{2ax+b}{4a}\sqrt{ax^2+bx+c}$
$$+ \frac{4ac-b^2}{8\sqrt{a^3}}\ln\left|2ax+b+2\sqrt{a}\sqrt{ax^2+bx+c}\right| + C.$$

75. $\displaystyle\int \frac{x}{\sqrt{ax^2+bx+c}}\mathrm{d}x = \frac{1}{a}\sqrt{ax^2+bx+c}$

$$-\frac{b}{2\sqrt{a^3}}\ln\left|2ax+b+2\sqrt{a}\sqrt{ax^2+bx+c}\right|+C.$$

76. $\displaystyle\int\frac{\mathrm{d}x}{\sqrt{c+bx-ax^2}}=-\frac{1}{\sqrt{a}}\arcsin\frac{2ax-b}{\sqrt{b^2+4ac}}+C.$

77. $\displaystyle\int\sqrt{c+bx-ax^2}\,\mathrm{d}x=\frac{2ax-b}{4a}\sqrt{c+bx-ax^2}+\frac{b^2+4ac}{8\sqrt{a^3}}\arcsin\frac{2ax-b}{\sqrt{b^2+4ac}}+C.$

78. $\displaystyle\int\frac{x}{\sqrt{c+bx-ax^2}}\,\mathrm{d}x=-\frac{1}{a}\sqrt{c+bx-ax^2}+\frac{b}{2\sqrt{a^3}}\arcsin\frac{2ax-b}{\sqrt{b^2+4ac}}+C.$

（十）含有 $\sqrt{\pm\dfrac{x-a}{x-b}}$ 或 $\sqrt{(x-a)(b-x)}$ 的积分

79. $\displaystyle\int\sqrt{\frac{x-a}{x-b}}\,\mathrm{d}x=(x-b)\sqrt{\frac{x-a}{x-b}}+(b-a)\ln(\sqrt{|x-a|}+\sqrt{|x-b|})+C.$

80. $\displaystyle\int\sqrt{\frac{x-a}{b-x}}\,\mathrm{d}x=(x-b)\sqrt{\frac{x-a}{b-x}}+(b-a)\arcsin\sqrt{\frac{x-a}{b-x}}+C.$

81. $\displaystyle\int\frac{\mathrm{d}x}{\sqrt{(x-a)(b-x)}}=2\arcsin\sqrt{\frac{x-a}{b-x}}+C,a<b.$

82. $\displaystyle\int\sqrt{(x-a)(b-x)}\,\mathrm{d}x=\frac{2x-a-b}{4}\sqrt{(x-a)(b-x)}$

$$+\frac{(b-a)^2}{4}\arcsin\sqrt{\frac{x-a}{b-a}}+C,a<b.$$

（十一）含有三角函数的积分

83. $\displaystyle\int\sin x\mathrm{d}x=-\cos x+C.$

84. $\displaystyle\int\cos x\mathrm{d}x=\sin x+C.$

85. $\displaystyle\int\tan x\mathrm{d}x=-\ln|\cos x|+C.$

86. $\displaystyle\int\cot x\mathrm{d}x=\ln|\sin x|+C.$

87. $\displaystyle\int\sec x\mathrm{d}x=\ln\left|\tan\left(\frac{\pi}{4}+\frac{x}{2}\right)\right|+C=\ln|\sec x+\tan x|+C.$

88. $\displaystyle\int\csc x\mathrm{d}x=\ln\left|\tan\frac{x}{2}\right|+C=\ln|\csc x-\cot x|+C.$

89. $\displaystyle\int\sec^2 x\mathrm{d}x=\tan x+C.$

90. $\displaystyle\int\csc^2 x\mathrm{d}x=-\cot x+C.$

91. $\int \sec x \tan x \mathrm{d}x = \sec x + C.$

92. $\int \csc x \cot x \mathrm{d}x = - \csc x + C.$

93. $\int \sin^2 x \mathrm{d}x = \dfrac{x}{2} - \dfrac{1}{4} \sin 2x + C.$

94. $\int \cos^2 x \mathrm{d}x = \dfrac{x}{2} + \dfrac{1}{4} \sin 2x + C.$

95. $\int \sin^n x \mathrm{d}x = -\dfrac{1}{n} \sin^{n-1} x \cos x + \dfrac{n-1}{n} \int \sin^{n-2} x \mathrm{d}x.$

96. $\int \cos^n x \mathrm{d}x = \dfrac{1}{n} \cos^{n-1} x \sin x + \dfrac{n-1}{n} \int \cos^{n-2} x \mathrm{d}x.$

97. $\int \dfrac{\mathrm{d}x}{\sin^n x} = -\dfrac{1}{n-1} \cdot \dfrac{\cos x}{\sin^{n-1} x} + \dfrac{n-2}{n-1} \int \dfrac{\mathrm{d}x}{\sin^{n-2} x}.$

98. $\int \dfrac{\mathrm{d}x}{\cos^n x} = \dfrac{1}{n-1} \cdot \dfrac{\sin x}{\cos^{n-1} x} + \dfrac{n-2}{n-1} \int \dfrac{\mathrm{d}x}{\cos^{n-2} x}.$

99. $\int \cos^m x \sin^n x \mathrm{d}x = \dfrac{1}{m+n} \cos^{m-1} x \sin^{n+1} x + \dfrac{m-1}{m+n} \int \cos^{m-2} x \sin^n x \mathrm{d}x$

$$= -\dfrac{1}{m+n} \cos^{m+1} x \sin^{n-1} x + \dfrac{n-1}{m+n} \int \cos^m x \sin^{n-2} x \mathrm{d}x.$$

100. $\int \sin ax \cos bx \mathrm{d}x = -\dfrac{1}{2(a+b)} \cos(a+b)x - \dfrac{1}{2(a-b)} \cos(a-b)x + C.$

101. $\int \sin ax \sin bx \mathrm{d}x = -\dfrac{1}{2(a+b)} \sin(a+b)x + \dfrac{1}{2(a-b)} \sin(a-b)x + C.$

102. $\int \cos ax \cos bx \mathrm{d}x = \dfrac{1}{2(a+b)} \sin(a+b)x + \dfrac{1}{2(a-b)} \sin(a-b)x + C.$

103. $\int \dfrac{\mathrm{d}x}{a+b\sin x} = \dfrac{2}{\sqrt{a^2-b^2}} \arctan \dfrac{a\tan \dfrac{x}{2} + b}{\sqrt{a^2-b^2}} + C, a^2 > b^2.$

104. $\int \dfrac{\mathrm{d}x}{a+b\sin x} = \dfrac{1}{\sqrt{b^2-a^2}} \ln \left| \dfrac{a\tan \dfrac{x}{2} + b - \sqrt{b^2-a^2}}{a\tan \dfrac{x}{2} + b + \sqrt{b^2-a^2}} \right| + C, a^2 < b^2.$

105. $\int \dfrac{\mathrm{d}x}{a+b\cos x} = \dfrac{2}{a+b} \sqrt{\dfrac{a+b}{a-b}} \arctan \left[\sqrt{\dfrac{a-b}{a+b}} \tan \dfrac{x}{2} \right] + C, a^2 > b^2.$

106. $\int \dfrac{\mathrm{d}x}{a+b\cos x} = \dfrac{1}{a+b} \sqrt{\dfrac{a+b}{b-a}} \ln \left| \dfrac{\tan \dfrac{x}{2} + \sqrt{\dfrac{a+b}{b-a}}}{\tan \dfrac{x}{2} - \sqrt{\dfrac{a+b}{b-a}}} \right| + C, a^2 < b^2.$

107. $\int \dfrac{\mathrm{d}x}{a^2\cos^2 x + b^2\sin^2 x} = \dfrac{1}{ab}\arctan\left(\dfrac{b}{a}\tan x\right) + C.$

108. $\int \dfrac{\mathrm{d}x}{a^2\cos^2 x - b^2\sin^2 x} = \dfrac{1}{2ab}\ln\left|\dfrac{b\tan x + a}{b\tan x - a}\right| + C.$

109. $\int x\sin ax\,\mathrm{d}x = \dfrac{1}{a^2}\sin ax - \dfrac{1}{a}x\cos ax + C.$

110. $\int x^2\sin ax\,\mathrm{d}x = -\dfrac{1}{a}x^2\cos ax + \dfrac{2}{a^2}x\sin ax + \dfrac{2}{a^3}\cos ax + C.$

111. $\int x\cos ax\,\mathrm{d}x = \dfrac{1}{a^2}\cos ax + \dfrac{1}{a}x\sin ax + C.$

112. $\int x^2\cos ax\,\mathrm{d}x = \dfrac{1}{a}x^2\sin ax + \dfrac{2}{a^2}x\cos ax - \dfrac{2}{a^3}\sin ax + C.$

(十二) 含有反三角函数的积分($a>0$)

113. $\int \arcsin\dfrac{x}{a}\,\mathrm{d}x = x\arcsin\dfrac{x}{a} + \sqrt{a^2 - x^2} + C.$

114. $\int x\arcsin\dfrac{x}{a}\,\mathrm{d}x = \left(\dfrac{x^2}{2} - \dfrac{a^2}{4}\right)\arcsin\dfrac{x}{a} + \dfrac{x}{4}\sqrt{a^2 - x^2} + C.$

115. $\int x^2\arcsin\dfrac{x}{a}\,\mathrm{d}x = \dfrac{x^3}{3}\arcsin\dfrac{x}{a} + \dfrac{1}{9}(x^2 + 2a^2)\sqrt{a^2 - x^2} + C.$

116. $\int \arccos\dfrac{x}{a}\,\mathrm{d}x = x\arccos\dfrac{x}{a} - \sqrt{a^2 - x^2} + C.$

117. $\int x\arccos\dfrac{x}{a}\,\mathrm{d}x = \left(\dfrac{x^2}{2} - \dfrac{a^2}{4}\right)\arccos\dfrac{x}{a} - \dfrac{x}{4}\sqrt{a^2 - x^2} + C.$

118. $\int x^2\arccos\dfrac{x}{a}\,\mathrm{d}x = \dfrac{x^3}{3}\arccos\dfrac{x}{a} - \dfrac{1}{9}(x^2 + 2a^2)\sqrt{a^2 - x^2} + C.$

119. $\int \arctan\dfrac{x}{a}\,\mathrm{d}x = x\arctan\dfrac{x}{a} - \dfrac{a}{2}\ln(a^2 + x^2) + C.$

120. $\int x\arctan\dfrac{x}{a}\,\mathrm{d}x = \dfrac{1}{2}(a^2 + x^2)\arctan\dfrac{x}{a} - \dfrac{a}{2}x + C.$

121. $\int x^2\arctan\dfrac{x}{a}\,\mathrm{d}x = \dfrac{x^3}{3}\arctan\dfrac{x}{a} - \dfrac{a}{6}x^2 + \dfrac{a^3}{6}\ln(a^2 + x^2) + C.$

(十三) 含有指数函数的积分

122. $\int a^x\,\mathrm{d}x = \dfrac{1}{\ln a}a^x + C.$

123. $\int \mathrm{e}^{ax}\,\mathrm{d}x = \dfrac{1}{a}\mathrm{e}^{ax} + C.$

124. $\int x e^{ax} dx = \dfrac{1}{a^2}(ax - 1)e^{ax} + C.$

125. $\int x^n e^{ax} dx = \dfrac{1}{a}x^n e^{ax} - \dfrac{n}{a}\int x^{n-1} e^{ax} dx.$

126. $\int x a^x dx = \dfrac{x}{\ln a}a^x - \dfrac{1}{(\ln a)^2}a^x + C.$

127. $\int x^n a^x dx = \dfrac{1}{\ln a}x^n a^x - \dfrac{n}{\ln a}\int x^{n-1} a^x dx.$

128. $\int e^{ax} \sin bx\, dx = \dfrac{1}{a^2 + b^2}e^{ax}(a\sin bx - b\cos bx) + C.$

129. $\int e^{ax} \cos bx\, dx = \dfrac{1}{a^2 + b^2}e^{ax}(b\sin bx + a\cos bx) + C.$

130. $\int e^{ax} \sin^n bx\, dx = \dfrac{1}{a^2 + b^2 n^2}e^{ax} \sin^{n-1} bx\,(a\sin bx - nb\cos bx)$
$$+ \dfrac{n(n-1)b^2}{a^2 + b^2 n^2}\int e^{ax} \sin^{n-2} bx\, dx.$$

131. $\int e^{ax} \cos^n bx\, dx = \dfrac{1}{a^2 + b^2 n^2}e^{ax} \cos^{n-1} bx\,(a\cos bx + nb\sin bx)$
$$+ \dfrac{n(n-1)b^2}{a^2 + b^2 n^2}\int e^{ax} \cos^{n-2} bx\, dx.$$

(十四) 含有对数函数的积分

132. $\int \ln x\, dx = x\ln x - x + C.$

133. $\int \dfrac{dx}{x\ln x} = \ln|\ln x| + C.$

134. $\int x^n \ln x\, dx = \dfrac{1}{n+1}x^{n+1}\left(\ln x - \dfrac{1}{n+1}\right) + C.$

135. $\int (\ln x)^n dx = x(\ln x)^n - n\int (\ln x)^{n-1} dx.$

136. $\int x^m (\ln x)^n dx = \dfrac{1}{m+1}x^{m+1}(\ln x)^n - \dfrac{n}{m+1}\int x^m (\ln x)^{n-1} dx.$

(十五) 含有双曲函数的积分

137. $\int \mathrm{sh}x\, dx = \mathrm{ch}x + C.$

138. $\int \mathrm{ch}x\, dx = \mathrm{sh}x + C.$

139. $\int \mathrm{th}x\, dx = \ln(\mathrm{ch}x) + C.$

140. $\displaystyle\int \mathrm{sh}^2 x\,\mathrm{d}x = -\dfrac{x}{2} + \dfrac{1}{4}\mathrm{sh}2x + C.$

141. $\displaystyle\int \mathrm{ch}^2 x\,\mathrm{d}x = \dfrac{x}{2} + \dfrac{1}{4}\mathrm{sh}2x + C.$

(十六) 定积分

142. $\displaystyle\int_{-\pi}^{\pi} \cos nx\,\mathrm{d}x = \int_{-\pi}^{\pi} \sin nx\,\mathrm{d}x = 0.$

143. $\displaystyle\int_{-\pi}^{\pi} \cos mx\,\sin nx\,\mathrm{d}x = 0.$

144. $\displaystyle\int_{-\pi}^{\pi} \cos mx\,\cos nx\,\mathrm{d}x = \begin{cases} 0, & m \neq n, \\[2mm] \pi, & m = n. \end{cases}$

145. $\displaystyle\int_{-\pi}^{\pi} \sin mx\,\sin nx\,\mathrm{d}x = \begin{cases} 0, & m \neq n, \\[2mm] \pi, & m = n. \end{cases}$

146. $\displaystyle\int_{0}^{\pi} \sin mx\,\sin nx\,\mathrm{d}x = \int_{0}^{\pi} \cos mx\,\cos nx\,\mathrm{d}x = \begin{cases} 0, & m \neq n, \\[2mm] \dfrac{\pi}{2}, & m = n. \end{cases}$

147. $I_n = \displaystyle\int_{0}^{\frac{\pi}{2}} \sin^n x\,\mathrm{d}x = \int_{0}^{\frac{\pi}{2}} \cos^n x\,\mathrm{d}x.$

$I_n = \dfrac{n-1}{n} I_{n-2}.$

$I_n = \dfrac{n-1}{n} \cdot \dfrac{n-3}{n-2} \cdots \dfrac{4}{5} \cdot \dfrac{2}{3}$ (其中 n 为大于 1 的正奇数),　$I_1 = 1.$

$I_n = \dfrac{n-1}{n} \cdot \dfrac{n-3}{n-2} \cdots \dfrac{3}{4} \cdot \dfrac{1}{2} \cdot \dfrac{\pi}{2}$ (其中 n 为正偶数),　$I_0 = \dfrac{\pi}{2}.$

部分习题答案与提示

第 1 章　函数与极限

习　题　1.1

1. (1) 不相同,因为定义域不同;(2) 相同,因为定义域和对应法则都相同.

2. (1) $(1,+\infty)$;　　　　　(2) $(-1,0)\bigcup(0,1)$或$\{x\mid -1\leqslant x\leqslant 1,x\neq 0\}$;
   (3) $(-1,1)$;　　　　　　(4) $\{x\mid x\neq -1,x\neq -2,x\in \mathbf{R}\}$.

3. $f(0)=2,f(1)=f(-1)=\sqrt{5},f\left(\dfrac{1}{a}\right)=\dfrac{1}{\mid a\mid}\sqrt{4a^2+1},f(x_0)=\sqrt{4+x_0}$,
   $f(x_0+h)=\sqrt{4+(x_0+h)^2}$.

5. (1) 偶函数;　　　　　(2) 奇函数;　　　　　(3) 偶函数;
   (4) 非奇非偶函数;　　(5) 偶函数.

8. (1) 周期函数,$T=2\pi$;　　　　　(2) 周期函数,$T=\dfrac{\pi}{2}$;
   (3) 周期函数,$T=2$;　　　　　(4) 非周期函数;
   (5) 周期函数,$T=\pi$.

9. (1) $y=-x^3-1$;　　　　(2) $y=\dfrac{1-x}{1+x}$;　　　(3) $y=\dfrac{-\mathrm{d}x+b}{cx-a}$.

10. (1) $y=\sin^2 x$;　　　　(2) $y=\cos \sqrt{x}$;　　　(3) $y=2^{\sqrt{1+x^2}}$.

11. $f(\varphi(x))=(\sin 2x)^3-\sin 2x,\varphi(f(x))=\sin 2(x^3-x)$,
    $f(f(x))=x^9-3x^7+3x^5-2x^3+x$.

12. $f(x)=x^2+2x+3,f(x+2)=x^2+6x+11$.

习　题　1.2

1. (1) $[1,+\infty)$;　　(2) $(1,+\infty)$;　　(3) $[1,3]$;　　(4) $(-\infty,0)\bigcup(0,+\infty)$;
   (5) $(-\infty,0)\bigcup(0,3]$.

习　题　1.3

1. (1) $\dfrac{1}{3},\dfrac{1}{5},\dfrac{1}{7},\dfrac{1}{9}$;　　　　　　　　(2) $0,\dfrac{1}{3},\dfrac{1}{2},\dfrac{3}{5}$;
   (3) $2,\dfrac{9}{4},\dfrac{64}{27},\dfrac{625}{256}$;　　　　　　(4) $1,\dfrac{3}{4},\dfrac{2}{3},\dfrac{5}{8}$.

2. (1) 0;　　(2) 不存在;　　(3) 2;　　(4) 不存在;　　(5) 1.

4. $N = 10^4 - 1$.

9. $\delta = 0.001$.

11. $\lim\limits_{x \to 0^-} f(x) = 1$, $\lim\limits_{x \to 0^+} f(x) = 1$, 故 $\lim\limits_{x \to 0} f(x) = 1$; $\lim\limits_{x \to 0^-} \varphi(x) = -1$, $\lim\limits_{x \to 0^+} \varphi(x) = 1$, 故 $\lim\limits_{x \to 0} \varphi(x)$ 不存在.

12. 不一定. 例如, 当 $x \to 0$ 时, $\alpha = 4x$, $\beta = 2x$ 均为无穷小, 但 $\dfrac{\alpha}{\beta}$ 非无穷小.

14. (1) $\dfrac{1}{3}$;   (2) $\dfrac{1}{2}$;   (3) $\dfrac{1}{2}$;   (4) $\dfrac{1}{5}$.

15. (1) 0;   (2) ∞;   (3) $\dfrac{2}{3}$;   (4) $2x$;   (5) 2;

     (6) -1;   (7) ∞;   (8) ∞.

16. (1) 0;   (2) 0;   (3) 3;   (4) $\dfrac{1}{2}$;   (5) $\dfrac{2}{5}$;

     (6) 2;   (7) x;   (8) -1.

17. (1) e^2;   (2) e^2;   (3) e;   (4) $\dfrac{1}{e^k}$.

19. 当 $x \to 0$ 时, $x^2 - x^3$ 是比 $2x - x^2$ 高阶的无穷小.

20. (1) 同阶, 不等价;   (2) 等价无穷小.

22. (1) $\dfrac{3}{2}$; (2) 当 $m < n$ 时, 极限为 0; 当 $m = n$ 时, 极限为 1; 当 $m > n$ 时, 极限为 ∞;

     (3) $\dfrac{1}{2}$.

习 题 1.4

2. (1) $f(x)$ 在 $[0, 2]$ 上连续;

     (2) $f(x)$ 在 $(-\infty, -1)$ 与 $(-1, +\infty)$ 内连续, $x = -1$ 为跳跃间断点.

3. $a = 2$.

4. (1) $x = 1$ 为可去间断点, $x = 2$ 为第二类间断点;

     (2) $x = 0$ 和 $x = k\pi + \dfrac{\pi}{2}$ 为可去间断点, $x = k\pi (k \neq 0)$ 第二类间断点;

     (3) $x = 0$ 为第二类间断点;   (4) $x = 1$ 为第一类间断点.

5. 因为

$$f(x) = \begin{cases} x, & |x| < 1, \\ 0, & |x| = 1, \\ -x, & |x| > 1, \end{cases}$$

故 $x = -1$ 和 $x = 1$ 为第一类间断点.

6. (1) $\sqrt{5}$;   (2) 1;   (3) 0;   (4) $\dfrac{1}{2}$;   (5) 2.

7. (1) 1;　　　　(2) 0;　　　　(3) $\sqrt{e}$　　　　(4) e^3.

8. $a=1$.

习 题 1.5

1. 提示:令 $f(x)=x^5-3x-1$ 后只需证 $f(1)\cdot f(2)<0$ 即可.

2. 提示:令 $f(x)=(x-b)-a\sin x$,则
$$f(0)=-b<0,\quad f(a+b)=a[1-\sin(a+b)],$$
于是当 $\sin(a+b)=0$ 时,结论显然成立;当 $\sin(a+b)=1$ 时结论显然成立;当 $\sin(a+b)<1$ 时,结合介值定理便得证.

3. 提示:令
$$m=\min\{f(x_1),f(x_2),\cdots,f(x_n)\},\quad M=\max\{f(x_1),f(x_2),\cdots,f(x_n)\},$$
则在 $x_1,x_2,\cdots,x_n$ 中至少存在两个数 x_i,x_j,分别使 $f(x_i)=m,f(x_j)=M$,从而有
$$m=f(x_i)\leqslant\frac{1}{n}\sum_{k=1}^{n}f(x_k)\leqslant f(x_j)=M. \tag{1}$$
由式(1)并结合介值定理易得所要证的结论.

4. 令 $\lim\limits_{x\to\infty}f(x_i)=A$,则 $\forall\varepsilon>0$,存在 $X>0$,只要 $|x|>X$,就有 $|f(x)-A|<\varepsilon$,即 $A-\varepsilon<f(x)<A+\varepsilon$. 又由于 $f(x)$ 在 $[-X,X]$ 上连续,故由有界性定理知,存在 $M>0$,使得当 $x\in[-X,X]$ 时,$|f(x)|\leqslant M$,从而取 $N=\max\{M,|A-\varepsilon|,|A+\varepsilon|\}$,则 $|f(x)|\leqslant N(x\in(-\infty,+\infty))$.

总 习 题 一

1. (1) 不正确,如令 $x_n=-n(n=1,2,\cdots),A=0$,则 $\forall\varepsilon>0$,存在 $N=0$,使得当 $n>N$ 时,总有 $x_n-A=-n<\varepsilon$,但数列 $\{x_n\}=\{-n\}$ 发散;

(2) 不正确,可以数列 $\{x_n\}=\left\{\frac{1}{2}[1-(-1)^n]\right\}$ 为例说明.

2. (1) 先有 ε;

(2) 因为只有 ε 任意时,才能刻画 $f(x)$ 与 A 可以任意接近;

(3) 不唯一;

(4) 一般地,当 ε 减少时,δ 也会减少;

(5) 无影响,因为极限 $\lim\limits_{x\to x_0}f(x)=A$ 考虑的是函数 $f(x)$ 在点 $x_0(x_0$ 可除外) 附近的变化情况.

3. 不一定,可以 $f(x)=x,g(x)=\frac{1}{x}$ 为例说明.

4. (1) 必要,充分;　　(2) 必要,充分;　　(3) 必要,充分;　　(4) 充要.

5. 函数 $f(x)$ 在点 x_0 连续时,必须满足下列三个条件:

(i) $f(x)$ 在点 x_0 处有定义;

(ii) 极限 $\lim\limits_{x \to x_0} f(x)$ 存在；

(iii) $\lim\limits_{x \to x_0} f(x) = f(x_0)$.

6. 是初等函数.

7. (1) ∞；　　(2) $\dfrac{1}{2}$；　　(3) e；　　(4) $\dfrac{1}{2}$.

8. $a = 0$.

9. $x = 1$ 是第二类间断点，$x = 0$ 是第一类间断点.

10. 提示：

$$\frac{n}{\sqrt{n^2 + n}} < \frac{1}{\sqrt{n^2 + 1}} + \frac{1}{\sqrt{n^2 + 2}} + \cdots + \frac{1}{\sqrt{n^2 + n}} < \frac{n}{\sqrt{n^2 + 1}}.$$

第 2 章　导数与微分

习　题　2.1

1. (1) $\dfrac{1}{2\sqrt{x}}$；　　(2) $-\dfrac{1}{x^2}$；　　　(3) $-\sin x$；　　　(4) a.

2. (1) 在 $x = 0$ 处连续，不可导；(2) 在 $x = 0$ 处连续且可导.

3. 切线方程为 $3\sqrt{3}x + 6y - 3 - \sqrt{3}\pi = 0$，法线方程为 $12x - 6\sqrt{3}y + 3\sqrt{3} - 4\pi = 0$.

4. $x - y + 1 = 0$.

5. $(2, 4)$.

6. $a = 2, b = -1$.

7. $f'_+(0) = 0, f'_-(0) = -1, f'(0)$ 不存在.

8. 不可导.

10. $5f'(x_0)$.

11. $f'(0)$.

习　题　2.2

1. (1) $6x - 5$；　　(2) $\dfrac{1}{\sqrt{x}} + \dfrac{1}{x^2}$；　　(3) $-\dfrac{2mz + n}{p + q}$；　　(4) $3\sqrt{2}x^2 - \dfrac{1}{\sqrt{2x}}$；

　(5) $3v^2 + 2v - 1$；(6) $\dfrac{2}{(x+1)^2}$.

2. -18.

3. $16, \dfrac{1}{a^3}(15a^5 - a^3 + 2)$.

4. (1) $7x^6 - 10x^4 + 8x^3 - 12x^2 + 4x + 3$；　　　　　　　(2) $-\dfrac{1}{2\sqrt{x}}\left(1 + \dfrac{1}{x}\right)$；

(3) $\dfrac{-2x^3+1}{(x^3+1)^2}$；　　　　(4) $1+\ln x$；　　　　(5) $\tan x+x\sec^2 x+\csc^2 x$；

(6) $\sin x\ln x+x\cos x\ln x+\sin x$；　　　(7) $\dfrac{1}{1+\cos t}$；　　　(8) $\dfrac{1-x\ln 4}{4^x}$；

(9) $(x\cos x-\sin x)\left(\dfrac{1}{x^3}-\dfrac{1}{\sin^2 x}\right)$；　　(10) $\dfrac{x(x^2+2a^2)}{\sqrt{(x^2+a^2)^3}}$；　　(11) $-\sin 2x$；

(12) $\dfrac{1+\sin t+\cos t}{(1+\cos t)^2}$.

习　题　2.3

1. (1) $-\dfrac{1}{\sqrt{x-x^2}}$；　　　(2) $\dfrac{x}{\sqrt{(1-x^2)^3}}$　　　(3) $\dfrac{1}{2}\mathrm{e}^{\frac{x}{2}}(\cos 3x-6\sin 3x)$；

(4) $\dfrac{1}{|x|\sqrt{x^2-1}}$；　　(5) $-\dfrac{2}{x(1+\ln x)^2}$；　　(6) $\dfrac{2x\cos 2x-\sin 2x}{x^2}$；

(7) $\dfrac{1}{\sqrt{a^2+x^2}}$；　　(8) $\sec x$；　　(9) $\dfrac{x\operatorname{arccos}x-\sqrt{1-x^2}}{(1-x^2)^{\frac{3}{2}}}$；

(10) $\left[\mathrm{e}^{\sin\frac{1}{x}}\left(\dfrac{1}{3}x^{-\frac{2}{3}}-x^{-\frac{5}{3}}\cos\dfrac{1}{x}\right)\right]$；

(11) $\dfrac{1}{2\sqrt{x+\sqrt{x+\sqrt{x}}}}\left[1+\dfrac{1}{2\sqrt{x+\sqrt{x}}}\left[1+\dfrac{1}{2\sqrt{x}}\right]\right]$；(12) $\dfrac{1}{\cos x}$.

2. (1) $\dfrac{2\arcsin\dfrac{x}{2}}{\sqrt{4-x^2}}$；　(2) $\csc x$；　　　(3) $\dfrac{\ln x}{x\sqrt{1+\ln^2 x}}$；

(4) $\dfrac{\mathrm{e}^{2\arctan\sqrt{x}}}{\sqrt{x}(1+x)}$；　(5) $n\sin^{n-1}x\cos(n+1)x$；　(6) $-\dfrac{1}{1+x^2}$；

(7) $\dfrac{1}{x\ln x\ln(\ln x)}$；　　(8) $\dfrac{-2}{3(x^2-1)}\sqrt[3]{\dfrac{1+x}{1-x}}$；

(9) $\dfrac{1}{\sqrt{x}(1+\sqrt{x})^2}\sin\dfrac{1-\sqrt{x}}{1+\sqrt{x}}$；　(10) $\dfrac{1}{2}\left[\dfrac{1}{x}+\cot x+\dfrac{\mathrm{e}^x}{2(\mathrm{e}^x-1)}\right]$；

(11) $\sin x^{\cos x}[\cos x\cot x-\sin x\ln(\sin x)]$；　(12) $\dfrac{x^4+6x^2+1}{3x(1-x^4)}\sqrt[3]{\dfrac{x(x^2+1)}{(x^2-1)^2}}$.

3. (1) $\dfrac{b^2 x}{-a^2 y}$；　　　(2) $\dfrac{y}{y-x}$；　　　(3) $\dfrac{y^2-xy\ln y}{x^2-xy\ln x}$；

(4) $\dfrac{3a^2\cos 3x+y^2\sin x}{2y\cos x}$；　(5) $-\dfrac{1+y\sin(xy)}{x\sin(xy)}$；　(6) $\dfrac{\mathrm{e}^{x+y}-y}{x-\mathrm{e}^{x+y}}$.

5. $(x+5)^2+(y+10)^2=15^2$.

习　题　2.4

1. (1) $4e^{2x}$;　　　　　　　(2) $-2e^{-t}\cos t$;　　　　　(3) $-\dfrac{a^2}{(a^2-x^2)^{\frac{3}{2}}}$;

　　(4) $2\sec^2 x\tan x$;　　　(5) $2\arctan x+\dfrac{2x}{1+x^2}$;　　(6) $-\dfrac{e^x(x^2-2x+2)}{x^3}$;

　　(7) $2xe^{x^2}(3+2x^2)$;　　(8) $-\dfrac{x}{(1+x^2)^{\frac{3}{2}}}$.

2. 207360.

3. 加速度为 $\dfrac{d^2 s}{dt^2}=-Aw^2\sin wt$.

5. (1) $n!$;　　　(2) $(-1)^n\dfrac{(n-2)!}{x^{n-1}}(n\geqslant 2)$;　　　(3) $e^x(x+n)$.

6. (1) $-4e^x\cos x$;　　　(2) $2^{50}\left(-x^2\sin 2x+50x\cos 2x+\dfrac{1225}{2}\sin 2x\right)$.

习　题　2.5

1. (1) $\dfrac{3b}{2a}t$;　　(2) $-\tan\theta$;　　(3) $-\dfrac{2}{3}e^{2t}$;　　(4) $\tan t$.

2. (1) 切线方程为 $2\sqrt{2}x+y-2=0$, 法线方程为 $\sqrt{2}x-4y-1=0$;

　　(2) 切线方程为 $4x+3y-12a=0$, 法线方程为 $3x-4y+6a=0$;

　　(3) 切线方程为 $x-2y+2=0$, 法线方程为 $2x+y-1=0$.

3. (1) $\dfrac{1}{t^3}$;　　　　　　　　　(2) $-\dfrac{1+t^2}{t^3}$.

4. (1) $\tan(\varphi+\arctan\varphi)$;　　　(2) $-\cot\dfrac{3\varphi}{2}\left(\varphi\neq 0,\varphi\neq\pm\dfrac{2\pi}{3}\right)$.

习　题　2.6

1. 当 $\Delta x=1$ 时, $\Delta y=18$, $dy=11$; 当 $\Delta x=0.1$ 时, $\Delta y=1.161$, $dy=1.1$; 当 $\Delta x=0.01$ 时, $\Delta y=0.110601$, $dy=0.11$.

2. (1) $\left[-\dfrac{1}{x^2}+\dfrac{\sqrt{x}}{x}\right]dx$;　　　　　(2) $(\sin 2x+2x\cos 2x)dx$;

　　(3) $\dfrac{-x}{(x^2+1)^{\frac{3}{2}}}dx$;　　　　　(4) $\dfrac{2\ln(1-x)}{x-1}dx$;

　　(5) $2x(1+x)e^{2x}dx$;　　　　　(6) $e^{-x}[\sin(3-x)-\cos(3-x)]dx$;

　　(7) $-\dfrac{2x}{1+x^4}dx$;

(8) $\dfrac{-\cos(2\sin^2 x+4\sin x+1)}{(1+\sin x)^2}\mathrm{d}x.$

3. (1) $\dfrac{3}{2}x^2+C;$　　　　(2) $-\dfrac{1}{w}\cos wt+C;$　　　　(3) $\ln|1+x|+C;$

(4) $-\dfrac{1}{2}\mathrm{e}^{-2x}+C;$　　　(5) $2\sqrt{x}+C;$　　　(6) $\arctan\dfrac{x}{a}+C.$

4. (1) 0.87476;　　　　(2) $-0.96509.$

6. (1) 9.9867;　　　　(2) 2.0052.

总 习 题 二

1. (1) 充分, 必要;　　(2) 充要;　　(3) 充要;

2. 0.

3. (1) $f'_-(0)=f'_+(0)=f'(0)=1;$

(2) $f'_-(0)=1, f'_+(0)=0, f'(0)$ 不存在.

4. 在 $x=0$ 处连续, 不可导.

5. (1) $\dfrac{\cos x}{|\cos x|}$, $\dfrac{\cos x}{|\cos x|}\mathrm{d}x;$　　　　　(2) $\dfrac{1}{1+x^2}$, $\dfrac{1}{1+x^2}\mathrm{d}x;$

(3) $\sin x\ln(\tan x)$, $[\sin x\ln(\tan x)]\mathrm{d}x;$　　(4) $\dfrac{\mathrm{e}^x}{\sqrt{1+\mathrm{e}^{2x}}}$, $\dfrac{\mathrm{e}^x}{\sqrt{1+\mathrm{e}^{2x}}}\mathrm{d}x.$

6. (1) $-2\cos 2x\ln x-\dfrac{2\sin 2x}{x}-\dfrac{\cos^2 x}{x^2};$　　(2) $\dfrac{3x}{(1-x^2)^{\frac{5}{2}}}$.

7. (1) $\dfrac{1}{m}\left(\dfrac{1}{m}-1\right)\cdots\left(\dfrac{1}{m}-n+1\right)(1+x)^{\left(\frac{1}{m}-n\right)};$　　(2) $(-1)^n\dfrac{2\cdot n!}{(1+x)^{n+1}}$.

8. $\dfrac{2}{3(2y+1)(2x+1)\sqrt{x^2+x}}.$

9. (1) $\dfrac{\mathrm{d}y}{\mathrm{d}x}=-\dfrac{1}{2t}+\dfrac{3}{2}t;\dfrac{\mathrm{d}^2 y}{\mathrm{d}x^2}=-\dfrac{1}{4t^3}-\dfrac{3}{4t};$

(2) $\dfrac{\mathrm{d}y}{\mathrm{d}x}=\dfrac{1}{t};\dfrac{\mathrm{d}^2 y}{\mathrm{d}x^2}=-\dfrac{1+t^2}{t^3}.$

10. 切线方程为 $x+2y-4=0$, 法线方程为 $2x-y-3=0.$

第 3 章　微分中值定理与导数的应用

习 题 3.1

1. (1) 成立, 可求出 $\xi=\dfrac{\pi}{2}\in\left(\dfrac{\pi}{6},\dfrac{5\pi}{6}\right)$, 使得 $f'(\xi)=0;$

(2) 成立, 可求出 $\xi=0\in(-1,1)$, 使得 $f'(\xi)=0;$

(3) 成立,可求出 $\xi=\dfrac{3}{2}\in(0,3)$,使得 $f'(\xi)=0$.

2. (1) 满足,$\xi=\pm\dfrac{\sqrt{3}}{3}\in(-1,1)$;　　　　(2) 满足,$\xi=\sqrt{\dfrac{\pi}{4}-1}\in(0,1)$;

　　(3) 满足,$\xi=\dfrac{5-\sqrt{43}}{3}\in(-1,0)$.

3. (1) $\dfrac{16-1}{2-1}=\dfrac{2\xi}{\dfrac{1}{2\sqrt{\xi}}}$,$\xi=\left(\dfrac{15}{4}\right)^{\frac{3}{2}}$;　　　　(2) $\dfrac{1-0}{0-1}=\dfrac{\cos\xi}{-\sin\xi}$,$\xi=\dfrac{\pi}{4}$.

4. 由罗尔中值定理知,$f'(x)=0$ 有三个实根,分别在 $(1,2),(2,3),(3,4)$ 内.

5. 用反证法,由罗尔中值定理可证.

6. 用拉格朗日中值定理的推论可证.

7. (1) 设 $f(x)=\ln x$,在 $[b,a]$ 上用拉格朗日中值定理;

　　(2) 设 $f(x)=e^x$,在 $[0,x]$ 或 $[x,0]$ 上用拉格朗日中值定理(注意:讨论 $x<0$ 和 $x>0$ 的情况);

　　(3) 设 $f(x)=x^n$,在 $[b,a]$ $(a>b>0)$ 上用拉格朗日中值定理.

习　题　3.2

1. (1) $a^a(\ln a-1)$;　　(2) 2;　　(3) $\cos a$;　　(4) $-\dfrac{3}{5}$;

　(5) $-\dfrac{1}{8}$;　　(6) $\dfrac{m}{n}a^{m-n}$;　(7) 1;　　(8) $\dfrac{1}{3}$;

　(9) 1;　　(10) $\dfrac{1}{2}$;　　(11) $+\infty$;　　(12) $-\dfrac{1}{2}$;

　(13) $-\dfrac{1}{3}$;　　(14) 1;　　(15) 1 ;　　(16) $\sqrt{ab}$.

2. $\lim\limits_{x\to\infty}\dfrac{x+\sin x}{x}=\lim\limits_{x\to\infty}\dfrac{x\left(1+\dfrac{\sin x}{x}\right)}{x}=\lim\limits_{x\to\infty}\left(1+\dfrac{\sin x}{x}\right)=1$.

此极限不能用洛必达法则得出,这是由于

$$\lim\limits_{x\to\infty}\dfrac{x+\sin x}{x}=\lim\limits_{x\to\infty}(1+\cos x),$$

而用洛必达法则计算所得到的式子(后一个)的极限不存在(不包括),故不能用洛必达法则.

3. $f''(x)$.

习　题　3.3

1. $-2(x-1)+2(x-1)^3+(x-1)^4$.

2. $f(x)=1-9x+30x^2-45x^3+30x^4-9x^5+x^6$.

3. $2x+\dfrac{2}{3}x^3+\dfrac{2}{5}x^5+\cdots+\dfrac{2}{2n-1}x^{2n-1}+o(x^{2n})$.

4. $f(x)=-[1+(x+1)+(x+1)^2+\cdots+(x+1)^n]+\dfrac{(-1)^{n+1}(x+1)^{n+1}}{[-1+\theta(x+1)]^{n+1}}\,(0<\theta<1)$.

5. $f(x)=\tan x=x+\dfrac{2\sin^2(\theta x)}{\cos^4(\theta x)}x^3\,(0<\theta<1)$.

6. $f(x)=x+x^2+\dfrac{x^3}{2!}+\cdots+\dfrac{x^n}{(n-1)!}+\dfrac{1}{(n+1)!}(n+1+\theta x)\mathrm{e}^{\theta x}x^{n+1}\,(0<\theta<1)$.

7. (1) 设 $f(x)=\sqrt[3]{x}$,并取 $x_0=27,\Delta x=3$,则

$$\sqrt[3]{30}=f(30)=f(27+3)\approx f(27)+f'(27)\times3+\dfrac{f''(27)}{2!}\times3^2+\dfrac{f'''(27)}{3!}\times3^3$$

$$=3\Big(1+\dfrac{1}{3^3}-\dfrac{1}{3^6}+\dfrac{5}{3^{10}}\Big)\approx3.10724;$$

(2) $\sin18°\approx0.3090$.

习　题　3.4

1. (1) 在 $(-\infty,-1],[3,+\infty)$ 内单调增加,在 $[-1,3]$ 内单调减少;

(2) 在 $(0,2]$ 内单调减少,在 $[2,+\infty)$ 内单调增加;

(3) 在 $(-\infty,0],\Big[0,\dfrac{1}{2}\Big],[1,+\infty)$ 内单调减少,在 $\Big[\dfrac{1}{2},1\Big]$ 内单调增加;

(4) 在 $(-\infty,+\infty)$ 内处处单调增加;

(5) 在 $\Big[0,\dfrac{1}{2}\Big]$ 内单调减少,在 $\Big[\dfrac{1}{2},+\infty\Big)$ 内单调增加;

(6) 在 $\Big(-\infty,\dfrac{2}{3}a\Big],[a,+\infty)$ 内单调增加,在 $\Big[\dfrac{2}{3}a,a\Big]$ 内单调减少.

2. 提示:利用单调性证明不等式的步骤通常如下.

(1) 把不等式两边的项移到一边得函数 $f(x)$;

(2) 由 $f'(x)>0(<0)$ 推知 $f(x)$ 单调;

(3) 由 $x>a$ 推出 $f(x)>f(a)(<f(a))$,经整理便易得所要证的不等式.

于是

(1) 令 $f(x)=\mathrm{e}^x-1-x$;

(2) 令 $f(x)=1+\dfrac{1}{2}x-\sqrt{1-x}$;

(3) 令 $f(x)=1+x\ln(x+\sqrt{1+x^2})-\sqrt{1+x^2}$;

(4) 令 $f(x)=\sin x-x+\dfrac{1}{6}x^3$;

(5) 令 $f(x)=x\ln2-2\ln x$,可推得 $f(x)>f(4)=0$,故有 $x\ln2-2\ln x>0$,即 $x\ln2>$

$2\ln x$,也即 $\ln 2^x > \ln x^2$. 注意到 $\ln x$ 为增函数,故 $2^x > x^2$. 另外,也可令 $f(x) = \dfrac{2^x}{x^2}$,可推得 $f(x) > f(4)$,故 $\dfrac{2^x}{x^2} > 1$,即 $2^x > x^2$.

3. 提示:令 $f(x) = x - x\sin x$,则 $x = 0$ 为方程 $\sin x = x$ 的一个零点,可证 $f'(x) = 1 - \cos x \geqslant 0$,故结论成立.

4. 提示:讨论函数 $f(x) = \ln x - ax$ 可知,当 $0 < a < \dfrac{1}{e}$ 时,$f(x)$ 有两个零点,即方程 $\ln x = ax$ 有两个实根;当 $a > \dfrac{1}{e}$ 时,没有实根;当 $a = \dfrac{1}{e}$ 时,有一个实根.

5. 单调函数的导数不一定是单调函数. 例如,对函数 $f(x) = x + \sin x$,由 $f'(x) = 1 + \cos x \geqslant 0$ 知,$f(x)$ 在 $(-\infty, +\infty)$ 内单调增加,但由 $\cos x$ 在 $(-\infty, +\infty)$ 内不单调可知,$f'(x)$ 在 $(-\infty, +\infty)$ 内不单调.

6. (1) 极大值 $y(0) = 0$,极小值 $y(1) = -1$;   (2) 极小值 $y(0) = 0$;

   (3) 极大值 $y\left(\dfrac{3}{4}\right) = \dfrac{5}{4}$;   (4) 极小值 $y(e) = 2e$;

   (5) 极大值 $y(e) = e^{\frac{1}{e}}$;   (6) 极小值 $y\left(-\dfrac{1}{2}\ln 2\right) = 2\sqrt{2}$;

   (7) 没有极值.

7. $a = 2$,$f\left(\dfrac{\pi}{3}\right) = \sqrt{3}$ 为极大值.

8. (1) 最大值 $y(4) = 80$,最小值 $y(-1) = -5$;(2) 最大值 $y(1) = \dfrac{1}{\sqrt{e}}$,最小值 $y(-1) = -\dfrac{1}{\sqrt{e}}$.

9. 当 $x = 1$ 时,函数有最大值 -29.

10. 当 $a = 2$ 时,函数有最大值 $\sqrt{3}$.

11. 1800.

12. 底宽为 $\sqrt{\dfrac{40}{4 + \pi}} = 2.366\text{m}$.

13. $r = \sqrt[3]{\dfrac{V}{2\pi}}$,$h = 2\sqrt[3]{\dfrac{V}{2\pi}}$,$d : h = 1 : 1$.

14. 当 $\alpha = \arctan x$,$m = \arctan 0.25 \approx 14° \, 2'$ 时,可使力 F 最小.

15. $\varphi = \dfrac{2\sqrt{6}}{3}\pi$.

习 题 3.5

2. (1) 拐点 $(1, 2)$,在 $(-\infty, 1]$ 内是凹的,在 $[1, +\infty)$ 内是凸的;

(2) 拐点 $\left(2,\dfrac{2}{e^2}\right)$,在 $(-\infty,2]$ 内是凸的,在 $[2,+\infty)$ 内是凹的;

(3) $x=k\pi(x=0,\pm1,\pm2,\cdots)$ 为拐点,在 $[2k\pi,(2k+1)\pi]$ 内是凸的,在 $[(2k+1)\pi,(2k+2)\pi]$ 内是凹的 $(k=0,\pm1,\pm2,\cdots)$;

(4) 拐点 $(-1,\ln2),(1,\ln2)$,在 $(-\infty,-1],[1,+\infty)$ 内是凸的,在 $[-1,1]$ 内是凹的;

(5) 拐点 $(1,-7)$,在 $(0,1]$ 内是凸的,在 $[1,+\infty)$ 内是凹的.

3. $a=-\dfrac{3}{2},b=\dfrac{9}{2}$.

4. (1) $x=x_0$ 不是极值点;(2) $[x_0,f(x_0)]$ 是拐点.

5. (1) $y=0$;(2) $x=0,y=1$;(3) $x=0,y=x$.

习 题 3.6

1. 在 $(-\infty,-2]$ 内单调减少,在 $[2,+\infty)$ 内单调增加;在 $(-\infty,-1]$,$[1,+\infty)$ 内是凹的,在 $[-1,1]$ 内是凸的;拐点 $\left(-1,-\dfrac{6}{5}\right),(1,2)$;极小值 $y(-2)=-\dfrac{17}{5}$;

2. 渐近线 $x=1,y=x-1$;极大值 $y(0)=-2$,极小值 $y(2)=2$;

3. 在 $(-\infty,1]$ 内单调增加,在 $[1,+\infty)$ 内单调减少;在 $\left[-\infty,1-\dfrac{\sqrt{2}}{2}\right]$,$\left[1+\dfrac{\sqrt{2}}{2},+\infty\right]$ 内是凹的,在 $\left[1-\dfrac{\sqrt{2}}{2},1+\dfrac{\sqrt{2}}{2}\right]$ 内是凸的;拐点 $\left(1-\dfrac{\sqrt{2}}{2},\dfrac{1}{\sqrt{e}}\right),\left(1+\dfrac{\sqrt{2}}{2},\dfrac{1}{\sqrt{e}}\right)$;极大值 $y(1)=1$;水平渐近线 $y=0$;

4. 渐近线 $y=-x+2$;极小值 $y(0)=0$,极大值 $y(4)=2\sqrt[3]{4}$;拐点 $(6,0)$.

5. 定义域为 $x\neq\left(\dfrac{k}{2}+\dfrac{1}{4}\right)\pi(k\in\mathbf{Z})$;周期为 2π;图像对称于 y 轴;在 $[0,\pi]$ 部分,在 $\left[0,\dfrac{\pi}{4}\right),\left(\dfrac{\pi}{4},\dfrac{3\pi}{4}\right),\left(\dfrac{3\pi}{4},\pi\right]$ 内单调增加;在 $\left[0,\dfrac{\pi}{4}\right)$ 内是凹的,在 $\left(\dfrac{\pi}{4},\dfrac{\pi}{2}\right]$ 内是凸的,在 $\left[\dfrac{\pi}{2},\dfrac{3\pi}{4}\right)$ 内是凹的,在 $\left(\dfrac{3\pi}{4},\pi\right]$ 内是凸的;拐点 $\left(\dfrac{\pi}{2},0\right)$;极小值 $f(0)=1$,极大值 $f(\pi)=-1$;铅直渐近线 $x=\dfrac{\pi}{4},x=\dfrac{3\pi}{4}$.

总 习 题 三

2. (1) 是,如函数 $f_1(x)=\begin{cases}0, & 0\leqslant x<1,\\ 1, & x=1\end{cases}$ 在 $[0,1]$ 上不连续;函数 $f_2(x)=$

$|x|$ 在 $[-1,1]$ 上不处处可导；函数 $f_3(x)=x$ 在 $[0,1]$ 上不满足 $f_3(0)=f_3(1)$，因而以上函数均不存在 ξ，使罗尔中值定理成立；

(2) 是，如 $\lim\limits_{x\to\infty}\dfrac{\sqrt{1+x^2}}{x}$；

(3) 是，对任意 $x\neq 0$，在以 x 与 0 为端点的闭区间上应用拉格朗日中值定理即得结果；

(4) 是，对任意 $x\neq 0$，将函数 $f(x)=\mathrm{e}^{-\lambda x}$ 在以 x 与 0 为端点的闭区间上应用拉格朗日中值定理即得结果；

(5) 非，因为当 $x\to 0$ 时，$\sin x-x\cos x$ 不是等价无穷小，应等于 $\dfrac{1}{3}$；

(6) 非，应改为在 (a,b) 内，$f'(x)>0$，并且 $f(x)$ 在 $[a,b]$ 上连续，则 $f(x)$ 在 $[a,b]$ 上单增；

(7) 非，如 $f(x)=x^3$ 在 $(-1,1)$ 内单调且可导，但 $f'(x)=0$；

(8) 非，如 $f(x)=x^3$ 的导函数 $f'(x)=3x^2$ 在 $(-\infty,+\infty)$ 内非单调；

(9) 非，如在 $(-\infty,+\infty)$ 内，$f(x)=x^2$ 非单调，但 $f'(x)=2x$ 单调；

(10) 是，设 $F(x)=f(x)-g(x)$，则由 $F'(x)>0$ 知，$F(x)$ 单增，从而当 $x>0$ 时，$F(x)>F(0)=0$，即 $f(x)>g(x)$，但若没有 $f(0)=g(0)$ 这一条件，则此命题不成立.

3. (1) 可用对数解法，或视为 1^∞ 型未定型，用重要极限，原式 $=\sqrt{ab}$；

(2) 3；　　　(3) $-\dfrac{1}{6}$.

4. (1) 令 $f(x)=\dfrac{\ln x}{x}$ 得 $\dfrac{x_1}{x_2}<\dfrac{\ln x_1}{\ln x_2}$，再令 $g(x)=x\ln x$ 得 $\dfrac{\ln x_1}{\ln x_2}<\dfrac{x_1}{x_2}$；

(2) 可令 $f(x)=\tan x-x-\dfrac{1}{3}x^3$，用单调性；

(3) 可令 $f(x)=\sin x-x+\dfrac{1}{6}x^3$，用单调性；

(4) 可令 $f(x)=x-\ln(1+x)$，用单调性（注意：分 $x\geqslant 0$ 和 $-1<x<0$ 两种情况进行讨论）.

5. 令分子的极限为 0，再用洛必达法则得 $a=6,b=-4$ 或 $a=-4,b=16$.

6. 令 $F(x)=f(x)-g(x)$，用拉格朗日中值定理的推论.

7. (1) 令 $F(x)=xf(x)$，在 $[0,1]$ 上用罗尔中值定理；

(2) 令 $F(x)=\ln x$，则 $f(x)$ 与 $F(x)$ 在 $[a,b]$ 上满足柯西中值定理，用柯西中值定理则可得所求等式.

9. $a=-3,b=0,c=5$.

10. $\ln x=\ln 2+\dfrac{x-2}{2}-\dfrac{1}{2}\left(\dfrac{x-2}{2}\right)^2+\cdots+\dfrac{(-1)^{n-1}}{2}\left(\dfrac{x-2}{2}\right)^n+R_n(x)$,

其中

$$R_n(x) = \frac{(-1)^n}{n+1} \left(\frac{x-2}{\xi} \right)^{n+1}, \quad \xi \text{ 在 } 2 \text{ 与 } x \text{ 之间}.$$

11. 极大值 $f(0)=2$, 极小值 $f\left(\dfrac{1}{e}\right) = e^{-\frac{1}{e}}$.

12. 转化为求函数的极大值来解. 令 $f(x) = \sqrt[3]{x}\,(x>0)$, 则 $f(n) = \sqrt[n]{n}\,(n=1,2,\cdots)$, 下面求 $f(x)$ 的极值.

由 $f'(x)=0$ 解得唯一驻点为 $x=e$, 并且当 $0<x<e$ 时, $f'(x)>0$; 当 $x>e$ 时, $f'(x)<0$, 故 $x=e$ 是 $f(x)$ 的唯一极大值点, 从而 $f(e)=\sqrt[e]{e}$ 是 $f(x)$ 在 $(0,+\infty)$ 内的最大值.

因为 $2<x<e$, 故数列中的最大项必为 $\sqrt{2}$ 与 $\sqrt[3]{3}$ 中的一个. 由于 $(\sqrt{2})^6=8<9<(\sqrt{3})^3$, 所以 $\sqrt[3]{3}$ 是数列 $\{\sqrt[n]{n}\}$ 中的最大值.

第 4 章　不 定 积 分

习　题　4.1

1. (1) $\dfrac{3}{4} x^{\frac{4}{3}} + C$;

(2) $\dfrac{1}{5} x^5 + \dfrac{2}{3} x^3 + x + C$;

(3) $\dfrac{1}{3} x^3 + \dfrac{2}{5} x^{\frac{5}{2}} - \dfrac{2}{3} x^{\frac{3}{2}} - x + C$;

(4) $\dfrac{m}{m+n} x^{\frac{m+n}{m}} + C$;

(5) $x - \arctan x + C$;

(6) $2e^x + 3\ln|x| + C$;

(7) $e^x - 2\sqrt{x} + C$;

(8) $e^x + x + C$;

(9) $3\arctan x - 2\arcsin x + C$;

(10) $\dfrac{2^{2x} 3^x}{2\ln 2 + \ln 3} + C$;

(11) $2x - \dfrac{5}{\ln 2 - \ln 3} \left(\dfrac{2}{3} \right)^x + C$;

(12) $\dfrac{1}{2} x - \dfrac{1}{2} \sin x + C$;

(13) $-\cot x - x + C$;

(14) $\dfrac{1}{2} \tan x + C$;

(15) $\sin x + \cos x + C$;

(16) $-(\cot x + \tan x) + C$;

(17) $-4\cot x + C$;

(18) $\ln|\tan x| + C$;

(19) $\tan x - \sec x + C$;

(20) $x^3 - x + \arctan x + C$.

2. $y = \ln x + 1$.

3. (1) $27\,(\mathrm{m})$;　　　　(2) $\sqrt[3]{360} \approx 7.11\,(\mathrm{s})$.

习　题　4.2

1. (1) $\dfrac{1}{a}$;　　(2) $\dfrac{1}{5}$;　　(3) $\dfrac{1}{10}$;　　(4) $-\dfrac{1}{9}$;　　(5) $\dfrac{1}{2}$;　　(6) $\dfrac{1}{12}$;　　(7) $\dfrac{1}{2}$;

(8) $-\dfrac{1}{3}$; (9) 2; 　　 (10) -1; (11) $-\dfrac{1}{5}$; 　(12) $-\dfrac{1}{2}$; (13) $\dfrac{1}{3}$; 　(14) $\dfrac{1}{2}$.

2. (1) $-\dfrac{1}{2}\cos 2x + C$;

(2) $\dfrac{1}{3}e^{3x} + C$;

(3) $-\dfrac{1}{8}(3-2x)^4 + C$;

(4) $\dfrac{1}{3}\ln|1+3x| + C$;

(5) $-\dfrac{1}{3}(1-2x)^{\frac{3}{2}} + C$;

(6) $\ln(1+x^2) + C$;

(7) $-\cos e^x + C$;

(8) $2e^{\sqrt{t}} + C$;

(9) $e^{\sin x} + C$;

(10) $\ln(1+e^x) + C$;

(11) $-\dfrac{1}{3}(2-3x^2)^{\frac{1}{2}} + C$;

(12) $\ln|x^2+5x+1| + C$;

(13) $-\dfrac{1}{2(\sin x - \cos x)^2} + C$;

(14) $\dfrac{1}{8}\tan^8 x + \dfrac{1}{6}\tan^6 x + C$;

(15) $\dfrac{1}{3}\sec^3 x - \sec x + C$;

(16) $\ln|\ln(\ln x)| + C$;

(17) $-\dfrac{10^{2\arccos x}}{2\ln 10} + C$;

(18) $-\dfrac{1}{3\omega}\cos^3(\omega t + \varphi) + C$;

(19) $-\ln|\cos\sqrt{1+x^2}| + C$;

(20) $-\dfrac{1}{x\ln x} + C$;

(21) $\dfrac{t}{2} + \dfrac{1}{4\omega}\sin 2(\omega t + \varphi) + C$;

(22) $\dfrac{1}{2}\cos x - \dfrac{1}{10}\cos 5x + C$;

(23) $\dfrac{1}{4}\sin 2x - \dfrac{1}{24}\sin 12x + C$;

(24) $\dfrac{1}{2}\arctan(\sin^2 x) + C$;

(25) $\arctan e^x + C$;

(26) $\dfrac{1}{2}\arcsin\dfrac{2x}{3} + \dfrac{1}{4}\sqrt{9-4x^2} + C$;

(27) $\dfrac{x^2}{2} - \dfrac{9}{2}\ln(x^2+9) + C$;

(28) $\dfrac{1}{2\sqrt{2}}\ln\left|\dfrac{\sqrt{2}x-1}{\sqrt{2}x+1}\right| + C$;

(29) $\dfrac{1}{3}\ln\left|\dfrac{x-2}{x+1}\right| + C$;

(30) $\dfrac{2}{3}\ln|x-2| + \dfrac{1}{3}\ln|x+1| + C$;

(31) $\dfrac{1}{2}\arctan\dfrac{x}{2} + C$;

(32) $\arctan^2\sqrt{x} + C$;

(33) $\dfrac{1}{2}[\ln(\tan x)]^2 + C$;

(34) $\dfrac{1}{3}\arctan^3 x + C$;

(35) $\dfrac{a^2}{2}\left(\arcsin\dfrac{x}{a} - \dfrac{x}{a^2}\sqrt{a^2-x^2}\right) + C$;

(36) $\dfrac{x}{\sqrt{1+x^2}} + C$;

(37) $\arccos\dfrac{1}{|x|} + C$;

(38) $-e^{\frac{1}{x}} + C$;

(39) $\sqrt{x^2-9}-3\arccos\dfrac{3}{|x|}+C$;　　　　(40) $\sqrt{2x}-\ln(1+\sqrt{2x})+C$;

(41) $\arcsin x-\dfrac{x}{1+\sqrt{1-x^2}}+C$;　　　　(42) $\dfrac{1}{2}(\arcsin x+\ln|x+\sqrt{1-x^2}|)+C$;

(43) $\dfrac{2}{3}x\sqrt{x}-x+2\sqrt{x}-2\ln(1+\sqrt{x})+C$;

(44) $\dfrac{1}{2}\ln(x^2+2x+3)-\sqrt{2}\arctan\dfrac{x+1}{\sqrt{2}}+C$;

(45) $\dfrac{1}{2}\left(\dfrac{x+1}{x^2+1}+\ln(x^2+1)+\arctan x\right)+C$.

习 题 4.3

1. $-x\cos x+\sin x+C$;

2. $-\dfrac{\ln x}{2x^2}-\dfrac{1}{4x^2}+C$;

3. $x\arcsin x+\sqrt{1-x^2}+C$;

4. $-\mathrm{e}^{-x}(x+1)+C$;

5. $\dfrac{1}{3}x^3\ln x-\dfrac{1}{9}x^3+C$;

6. $\dfrac{1}{5}\mathrm{e}^x\cos 2x+\dfrac{2}{5}\mathrm{e}^x\sin 2x+C$;

7. $-\dfrac{2}{17}\mathrm{e}^{-2x}\left(\cos\dfrac{x}{2}+4\sin\dfrac{x}{2}\right)+C$;

8. $2x\sin\dfrac{x}{2}+4\cos\dfrac{x}{2}+C$;

9. $x\tan x+\ln|\cos x|+C$;

10. $\dfrac{1}{4}x^2-\dfrac{1}{4}x\sin 2x-\dfrac{1}{8}\cos 2x+C$;

11. $\dfrac{x}{2}(\cos\ln x+\sin\ln x)+C$;

12. $x\ln^2 x-2x\ln x+2x+C$;

13. $x(\arcsin x)^2+2\sqrt{1-x^2}\arcsin x-2x+C$;

14. $-\dfrac{1}{4}x\cos 2x+\dfrac{1}{8}\sin 2x+C$;

15. $x\ln(x+\sqrt{1+x^2})-\sqrt{1+x^2}+C$;

16. $\dfrac{1}{2}x^2\left(\ln^2 x-\ln x+\dfrac{1}{2}\right)+C$;

17. $\mathrm{e}^{\sqrt{2x+1}}(\sqrt{2x+1}-1)+C$;

18. $\dfrac{1}{2}(x^2-1)\ln(x-1)-\dfrac{1}{4}x^2-\dfrac{1}{2}x+C$;

19. $-\dfrac{1}{2}x^2+x\tan x+\ln|\cos x|+C$;

20. $\dfrac{\mathrm{e}^x}{x+1}+C$.

习 题 4.4

1. $-\dfrac{x}{(x-1)^2}+C$;

2. $\ln|x-2|+\ln|x+5|+C$;

3. $\ln\dfrac{(x-1)^2}{\sqrt{x^2-x+1}}+\dfrac{5}{\sqrt{3}}\arctan\dfrac{2x-1}{\sqrt{3}}+C$;

4. $\ln|x|-\dfrac{1}{2}\ln(x^2+1)+C$;

5. $\ln|x+1|-\dfrac{1}{2}\ln(x^2-x+1)+\sqrt{3}\arctan\dfrac{2x-1}{\sqrt{3}}+C$;

6. $\dfrac{1}{x+1}+\dfrac{1}{2}\ln|x^2-1|+C$;

7. $2\ln|x+2|-\dfrac{1}{2}\ln|x+1|-\dfrac{3}{2}\ln|x+3|+C$;

8. $\dfrac{1}{3}x^3+\dfrac{1}{2}x^2+x+8\ln|x|-4\ln|x+1|-3\ln|x-1|+C$;

9. $\ln|x|-\dfrac{1}{2}\ln|x+1|-\dfrac{1}{4}\ln(x^2+1)-\dfrac{1}{2}\arctan x+C$;

10. $\dfrac{1}{4}\ln\left|\dfrac{x-1}{x+1}\right|-\dfrac{1}{2}\arctan x+C$;

11. $-\dfrac{1}{2}\ln\dfrac{x^2+1}{x^2+x+1}+\dfrac{\sqrt{3}}{3}\arctan\dfrac{2x+1}{\sqrt{3}}+C$;　　12. $\dfrac{1}{\sqrt{2}}\arctan\dfrac{x^2-1}{\sqrt{2}x}+C$;

13. $\dfrac{2}{\sqrt{3}}\arctan\dfrac{2\tan\dfrac{x}{2}+1}{\sqrt{3}}+C$;　　　　　　　14. $\dfrac{1}{2\sqrt{3}}\arctan\dfrac{2\tan x}{\sqrt{3}}+C$;

15. $\dfrac{1}{\sqrt{2}}\arctan\dfrac{\tan\dfrac{x}{2}}{\sqrt{2}}+C$;

16. $\dfrac{1}{6}\ln(1-\cos x)-\dfrac{1}{2}\ln(1+\cos x)+\dfrac{1}{3}\ln(2+\cos x)+C$;

17. $\ln\left|1+\tan\dfrac{x}{2}\right|+C$;

18. $\dfrac{3}{2}\sqrt[3]{(x+1)^2}-3\sqrt[3]{x+1}+3\ln|1+\sqrt[3]{x+1}|+C$;

19. $2\sqrt{x}-4\sqrt[4]{x}+4\ln(\sqrt[4]{x}+1)+C$;

20. $\dfrac{1}{2}x^2-\dfrac{2}{3}\sqrt{x^3}+x-4\sqrt{x}+4\ln(\sqrt{x}+1)+C$.

习　题　4.5

1. $\dfrac{1}{2}\ln|2x+\sqrt{4x^2-9}|+C$;　　　　　　　　　2. $\dfrac{1}{2}\arctan\dfrac{x+1}{2}+C$;

3. $\ln[(x-2)+\sqrt{5-4x+x^2}]+C$;

4. $\dfrac{x}{2}\sqrt{2x^2+9}+\dfrac{9\sqrt{2}}{4}\ln(\sqrt{2}x+\sqrt{2x^2+9})+C$;

5. $\dfrac{x}{2}\sqrt{3x^2-2}-\dfrac{\sqrt{3}}{3}\ln|\sqrt{3}x+\sqrt{3x^2-2}|+C$　　6. $\dfrac{e^{2x}}{5}(\sin x+2\cos x)+C$;

7. $\left(\dfrac{x^2}{2}-1\right)\arcsin\dfrac{x}{2}+\dfrac{x}{4}\sqrt{4-x^2}+C$;

8. $\dfrac{x}{18(9+x^2)}+\dfrac{1}{54}\arctan\dfrac{x}{3}+C$;

9. $-\dfrac{\cos x}{2\sin^2 x}+\dfrac{1}{2}\ln\left|\tan\dfrac{x}{2}\right|+C$;

10. $-\dfrac{\mathrm{e}^{-2x}}{13}(2\sin3x+3\cos3x)+C$;

11. $-\dfrac{\sin8x}{16}+\dfrac{\sin2x}{4}+C$;

12. $x\ln^3 x-3x\ln^2 x+6x\ln x-6x+C$;

13. $-\dfrac{1}{x}-\ln\left|\dfrac{1-x}{x}\right|+C$;

14. $2\sqrt{x-1}-2\arctan\sqrt{x-1}+C$;

15. $\dfrac{x}{2(1+x^2)}+\dfrac{1}{2}\arctan x+C$;

16. $\arcsin x+\sqrt{1-x^2}+C$.

总 习 题 四

1. $\dfrac{1}{2}\ln\dfrac{|\mathrm{e}^x-1|}{\mathrm{e}^x+1}+C$;

2. $\dfrac{1}{2(1-x)^2}-\dfrac{1}{1-x}+C$;

3. $\dfrac{1}{6a^3}\ln\left|\dfrac{a^3+x^3}{a^3-x^3}\right|+C$;

4. $\ln|x+\sin x|+C$;

5. $\ln x[\ln(\ln x)-1]+C$;

6. $\dfrac{1}{2}\arctan(\sin^2 x)+C$;

7. $\dfrac{1}{3}\tan^3 x-\tan x+x+C$;

8. $\dfrac{1}{4}\ln|x|-\dfrac{1}{24}\ln(x^6+4)+C$;

9. $a\cdot\arcsin\dfrac{x}{a}-\sqrt{a^2-x^2}+C$;

10. $\ln\left|x+\dfrac{1}{2}+\sqrt{x(1+x)}\right|+C$;

11. $\dfrac{x^2}{4}+\dfrac{1}{4}x\sin2x+\dfrac{1}{8}\cos2x+C$

12. $\dfrac{\sqrt{x^2-1}}{x}+C$;

13. $(4-2x)\cos\sqrt{x}+4\sqrt{x}\sin\sqrt{x}+C$;

14. $x\ln(1+x^2)-2x+2\arctan x+C$;

15. $\sqrt{2}\ln\left|\csc\dfrac{x}{2}-\cot\dfrac{x}{2}\right|+C$;

16. $\dfrac{x^4}{4}+\ln\dfrac{\sqrt[4]{x^4+1}}{x^4+2}+C$;

17. $x+\dfrac{2}{1+\tan\dfrac{x}{2}}+C$;

18. $x-\dfrac{x}{1+\mathrm{e}^x}-\ln(1+\mathrm{e}^x)+C$;

19. $\dfrac{x\sqrt{1-x^2}}{2}\arcsin x-\dfrac{x^2}{4}+\dfrac{1}{4}(\arcsin x)^2+C$;

20. $\ln|\tan x|-\dfrac{1}{2\sin^2 x}+C$.

第 5 章 定 积 分

习 题 5.1

1. (1) 12; (2) e−1.

5. (1) $\int_0^1 x\,dx > \int_0^1 x^2\,dx$; (2) $\int_1^2 x\,dx < \int_1^2 x^2\,dx$;

(3) $\int_0^1 e^x\,dx > \int_0^1 (1+x)\,dx$; (4) $\int_{-\frac{\pi}{2}}^0 \sin x\,dx < \int_0^{\frac{\pi}{2}} \sin x\,dx$.

7. $6 \leqslant \int_1^4 (x^2+1)\,dx \leqslant 51$

习 题 5.2

1. $\dfrac{\sqrt{2}}{2}$.

2. (1) $2x\sqrt{1+2x^4}$; (2) xe^x ; (3) $-\sqrt{1+x^2}$;

(4) $\dfrac{3x^2}{\sqrt{1+x^6}} - \dfrac{2x}{\sqrt{1+x^4}}$.

3. $-\dfrac{\cos x}{e^y}$.

4. (1) $a^3 - \dfrac{1}{2}a^2 + a$; (2) $\arctan 2 - \dfrac{\pi}{4}$; (3) $\dfrac{\pi}{6}$; (4) $-\dfrac{5}{2} + 9(\ln 4 - \ln 3)$;

(5) $\ln 2$; (6) $\dfrac{1}{2}$; (7) $\dfrac{\pi}{2} + 1$; (8) 4; (9) 1; (10) $\dfrac{8}{3}$.

6. (1) 1; (2) 2.

7. $\Phi(x) = \begin{cases} 0, & x < 0, \\ \dfrac{1}{2}(1-\cos x), & 0 \leqslant x \leqslant \pi, \\ 1, & x > \pi. \end{cases}$

习 题 5.3

1. (1) 0; (2) $\dfrac{1}{3}$; (3) $\dfrac{\pi}{2} + 1$; (4) $4 - 2\arctan 2$; (5) $\dfrac{3\sqrt{2}}{2}$;

(6) $\dfrac{a^4}{16}\pi$; (7) $a^2\left[\sqrt{2} - \dfrac{1}{2}\ln\dfrac{\sqrt{2}+1}{\sqrt{2}-1}\right]$; (8) 2; (9) $2(\sqrt{3}-1)$;

(10) $\dfrac{\pi}{2}$.

2. (1) 1；　　(2) $\dfrac{1}{4}(e^2+1)$；　　(3) $\left(\dfrac{1}{4}-\dfrac{\sqrt{3}}{9}\right)\pi+\dfrac{1}{2}\ln\dfrac{3}{2}$；　　(4) $\dfrac{1}{5}(e^\pi-2)$；

(5) $2\left(1-\dfrac{1}{e}\right)$；　　　　　　(6) 2.

3. (1) 0；(2) ln2.

4. 提示：令 $x=a+b=u$.

5. (1) 提示：令 $t=\dfrac{1}{\mu}$；

(2) 提示：令 $x=1-\mu$

习　题　5.4

1. (1) 发散；　　　(2) 1；　　　(3) $\dfrac{2}{3}\ln2$；　　　(4) π；

(5) 2；　　　(6) π；　　　(7) $2(1-\ln2)$；　　(8) $\dfrac{\pi^2}{8}$.

2. 当 $k>1$ 时,收敛于 $\dfrac{1}{(k-1)(\ln2)^{k-1}}$；当 $k\leqslant1$ 时,发散.

3. 当 $\alpha\geqslant1$ 时,发散；当 $0<\alpha<1$ 时,收敛于 $\dfrac{1}{1-\alpha}$.

4. (1) $\dfrac{\pi}{2\sqrt{2}}$；(2) $\dfrac{3\pi}{512}$.

总 习 题 五

1. (1) 24；　　(2) ln2；　　(3) $\dfrac{5}{2}$；　　(4) $2(2-\arctan2)$；　　(5) 0；

(6) $2\left(1-\dfrac{\pi}{4}\right)$；(7) $\dfrac{3\pi}{16}$；　　(8) $2-\dfrac{5}{e}$；(9) $\sqrt{3}-\dfrac{\pi}{3}$；　　　　(10) 1.

2. (1) 1；　　(2) 0；　　(3) $af(a)$；(4) $\dfrac{\pi^2}{4}$.

4. (1) $\dfrac{\pi}{2}-1$；　(2) $\dfrac{\pi}{4}$；　　(3) 1.

第6章　定积分的应用

习　题　6.2

1. (1) $\dfrac{1}{6}$；　(2) $\dfrac{32}{3}$；　(3) $e+\dfrac{1}{e}-2$；　(4) $\dfrac{1}{6}$；　(5) $\dfrac{1}{2}$；　(6) $e^2-e^{\frac{1}{2}}$.

2. $\dfrac{9}{4}$.

3. (1) $\dfrac{3}{8}\pi a^2$; (2) $\dfrac{8}{15}$; (3) $\dfrac{3}{2}\pi a^2$; (4) πa^2.

4. $\dfrac{e}{2}$. 5. $3\pi a^2$.

6. (1) $\dfrac{64}{3}\pi$; (2) $\dfrac{\pi}{5}$; (3) 12π; (4) $\dfrac{3}{10}\pi$.

7. (1) $\dfrac{3}{10}\pi$; (2) 160π. 8. $2\pi^2$.

9. $\dfrac{1}{6}\pi h[2(ab+AB)+aB+bA]$.

10. $\dfrac{2}{3}\left[(1+b)^{\frac{3}{2}}-(1+a)^{\frac{3}{2}}\right]$.

11. $2\sqrt{3}-\dfrac{4}{3}$. 12. $\dfrac{13\sqrt{13}-8}{27}$. 13. $8a$.

14. $a\pi\sqrt{1+4\pi^2}+\dfrac{a}{2}\ln(2\pi+\sqrt{1+4\pi^2})$.

15. $\dfrac{3\pi a}{2}$. 16. $\dfrac{a}{2}\pi^2$.

习 题 6.3

1. $\left(\dfrac{9a}{20},\dfrac{9a}{20}\right)$. 2. $\left(\pi a,\dfrac{5a}{6}\right)$.

3. 以 a 边为 Ox 轴,b 边为 Oy 轴,重心为 $\left(\dfrac{a}{3},\dfrac{b}{3}\right)$.

4. $I_x=\dfrac{ab^3}{12}$,$I_y=\dfrac{ba^3}{12}$. 5. $I_a=\dfrac{M}{3}b^2$. 6. 30gfm. 7. 205.8. 8. $\dfrac{2}{3}a^3$.

9. 取 y 轴通过细直棒,$F_y=Gm\rho\left(\dfrac{1}{a}-\dfrac{1}{\sqrt{a^2+l^2}}\right)$,$F_x=-\dfrac{Gm\rho l}{a\sqrt{a^2+l^2}}$.

10. $\dfrac{a^2cR}{T}$. 11. $\dfrac{1}{2}RI^2m$.

总 习 题 六

1. $\dfrac{5}{4}\text{m}$. 2. $S_1=\dfrac{4+6\pi}{3}$,$S_2=\dfrac{18\pi-4}{3}$.

3. $S_1 = \dfrac{5\pi}{4} - 2, S_2 = 2 - \dfrac{\pi}{4}$.　　　4. $4\sqrt{3}$.　　　5. $4\pi^2$.

6. $\sqrt{6} + \dfrac{1}{2}\ln(\sqrt{2}+\sqrt{3})$.　　　7. $\left(\dfrac{4a}{3\pi}, \dfrac{4b}{3\pi}\right)$.　　　8. $\dfrac{4}{3}\pi r^4 g$.

9. $\dfrac{1}{2}\gamma ab(2h + b\sin\alpha)$.　　　10. $\boldsymbol{F} = \left(\dfrac{3}{5}Ga^2, \dfrac{3}{5}Ga^2\right)$.

第 7 章　微 分 方 程

习 题 7.1

1. (1) 一阶；　(2) 二阶；　(3) 三阶；　(4) 一阶；　(5) 二阶；　(6) 一阶．

2. (1) 是；　(2) 是；　(3) 不是；　(4) 是．

3. (1) 是；　(2) 是．

6. $y = x^3 - 1$.　　　7. $500(\text{m})$.

习 题 7.2

1. (1) $-e^{-y} = e^x + C$;　　　(2) $y = e^{Cx}$;

(3) $y = \dfrac{1}{5}x^3 + \dfrac{1}{2}x^2 + C$;　　(4) $y = C\sqrt{1+x^2}$, 显然 $y = 0$ 也是解且含于通解中；

(5) $y = -\dfrac{1}{x^2 + C}$;　　　(6) $(1+x^2)(1+y^2) = Cx^2$;

(7) $y = \dfrac{b}{a} - Ce^{-ax}$;　　　(8) $\sqrt{1-y^2} - \dfrac{1}{3x} + C = 0$;

(9) $\csc\dfrac{y}{2} - \cot\dfrac{y}{2} = Ce^{-2\sin\frac{x}{2}}$.

2. (1) $y = 4x^{-2}$（或 $x^2 y = 4$）；　　(2) $\cos y = \dfrac{\sqrt{2}}{2}\cos x$.

3. 令 $u = x + y + 1$, 初值问题的解为
$$x = \tan(x+y+1) - \sec(x+y+1) + 1.$$

4. $yx = C$.

5. 设树生长的最大高度为 H, 在 t(年)时的高度为 $h(t)$, 则有
$$\frac{\mathrm{d}h(t)}{\mathrm{d}t} = kh(t)[H - h(t)],$$
其中 $k > 0$ 为比例常数．这个方程为 Logistic 方程，它是可分离变量的一阶常数微分方程，其通解为
$$h(t) = \frac{C_2 He^{kHt}}{1 + C_2 e^{kHt}} = \frac{H}{1 + Ce^{-kHt}},$$

其中 $C\left(C=\dfrac{1}{C_2}=\mathrm{e}^{-C_1H}>0\right)$ 为正常数.

6. 当过程开始 2.5h 后,容器内尚有盐 7.358kg.

7. 在镭的衰变中,现存量 M 与时间 t 的关系为 $M=M_0\mathrm{e}^{-0.000\,433t}$.

8. 设物体质量为 m,空气阻力系数为 k,又设在时刻 t,物体的下落速度为 v,于是在时刻 t,物体所受的力为 $f=mg-kv^2$. 当 $t\to+\infty$ 时有 $\lim\limits_{t\to+\infty}v=\sqrt{\dfrac{mg}{k}}=v_1$.

习　题　7.3

1. (1) $\sqrt{x^2+y^2}=C\mathrm{e}^{\arctan\frac{y}{x}}$;　　　　(2) $\sin\dfrac{y}{x}=Cx^2$;

(3) $x^4+y^4=Cx^8$;　　　　　　　(4) $x^2+y^2=Cy$;

(5) $y+\sqrt{x^2+y^2}=Cx^2$;　　　　(6) $y^2=2C\left(x+\dfrac{C}{2}\right)$.

2. $y=-\mathrm{e}^{\frac{y}{x}+1}$.

3. $y=\dfrac{1}{2}x^2-\dfrac{1}{2}$.

*4. $1-2\dfrac{y+1}{x}-\left(\dfrac{y+1}{x}\right)^2=Cx^2$.

*5. $-6x+3y+3\ln|2x+3y+3|=C$.

习　题　7.4

1. (1) $x=y^2(C-\ln y)$;　　　　　　(2) $y=C\mathrm{e}^{\frac{x}{2}}+\mathrm{e}^x$;

(3) $y=\mathrm{e}^{x^2}(\sin x+C)$;　　　　　(4) $y=(x^2+C)\sin x$;

(5) $y=\dfrac{1}{x}(x\mathrm{e}^x-\mathrm{e}^x+C)$;　　　(6) $x=C\mathrm{e}^{-\sin y}+2(\sin y-1)$;

(7) $x=\dfrac{1}{2}y^2+Cy^3$;　　　　　　(8) $y=(x+C)\mathrm{e}^{-\sin x}$;

(9) $y=\dfrac{1}{x^2+1}\left(\dfrac{4}{3}x^3+C\right)$;　　(10) $y=\left(\dfrac{1}{2}x^2+C\right)\mathrm{e}^{-x^2}$;

(11) $y=C\mathrm{e}^{\sin y}-2(\sin y+1)$.

2. (1) $x=\dfrac{3}{2}y^3+\dfrac{y^2}{2}$;　　　　　　(2) $y=\tan x-1+\mathrm{e}^{-\tan x}$;

(3) $y=\dfrac{1}{2x}(\ln^2 x+1)$.

3. 设所求曲线方程为 $y=f(x)$,$P(x,y)$ 为其上任一点,则过 P 点的曲线的切线方程为 $Y-y=y'(X-x)$,所求曲线方程为 $y=x(1-\ln x)$.

4. (1) $xy\left(C-\dfrac{a}{2}\ln^2 x\right)=1$;　　　　(2) $y=\dfrac{1}{\ln x+Cx+1}$;

(3) $x^5 y^5\left(\dfrac{5}{2x^2}+C\right)=1$;　　　　(4) $x^{-1}=Ce^{-\frac{x^2}{2}}-y^2+2$;

(5) $y=x+\dfrac{1}{Ce^{\frac{x^2}{2}}-x^2-2}$.

5. $x^4=y^2(1+2\ln y)$.

6. $\Psi(x)=\cos x+\sin x$.

习　题　7.5

1. (1) $y=\dfrac{1}{8}e^{2x}+\sin x+\dfrac{1}{2}C_1 x^2+C_2 x+C_3$;

(2) $y=x\arctan x-\dfrac{1}{2}\ln(1+x^2)+C_1 x+C_2$;

(3) $y=C_1 e^x-\left(\dfrac{x^2}{2}+x\right)+C_2$;

(4) $y=\dfrac{1}{2}\ln(1+x^2)+C_1\arctan x+C_2$;

(5) $y=\dfrac{1}{x}+C_1\ln|x|+C_2$;

(6) $y=\dfrac{1}{C_1}e^{C_1 x}+C_2$;

(7) $y=\ln[\sec(x+C_1)]+C_2$;

(8) $y=\dfrac{1}{2C_1}\left[e^{C_1 x+C_2}+e^{-(C_1 x+C_2)}\right]$;

(9) $y=-\sin(C_1+x)+C_2 x+C_3$ 或 $y=\sin(C_1-x)+C_2 x+C_3$;

(10) $\dfrac{y}{y+C_1}=C_2 e^{C_1 x}$.

2. (1) $y=\dfrac{1}{2}(x^2-3)$;　　　　(2) $y=2\left(\ln\dfrac{x}{2}+1\right)$;

(3) $y=1+\dfrac{1}{x}$;　　　　(4) $y=e^{2x}$;

(5) $y=\dfrac{1}{1-x}$;　　　　(6) $y^2=e^{y-x}$.

3. 鱼雷航迹的曲线方程为

$$y=\dfrac{1}{2}\left[-\dfrac{5}{4}(1-x)^{\frac{4}{5}}+\dfrac{5}{6}(1-x)^{\frac{6}{5}}\right]+\dfrac{5}{24}.$$

鱼雷击中敌舰,则曲线上点 P 的横坐标 $x=1$,这时 $y=\dfrac{5}{24}=Y$,即敌舰驶离 A 点 $\dfrac{5}{24}$ 个单

位距离时即被击中.

习　题　7.6

1. (1),(4)~(6),(8)~(10)线性无关;(2),(3),(7)线性相关.
2. 方程的通解为 $y = C_1 \cos\omega x + C_2 \sin\omega x$.
3. 方程的通解为 $y = C_1 \cos x + C_2 \sin x$.
4. 方程的通解为 $y = C_1 e^{x^2} + C_2 x e^{x^2} = (C_1 + C_2 x) e^{x^2}$.
5. $y = C_1 e^{-x} + C_2 (e^{2x} - e^{-x}) + x e^x + e^{2x}$.
6. $y = 2e^{2x} - e^x$.

习　题　7.7

1. (1) $y = C_1 e^{-x} + C_2 e^{3x}$;　　　　　　(2) $y = C_1 e^{-4x} + C_2 e^x$;

   (3) $y = e^x (C_1 \cos 2x + C_2 \sin 2x)$;　　(4) $y = (C_1 + C_2 x) e^{-x}$;

   (5) $y = C_1 \cos x + C_2 \sin x$;

   (6) $x = e^{-\frac{1}{2}t} \left(C_1 \cos \dfrac{\sqrt{3}}{2} t + C_2 \sin \dfrac{\sqrt{3}}{2} t \right)$;

   (7) $y = C_1 e^{2x} + C_2 e^{-2x} + C_3 \cos 3x + C_4 \sin 3x$;

   (8) $y = C_1 + (C_2 + C_3 x + C_4 x^2) e^{2x}$;

   (9) $y = (C_1 + C_2 x) \cos \sqrt{2} x + (C_3 + C_4 x) \sin \sqrt{2} x$;

   (10) $y = C_1 + C_2 x + e^x (C_3 \cos x + C_4 \sin x)$.

2. (1) $s = (4 + 2t) e^{-t}$;　　　(2) $y = (1 - x) e^{2x}$;　　　(3) $y = e^{2x} - e^{-x}$.

习　题　7.8

1. (1) $y = C_1 + C_2 e^{-x} + x \left(\dfrac{1}{3} x^2 - x + 2 \right)$;

   (2) $y = C_1 e^{2x} + C_2 e^{3x} - \dfrac{1}{2} (x^2 + 2x) e^{2x}$;

   (3) $y = C_1 e^{2x} + C_2 e^x + x \left(-\dfrac{1}{2} x - 1 \right) e^x$;

   (4) $y = C_1 e^{-x} + C_2 e^{2x} + (x^2 - x) e^{-x}$;

   (5) $y = C_1 e^{-x} + C_2 e^{\frac{1}{2}x} + \left(x^2 - 5x + \dfrac{23}{2} \right) e^x$;

   (6) $y = (C_1 + C_2 x) e^{2x} + \dfrac{1}{2} x^3 e^{2x}$;

   (7) $y = C_1 \cos 2x + C_2 \sin 2x - \dfrac{1}{4} x \cos 2x$;

(8) $y = e^x(C_1\cos 2x + C_2\sin 2x) + \dfrac{1}{4}xe^x\sin 2x$；

(9) $y = C_1\sin x + C_2\cos x - \dfrac{1}{3}x\cos 2x + \dfrac{4}{9}\sin 2x$；

(10) $x = (C_1\cos\sqrt{2}t + C_2\sin\sqrt{2}t)e^t + \dfrac{1}{41}(5\cos t - 4\sin t)e^{-t}$.

2. (1) $y = 2 - e^{3x} + x^2$；
   (2) $y = \left(1 + \dfrac{1}{6}x^2\right)xe^{-3x}$.

3. (1) $y = -x + \dfrac{1}{3}$；
   (2) $y = \dfrac{1}{5}\left(x^2 + \dfrac{13}{5}x + \dfrac{17}{25}\right)$；

   (3) $y = \dfrac{5}{2}x^2 e^{-3x}$；
   (4) $y = \dfrac{1}{6}(x^4 + x^3 + 3x^2)e^{2x}$；

   (5) $y = -\dfrac{1}{3}\left(x\cos 2x - \dfrac{4}{3}\sin 2x\right)$.

4. $f(x) = \dfrac{1}{2}\sin x + \dfrac{x}{2}\cos x$.

总 习 题 七

1. (1) 导数或微分；
   (2) 一；
   (3) x，y，二；
   (4) 二；
   (5) 可分离变量；
   (6) $y = -\cos x + C_1 x + C_2$；
   (7) $y = Ce^{2x}$；
   (8) 特解；
   (9) $\ln^2 y = \ln^2 x$.

2. (1) C；
   (2) C；
   (3) C.

3. (1) $\dfrac{1}{4}y^4 = \dfrac{1}{4}x^4 + C$；
   (2) $C(x+1)(y-1) = 1$；

   (3) $x^2 - xy + y^2 = C^2$；
   (4) $y = e^x(x + C)$；

   (5) $y = (x^2 + C)e^{-x^2}$；
   (6) $y = C(x+1)^2 + \dfrac{1}{2}(x+1)^4$；

   (7) $\dfrac{1}{3}\ln(3y+2) = \dfrac{1}{2}x^2 + C$；
   (8) $\dfrac{1}{y} = \dfrac{1}{2} - \dfrac{\sin 2x}{4x} + \dfrac{C}{x}$；

   (9) $y = e^x + C_1 x + C_2$；
   (10) $y = \dfrac{1}{3}x^3 - x^2 + 2x - C_1 e^{-x} + C_2$；

   (11) 当 $|a| > 1$ 时，原方程的通解为 $y = C_1 e^{(a+\sqrt{a^2-1})x} + C_2 e^{(a-\sqrt{a^2-1})x}$；
   当 $|a| = 1$ 时，原方程的通解为 $y = (C_1 + C_2 x)e^{ax}$；
   当 $|a| < 1$ 时，原方程的通解为 $y = e^{ax}(C_1\cos\sqrt{1-a^2}\,x + C_2\sin\sqrt{1-a^2}\,x)$；

   (12) $y = e^{2x}(C_1\cos 2x + C_2\sin 2x) - \dfrac{1}{4}xe^{2x}\cos 2x$；

(13) $y = C_1 \sin x + C_2 \cos x - (\cos x) \ln(\sec x + \tan x)$;

(14) $x = C_1 \cos t + C_2 \sin t - \dfrac{1}{2} t \cos t + \dfrac{1}{3} \cos 2t$;

(15) $x = C_1 e^{-t} + C_2 e^{-5t} + \dfrac{1}{21} e^{2t}$.

4. (1) $y = 2x$;　　　　　　　　　　(2) $\ln y = \sqrt{x} - 1$;

　　(3) $e^y = \dfrac{1}{2}(e^{2x} + 1)$;　　　　　(4) $y = \dfrac{1}{1-x}$;

　　(5) $y = -\dfrac{2}{5}(\cos x + 2\sin x)$.

5. 设降落伞的下落速度为 $v(t)$,降落伞所受外力为 $F = mg - kv$(其中 k 为比例系数),降落伞的下落速度与时间的函数关系为 $v = \dfrac{mg}{k}\left(1 - e^{-\frac{k}{m}t}\right)$.

6. 设质点的运动规律为 $x = x(t)$,质点的运动规律为

$$x(t) = \dfrac{mg}{k} t - \dfrac{m^2 g}{k^2}\left(1 - e^{-\frac{k}{m}t}\right).$$

7. $y = \pm \dfrac{A}{x} + Cx$.

8. $f(x) = \dfrac{1}{2}(\cos x + \sin x + e^x)$.

9. 方程适合初始条件的线性无关的解为

$$x_1(t) = \dfrac{1}{2} e^t + \dfrac{1}{2} e^{-t}, \quad x_2(t) = \dfrac{1}{2} e^t - \dfrac{1}{2} e^{-t};$$

$x(t) = \dfrac{x_0 + x_0'}{2} e^t + \dfrac{x_0 - x_0'}{2} e^{-t}$ 是满足要求的解.